Nichtlineare Finite-Elemente-Berechnungen

Wilhelm Rust

Nichtlineare Finite-Elemente-Berechnungen

Kontakt, Kinematik, Material

3., überarbeitete und erweiterte Auflage

Mit 230 Abbildungen

Wilhelm Rust
Hochschule Hannover
Hannover, Deutschland

ISBN 978-3-658-13377-1   ISBN 978-3-658-13378-8 (eBook)
DOI 10.1007/978-3-658-13378-8

Die Deutsche Nationalbibliothek verzeichnet diese Publikation in der Deutschen Nationalbibliografie; detaillierte bibliografische Daten sind im Internet über http://dnb.d-nb.de abrufbar.

Springer Vieweg

Lektorat: Thomas Zipsner

Gedruckt auf säurefreiem und chlorfrei gebleichtem Papier.

Springer Vieweg ist Teil von Springer Nature
Die eingetragene Gesellschaft ist Springer Fachmedien Wiesbaden GmbH

Vorwort

Dieses Lehrbuch behandelt einführend die Theorie der nichtlinearen Finite-Elemente-Methoden (FEM) in den Teilbereichen geometrische Nichtlinearität, nichtlineares Materialverhalten und Kontakt. Ist es schon nicht möglich, die gesamte FEM der linearen Mechanik der Tragwerke (in Anlehnung an die Bedeutung des Wortstammes „Struktur" in einigen Fremdsprachen auch im Deutschen „Strukturmechanik" genannt) in einem Buch zu beschreiben, so gilt dies für nichtlineare FEM erst recht, bedeutet „nichtlinear" doch keine spezielle Eigenschaft, sondern das Fehlen einer solchen, die aber die Lehre in der Technischen Mechanik aus gutem Grund dominiert. Mit den Kenntnissen aus diesem Buch wird der Leser sich im Stande sehen, nun weiterführende Literatur aufzuarbeiten.

Bewusst wurde eine detaillierte Herleitung der verwendeten Formeln vorgenommen, damit die Lernenden alsbald in der Lage sind, die dargestellten Zusammenhänge in Programme umzusetzen, aber auch Gleichungen für verwandte physikalische Effekte aufzustellen.

Das Buch richtet sich in erster Linie an Studierende, die Master-Niveau anstreben. Aber auch für den FEM-Anwender sollten sich hier nützliche Erkenntnisse ergeben. Während in der linearen FEM, wenn nicht gerade eine Verschieblichkeit vorliegt, stets ein Ergebnis erzielt wird – die Richtigkeit sei hier nicht diskutiert –, wird insbesondere für den unbedarften Nutzer eine nichtlineare Berechnung öfter in Nichtkonvergenz und damit ohne Gleichgewichtslösung enden. Dann ist es gut zu wissen, was die Ursachen dafür sein können. Hier werden besonders die Kapitel über Stabilität und über Konvergenzerzielung im Kontakt empfohlen. Es sollte aber auch beachtet werden, dass der Erfolg einer nichtlinearen Berechnung davon abhängt, dass die Eingabedaten einigermaßen der Wirklichkeit entsprechen, weil eine Überlastung des Systems nicht erst im Nachhinein bei der Ergebnisauswertung festgestellt wird, sondern sich schon im Konvergenzverhalten niederschlägt.

Noch eine Notwendigkeit ergibt sich für den Anwender, die vielleicht sogar an erster Stelle steht und der hier in Ausschnitten entsprochen werden soll: Die marktgängigen FEM-Programme bieten eine Vielzahl von Optionen, die für eine erfolgreiche Aufgabenbewältigung hilfreich sind. Ihre Beschreibungen sind gewöhnlich für Nutzer mit Theoriekenntnissen formuliert. Die Beispielergebnisse sind nahezu sämtlich mit dem Programmsystem ANSYS erzielt worden, andere bekannte FE-Programme verwenden aber ähnliche Konzepte, sodass die Erkenntnisse übertragbar sind.

Vorausgesetzt wird, dass man grundsätzlich Finite Elemente formulieren kann, jedenfalls im Linearen. Dazu gibt es zahlreiche Literatur und oft entsprechende Lehrveranstaltungen im Ingenieurstudium.

Dieses Buch ist ein Lehrbuch über Nichtlinearitäten. Ein Großteil des Wissens ist in der Fachwelt Allgemeingut. Daher wird hier im Wesentlichen nur auf weiterführende Literatur verwiesen, jedoch nicht auf die Ursprünge der hier dargestellten Theorien und Algorithmen.

Schließlich wird der Lehrbuchcharakter und die Herkunft aus Vorlesungsskripten auch daran deutlich, dass allgemeine Problemstellungen und Verfahren zu ihrer Lösung zunächst exemplarisch erarbeitet werden, und zwar meist bei ihrem ersten Auftreten.

Dieses Werk entstand aus Skripten zu Vorlesungen, die der Verfasser an seiner Hochschule Hannover sowie an der FH Lausitz und an der European School of Computer Aided Engineering Technology (ESoCAET) im Rahmen von Masterstudiengängen hielt. Die Wurzeln liegen allerdings schon in den Schulungs- und Entwicklungsaufgaben des Autors während seiner langjährigen Tätigkeit bei der CADFEM GmbH. An dieser Stelle herzlichen Dank für die lehrreiche Zeit, Dank besonders an den seinerzeitigen Chef, Dr.-Ing. Günter Müller.

Seine ersten Sporen auf dem Gebiet der Finite-Elemente-Methode – auch damals schon mit einem gewissen Anteil Nichtlinearität – verdiente sich der Verfasser am Institut für Baumechanik und Numerische Mechanik der Universität Hannover unter der Leitung von Prof. Dr.-Ing. Erwin Stein, der die Begeisterung erst für die Mechanik, dann für die FEM weckte. Auch hierfür ein Dankeschön.

Die dritte Auflage wurde noch einmal durchgesehen, wo nötig korrigiert, ergänzt und in einigen Bereichen, insbesondere an verschiedenen Stellen der geometrischen Nichtlinearität und im Kontakt, auch erweitert.

Dank gilt Frau Klabunde und Herrn Zipsner vom Lektorat Maschinenbau des Springer-Vieweg-Verlages für die Betreuung von der erstmaligen Fertigstellung des Werkes bis jetzt zur dritten Auflage.

Langenhagen, im Frühjahr 2016   Wilhelm Rust

Bezeichnungen und Abkürzungen

Formelzeichen sind mindestens bei ihrem ersten Auftreten im Text erklärt.

M	Matrizen werden im Fettdruck und mit Großbuchstaben wiedergegeben,
v	Vektoren, Zeilen- und Spaltenmatrizen im Fettdruck und klein geschrieben, es sei denn, es ist für eine bestimmte Größe etwas anderes üblich.
0	bezeichnet einen Nullvektor oder eine Nullmatrix,
I	eine Einheitsmatrix.
$\Delta(\ldots)$	deutet auf eine Veränderung, einen Zuwachs hin,
$\tilde{a}$	eine Tilde über einer Variablen auf eine Näherung,
$\bar{a}$	ein Querstrich auf eine eingeprägte (vorgegebene) Größe,
$\hat{a}$	ein Dach (circonflexe) auf eine Größe, die einem Finite-Element-Knoten zugeordnet ist,
a^*	ein Stern auf eine abgewandelte, verbesserte oder ersatzweise verwendete Größe.
FE	ist die Abkürzung für Finite Elemente,
FEM	für Finite-Elemente-Methode,
KoS	für Koordinatensystem,
EWP	für Eigenwertproblem,
Gl.	für Gleichung,
Gls.	für Gleichungssystem,
Dgl.	für Differenzialgleichung,
Abb.	für Abbildung,
Alg.	für Algorithmus,
Tab.	für Tabelle,
Abschn.	für Abschnitt,
Kap.	für Kapitel und
1d, 2d, 3d	für ein-, zwei-, dreidimensional bzw. das Ein-, Zwei-, Dreidimensionale.
[...]	verweist auf das Literaturverzeichnis.

Inhaltsverzeichnis

Grundlegende Mathematische Methoden 1

Dieses Kapitel erscheint hier, weil es für alle nachfolgenden Teilgebiete von Bedeutung ist. Man kann die Beschäftigung damit zurückstellen, bis man sich zu den ersten nichtlinearen FEM-Gleichungen vorgearbeitet hat.

1.1 Index-Schreibweise

Soweit möglich wird in diesem Buch die Matrizenschreibweise mit dem Matrizen-Produkt als Kern verwandt. Wenn dies aber nicht ausreichend ist, um zu erklären, welche Terme miteinander multipliziert und ggf. addiert werden müssen, wird auf die Index-Schreibweise zurückgegriffen, bei der auch die *Summenkonvention* verwandt wird:

Wenn derselbe Index in zwei Faktoren eines Produktes auftritt, wird über diesen Index summiert, und zwar über die notwendige Länge n, z. B. über die Anzahl der Koordinatenrichtungen, die Anzahl der Knoten oder die Anzahl der Freiheitsgrade:

$$C_{ik} = A_{ij} B_{jk} := \sum_{j=1}^{n} A_{ij} B_{jk} \qquad \text{bedeutet in Matrizenschreibweise } \mathbf{C} = \mathbf{AB} \qquad (1.1)$$

Anstelle der Transposition der Matrix wird der andere Index für die Summation verwandt:

$$C_{ik} = A_{ji} B_{jk} \qquad \text{bedeutet in Matrizenschreibweise } \mathbf{C} = \mathbf{A}^T \mathbf{B} \qquad (1.2)$$

Außerdem wird das Kronecker-Delta mit der Definition

$$\delta_{ij} = \begin{cases} 1 & \text{für } i = j \\ 0 & \text{sonst} \end{cases} \qquad (1.3)$$

und der folgenden Rechenregel verwandt:

$$a_{ki}\delta_{ij} = a_{kj} \qquad (1.4)$$

© Springer Fachmedien Wiesbaden 2016

W. Rust, *Nichtlineare Finite-Elemente-Berechnungen*, DOI 10.1007/978-3-658-13378-8_1

Hier wird die Summe über i gebildet, aber es gibt nur dann einen Beitrag, wenn $i = j$ gilt. Dadurch wird bei a der Index i durch j ersetzt.

In der Indexschreibweise werden nur Skalare multipliziert. Deshalb kann die *Reihenfolge* der Terme geändert werden. Die Summation, die in Matrizenschreibweise durch die Reihenfolge bestimmt wird, wird hier durch die gemeinsamen *Indizes* beschrieben, die nicht geändert werden dürfen.

1.2 Ableitungen nach einem Vektor

Sei $\mathbf{v}$ ein Vektor mit den Komponenten v_i:

$$\mathbf{v} = \begin{bmatrix} v_1 \\ v_2 \\ v_3 \\ \vdots \end{bmatrix} \tag{1.5}$$

Die Ableitung eines Skalars a nach $\mathbf{v}$ bedeutet nun, dass die Ableitung von a nach jeder Komponente von $\mathbf{v}$ gebildet und in einer Zeile angeordnet werden muss:

$$\frac{\partial a}{\partial \mathbf{v}} = \begin{bmatrix} \dfrac{\partial a}{\partial v_1} & \dfrac{\partial a}{\partial v_2} & \dfrac{\partial a}{\partial v_3} & \cdots \end{bmatrix} \tag{1.6}$$

Diese Anordnung ist nötig, weil man die linearisierte Variation von a, δa, durch Multiplikation mit der Variation von $\mathbf{v}$, $\delta \mathbf{v}$, erhält:

$$\delta a = \begin{bmatrix} \dfrac{\partial a}{\partial v_1}\delta v_1 + \dfrac{\partial a}{\partial v_2}\delta v_2 + \dfrac{\partial a}{\partial v_3}\delta v_3 + \cdots \end{bmatrix} = \begin{bmatrix} \dfrac{\partial a}{\partial v_1} & \dfrac{\partial a}{\partial v_2} & \dfrac{\partial a}{\partial v_3} & \cdots \end{bmatrix} \begin{bmatrix} \delta v_1 \\ \delta v_2 \\ \delta v_3 \\ \vdots \end{bmatrix}$$

$$= \frac{\partial a}{\partial \mathbf{v}}\delta \mathbf{v} \tag{1.7}$$

Die Ableitung eines (Spalten-)Vektors $\mathbf{a}$ nach $\mathbf{v}$ betrifft alle Komponenten von $\mathbf{a}$, sodass eine Matrix entsteht:

$$\frac{\partial \mathbf{a}}{\partial \mathbf{v}} = \begin{bmatrix} \dfrac{\partial a_1}{\partial v_1} & \dfrac{\partial a_1}{\partial v_2} & \dfrac{\partial a_1}{\partial v_3} & \cdots \\ \dfrac{\partial a_2}{\partial v_1} & \dfrac{\partial a_2}{\partial v_2} & \dfrac{\partial a_2}{\partial v_3} & \cdots \\ \vdots & \vdots & \vdots & \ddots \end{bmatrix} \tag{1.8}$$

Die nachfolgende Schreibweise mag nicht allgemein verwandt werden, trägt aber an bestimmten Stellen dieses Buches zur Klarheit bei:

Wenn solch eine durch Ableitung entstandene Matrix transponiert wird, wird dies bei den beiden Vektoren vermerkt:

$$\left[\frac{\partial \mathbf{a}}{\partial \mathbf{v}}\right]^T = \begin{bmatrix} \dfrac{\partial a_1}{\partial v_1} & \dfrac{\partial a_2}{\partial v_1} & \dfrac{\partial a_3}{\partial v_1} & \cdots \\[2mm] \dfrac{\partial a_1}{\partial v_2} & \dfrac{\partial a_2}{\partial v_2} & \dfrac{\partial a_3}{\partial v_2} & \cdots \\[2mm] \vdots & \vdots & \vdots & \ddots \end{bmatrix}^T =: \frac{\partial \mathbf{a}^T}{\partial \mathbf{v}^T} \tag{1.9}$$

$\frac{\partial}{\partial \mathbf{v}^T}$ bedeutet also, dass die einzelnen Ableitungen untereinander notiert werden.

Die zweite Ableitung eines Skalars a nach $\mathbf{v}$ wird folglich:

$$\frac{\partial^2 a}{\partial \mathbf{v}^T \partial \mathbf{v}} = \frac{\partial}{\partial \mathbf{v}} \frac{\partial a}{\partial \mathbf{v}^T} = \frac{\partial}{\partial \mathbf{v}} \left[\frac{\partial a}{\partial \mathbf{v}}\right]^T = \begin{bmatrix} \dfrac{\partial^2 a}{\partial v_1 \partial v_1} & \dfrac{\partial^2 a}{\partial v_1 \partial v_2} & \dfrac{\partial^2 a}{\partial v_1 \partial v_3} & \cdots \\[2mm] \dfrac{\partial^2 a}{\partial v_2 \partial v_1} & \dfrac{\partial^2 a}{\partial v_2 \partial v_2} & \dfrac{\partial^2 a}{\partial v_2 \partial v_3} & \cdots \\[2mm] \vdots & \vdots & \vdots & \ddots \end{bmatrix} \tag{1.10}$$

Dies ist stets eine symmetrische Matrix.

Was ist die Ableitung einer Matrix $\mathbf{A}$ nach $\mathbf{v}$? Dies wäre eine Hypermatrix, eine dreidimensionale Matrix, die man nicht mehr auf dem Papier darstellen kann, es sei denn, man schriebe eine „Ebene" nach der anderen. Betrachten wir die Indexschreibweise:

$$\frac{\partial \mathbf{A}}{\partial \mathbf{v}} \quad \text{bedeutet} \quad \frac{\partial A_{ij}}{\partial v_k} \tag{1.11}$$

Das sind drei Indizes. Andererseits sind die Endergebnisse meist zweidimensionale Matrizen. Dabei treten die Ableitungen (1.11) nur auf, nachdem $\mathbf{A}$ mit einem Vektor $\mathbf{v}$ multipliziert wurde, bevor die Ableitung von $\mathbf{A}$ ausgeführt wird:

$$\frac{\partial \mathbf{A}}{\partial \mathbf{v}} \mathbf{w} \quad \text{bedeutet} \quad \frac{\partial A_{ij}}{\partial v_k} w_j \tag{1.12}$$

Dann ist es nützlich zuerst $\mathbf{A}\mathbf{w}$ auszurechnen, was zu einem Vektor führt, und dann die Ableitung zu bilden, wodurch man wieder eine (zweidimensionale) Matrix erhält. Dies wird an einem Beispiel in Abschn. 2.4.2 im Kapitel über die mitdrehende Formulierung im Detail erläutert.

1.3 Newton-Raphson-Verfahren

In der linearen FEM entsteht ein lineares Gleichungssystem, das u. a. mit Verfahren, die auf dem Gauß-Algorithmus beruhen, gelöst werden kann. Eine direkte Auflösung eines größeren Systems nichtlinearer Gleichungen ist in aller Regel nicht möglich. Deshalb kommt meist das Newton- oder Newton-Raphson-Verfahren[1] zum Einsatz, das für eindimensionale Gleichungen allgemein bekannt sein dürfte.

Hier soll das Prinzip zunächst an einem zweidimensionalen Beispiel erläutert werden. Zwei Ellipsen werden durch die Gleichungen

$$\frac{u^2}{2^2} + \frac{v^2}{4^2} = 1 \quad \text{und} \quad \frac{(u-1)^2}{2^2} + \frac{(v+2)^2}{4^2} = 1 \tag{1.13}$$

beschrieben. Ihre Schnittpunkte sollen mit dem Newton-Raphson-Verfahren ermittelt werden. Die grafische Lösung zeigt Abb. 1.1.

Gesucht sind die Wertepaare $\{u; v\}$, die beide Gleichungen erfüllen. Für das Newton-Verfahren müssen sie umgeformt werden, sodass auf der rechten Seite der Nullvektor steht:

$$\mathbf{d}\,(\mathbf{u}) = \begin{bmatrix} d_1 \\ d_2 \end{bmatrix} \left(\begin{bmatrix} u \\ v \end{bmatrix} \right) = \begin{bmatrix} \dfrac{u^2}{2^2} + \dfrac{v^2}{4^2} - 1 \\ \dfrac{(u-1)^2}{2^2} + \dfrac{(v+2)^2}{4^2} - 1 \end{bmatrix} = \begin{bmatrix} 0 \\ 0 \end{bmatrix} = \mathbf{0} \tag{1.14}$$

Für eine Nullstellenbestimmung ist das Newton-Raphson-Verfahren bekannt. Bei einer Unbekannten gilt die Iterationsvorschrift:

$$x_{i+1} = x_i - \frac{f\,(x_i)}{f'\,(x_i)} \tag{1.15}$$

Nur etwas anders notiert lautet dies:

$$x_{i+1} = x_i + \left(\left. \frac{df\,(x)}{dx} \right|_{x=x_i} \right)^{-1} (-f\,(x_i)) \tag{1.16}$$

Dabei kennzeichnet $i+1$ den Iterationsschritt, der Index 0 bezeichnet somit den Startwert. Für das n-dimensionale Problem wird daraus

$$\mathbf{u}_{i+1} = \mathbf{u}_i + \underbrace{\left(\left. \frac{\partial \mathbf{d}\,(\mathbf{u})}{\partial \mathbf{u}} \right|_{\mathbf{u}=\mathbf{u}_i} \right)^{-1}}_{\mathbf{K}_\mathrm{T}} (-\mathbf{d}\,(\mathbf{u}_i)) = \mathbf{u}_i + \mathbf{K}_\mathrm{T}^{-1}\,(-\mathbf{d}\,(\mathbf{u}_i)) \tag{1.17}$$

$\mathbf{K}_\mathrm{T}$ heißt Tangentenmatrix, im Zusammenhang mit mechanischen Berechnungen auch Tangentensteifigkeitsmatrix. In der Mathematik wird sie je nach Zusammenhang auch als Hesse-Matrix (nämlich wenn sie als zweite Ableitung eines Potenzials, z. B. der potenziellen Energie, entstanden ist) oder Jacobi-Matrix bezeichnet.

Es ist nicht üblich, die Inverse zu bilden, sondern ein lineares Gleichungssystem zu lösen. Daraus ergibt sich folgender Algorithmus:

---

[1] Raphson war Zeitgenosse von Newton und hat maßgeblichen Anteil an der Entwicklung des Verfahrens, das man als Newton-Verfahren kennen lernt. Die bekannte eindimensionale Form soll übrigens von Simpson stammen.

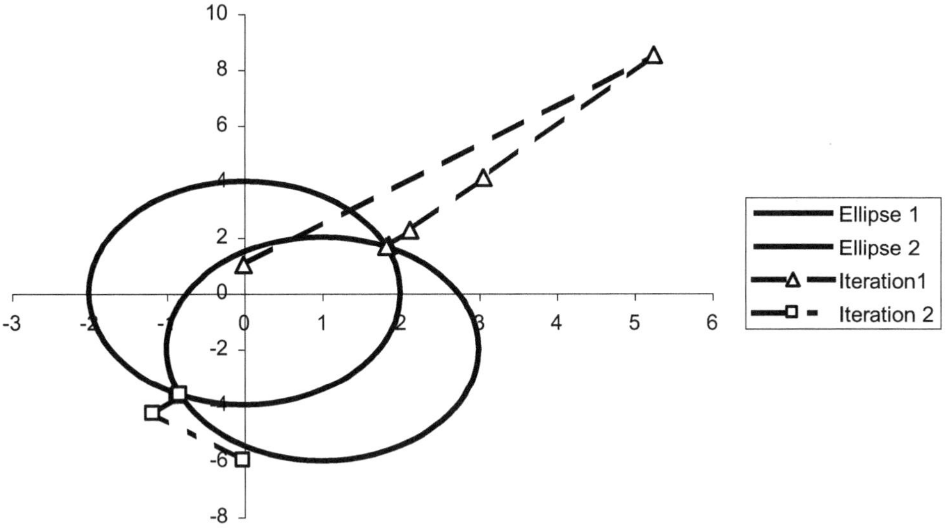

Abb. 1.1 Testproblem für ein zweidimensionales Newton-Verfahren

Alg. 1.1 Newton-Raphson-Verfahren für mehrere Veränderliche im FE-Kontext
Wähle Startvektor $\mathbf{u}_0$, $i = 0$

1) Berechne rechte Seite $-\mathbf{d}(\mathbf{u}_i)$
2) Berechne $\mathbf{K}_T(\mathbf{u}_i)$
3) Löse Gleichungssystem $\mathbf{K}_T \Delta\mathbf{u} = -\mathbf{d}$
4) Berechne $\mathbf{u}_{i+1} = \mathbf{u}_i + \Delta\mathbf{u}$
   $i \Leftarrow i + 1$, weiter mit 1) bis Konvergenz

Im Beispiel der Ellipsen ergibt sich die Tangentenmatrix als

$$\mathbf{K}_T = \frac{\partial \mathbf{d}}{\partial \mathbf{u}} = \begin{bmatrix} \dfrac{\partial d_1}{\partial u} & \dfrac{\partial d_1}{\partial v} \\ \dfrac{\partial d_2}{\partial u} & \dfrac{\partial d_2}{\partial v} \end{bmatrix} = \begin{bmatrix} \dfrac{u}{2} & \dfrac{v}{8} \\ \dfrac{u-1}{2} & \dfrac{v+2}{8} \end{bmatrix} \tag{1.18}$$

In der grafischen Darstellung des Iterationsverlaufes (Abb. 1.1) erkennt man:

- Die Lösung eines nichtlinearen Problems muss nicht eindeutig sein.
- Ist die Lösung nicht eindeutig, ist das mit dem Newton-Verfahren erzielte Ergebnis vom Startwert abhängig.
- Die Zwischenlösungen können sich zunächst vom gesuchten Ergebnis weit entfernen.

Das birgt die Gefahr, dass überhaupt keine Lösung gefunden wird (tritt hier nicht auf) und die Konvergenz anfangs schlecht ist.

Für das Newton-Verfahren lässt sich zeigen, dass es in der Umgebung der Lösung quadratisch konvergiert. Was es damit auf sich hat, sieht man in den Abschn. 2.3.4 und 2.3.6.

1.4 Andere Lösungsverfahren

Für das eindimensionale Nullstellenproblem gibt es zahlreiche weitere Verfahren, deren Konvergenzordnung schlechter als beim Newton-Verfahren ist, die z. T. aber stabiler sind und ohne Ableitungen arbeiten. Eine Übertragung in mehrere Dimensionen ist jedoch nicht möglich. Eine Klasse weiterer für die nichtlineare FEM geeigneter Verfahren sind die so genannten Quasi-Newton-Verfahren (z. B. [11]), z. B. das BFGS- (nach Broyden, Fletcher, Goldfarb, Shannon) und das DFP- (nach Davidon, Fletcher, Powell) Verfahren. Dabei wird nicht mit der exakten Tangentenmatrix, sondern mit einer iterativ aus dem Lösungsverlauf bestimmten Annäherung ihrer Inversen gearbeitet. Bei der Realisierung wird auch diese Matrix nicht gespeichert, sondern ihr Produkt mit beteiligten Vektoren [12].

Eine weitere Klasse sind Mehrgitterverfahren (*Multigrid*), die nicht nur zur Lösung des linearen Systems im Newton-Raphson-Verfahren eingesetzt, sondern auch direkt auf die nichtlinearen Gleichungen angewandt werden können ([6], [22], [23]). Praktische Bedeutung hat dies aber wohl nur in der Strömungsmechanik erlangt. Auch von vorkonditionierten Verfahren der konjugierten Gradienten (PCG wie *preconditioned conjugate gradients)* gibt es nichtlineare Varianten [14].

Eine besondere Art stellen die Programme zur Dynamik mit expliziter Zeitintegration dar. Wegen des Stabilitätskriteriums muss der Zeitschritt sehr klein sein, sodass sie sich auf den ersten Blick nur für Kurzzeitvorgänge wie Crash-Berechnungen eignen. Sind aber die auftretenden inneren und äußeren Kräfte auch bei kleinen Simulationszeiträumen groß im Vergleich zu den Trägheitskräften, kann sogar quasi-statisch gerechnet werden. Da bei diesen Verfahren keine Konvergenz erzielt werden muss, gibt es auch kein Konvergenzproblem. Anwendungen sind daher hochgradig nichtlineare Vorgänge, bei denen es schwierig ist, im Newton- oder anderen impliziten Verfahren Konvergenz zu erzielen, weil komplexe Kontaktsituationen oder lokale Instabilitäten vorliegen (s. z. B. [21]). Beispiele sind Tiefziehen (die Tendenz zur Faltenbildung stellt ein Stabilitätsproblem dar) oder Traglastberechnungen (Systemversagen).

1.5 Ableitungen impliziter Funktionen

In verschiedenen Kapiteln, speziell im Zusammenhang mit Materialgesetzen und Kontakt, ist es für das Newton-Verfahren nötig, Ableitungen von Funktionen zu bilden, die nur implizit gegeben sind.

Eine Gleichung sei gegeben durch:

$$F(x, y) = const. \tag{1.19}$$

Dies beschreibt implizit auch eine Funktion $y(x)$. Nun soll deren Ableitung $\frac{dy}{dx}$ bestimmt werden.

Ohne F nach y aufzulösen, führt folgender Weg zum Ziel:

Das totale Differenzial, d. h. die Ableitung nach allen unabhängigen Variablen mal dem Differenzial dieser Variablen, ist null, weil F konstant ist:

$$dF = \frac{\partial F}{\partial x}dx + \frac{\partial F}{\partial y}dy = 0 \tag{1.20}$$

Das kann nach der gewünschten Ableitung aufgelöst werden:

$$\frac{dy}{dx} = -\frac{1}{\frac{\partial F}{\partial y}}\frac{\partial F}{\partial x} \tag{1.21}$$

Beispiel

Eine Ellipse wird beschrieben durch:

$$F = \frac{x^2}{a^2} + \frac{y^2}{b^2} - 1 = 0 \tag{1.22}$$

Damit:

$$\frac{\partial F}{\partial x} = \frac{2x}{a^2}, \quad \frac{\partial F}{\partial y} = \frac{2y}{b^2} \tag{1.23}$$

$$\frac{dy}{dx} = -\frac{2x}{a^2}\frac{b^2}{2y} = -\frac{b^2}{a^2}\frac{x}{y} \tag{1.24}$$

Diese Ableitung enthält sowohl x als auch y. Das ist so lange kein Problem, wie die Ableitung nur an einem Punkt verlangt wird, z. B. an einem Lösungspunkt des Newton-Verfahrens. Als Funktion ist diese Ableitung auch nur wieder implizit gegeben.

In diesem Beispiel kann F jedoch nach y aufgelöst werden:

$$\frac{y^2}{b^2} = 1 - \frac{x^2}{a^2} \Leftrightarrow y^2 = b^2\left(1 - \frac{x^2}{a^2}\right) = \frac{b^2}{a^2}\left(a^2 - x^2\right) \tag{1.25}$$

$$y = \pm\frac{b}{a}\sqrt{a^2 - x^2}\ (a, b > 0) \tag{1.26}$$

Beschränkt man sich auf die positive Lösung (1. und 2. Quadrant), lautet die Ableitung:

$$\frac{dy}{dx} = \frac{b}{a}\frac{-2x}{2\sqrt{a^2 - x^2}} = -\frac{b}{a}\frac{x}{\sqrt{a^2 - x^2}} \tag{1.27}$$

Nun wird der positive Teil von (1.26) in (1.24) eingesetzt, um (1.24) mit (1.27) vergleichen zu können:

$$\frac{dy}{dx} = -\frac{b^2}{a^2}\frac{x}{\frac{b}{a}\sqrt{a^2 - x^2}} = -\frac{b}{a}\frac{x}{\sqrt{a^2 - x^2}} \tag{1.28}$$

Das stimmt mit (1.27) überein.

Nun wird ein *System* von Gleichungen betrachtet, die implizit Abhängigkeiten beschreiben. Das könnte sein:

$$\begin{aligned} F_x\left(\xi, \zeta, x, y\right) &= 0 \\ F_y\left(\xi, \zeta, x, y\right) &= 0 \end{aligned} \tag{1.29}$$

was die Abhängigkeit von x und y von ξ und ζ beschreibt. Die Ableitungen von ξ und ζ
nach x und y sind gesucht. Analog zu dem obigen x-y-Problem lauten die totalen Diffe-
renziale:

$$\begin{aligned} dF_x\left(\xi, \zeta, x, y\right) &= \frac{\partial F_x}{\partial \xi}d\xi + \frac{\partial F_x}{\partial \zeta}d\zeta + \frac{\partial F_x}{\partial x}dx + \frac{\partial F_x}{\partial y}dy = 0 \\ dF_y\left(\xi, \zeta, x, y\right) &= \frac{\partial F_y}{\partial \xi}d\xi + \frac{\partial F_y}{\partial \zeta}d\zeta + \frac{\partial F_y}{\partial x}dx + \frac{\partial F_y}{\partial y}dy = 0 \end{aligned} \tag{1.30}$$

nach Umordnung:

$$\begin{aligned} \frac{\partial F_x}{\partial \xi}d\xi + \frac{\partial F_x}{\partial \zeta}d\zeta &= -\frac{\partial F_x}{\partial x}dx - \frac{\partial F_x}{\partial y}dy \\ \frac{\partial F_y}{\partial \xi}d\xi + \frac{\partial F_y}{\partial \zeta}d\zeta &= -\frac{\partial F_y}{\partial x}dx - \frac{\partial F_y}{\partial y}dy \end{aligned}$$

in Matrizenschreibweise:

$$\begin{bmatrix} \frac{\partial F_x}{\partial \xi} & \frac{\partial F_x}{\partial \zeta} \\ \frac{\partial F_y}{\partial \xi} & \frac{\partial F_y}{\partial \zeta} \end{bmatrix} \begin{bmatrix} d\xi \\ d\zeta \end{bmatrix} = - \begin{bmatrix} \frac{\partial F_x}{\partial x} & \frac{\partial F_x}{\partial y} \\ \frac{\partial F_y}{\partial x} & \frac{\partial F_y}{\partial y} \end{bmatrix} \begin{bmatrix} dx \\ dy \end{bmatrix} \tag{1.31}$$

Das ist ein lineares Gleichungssystem mit zwei Unbekannten und zwei rechten Seiten.
Die erste Spalte der Lösung ergibt $\{d\xi; d\zeta\}$ als Funktion von dx und nach Division durch
dx die Ableitung nach x; die y-Komponente erhält man analog aus der zweiten Spalte:

$$\begin{bmatrix} \frac{d\xi}{dx} & \frac{d\xi}{dy} \\ \frac{d\zeta}{dx} & \frac{d\zeta}{dy} \end{bmatrix} = - \begin{bmatrix} \frac{\partial F_x}{\partial \xi} & \frac{\partial F_x}{\partial \zeta} \\ \frac{\partial F_y}{\partial \xi} & \frac{\partial F_y}{\partial \zeta} \end{bmatrix}^{-1} \begin{bmatrix} \frac{\partial F_x}{\partial x} & \frac{\partial F_x}{\partial y} \\ \frac{\partial F_y}{\partial x} & \frac{\partial F_y}{\partial y} \end{bmatrix} \tag{1.32}$$

Wenn das vorteilhaft erscheint, kann dieses System allgemein gelöst werden, z. B. nach
der Cramer'schen Regel. Im Allgemeinen ist eine numerische Lösung auf der Basis der
einzusetzenden Zahlen ausreichend.

Es wurde vorausgesetzt, dass ξ und ζ nur von einem x und einem y abhängen. Im Allgemeinen können dies mehrere Variablen, hier mehr wahre Koordinaten sein. Dann wächst die Zahl der rechten Seiten entsprechend an.

1.6 Schrittweitensteuerung

Wie oben ausgeführt, konvergiert das Newton-Raphson-Verfahren quadratisch in der Nähe der Lösung. Sofern sich der Startpunkt dort befindet und tatsächlich die Tangente vorliegt, ist eine Verbesserung nicht mehr möglich. Daraus folgt zunächst, dass es sinnvoll ist, die Startwerte, gewöhnlich die letzten konvergierten Ergebnisse, in der Nähe der neuen Lösung zu halten, dass also kleine Schritte bei der Lastaufbringung hilfreich sind (s. Vergleich in Abb. 1.2).

„Klein" ist allerdings relativ und „klein genug" im Vorhinein kaum zu bestimmen. Das bedeutet, dass eine an das Lösungsverhalten angepasste Schrittweitensteuerung ein besonders nützliches Werkzeug ist. Kriterien dafür sind

- die Anzahl der zur Konvergenz benötigten Iterationsschritte,
- die Größe des Inkrementes der plastischen oder Kriechdehnung,
- erfolgte oder bevorstehende Statuswechsel oder Eindringungen zu Beginn eines Inkrementes bei Kontakt,
- bei expliziten Verfahren das Verhältnis zu einem kritischen Zeitschritt,
- in der Dynamik Abschätzungen der Antwortfrequenzen.

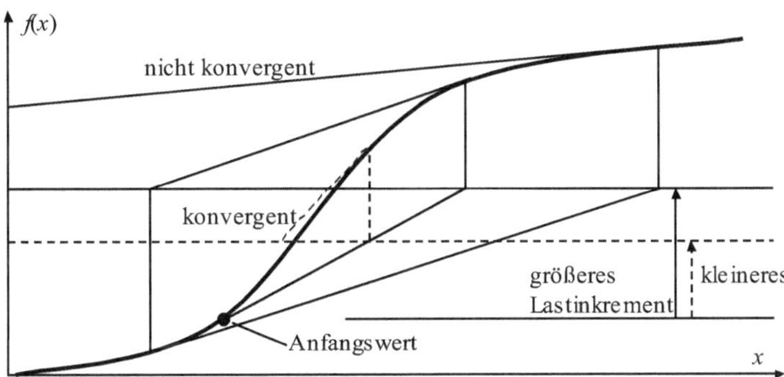

Abb. 1.2 Konvergenz oder Divergenz abhängig vom Lastinkrement

1.7 Eindimensionale Minimum-Suche (*line search*)

Zur Stabilisierung des iterativen Lösungsverfahrens bei größeren Schrittweiten kann ein *line search* durchgeführt werden. Dabei wird die Verbesserung $\Delta\mathbf{u}$ aus dem Newton- oder einem anderen Verfahren nur als Richtung aufgefasst und erst mit einem Faktor (typischerweise < 1) multipliziert, bevor sie zur letzten Näherungslösung addiert wird. Um die Bestimmung des Faktors zu verstehen, muss man sich erinnern, dass Finite Elemente über das Prinzip vom Minimum der potenziellen Energie (in Abb. 1.3 durch Äquipotenziallinien dargestellt) hergeleitet werden können. Dieses wird erst bei Erhalt des Gleichgewichts erreicht. Man kann aber wenigstens das Minimum in Richtung von $\Delta\mathbf{u}$ suchen. $\Delta\mathbf{u}$ heißt deshalb Abstiegsrichtung. Die Stelle des Minimums ist dadurch gekennzeichnet, dass dort der Gradient, die Richtung des steilsten Abstiegs, senkrecht auf der bisher verfolgten Richtung steht. Dieser Gradient ist aber gerade die rechte Seite.

Daraus lässt sich als Bedingung über das Skalarprodukt

$$f(c) = \Delta\mathbf{u}^T \mathbf{d}\,(\mathbf{u}_i + c\Delta\mathbf{u}) = 0 \tag{1.33}$$

formulieren. Zur Bestimmung von c kommen ableitungsfreie Verfahren zur Nullstellenbestimmung in Frage (Sekantenverfahren, regula falsi und Verbesserungen davon).

Für ein Newton-Verfahren zu diesem Zweck wäre

$$f'(c) = \Delta\mathbf{u}^T \frac{\partial\mathbf{d}}{\partial\mathbf{u}}\frac{d\mathbf{u}}{dc} = \Delta\mathbf{u}^T \mathbf{K}_\mathrm{T}\,(\mathbf{u}_i + c\Delta\mathbf{u})\,\Delta\mathbf{u} \tag{1.34}$$

zu bestimmen. Die Aufstellung der Tangentenmatrix $\mathbf{K}_\mathrm{T}$ nur zur Bestimmung von c wäre übertriebener Aufwand. Bei Startwert $c = 0$ ist $\mathbf{K}_\mathrm{T}$ allerdings die Matrix, die zur Berechnung von $\Delta\mathbf{u}$ geführt hat. Darüber hinaus ist dann auch das Produkt mit $\Delta\mathbf{u}$ bekannt,

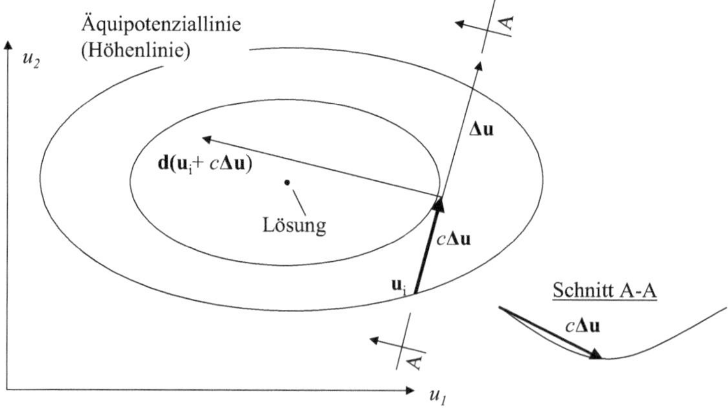

Abb. 1.3 Zum Line-Search

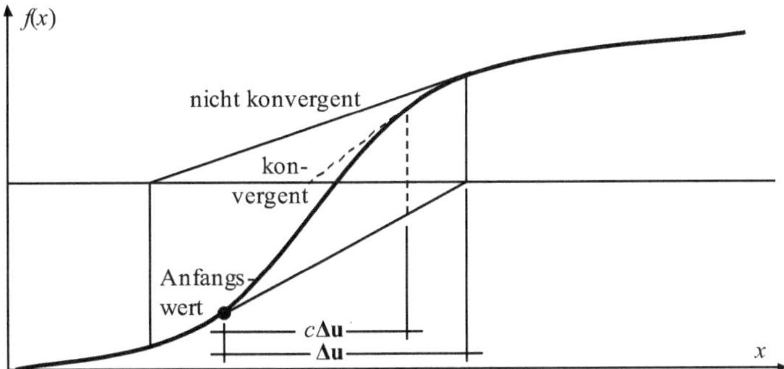

Abb. 1.4 Effekt eines Line-Search-Algorithmus' auf die Konvergenz

nämlich

$$\mathbf{K}_T \Delta \mathbf{u} = -\mathbf{d} \tag{1.35}$$

Daraus folgt für die erste Näherung von c:

$$c_1 = 0 - \frac{\Delta \mathbf{u}^T \mathbf{d}\,(\mathbf{u}_i)}{-\Delta \mathbf{u}^T \mathbf{d}\,(\mathbf{u}_i)} = 1 \tag{1.36}$$

Also ist 1 ein geeigneter Startwert, wenn $\Delta \mathbf{u}$ mit dem Newton-Verfahren bestimmt wurde. Ferner sollte sich dann in der Nähe der Lösung, wenn also die guten Eigenschaften zum Tragen kommen, 1 ergeben.

Neben der Lösung von (1.33) kommt auch die Einschränkung des Vorzeichenwechsels von f (Rückverfolgungsalgorithmen) in Betracht, weil normalerweise nur sichergestellt werden soll, dass überhaupt ein Abstieg vorliegt.

Der Effekt eines Line-Search-Algorithmus' wird in Abb. 1.4 illustriert.

In der praktischen Strukturanalyse ist der Line-Search am effektivsten,

- wenn das Tragwerk während der Iteration steifer wird,
- im Falle von Kontakt mit Statuswechseln (die nicht differenzierbare Charakteristika darstellen),
- in anderen Fällen, in denen die Tangente nicht exakt bestimmt wurde.

1.8 Konvergenzkriterien

Ziel der Iteration ist, dass $\mathbf{d}(\mathbf{u})$ zu null wird. Folglich ist ein Maß für die Konvergenz, inwieweit das erreicht ist. Da $\mathbf{d}$ viele Komponenten erhält, muss zunächst eine Norm berechnet werden, z. B. die Euklidische, d. h. die Länge des Vektors, die Anwendung des

Pythagoras auf den n-dimensionalen Raum:

$$\|\mathbf{d}\| = \sqrt{\sum_{i=1}^{n} d_i^2} \tag{1.37}$$

Sodann ist zu klären, in welcher Größenordnung der Betrag als annähernd null gelten kann. Hier kommt nur der Vergleich mit einem Bezugswert in Frage. In der FEM der Mechanik ist $\mathbf{d}$ die Differenz zwischen inneren und äußeren Kräften, $\mathbf{f}^{\text{int}}$ und $\mathbf{f}^{\text{ext}}$:

$$\mathbf{d} = \mathbf{f}^{\text{int}} - \mathbf{f}^{\text{ext}} \tag{1.38}$$

Also lautet das Konvergenzkriterium:

$$\frac{\|\mathbf{d}\|}{\|\mathbf{f}\|} < \varepsilon \tag{1.39}$$

wobei ε eine kleine, die Genauigkeit beeinflussende, im Vorhinein wählbare Zahl und $\mathbf{f}$ wahlweise die inneren oder die äußeren Knotenkräfte bedeutet.

Dieses Kriterium ist als *Kraftkonvergenz* bekannt.

Ferner bedeutet $\mathbf{d} = \mathbf{0}$ auch, dass die Lösungsverbesserung $\Delta\mathbf{u}$ ebenfalls $\mathbf{0}$ wird. Daher kann auch

$$\frac{\|\Delta\mathbf{u}\|}{\|\mathbf{u}\|} < \varepsilon \tag{1.40}$$

als Konvergenzkriterium gelten. Dabei kann $\mathbf{u}$ die gesamte Verschiebung oder diejenige aus dem jeweiligen Lastinkrement sein.

Beide Kriterien signalisieren oft nicht zur selben Zeit Konvergenz. Bei einem sich versteifenden System hat eine kleine Verschiebungsänderung größere Kraftänderungen zur Folge, bei einem weicher werdenden System – als Extremfall kann hier das Stabilitätsproblem (s. Kap. 3) gelten – ist es umgekehrt. Daher liegt man auf der sicheren Seite, wenn man beide Kriterien beachtet. Ein Ausweg kann eine Energiebedingung sein. Wegen der Vorzeichen muss der der Absolutwert des Beitrags der jeweiligen Komponente verwendet werden:

$$\frac{\sqrt{\sum_i |\Delta u_i d_i|}}{\sqrt{\sum_i |u_i f_i|}} < \varepsilon \tag{1.41}$$

Balken- und Schalenelemente weisen sowohl Verschiebungs- als auch Drehfreiheitsgrade auf, entsprechend Knotenkräfte und -momente. Die haben unterschiedliche Einheiten. Damit die Konvergenz nicht von der gewählten Längeneinheit abhängt, empfiehlt es sich, für die beiden Anteile die Kriterien getrennt zu erfüllen. Bei der Energiebedingung tritt das Problem nicht auf.

Wird die Konvergenz durch die Norm von $\mathbf{d}$ gemessen, hat das Verfahren die Konvergenzordnung κ, wenn gilt:

$$\frac{\|\mathbf{d}_i\|}{\|\mathbf{d}_{i-1}\|^\kappa} = c \tag{1.42}$$

wobei c eine Konstante ist und i den jeweiligen Iterationsschritt bezeichnet. Für drei aufeinander folgende Schritte folgt dann:

$$\frac{\|\mathbf{d}_i\|}{\|\mathbf{d}_{i-1}\|^\kappa} = \frac{\|\mathbf{d}_{i-1}\|}{\|\mathbf{d}_{i-2}\|^\kappa} \Leftrightarrow \left(\frac{\|\mathbf{d}_{i-2}\|}{\|\mathbf{d}_{i-1}\|}\right)^\kappa = \frac{\|\mathbf{d}_{i-1}\|}{\|\mathbf{d}_i\|} \tag{1.43}$$

$$\kappa \log\left(\frac{\|\mathbf{d}_{i-2}\|}{\|\mathbf{d}_{i-1}\|}\right) = \log\left(\frac{\|\mathbf{d}_{i-1}\|}{\|\mathbf{d}_i\|}\right) \tag{1.44}$$

Somit gibt

$$\kappa = \frac{\log\left(\|\mathbf{d}_{i-1}\|/\|\mathbf{d}_i\|\right)}{\log\left(\|\mathbf{d}_{i-2}\|/\|\mathbf{d}_{i-1}\|\right)} \tag{1.45}$$

das tatsächliche aktuelle Konvergenzverhalten an.

Beispiel

Iteration i	$\|\mathbf{d}\|_i^I$	$\|\mathbf{d}\|_i^{II}$
1	10	10
2	1	1
3	0,1	0,01

In dem Beispiel ergibt die mit I bezeichnete Spalte lineare ($\kappa = 1$), die mit II bezeichnete quadratische Konvergenz ($\kappa = 2$).

2.1 Grundbegriffe der geometrischen Nichtlinearitäten

Bei einer geometrisch linearen Berechnung geht man von folgenden Voraussetzungen aus:

1. Gleichgewicht am **un**verformten System,
2. kleine Rotationen, damit linearisierte Kinematik (s. Abb. 2.1),
3. kleine Dehnungen,
   d. h. es ist sinnvoll und ausreichend, die Dehnungen als Längenänderungen bezogen auf die **Ausgangs**längen l_0 zu definieren.

Von diesen Voraussetzungen wird im Folgenden schrittweise abgewichen, d. h. es werden

1. Gleichgewicht am **verformten** System,
2. große Drehungen (Rotationen) und
3. große Dehnungen

betrachtet. Eher müsste es kinematische Nichtlinearität heißen, der obige Begriff ist aber eingeführt, vermutlich weil diese Winkelbeziehungen in der Mathematik Teil der Geometrie sind.

2.2 Theorie 2. Ordnung, Gleichgewicht am verformten System

2.2.1 Motivation und FE-Umsetzung

Es wird nur von Voraussetzung 1 abgewichen. Diese Theorie ist für die meisten Anwendungen im Bauwesen ausreichend und bildet die Grundlage der Euler'schen Knicktheorie und der gängigen analytischen Lösungen für Plattenbeulen.

© Springer Fachmedien Wiesbaden 2016

W. Rust, *Nichtlineare Finite-Elemente-Berechnungen*, DOI 10.1007/978-3-658-13378-8_2

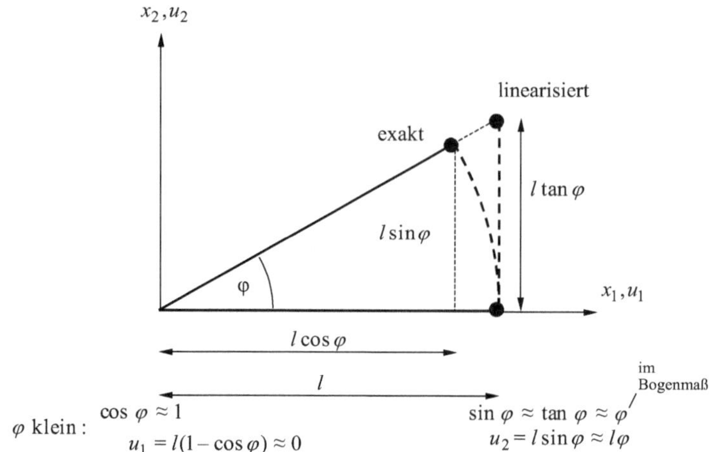

Abb. 2.1 linearisierte Kinematik

Abb. 2.2 Folge des Gleichgewichts am verformten System

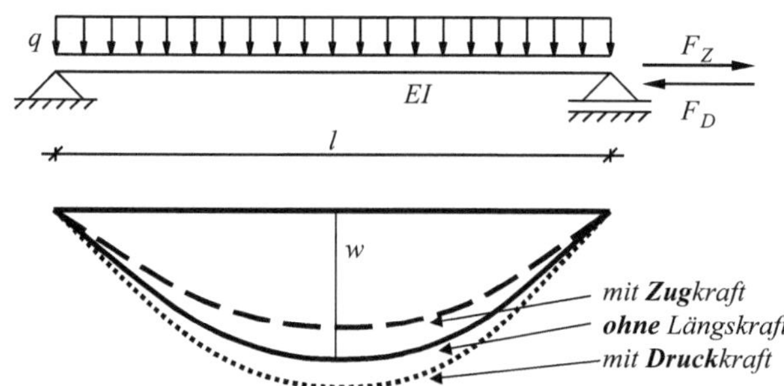

Man betrachte den Balken auf zwei Stützen aus Abb. 2.2. Bei der vollständig linearen Theorie sind die Querbelastung q und die Längskraft F entkoppelt: die Querbelastung erzeugt Querkraft und Moment, die Längskraft eine Normalkraft. Beim Gleichgewicht am verformten System muss aber berücksichtigt werden, dass die Kraft F einen Hebelarm w gegenüber Punkten auf der Biegelinie aufweist, der zunächst der Durchbiegung infolge der Querbelastung entspricht. Daraus ergibt sich in erster Näherung ein Zusatzmoment

$$\Delta M = -F_Z w \tag{2.1}$$

Das bedeutet eine Entlastung bei Vorliegen einer Zugkraft F_Z. Dies führt zu weniger Durchbiegung und damit zu einer etwas geringeren Entlastung im endgültigen Gleichgewichtszustand.

Bei Vorliegen einer Druckkraft F_D lautet das Zusatzmoment in erster Näherung

$$\Delta M = F_D w \tag{2.2}$$

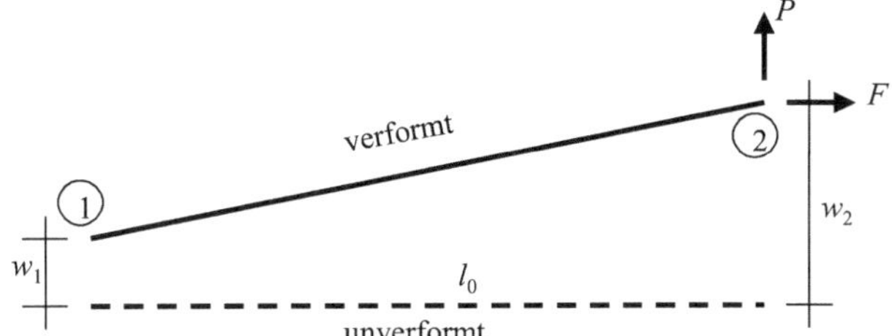

Abb. 2.3 Zum Gleichgewicht am verformten Stabelement

Dies bewirkt eine Zunahme der Durchbiegung und damit des Zusatzmomentes usw. Ob sich daraus schließlich eine endliche Durchbiegung ergibt, hängt von der Größe der Druckkraft ab. Bei Überschreiten der Euler'schen Knicklast wächst die Durchbiegung über alle Grenzen.

Für das einfachste Finite Element, das Stabelement ohne Biegesteifigkeit (Abb. 2.3), wird dieser Effekt, wie nachfolgend beschrieben, berücksichtigt.

Wegen der fehlenden Biegesteifigkeit ist am unverformten System ein Gleichgewicht mit der Last P nicht möglich. Am verformten ergibt jedoch die Summe der Momente um das linke Ende:

$$F\,(w_2 - w_1) = P\,l_0 \tag{2.3}$$

Nach P aufgelöst:

$$\frac{F}{l_0}\,(w_2 - w_1) = P \tag{2.4}$$

Bei den vorausgesetzten kleinen Drehungen ist die Längskraft F ungefähr gleich der Normalkraft N, die sich wiederum als Spannung σ mal Fläche A ausdrücken lässt:

$$\frac{\sigma A}{l_0}\,(w_2 - w_1) = P \tag{2.5}$$

In Matrizenschreibweise lautet das:

$$\frac{\sigma A}{l_0}\begin{bmatrix} -1 & 1 \end{bmatrix}\begin{bmatrix} w_1 \\ w_2 \end{bmatrix} = P \tag{2.6}$$

Unter Einbeziehung der Längsverschiebungen u_i und Berücksichtigung der Tatsache, dass die gleiche Überlegung auch für eine Querlast am linken Knoten 1 möglich ist, lässt sich dies zu

$$\frac{\sigma A}{l_0}\underbrace{\begin{bmatrix} 0 & 0 & 0 & 0 \\ 0 & 1 & 0 & -1 \\ 0 & 0 & 0 & 0 \\ 0 & -1 & 0 & 1 \end{bmatrix}}_{\mathbf{S}}\begin{bmatrix} u_1 \\ w_1 \\ u_2 \\ w_2 \end{bmatrix} = \begin{bmatrix} 0 \\ P_1 \\ 0 \\ P_2 \end{bmatrix} \tag{2.7}$$

erweitern. Ein Term, der eine Verknüpfung zwischen Verschiebungen und Kräften herstellt, heißt Steifigkeit. Die Matrix $\mathbf{S}$ fällt auch darunter, jedoch ist hier die Steifigkeit nicht von Materialparametern abhängig, sondern von Spannungen, weshalb $\mathbf{S}$ Spannungsversteifungsmatrix (engl. *stress stiffening matrix*) heißt. Die Spannung ist jedoch vorzeichenbehaftet. Eine Druckspannung führt also zu einer Schwächung.

Die Matrix $\mathbf{S}$ wirkt als Ergänzung zur Steifigkeitsmatrix $\mathbf{K}$ nach linearer Theorie, beim ebenen Fachwerkstabelement gilt also:

$$\left(\frac{EA}{l} \begin{bmatrix} 1 & 0 & -1 & 0 \\ 0 & 0 & 0 & 0 \\ -1 & 0 & 1 & 0 \\ 0 & 0 & 0 & 0 \end{bmatrix} + \frac{\sigma A}{l} \begin{bmatrix} 0 & 0 & 0 & 0 \\ 0 & 1 & 0 & -1 \\ 0 & 0 & 0 & 0 \\ 0 & -1 & 0 & 1 \end{bmatrix} \right) \begin{bmatrix} u_1 \\ w_1 \\ u_2 \\ w_2 \end{bmatrix}$$
$$= \begin{bmatrix} P_{1x} \\ P_{1z} \\ P_{2x} \\ P_{2z} \end{bmatrix} \tag{2.8}$$

2.2.2 Warum Theorie 2. Ordnung?

Im vorigen Kapitel wurde die vollständig linearisierte Kinematik benutzt. Warum ist dennoch von Theorie 2. Ordnung die Rede? Dazu wird das folgende Stabilitätsproblem auf zwei Arten gelöst, zunächst durch Gleichgewicht am verformten System und linearisierte Kinematik (Abb. 2.4).

Das Gleichgewicht am verformten System ergibt:

$$Pu = F_{\mathrm{f}}l \tag{2.9}$$

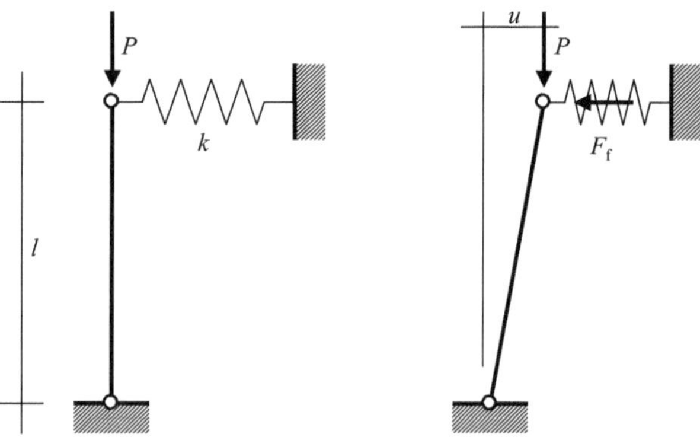

Abb. 2.4 Stabilitätsproblem mit linearisierter Kinematik

Abb. 2.5 Stabilitätsproblem
mit exakter Kinematik

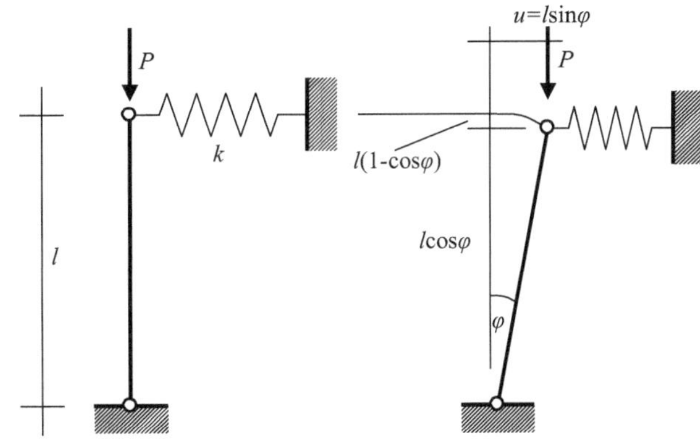

Die Federkraft beträgt

$$F_{\mathrm{f}} = ku \tag{2.10}$$

also

$$Pu = kul \tag{2.11}$$

$$(P - kl)\, u = 0 \tag{2.12}$$

Diese Gleichung hat die Triviallösung $u = 0$ und die nicht-triviale

$$P = kl \tag{2.13}$$

Das ist die kritische Last des Systems, weil dann eine Verschiebung ohne Lasterhöhung möglich wird. Nun wird das Prinzip vom Minimum der potenziellen Energie, zuerst mit der vollständigen Kinematik (Abb. 2.5), angewandt.

Die Last P verliert an potenzieller Energie, während die Feder solche gewinnt. Zusammen muss sich ein Minimum ergeben:

$$-Pl\,(1 - \cos\varphi) + \frac{1}{2}k\,(l\sin\varphi)^2 \to \text{Min.} \tag{2.14}$$

Nun werden für die Winkelfunktionen deren Taylor-Reihenentwicklungen verwandt und nach dem Glied zweiter Ordnung abgebrochen:

$$
\begin{aligned}
\sin\varphi &\approx \varphi && \left| -\frac{\varphi^3}{3!} + \cdots \right. \\
\cos\varphi &\approx 1 && \left. -\frac{\varphi^2}{2!} \right| + \cdots
\end{aligned}
\tag{2.15}
$$

Diese Theorie heißt also 2. Ordnung, weil man bei der Anwendung von Energiemethoden Terme bis 2. Ordnung der Reihenentwicklung von Winkelfunktionen mitnehmen muss.

Damit wird aus (2.14)

$$-Pl\left(\frac{\varphi^2}{2}\right) + \frac{1}{2}k\,(l\varphi)^2 \rightarrow \text{Min.} \tag{2.16}$$

Als notwendige Bedingung ergibt sich durch Ableiten nach φ

$$-Pl\varphi + kl^2\varphi = 0 \tag{2.17}$$

$$(-P + kl)\,l\varphi = 0 \tag{2.18}$$

Daraus erhält man wieder als nicht-triviale Lösung die kritische Last (2.13).

2.2.3 Lineares Beulen

Da Theorien für die Berücksichtigung geometrischer Nichtlinearität hinlänglich bekannt sind und einen größeren Gültigkeitsbereich haben, ist die wichtigste verbleibende Anwendung die lineare Eigenwert-Beuluntersuchung.

Gl. (2.8) lautet in der symbolischen Matrizenschreibweise:

$$(\mathbf{K} + \mathbf{S}\,(\sigma))\,\hat{\mathbf{u}} = \mathbf{f}^{\text{ext}} \tag{2.19}$$

Die Matrix $\mathbf{S}$ hängt linear von der Spannung ab, die Spannung bei Gültigkeit des Hooke'schen Gesetzes wiederum linear von der Längskraft. Folglich ist die Spannungsversteifung infolge einer um einen Faktor λ gesteigerten Last $\mathbf{f}$

$$\mathbf{S}\,(\sigma\,(\lambda\mathbf{f})) = \mathbf{S}\,(\lambda\sigma\,(\mathbf{f})) = \lambda\mathbf{S}\,(\sigma\,(\mathbf{f})) \tag{2.20}$$

Ein Stabilitätsproblem (Knicken oder Beulen) liegt vor, wenn durch eine Belastung $\lambda\mathbf{f}$ ein Spannungszustand erzeugt wird, sodass eine Verformung ohne eine weitere Lastaufbringung möglich wird. Aus (2.19) wird dann

$$(\mathbf{K} + \lambda\mathbf{S}\,(\sigma))\,\boldsymbol{\varphi} = \mathbf{0} \tag{2.21}$$

Es handelt sich dabei um ein allgemeines Matrizeneigenwertproblem. $\boldsymbol{\varphi}$ wird anstelle von $\mathbf{u}$ verwandt, um den Eigenvektor zu kennzeichnen. Der Eigenwert λ stellt den kritischen Lastmultiplikator für die aufgebrachte Last, also die Last, die zum Spannungszustand σ geführt hat, dar. Es handelt sich jedoch bei

$$\mathbf{f}_{\text{ki}} = \lambda\mathbf{f} \tag{2.22}$$

nur um die kritische Last bei der idealisierenden Annahme, dass es keine Imperfektionen (Vorkrümmungen, unberücksichtigte Lastausmitten, s. Abschn. 3.4) gibt und das Verhalten des Systems bis zum Beulen vollständig linear ist, weshalb dieses Lastniveau als *ideale kritische Last* bezeichnet wird. Tatsächlich tritt bereits darunter Stabilitätsversagen ein. Wie das in der Simulation zu erfassen ist, wird in Kap. 3 beschrieben.

Der Eigenvektor φ, der den Vektor der unbekannten Verschiebungen ersetzt hat, gibt die Richtung an, in die sich das System bei Eintritt des Beulens verschieben wird. Dieser Zustand heißt *Beuleigenform*. Sie ist nur bis auf einen Faktor bestimmt und wird daher normiert, z. B. so, dass die maximale Verschiebung 1 beträgt.

Bei einer FE-Berechnung sind die durchzuführenden Schritte:

Alg. 2.1 Lineare Beulanalyse
a) vollständig lineare statische Berechnung zur Ermittlung des (Vor-)Spannungszustands σ,
b) Erstellung der Spannungsversteifungsmatrix **S**,
c) Lösen des Eigenwertproblems,
   in der Regel durch Vektoriteration $\rightarrow \varphi \rightarrow \lambda$.

Die Eigenform kann wie ein gewöhnlicher Verschiebungszustand dargestellt werden. Andere Ergebnisgrößen wie Dehnungen oder Spannungen sind von untergeordneter Bedeutung; sie stellen Inkremente multipliziert mit einem unbekannten Faktor dar, aber sie können zur Fehlerabschätzung herangezogen werden ([23, 25]).

Eulerfall

Als Beispiel wird hier der erste Eulerfall untersucht, bei dem ein Ende eingespannt und ein Ende frei ist (Abb. 2.6).

Abb. 2.6 Stabknicken, 1. Eulerfall

Für die Berechnung benötigt man ein Stabelement, das einen Dehnstab- und einen Biegebalkenanteil enthält. Das Gleichungssystem lautet so vor Einbau der Randbedingungen:

$$\left(\begin{bmatrix} \frac{EA}{l} & \mathbf{0} & -\frac{EA}{l} & \mathbf{0} \\ \mathbf{0} & \frac{EI}{l}\begin{bmatrix} \frac{12}{l^2} & \frac{6}{l} \\ \frac{6}{l} & 4 \end{bmatrix} & \mathbf{0} & \frac{EI}{l}\begin{bmatrix} -\frac{12}{l^2} & \frac{6}{l} \\ -\frac{6}{l} & 2 \end{bmatrix} \\ -\frac{EA}{l} & \mathbf{0} & \frac{EA}{l} & \mathbf{0} \\ \mathbf{0} & \frac{EI}{l}\begin{bmatrix} -\frac{12}{l^2} & -\frac{6}{l} \\ \frac{6}{l} & 2 \end{bmatrix} & \mathbf{0} & \frac{EI}{l}\begin{bmatrix} \frac{12}{l^2} & -\frac{6}{l} \\ -\frac{6}{l} & 4 \end{bmatrix} \end{bmatrix} + \mathbf{S}\,(\sigma)\right)\begin{bmatrix} u_1 \\ w_1 \\ \varphi_1 \\ u_2 \\ w_2 \\ \varphi_2 \end{bmatrix}$$

$$= \begin{bmatrix} 0 \\ 0 \\ 0 \\ -F \\ 0 \\ 0 \end{bmatrix} \tag{2.23}$$

Die Spannungsversteifungsmatrix für den Balken wird erst in Abschn. 2.2.4 hergeleitet. Hier wird näherungsweise die Matrix $\mathbf{S}$ für den Fachwerkstab verwendet, weil das die Handrechnung erleichtert. Nach Berücksichtigung der Festhaltung aller Freiheitsgrade des linken Knotens und Einsetzen für $\mathbf{S}$ lauten die Gleichungen:

$$\left(\begin{bmatrix} \frac{EA}{l} & \mathbf{0} \\ \mathbf{0} & \frac{EI}{l}\begin{bmatrix} \frac{12}{l^2} & -\frac{6}{l} \\ -\frac{6}{l} & 4 \end{bmatrix} \end{bmatrix} + \frac{\sigma A}{l}\begin{bmatrix} 0 & 0 & 0 \\ 0 & 1 & 0 \\ 0 & 0 & 0 \end{bmatrix}\right)\begin{bmatrix} u_2 \\ w_2 \\ \varphi_2 \end{bmatrix} = \begin{bmatrix} -F \\ 0 \\ 0 \end{bmatrix}$$

$$\tag{2.24}$$

Für Schritt a) in Alg. 2.1 ist $\sigma = 0$, außerdem sieht man, dass der Dehn- und der Biegeanteil entkoppelt sind und für den Biegeanteil die rechte Seite $\mathbf{0}$ ist. Man erhält aus

$$\frac{EA}{l}u_2 = -F \tag{2.25}$$

$$u_2 = -\frac{Fl}{EA} \tag{2.26}$$

Daraus ergibt sich für die Längsspannung

$$\sigma = \frac{E}{l}(-u_1 + u_2) = \frac{E}{l}\left(-\frac{Fl}{EA}\right) = -\frac{F}{A} \Rightarrow \frac{\sigma A}{l} = -\frac{F}{l} \tag{2.27}$$

Dieses Ergebnis wird in Schritt b) verwendet, sodass man für Schritt c) nach Multiplikation von $\mathbf{S}$ mit dem Lasterhöhungsfaktor λ, Ausführung der Addition in der Systemmatrix und Nullsetzen des Lastvektors (weil es um eine Verschiebungs*änderung* ohne *weitere* Last geht)

$$\begin{bmatrix} \dfrac{EA}{l} & \mathbf{0} \\ \mathbf{0} & \dfrac{1}{l}\begin{bmatrix} \dfrac{12EI}{l^2} - \lambda F & -\dfrac{6EI}{l} \\ -\dfrac{6EI}{l} & 4EI \end{bmatrix} \end{bmatrix} \begin{bmatrix} u_2 \\ w_2 \\ \varphi_2 \end{bmatrix} = \begin{bmatrix} 0 \\ 0 \\ 0 \end{bmatrix} \tag{2.28}$$

erhält. Für die Handrechnung wird keine Vektoriteration durchgeführt, sondern der klassischen Betrachtungsweise gefolgt: Da die rechte Seite gleich null ist, ist dieses Gleichungssystem nur dann nicht-trivial lösbar, wenn die Determinante der Systemmatrix null wird. Dies gilt, da Biege- und Dehnanteil entkoppelt bleiben, nur, wenn die Unterdeterminante rechts unten null wird:

$$\det \begin{bmatrix} \dfrac{12EI}{l^2} - \lambda F & -\dfrac{6EI}{l} \\ -\dfrac{6EI}{l} & 4EI \end{bmatrix} = 0 \tag{2.29}$$

$$\left(\frac{12EI}{l^2} - \lambda F\right)4EI - \left(\frac{6EI}{l}\right)^2 = 0 \quad |:EI \tag{2.30}$$

$$\frac{48EI}{l^2} - 4\lambda F - \frac{36EI}{l^2} = \frac{12EI}{l^2} - 4\lambda F = 0 \tag{2.31}$$

$$\lambda F = F_{\mathrm{ki}} = \frac{12EI}{4l^2} \tag{2.32}$$

$$\boxed{F_{\mathrm{ki}} = 3\frac{EI}{l^2}} \tag{2.33}$$

Die analytische Lösung lautet, weil die Knicklänge s_{k} die zweifache Länge ist:

$$F_{\mathrm{ki}}^{\mathrm{Euler}} = \frac{\pi^2 EI}{(2l)^2} = 2{,}47\frac{EI}{l^2} \tag{2.34}$$

Mit zwei Elementen und der vereinfachten Spannungsversteifungsmatrix erhält man bereits $2{,}60\,EI/l^2$.

In der Handrechnung kann das Ergebnis von (2.27) aus dem Gleichgewicht bestimmt werden. Solange es bei der Entkopplung bleibt, kann in diesem und ähnlichen Fällen Schritt a) übersprungen und auf der Basis von

$$\left(\frac{EI}{l} \begin{bmatrix} \dfrac{12}{l^2} & \dfrac{6}{l} & -\dfrac{12}{l^2} & \dfrac{6}{l} \\ \dfrac{6}{l} & 4 & -\dfrac{6}{l} & 2 \\ -\dfrac{12}{l^2} & -\dfrac{6}{l} & \dfrac{12}{l^2} & -\dfrac{6}{l} \\ \dfrac{6}{l} & 2 & -\dfrac{6}{l} & 4 \end{bmatrix} + \frac{\sigma A}{l} \begin{bmatrix} 1 & 0 & -1 & 0 \\ 0 & 0 & 0 & 0 \\ -1 & 0 & 1 & 0 \\ 0 & 0 & 0 & 0 \end{bmatrix} \right) \begin{bmatrix} w_1 \\ \varphi_1 \\ w_2 \\ \varphi_2 \end{bmatrix}$$

$$= \begin{bmatrix} 0 \\ 0 \\ 0 \\ 0 \end{bmatrix} \tag{2.35}$$

gerechnet werden.

Zur Bestimmung des Eigenvektors, der Knickform, wird die Lösung (2.33) in (2.28) eingesetzt, wodurch die unteren beiden Zeilen des Gleichungssystems linear abhängig werden. Die Lösung ist nicht mehr eindeutig. Eine Unbekannte muss daher gewählt werden:

$$w_2 = 1 \tag{2.36}$$

Die dritte Zeile des Gleichungssystems lautet dann:

$$-\frac{6EI}{l} \cdot 1 + 4EI\varphi_2 = 0 \tag{2.37}$$

$$\varphi_2 = \frac{3}{2l} \tag{2.38}$$

sodass man den Eigenvektor

$$\boldsymbol{\varphi} = \begin{bmatrix} 1 \\ \dfrac{3}{2l} \end{bmatrix} \tag{2.39}$$

erhält. Zur Darstellung der Eigenform wird mit den den berechneten Freiheitsgraden zugeordneten kubischen Ansatzfunktionen (N_3 und N_4 in Abschn. 2.2.4) multipliziert:

$$w\left(\xi\right) = \frac{1}{4}\left(2 + 3\xi - \xi^3\right) \cdot 1 + \frac{1}{4}\left(-1 - \xi + \xi^2 + \xi^3\right)\frac{l}{2}\frac{3}{2l}, \quad -1 \leq \xi \leq 1 \tag{2.40}$$

Zum Vergleich wird die analytische Lösung

$$w^{\text{Euler}}\left(\xi\right) = 1 - \sin\left(\pi\left(\frac{3}{4} + \frac{1}{4}\xi\right)\right) \tag{2.41}$$

herangezogen (Abb. 2.7), die von der Form her gut übereinstimmt.

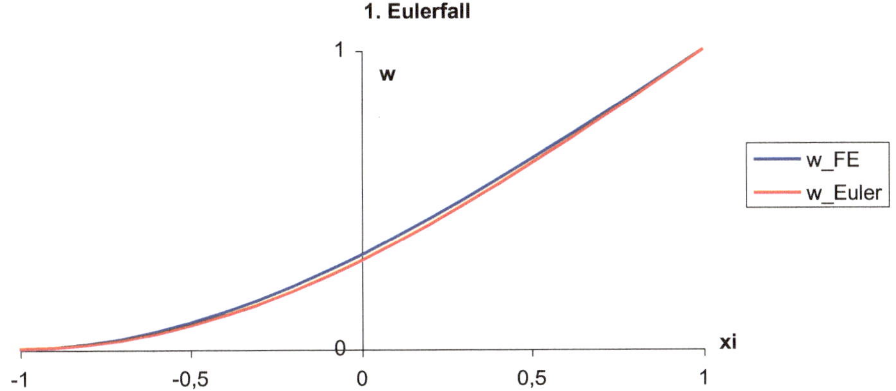

Abb. 2.7 Biegelinie 1. Eulerfall mit einem Balkenelement und analytisch

2.2.4   Korrekte Spannungsversteifungs-Matrix für den Balken

2.2.4.1   Herleitung

Hier wird ein formaler Weg beschritten, der sich aus der Differenzialgleichung des Balkens nach Theorie 2. Ordnung

$$EIw^{\mathrm{iv}} + Nw'' = EIw^{\mathrm{iv}} + \sigma A w'' = 0 \tag{2.42}$$

ergibt. Dazu lautet das Minimalproblem:

$$\frac{1}{2}\int\limits_{(l)} w'' EI w'' dx + \frac{1}{2}\int\limits_{(l)} w' \sigma A w' dx \rightarrow \mathrm{Min.} \tag{2.43}$$

Der erste Teil führt zur Steifigkeits-, der zweite zur Spannungsversteifungsmatrix **S**. Mit

$$w' = \frac{d\mathbf{N}}{dx}\hat{\mathbf{u}} = \hat{\mathbf{u}}^T \frac{d\mathbf{N}^T}{dx} \tag{2.44}$$

und Ableitung nach $\hat{\mathbf{u}}$ ergibt sich:

$$\frac{d}{d\hat{\mathbf{u}}}\left(\frac{1}{2}\hat{\mathbf{u}}^T \int\limits_{(l)} \frac{d\mathbf{N}^T}{dx}\sigma A \frac{d\mathbf{N}}{dx}dx\,\hat{\mathbf{u}}\right) = \underbrace{\int\limits_{(l)} \frac{d\mathbf{N}^T}{dx}\sigma A \frac{d\mathbf{N}}{dx}dx}_{\mathbf{S}}\,\hat{\mathbf{u}} \tag{2.45}$$

Beim Bernoulli-Balken lautet der Verschiebungsansatz:

$$w\left(\xi\right) = \mathbf{N}\left(\xi\right)\hat{\mathbf{u}}, \quad -1 \leq \xi \leq 1 \tag{2.46}$$

$$
\begin{aligned}
w = \frac{1}{4}\left(2 - 3\xi + \xi^3\right) & \qquad \cdot w_1 \quad\Big|\quad = N_1\left(\xi\right)w_1 \\
+\frac{1}{4}\left(1 - \xi - \xi^2 + \xi^3\right)\frac{l}{2} & \qquad \cdot \varphi_1 \quad\Big|\quad + N_2\left(\xi\right)\varphi_1 \\
+\frac{1}{4}\left(2 + 3\xi - \xi^3\right) & \qquad \cdot w_2 \quad\Big|\quad + N_3\left(\xi\right)w_2 \\
+\frac{1}{4}\left(-1 - \xi + \xi^2 + \xi^3\right)\frac{l}{2} & \qquad \cdot \varphi_2 \quad\Big|\quad + N_4\left(\xi\right)\varphi_2
\end{aligned}
\tag{2.47}
$$

Mit $\xi = 2x/l$ ergeben sich daraus die Ableitungen

$$w'\left(\xi\right) = \frac{dw}{dx} = \frac{dw}{d\xi}\frac{d\xi}{dx} = \frac{2}{l}\frac{d\mathbf{N}}{d\xi}\hat{\mathbf{u}} = \frac{2}{l}\mathbf{N}'\hat{\mathbf{u}} \tag{2.48}$$

mit

$$\frac{d\mathbf{N}}{d\xi} = \frac{1}{4}\left[\left(-3 + 3\xi^2\right) \quad \left(-1 - 2\xi + 3\xi^2\right)\frac{l}{2} \quad \left(3 - 3\xi^2\right) \quad \left(-1 + 2\xi + 3\xi^2\right)\frac{l}{2}\right] \tag{2.49}$$

Die Spannungsversteifungsmatrix errechnet sich demnach mit $dx = \dfrac{l}{2}d\xi$ als

$$\mathbf{S} = \int\limits_{-1}^{1}\sigma\left(\frac{2}{l}\right)^2\mathbf{N}'^T\mathbf{N}'A\frac{l}{2}d\xi = \sigma A\frac{2}{l}\int\limits_{-1}^{1}\mathbf{N}'^T\mathbf{N}'d\xi \tag{2.50}$$

Das Produkt der Ableitungen der Ansatzfunktionen formt die Matrix

$$
\begin{array}{c|c}
\mathbf{N}'^T\mathbf{N}' & \begin{bmatrix} N'_1 & N'_2 & N'_3 & N'_4 \end{bmatrix} \\
\hline
\begin{bmatrix} N'_1 \\ N'_2 \\ N'_3 \\ N'_4 \end{bmatrix} & \begin{bmatrix} N'^2_1 & \cdots & \cdots & N'_1 N'_4 \\ \vdots & \ddots & & \vdots \\ \vdots & & \ddots & \vdots \\ N'_4 N'_1 & \cdots & \cdots & N'^2_4 \end{bmatrix}
\end{array}
\tag{2.51}
$$

Als Beispiel wird für das Element S_{12}

$$4^2\int\limits_{-1}^{1}N'_1 N'_2 d\xi = \int\limits_{-1}^{1}\left(-3 + 3\xi^2\right)\left(-1 - 2\xi + 3\xi^2\right)\frac{l}{2}d\xi \tag{2.52}$$

$$= \int\limits_{-1}^{1}\left(3 + 6\xi - 9\xi^2 - 3\xi^2 - 6\xi^3 + 9\xi^4\right)\frac{l}{2}d\xi$$

$$= \int\limits_{-1}^{1} \left(3 + 6\xi - 12\xi^2 - 6\xi^3 + 9\xi^4\right) \frac{l}{2} d\xi$$

$$= \left[3\xi - 4\xi^3 + \frac{9}{5}\xi^5\right]_{-1}^{1} \frac{l}{2} = \left(6 - 8 + \frac{18}{5}\right) \frac{l}{2} = \frac{8}{5}\frac{l}{2}$$

und

$$S_{12} = \sigma A \frac{2}{l} \frac{8}{5} \frac{l}{2} \left(\frac{1}{4}\right)^2 = \frac{1}{10}\sigma A = 3l\frac{\sigma A}{30l} \tag{2.53}$$

berechnet. Vollständig ergibt sich die Spannungsversteifungsmatrix als

$$\mathbf{S} = \frac{\sigma A}{30l} \begin{bmatrix} 36 & 3l & -36 & 3l \\ 3l & 4l^2 & -3l & -l^2 \\ -36 & -3l & 36 & -3l \\ 3l & -l^2 & -3l & 4l^2 \end{bmatrix} \tag{2.54}$$

2.2.4.2 Anwendung auf den 1. Eulerfall

Das Eigenwertproblem lautet nach Einführung der Randbedingungen und nachdem die Längsspannung zu $\sigma = -F/A$ bestimmt wurde:

$$(\mathbf{K} + \mathbf{S})\,\boldsymbol{\varphi} = \left(\frac{EI}{l}\begin{bmatrix} \frac{12}{l^2} & -\frac{6}{l} \\ -\frac{6}{l} & 4 \end{bmatrix} - \frac{F}{30l}\begin{bmatrix} 36 & -3l \\ -3l & 4l^2 \end{bmatrix}\right)\boldsymbol{\varphi} = \mathbf{0} \tag{2.55}$$

$$\frac{1}{l}\left(\begin{bmatrix} \frac{12EI}{l^2} & -\frac{6EI}{l} \\ -\frac{6EI}{l} & 4EI \end{bmatrix} - \begin{bmatrix} \frac{6}{5}F & -\frac{l}{10}F \\ -\frac{l}{10}F & \frac{2l^2}{15}F \end{bmatrix}\right)\boldsymbol{\varphi} = \mathbf{0} \tag{2.56}$$

$$\begin{bmatrix} \frac{12EI}{l^2} - \frac{6}{5}F & -\frac{6EI}{l} + \frac{l}{10}F \\ -\frac{6EI}{l} + \frac{l}{10}F & 4EI - \frac{2l^2}{15}F \end{bmatrix}\boldsymbol{\varphi} = \mathbf{0} \tag{2.57}$$

Die Determinante der Matrix ist

$$\left(\frac{12EI}{l^2} - \frac{6}{5}F\right)\left(4EI - \frac{2l^2}{15}F\right) - \left(-\frac{6EI}{l} + \frac{l}{10}F\right)^2 = 0$$

$$\frac{48\,(EI)^2}{l^2} - \frac{32EI}{5}F + \frac{4l^2}{25}F^2 - \left(\frac{36\,(EI)^2}{l^2} - \frac{6EI}{5}F + \frac{l^2}{100}F^2\right)^2 = 0$$

$$\frac{12\,(EI)^2}{l^2} - \frac{26EI}{5}F + \frac{3l^2}{20}F^2 = 0$$

So erhält man als Bestimmungsgleichung für die kritische Last:

$$F^2 - \frac{104EI}{3l^2}F + \frac{80\,(EI)^2}{l^4} = 0$$

mit den Lösungen

$$F_{\text{ki}1/2} = \frac{52EI}{3l^2} \pm \sqrt{\left(\frac{52EI}{3l^2}\right)^2 - \frac{80\,(EI)^2}{l^4}}$$

$$F_{\text{ki}1/2} = \frac{EI}{3l^2}\left(52 \pm \sqrt{52^2 - 720}\right)$$

$$F_{\text{ki}1/2} = \frac{EI}{3l^2}\,(52 \pm 44{,}54)$$

Der kleinere und damit maßgebende Wert ist

$$F_{\text{ki}1} = 2{,}486\,\frac{EI}{l^2}$$

und damit sehr nah an der analytischen Lösung (2.34).

2.3 Große Drehungen (Rotationen) I: Dehnungsmaß

2.3.1 Kinematische Effekte

Große Drehungen (Rotationen) liegen vor, wenn die linearisierte Kinematik (s. Voraussetzung 2 in Abschn. 2.1) nicht mehr angewandt werden kann. Das ist sicher der Fall, wenn Drehwinkel $> 4\ldots5°$ auftreten.

Abb. 2.8 zeigt die kinematischen Differenzen. In der linearen Theorie (rotes Modell) bewegt sich die Mitte des freien Endes des Kragarms senkrecht zur ursprünglichen Stabachse, d. h. vertikal nach unten. Es sieht so aus, als ob der Balken dicker würde. Das ist jedoch darauf zurückzuführen, dass die senkrechte Abmessung, hier als h bezeichnet, konstant bleibt. Die vollständig geometrisch nichtlineare Theorie führt zu der erwarteten Verformung (blaues Modell); hier wird die ursprüngliche Höhe im rotierten Querschnitt erhalten und das freie Ende bewegt sich auch in horizontaler Richtung nach links.

Die Berücksichtigung kann auch früher nötig werden, insbesondere wenn die Querverformung eine wesentliche Veränderung der Längsspannung zur Folge hat, wie es bei einem quer belasteten Seil der Fall sein kann. Abb. 2.9 zeigt solch ein Seil, das nicht vorgespannt ist und seine Axialspannung erst durch die vertikale Deformation erhält. Man

Abb. 2.8 Lineare und nichtlineare Kinematik

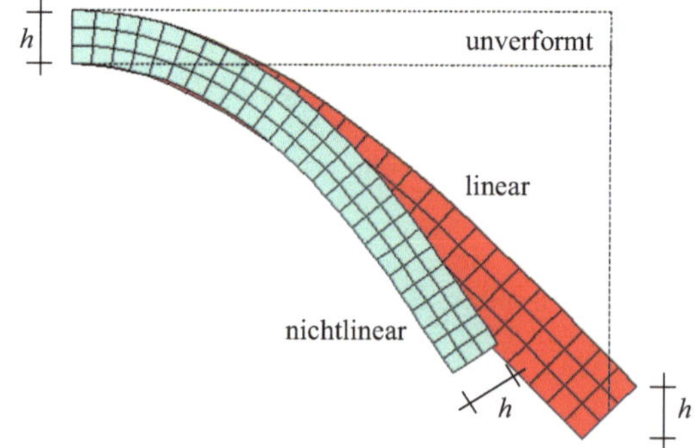

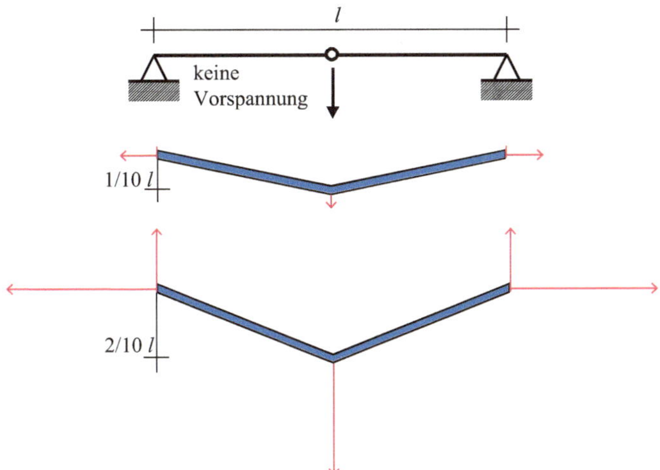

Abb. 2.9 An beiden Enden fixiertes Seil unter Querlast, geometrisch nichtlinear

Abb. 2.10 Mit einer konstanten Kraft vorgespanntes Seil unter Querlast, unterschiedliche Theorien

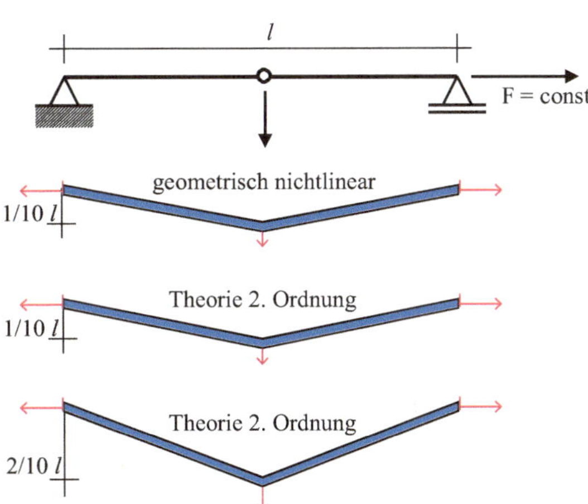

kann sehen, dass die Kräfte überproportional anwachsen, wenn die vertikale Verschiebung verdoppelt wird, und dass sich das Verhältnis zwischen Horizontal- und Vertikalkräften deutlich verändert.

Dieser Effekt wird bei der Theorie 2. Ordnung *nicht* erfasst, weil zusätzlich zur linearen Theorie nur das Gleichgewicht am verformten System betrachtet wird, aber die lineare Kinematik erhalten bleibt. Wenn allerdings eine Vorspannkraft vorhanden ist und diese durch die Verformung nur unwesentlich verändert wird, führen die Theorie 2. Ordnung und die vollständig nichtlineare Theorie zu ähnlichen Reaktionskräften (Abb. 2.10), wobei die Theorie 2. Ordnung zu proportionalen Inkrementen führt, während in der vollständig nichtlinearen Theorie Differenzen auftreten, wenn größere Drehungen erreicht werden. Dann ist die Theorie 2. Ordnung nicht mehr anwendbar.

2.3.2 Geeignetes Dehnungsmaß: Green-Lagrange-Dehnungen

2.3.2.1 Anschauliche Herleitung

Die Green-Lagrange-Dehnungen sind geeignet, bei großen Drehungen die Deformationen eines Körpers in den durch die Ausgangskonfiguration bestimmten Koordinaten zu beschreiben. Die Herleitung geht von der Veränderung des *Quadrates* des Abstandes zweier benachbarter Punkte aus. Für eine Richtung in der Ebene kann man sich das anhand von Abb. 2.11 veranschaulichen.

Die bezogene Änderung der Quadrate der beiden Längen (verformt l, unverformt l_0) ist

$$\Delta = \frac{l^2 - l_0^2}{l_0^2} = \frac{(l_0 + u)^2 + v^2 - l_0^2}{l_0^2} = \frac{l_0^2 + 2l_0 u + u^2 + v^2 - l_0^2}{l_0^2}$$

$$= 2\frac{u}{l_0} + \left(\frac{u}{l_0}\right)^2 + \left(\frac{v}{l_0}\right)^2 \tag{2.58}$$

Beim Übergang zum infinitesimal kleinen Element dx wird

$$\frac{u}{l_0} \rightarrow \frac{\partial u}{\partial x} = u' \quad \text{und} \quad \frac{v}{l_0} \rightarrow \frac{\partial v}{\partial x} = v' \tag{2.59}$$

und somit

$$\Delta = 2\frac{\partial u}{\partial x} + \left(\frac{\partial u}{\partial x}\right)^2 + \left(\frac{\partial v}{\partial x}\right)^2 \tag{2.60}$$

Bei kleinen Verformungen werden die Quadrate vernachlässigbar, sodass nur der erste Term übrig bleibt, der gerade das Doppelte des linearen oder Ingenieur-Dehnungsmaßes darstellt. Aus diesem Grund wird die Hälfte als Green-Lagrange-Dehnung (oft ist auch nur von Green'schen Verzerrungen die Rede) definiert:

$$\varepsilon_{xx}^{\mathrm{GL}} = \frac{\Delta}{2} = \frac{\partial u}{\partial x} + \frac{1}{2}\left(\frac{\partial u}{\partial x}\right)^2 + \frac{1}{2}\left(\frac{\partial v}{\partial x}\right)^2 = u' + \frac{1}{2}u'^2 + \frac{1}{2}v'^2 \tag{2.61}$$

Verallgemeinert:

$$\varepsilon_{ij}^{\mathrm{GL}} = \frac{1}{2}\left(\frac{\partial u_i}{\partial x_j} + \frac{\partial u_j}{\partial x_i} + \sum_{k=1}^{n_{\dim}} \frac{\partial u_k}{\partial x_i}\frac{\partial u_k}{\partial x_j}\right) \tag{2.62}$$

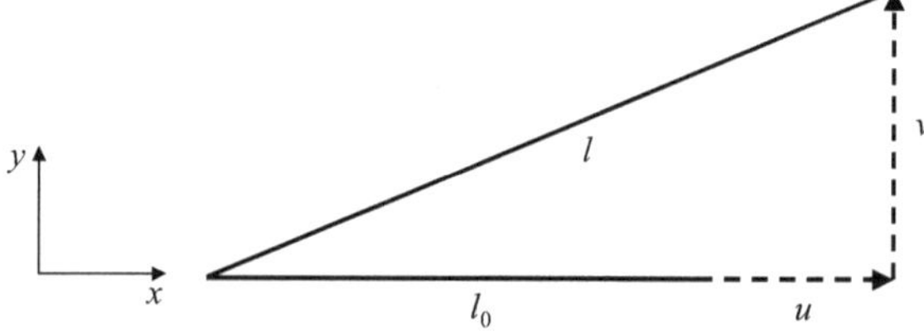

Abb. 2.11 Veranschaulichung der Green-Lagrange-Verzerrungen

mit

n_{dim} betrachtete Dimension,

i, j Richtungen,

z. B. $\varepsilon_{xx} = \dfrac{\partial u}{\partial x} + \dfrac{1}{2}\left(\dfrac{\partial u}{\partial x}\right)^2 + \dfrac{1}{2}\left(\dfrac{\partial v}{\partial x}\right)^2 + \dfrac{1}{2}\left(\dfrac{\partial w}{\partial x}\right)^2$ im Dreidimensionalen.

Es handelt sich dabei nicht um eine nach dem quadratischen Glied abgebrochene Reihenentwicklung, sondern um ein Maß, das dafür sorgt, dass Starrkörperrotationen mit beliebigen Drehwinkeln keine Dehnungen erzeugen, wie das nachfolgende Beispiel zeigt:

$$u = x\,(\cos\varphi - 1) - y\sin\varphi$$
$$v = x\sin\varphi + y\,(\cos\varphi - 1) \tag{2.63}$$

beschreibt die Verschiebung beliebiger Punkte mit den Koordinaten $\{x; y\}$ bei einer Drehung φ um den Ursprung. Diese Punkte machen dadurch eine Starrkörperdrehung mit. Mit

$$\frac{\partial u}{\partial x} = \cos\varphi - 1 \qquad \frac{\partial u}{\partial y} = -\sin\varphi$$
$$\frac{\partial v}{\partial x} = \sin\varphi \qquad \frac{\partial v}{\partial y} = \cos\varphi - 1 \tag{2.64}$$

wird eine Dehnung zu

$$\varepsilon_{xx} = \cos\varphi - 1 + \frac{1}{2}(\cos\varphi - 1)^2 + \frac{1}{2}(\sin\varphi)^2$$
$$= \cos\varphi - 1 + \frac{1}{2}\left(\cos^2\varphi - 2\cos\varphi + 1 + \sin^2\varphi\right) \tag{2.65}$$

Wegen $\cos^2\varphi + \sin^2\varphi = 1$ ergibt sich:

$$\varepsilon_{xx}^{\text{GL}} = \cos\varphi - 1 - \cos\varphi + 1 = 0 \tag{2.66}$$

während die Ingenieurdehnung (eng für *engineering)*

$$\varepsilon_{xx}^{\text{eng}} = \frac{\partial u}{\partial x} = \cos\varphi - 1 \tag{2.67}$$

beträgt, was nur für $\varphi \to 0$, d. h. für kleine Drehungen, gegen null geht.

Das Gleiche gilt für die anderen Dehnungskomponenten.

Die Dehnungskomponenten behalten ihre Richtungen auch bei einer Rotation bei, im Falle von Abb. 2.11 ist x immer die Richtung des Stabes in seiner Ausgangsposition.

Bei einer eindimensionalen Betrachtung ergibt sich die Dehnung als

$$\varepsilon^{\text{GL}} = u' + \frac{1}{2}u'^2 = \varepsilon^{\text{eng}} + \frac{1}{2}\left(\varepsilon^{\text{eng}}\right)^2 \tag{2.68}$$

Abb. 2.12 Stabelement

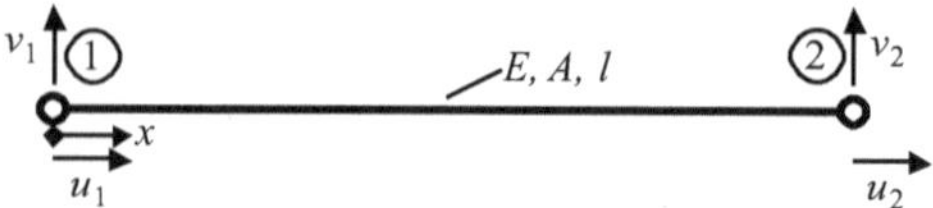

Weder die Richtung, noch das eindimensionale Maß sind besonders anschaulich, aber mit Green-Lagrange-Dehnungen lassen sich beliebige Rotationen formulieren.

Es gibt keine „natürliche" Dehnungsdefinition, lediglich zweckmäßige. Dehnungen können nicht direkt gemessen werden, auch nicht mit Dehnungsmessstreifen; diese messen nur Längenänderungen.

2.3.2.2 Beispiel Stabelement

Als Beispiel soll das

- parallel zur x-Achse liegende,
- in der x-y-Ebene verschiebliche
- (Fachwerk-)Stabelement
- mit linearem Verschiebungsansatz (Abb. 2.12)

für große Rotationen mit Green-Lagrange-Dehnungen formuliert werden.

Der Verschiebungsansatz lautet:

$$u\,(x) = \begin{bmatrix} 1 - \dfrac{x}{l} & 0 & \dfrac{x}{l} & 0 \end{bmatrix} \begin{bmatrix} u_1 \\ v_1 \\ u_2 \\ v_2 \end{bmatrix} \quad \text{und} \quad v\,(x) = \begin{bmatrix} 0 & 1 - \dfrac{x}{l} & 0 & \dfrac{x}{l} \end{bmatrix} \begin{bmatrix} u_1 \\ v_1 \\ u_2 \\ v_2 \end{bmatrix} \tag{2.69}$$

Die Ableitungen nach x, die für die Dehnung in Stabrichtung benutzt werden, sind dann

$$\frac{\partial u}{\partial x} = u' = \frac{1}{l} \begin{bmatrix} -1 & 0 & 1 & 0 \end{bmatrix} \begin{bmatrix} u_1 \\ v_1 \\ u_2 \\ v_2 \end{bmatrix} \quad \text{und} \quad \frac{\partial v}{\partial x} = v' = \frac{1}{l} \begin{bmatrix} 0 & -1 & 0 & 1 \end{bmatrix} \begin{bmatrix} u_1 \\ v_1 \\ u_2 \\ v_2 \end{bmatrix}$$

$$u' = \mathbf{C}\hat{\mathbf{u}} = \mathbf{u}^T \mathbf{C}^T, \qquad\qquad\qquad v' = \mathbf{D}\hat{\mathbf{u}} = \mathbf{u}^T \mathbf{D}^T \tag{2.70}$$

Anmerkung Anders als in der linearen Theorie wird für diese nicht $\mathbf{B}$ benutzt, weil die B-Matrix noch eine andere, besser: verallgemeinerte Bedeutung bekommt. Die Green-Lagrange-Dehnung lautet nun:

$$\varepsilon = \mathbf{C}\hat{\mathbf{u}} + \frac{1}{2}\hat{\mathbf{u}}^T \mathbf{C}^T \mathbf{C}\hat{\mathbf{u}} + \frac{1}{2}\hat{\mathbf{u}}^T \mathbf{D}^T \mathbf{D}\hat{\mathbf{u}} \tag{2.71}$$

2.3.3 Das Prinzip der virtuellen Arbeiten bei geometrisch nichtlinearen Problemstellungen

2.3.3.1 Allgemein

Die innere virtuelle Arbeit eines Elementes lautet:

$$\delta W_{\text{int}} = \int\limits_{(V)} \delta \boldsymbol{\varepsilon}^T \boldsymbol{\sigma} \, dV \tag{2.72}$$

In dV sind Fläche und Länge enthalten; Spannung mal Fläche ergibt Kraft, Dehnung mal Länge ergibt Verschiebung, Kraft mal Verschiebung ergibt Arbeit. Bei der virtuellen Arbeit ist die innere Kraft schon geweckt und wird virtuell verrückt, daher entfällt der Vorfaktor $1/2$.

$\delta \boldsymbol{\varepsilon}^T$ ist die virtuelle Dehnung, die Dehnung infolge der virtuellen Verrückung $\delta \mathbf{u}$. Da diese kinematisch möglich sein muss, aber auch klein ist, lässt sich die virtuelle Dehnung linearisiert angeben:

$$\delta \boldsymbol{\varepsilon} = \underbrace{\frac{\partial \boldsymbol{\varepsilon}}{\partial \hat{\mathbf{u}}}}_{\mathbf{B}\,(\hat{\mathbf{u}})} \delta \hat{\mathbf{u}} \tag{2.73}$$

Die Ableitung der Dehnungen nach den Knotenverschiebungen heißt wieder B-Matrix. Leitet man die in einer **linearen Theorie** geltende Beziehung

$$\boldsymbol{\varepsilon}^{\text{lin}} = \mathbf{B}\hat{\mathbf{u}} \tag{2.74}$$

ab, erkennt man, dass (2.73) auch hier gilt, die B-Matrix also nur verallgemeinert wurde.

Durch Einsetzen von (2.73) in (2.72) wird aus der virtuellen Arbeit

$$\delta W_{\text{int}} = \delta \hat{\mathbf{u}}^T \int\limits_{(V)} \mathbf{B}^T\,(\hat{\mathbf{u}})\,\boldsymbol{\sigma} \, dV \tag{2.75}$$

Die virtuelle Verrückung der Knoten stellt gegenüber den Integrationsvariablen eine Konstante dar und kann deshalb vor das Integral gezogen werden. Da die Verrückungen Wege sind, stellt der Rest Kräfte dar, nämlich die inneren Knotenkräfte

$$\mathbf{f}_{\text{int}} = \int\limits_{(V)} \mathbf{B}^T\,(\hat{\mathbf{u}})\,\boldsymbol{\sigma} \, dV \tag{2.76}$$

Diese Beziehung gilt allgemein und wird im Folgenden noch des Öfteren benutzt.

2.3.3.2 Anwendung auf Stabbeispiel

Für den Stab mit Green-Lagrange-Dehnungen ergibt sich die B-Matrix als

$$\mathbf{B} = \frac{\partial \varepsilon}{\partial \hat{\mathbf{u}}} = \frac{\partial \varepsilon}{\partial u'} \frac{\partial u'}{\partial \hat{\mathbf{u}}} + \frac{\partial \varepsilon}{\partial v'} \frac{\partial v'}{\partial \hat{\mathbf{u}}} = \left(1 + u'\right) \mathbf{C} + v'\mathbf{D} = \mathbf{C} + \hat{\mathbf{u}}^T \mathbf{C}^T \mathbf{C} + \hat{\mathbf{u}}^T \mathbf{D}^T \mathbf{D} \quad (2.77)$$

während die Spannung

$$\sigma = E\varepsilon = E\left(u' + \frac{1}{2}u'^2 + \frac{1}{2}v'^2\right) = E\left(\mathbf{C}\hat{\mathbf{u}} + \frac{1}{2}\hat{\mathbf{u}}^T\mathbf{C}^T\mathbf{C}\hat{\mathbf{u}} + \frac{1}{2}\hat{\mathbf{u}}^T\mathbf{D}^T\mathbf{D}\hat{\mathbf{u}}\right) \quad (2.78)$$

ist. Beim Stab geht dV in $A\,dx$ über. Beim Integrieren ist zu beachten, dass beim linearen Ansatz alle Terme im Integranden unabhängig von x sind. Deshalb ist

$$\mathbf{f}_{\text{int}} = \left(\left(1 + u'\right)\mathbf{C}^T + v'\mathbf{D}^T\right)\sigma A l \quad (2.79)$$

Nun ist das Element hauptsächlich formuliert. Die verbleibende Frage ist, wie das Gleichgewicht mit den äußeren Knotenkräften zu erfüllen ist. Da die B-Matrix und Spannung von den Knotenverschiebungen abhängt, liegt ein nichtlineares Gleichungssystem vor.

2.3.4 Lösung der nichtlinearen Gleichungen mit dem Newton-Raphson-Verfahren

Im vorigen Kapitel wurden die inneren Kräfte nichtlinear von den Knotenverschiebungen abhängig, sodass sie nicht mehr als Produkt aus Steifigkeitsmatrix und Verschiebungsvektor darstellbar sind. Als Gleichgewichtsbedingung bleibt aber, dass die Differenz aus inneren und äußeren Kräften null sein muss. Diese wird mit dem Newton-Raphson-Verfahren aus Abschn. 1.3 iterativ gelöst.

2.3.4.1 Anwendung in der nichtlinearen FEM

Für ein diskretisiertes mechanisches Problem lautet die Gleichgewichtsbedingung allgemein:

$$\mathbf{f}_{\text{int}}\left(\hat{\mathbf{u}}\right) = \mathbf{f}_{\text{ext}}\left(\hat{\mathbf{u}}\right) \Leftrightarrow \mathbf{d}\left(\hat{\mathbf{u}}\right) := \mathbf{f}_{\text{int}}\left(\hat{\mathbf{u}}\right) - \mathbf{f}_{\text{ext}}\left(\hat{\mathbf{u}}\right) = \mathbf{0} \quad (2.80)$$

Ein Beispiel dafür, dass die äußeren Kräfte $\mathbf{f}_{\text{ext}}$ von den Verschiebungen abhängen, ist ein Druck, der senkrecht zur verformten Oberfläche steht.

Die Tangentenmatrix als Ableitung der inneren Kräfte erhält man im allgemeinen Fall als

$$\mathbf{K}_{\text{T}} = \frac{\partial}{\partial \hat{\mathbf{u}}}\mathbf{f}_{\text{int}} - \frac{\partial}{\partial \hat{\mathbf{u}}}\mathbf{f}_{\text{ext}} = \frac{\partial}{\partial \hat{\mathbf{u}}}\int_{(V)} \mathbf{B}^T(\hat{\mathbf{u}})\sigma\,dV - \frac{\partial}{\partial \hat{\mathbf{u}}}\mathbf{f}_{\text{ext}} \quad (2.81)$$

$$\mathbf{K}_{\text{T}} = \int_{(V)} \mathbf{B}^T(\hat{\mathbf{u}})\frac{\partial \sigma}{\partial \varepsilon}\frac{\partial \varepsilon}{\partial \hat{\mathbf{u}}}\,dV + \int_{(V)} \frac{\partial \mathbf{B}^T(\hat{\mathbf{u}})}{\partial \hat{\mathbf{u}}}\sigma\,dV - \frac{\partial}{\partial \hat{\mathbf{u}}}\mathbf{f}_{\text{ext}} \quad (2.82)$$

Darin ist die Ableitung der Dehnungen gemäß (2.73) wieder die B-Matrix. Die Ableitung der Spannungen σ nach den Dehnungen ε, die Materialtangente, hängt stark vom verwendeten Materialgesetz ab (s. Kap. 5 bis 8). Sie kann unsymmetrisch sein. Bei Gültigkeit des Hooke'schen Gesetzes ergibt sich dafür die Elastizitätsmatrix $\mathbf{E}$, sodass man als Tangentenmatrix

$$\mathbf{K}_\mathrm{T} = \underbrace{\int\limits_{(V)} \mathbf{B}^T(\hat{\mathbf{u}})\mathbf{E}\mathbf{B}(\hat{\mathbf{u}})dV}_{\mathbf{K}_u} + \underbrace{\int\limits_{(V)} \frac{\partial \mathbf{B}^T(\hat{\mathbf{u}})}{\partial\hat{\mathbf{u}}}\sigma\,dV}_{\mathbf{K}_\sigma} - \underbrace{\frac{\partial}{\partial\hat{\mathbf{u}}}\mathbf{f}_\mathrm{ext}}_{\mathbf{K}_p} \tag{2.83}$$

erhält. $\mathbf{K}_u$ heißt z. B. *Anfangsverschiebungsmatrix* (diese Bezeichnung ist aber nicht so fest gefügt) und ist formal der linearen Steifigkeitsmatrix sehr ähnlich.

Bei einer symmetrisch positiv definiten Materialtangente $\partial\sigma/\partial\varepsilon$, die hier von links und rechts mit der B-Matrix bzw. ihrer Transponierten multipliziert wird, ist $\mathbf{K}_u$, wenn genügend Festhaltungen vorliegen, um die Starrkörperbewegungen zu unterdrücken, auch symmetrisch positiv definit. In mathematischen Begriffen heißt Letzteres, dass die Matrix nur positive Eigenwerte hat, mit dem Effekt, dass alle Hauptdiagonalelemente während des Gauß-Eliminationsprozesses (Pivot-Elemente) positiv bleiben. Mechanisch bedeutet das, dass ein Verschiebungszuwachs auch einen Kraftzuwachs bzw. ein Dehnungszuwachs einen Spannungszuwachs zur Folge hat.

$\mathbf{K}_\sigma$ heißt manchmal *geometrische Matrix*, weil nur bei geometrischer Nichtlinearität die B-Matrix von den Verschiebungen abhängig ist und somit die Ableitung und $\mathbf{K}_\sigma$ existieren. Häufiger ist die Bezeichnung *Anfangsspannungsmatrix*, weil hier die Spannungen direkt eingehen. *Anfang* bezieht sich in beiden Fällen auf den Anfang des Iterationsschrittes. Da sie von den Spannungen abhängt, die auch negativ werden können, kann sie dazu führen, dass die Gesamtmatrix $\mathbf{K}_\mathrm{T}$ nicht mehr positiv definit wird. In diesem Fall liegt ein Stabilitätsproblem vor. Es besteht eine gewisse Analogie zwischen $\mathbf{K}_\sigma$ und der Spannungsversteifungsmatrix $\mathbf{S}$ aus der Theorie 2. Ordnung (Abschn. 2.2) sowie zum Beulproblem aus Abschn. 2.2.3. Es lässt sich allgemein sagen, dass beim Linearen Beulen

$$\mathbf{S} = \mathbf{K}_\sigma\,(\mathbf{u} = \mathbf{0}, \sigma \neq \mathbf{0}) \tag{2.84}$$

gewählt werden kann. Die Ableitung von $\mathbf{B}$ nach $\mathbf{u}$ ist die zweite Ableitung von ε nach $\mathbf{u}$. Leitet man einen Skalar zweimal nach demselben Vektor ab, ergibt sich eine symmetrische Matrix. Ein Skalar entsteht, weil ε^T mit σ multipliziert wird. Also ist $\mathbf{K}_\sigma$ symmetrisch.

Die Lasttangente $\mathbf{K}_p$ ist dann symmetrisch, wenn sie als zweite Ableitung des Potenzials der äußeren Lasten nach den Knotenverschiebungen hergeleitet werden kann.

2.3.4.2   Anwendung auf das Stabbeispiel

Für das Stabelement mit Green-Lagrange-Dehnung erhält man die Komponenten der Tangentenmatrix als

$$
\begin{aligned}
\mathbf{K}_u &= \left[\left(1+u'\right)\mathbf{C}^T + v'\mathbf{D}^T\right]\left[\left(1+u'\right)\mathbf{C} + v'\mathbf{D}\right]EAl \\
&= \left[\left(1+u'\right)^2\mathbf{C}^T\mathbf{C} + v'\left(1+u'\right)\mathbf{D}^T\mathbf{C} + \left(1+u'\right)v'\mathbf{C}^T\mathbf{D} + v'^2\mathbf{D}^T\mathbf{D}\right]EAl \quad (2.85)
\end{aligned}
$$

$$
\mathbf{K}_u = \left[\left(1+u'\right)^2\mathbf{C}^T\mathbf{C} + \left(v' + u'v'\right)\left(\mathbf{D}^T\mathbf{C} + \mathbf{C}^T\mathbf{D}\right) + v'^2\mathbf{D}^T\mathbf{D}\right]EAl \quad (2.86)
$$

$$
\mathbf{B} = \mathbf{C} + \hat{\mathbf{u}}^T\mathbf{C}^T\mathbf{C} + \hat{\mathbf{u}}^T\mathbf{D}^T\mathbf{D} \quad (2.87)
$$

$$
\mathbf{K}_\sigma = \frac{\partial}{\partial\hat{\mathbf{u}}}\left(\mathbf{C} + \hat{\mathbf{u}}^T\mathbf{C}^T\mathbf{C} + \hat{\mathbf{u}}^T\mathbf{D}^T\mathbf{D}\right)\sigma Al = \left(\mathbf{C}^T\mathbf{C} + \mathbf{D}^T\mathbf{D}\right)\sigma Al
$$

Darin ist

$$
\begin{array}{c|c}
\mathbf{C}^T\mathbf{C} & \begin{bmatrix} -1 & 0 & +1 & 0 \end{bmatrix}\dfrac{1}{l} \\
\hline
\dfrac{1}{l}\begin{bmatrix} -1 \\ 0 \\ +1 \\ 0 \end{bmatrix} & \begin{bmatrix} +1 & 0 & -1 & 0 \\ 0 & 0 & 0 & 0 \\ -1 & 0 & +1 & 0 \\ 0 & 0 & 0 & 0 \end{bmatrix}\dfrac{1}{l^2}
\end{array}
\quad (2.88)
$$

und analog

$$
\mathbf{D}^T\mathbf{D} = \frac{1}{l^2}\begin{bmatrix} 0 & 0 & 0 & 0 \\ 0 & 1 & 0 & -1 \\ 0 & 0 & 0 & 0 \\ 0 & -1 & 0 & 1 \end{bmatrix} \quad (2.89)
$$

$$
\mathbf{C}^T\mathbf{C} + \mathbf{D}^T\mathbf{D} = \frac{1}{l^2}\begin{bmatrix} 1 & 0 & -1 & 0 \\ 0 & 1 & 0 & -1 \\ -1 & 0 & 1 & 0 \\ 0 & -1 & 0 & 1 \end{bmatrix} \quad (2.90)
$$

und

$$
\mathbf{C}^T\mathbf{D} + \mathbf{D}^T\mathbf{C} = \frac{1}{l^2}\begin{bmatrix} 0 & 1 & 0 & -1 \\ 1 & 0 & -1 & 0 \\ 0 & -1 & 0 & 1 \\ -1 & 0 & 1 & 0 \end{bmatrix}
$$

Nach Addition erhält man die gesamte tangentiale Steifigkeitsmatrix als

$$
\mathbf{K}_T = \frac{EA}{l} \begin{bmatrix}
(1+u')^2 & (v'+u'v') & -(1+u')^2 & -(v'+u'v') \\
(v'+u'v') & v'^2 & -(v'+u'v') & -v'^2 \\
-(1+u')^2 & -(v'+u'v') & (1+u')^2 & (v'+u'v') \\
-(v'+u'v') & -v'^2 & (v'+u'v') & v'^2
\end{bmatrix}
$$
$$
+ \frac{\sigma A}{l} \begin{bmatrix}
1 & 0 & -1 & 0 \\
0 & 1 & 0 & -1 \\
-1 & 0 & 1 & 0 \\
0 & -1 & 0 & 1
\end{bmatrix}
\tag{2.91}
$$

Diese Herleitung wurde im Elementkoordinatensystem (Index ^{e} oder ^{elem}) in der Ausgangskonfiguration durchgeführt. Der Knotenverschiebungsvektor ist $\hat{\mathbf{u}} = \hat{\mathbf{u}}^e$. Vor dem Zusammenbau zum Gesamtsystem (Index ^{g}) muss die Transformation

$$
\hat{\mathbf{u}}^e = \mathbf{T}\hat{\mathbf{u}}^g \quad \text{bzw.} \quad \delta\hat{\mathbf{u}}^{eT} = \delta\hat{\mathbf{u}}^{gT}\mathbf{T}^T
\tag{2.92}
$$

durchgeführt werden. Mit $c := \cos\alpha_0$ und $s := \sin\alpha_0, \alpha_0$ wie in Abb. 2.13, lautet die Transformationsmatrix:

$$
\mathbf{T} = \begin{bmatrix}
c & s & 0 & 0 \\
-s & c & 0 & 0 \\
0 & 0 & c & s \\
0 & 0 & -s & c
\end{bmatrix}
\tag{2.93}
$$

Die inneren Kräfte werden zu

$$
\mathbf{f}_{int} = \mathbf{T}^T \mathbf{f}_{int}^e
\tag{2.94}
$$

und die tangentiale Steifigkeitsmatrix zu

$$
\mathbf{K}_T = \frac{\partial \mathbf{f}_{int}}{\partial \mathbf{u}_g} = \mathbf{T}^T \frac{\partial \mathbf{f}_{int}^e}{\partial \mathbf{u}_e} \frac{\partial \mathbf{u}_e}{\partial \mathbf{u}_g} = \mathbf{T}^T \mathbf{K}_T^{elem} \mathbf{T}
\tag{2.95}
$$

2.3.5 Testproblem Zweibock

Das Stabelement soll so für ein einfaches Beispiel eingesetzt werden. Der Zweibock aus Abb. 2.13 wird aus Symmetriegründen nur mit einem Element diskretisiert.

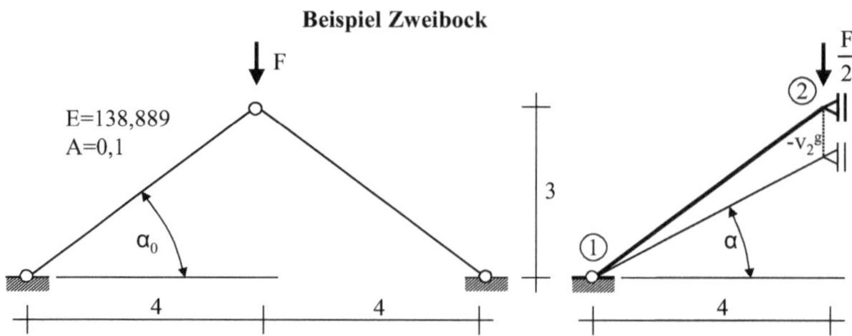

Abb. 2.13 Zweibock (Von-Mises-Fachwerk), aufgrund von Symmetrie halbiertes System

Als einziger globaler Freiheitsgrad (Kopfzeiger g) verbleibt v_2^g. Im Elementkoordinatensystem (Kopfzeiger e) wird diese Verschiebung mit der letzten Spalte von $\mathbf{T}$ in

$$\begin{bmatrix} u_2 \\ v_2 \end{bmatrix}^e = \begin{bmatrix} s \\ c \end{bmatrix} v_2^g \tag{2.96}$$

aufgespalten. Damit ist

$$\frac{\partial u}{\partial x} = u' = \frac{1}{l}u_2 = \frac{s}{l}v_2^g \quad \text{und} \quad \frac{\partial v}{\partial x} = v' = \frac{1}{l}v_2 = \frac{c}{l}v_2^g \tag{2.97}$$

$$\sigma = E\left(u' + \frac{1}{2}u'^2 + \frac{1}{2}v'^2\right) \tag{2.98}$$

Von den Vektoren und Matrizen auf Elementebene sind nur die Einträge in Position 3 und 4 von Interesse, weil sie mit den aktiven Elementfreiheitsgraden verknüpft sind:

$$\mathbf{f}_{\text{int}} = \mathbf{T}^T\left(\mathbf{C}^T + u'\mathbf{C}^T + v'\mathbf{D}^T\right)\sigma Al$$

$$= \begin{bmatrix} s & c \end{bmatrix}\left(\begin{bmatrix} 1 \\ 0 \end{bmatrix}(1 + u') + \begin{bmatrix} 0 \\ 1 \end{bmatrix}v'\right)\sigma A \tag{2.99}$$

$$\mathbf{f}_{\text{int}} = \begin{bmatrix} s(1 + u') + cv' \end{bmatrix}\sigma A \tag{2.100}$$

$$\mathbf{K}_{\text{T}} = \frac{EA}{l}\begin{bmatrix} s & c \end{bmatrix}\begin{bmatrix} (1+u')^2 & (v'+u'v') \\ (v'+u'v') & v'^2 \end{bmatrix}\begin{bmatrix} s \\ c \end{bmatrix}$$

$$+ \frac{\sigma A}{l}\begin{bmatrix} s & c \end{bmatrix}\begin{bmatrix} 1 & 0 \\ 0 & 1 \end{bmatrix}\begin{bmatrix} s \\ c \end{bmatrix} \tag{2.101}$$

$$\mathbf{K}_{\text{T}} = \frac{EA}{l}\begin{bmatrix} s(1+u')^2 + c(v'+u'v') & s(v'+u'v') + cv'^2 \end{bmatrix}\begin{bmatrix} s \\ c \end{bmatrix}$$

$$+ \frac{\sigma A}{l}\begin{bmatrix} s & c \end{bmatrix}\begin{bmatrix} s \\ c \end{bmatrix}$$

$$= \frac{EA}{l}\left[s^2(1+u')^2 + 2cs(v'+u'v') + c^2v'^2\right] + \frac{\sigma A}{l}\underbrace{\left[s^2 + c^2\right]}_{1} \tag{2.102}$$

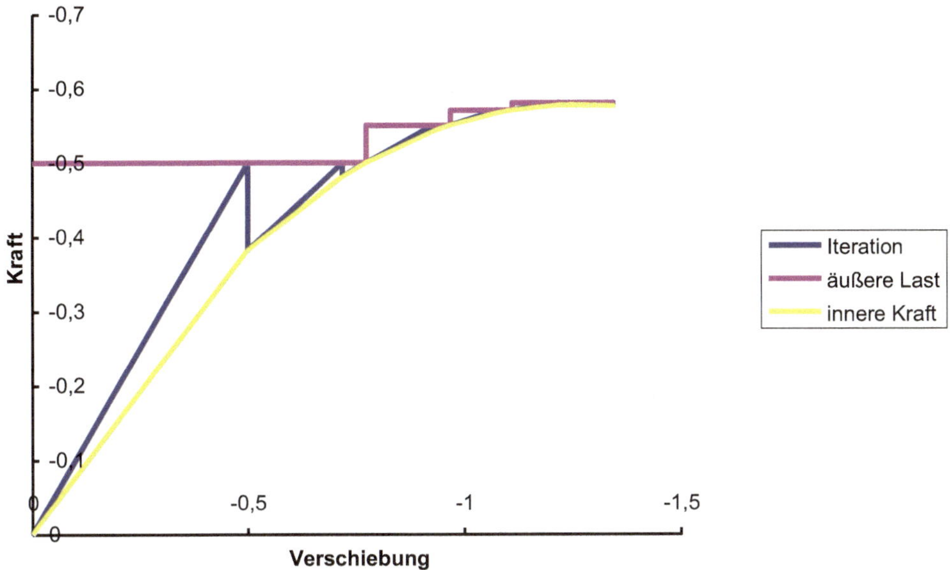

Abb. 2.14 Iterationsverlauf im Newton-Raphson-Verfahren

Nach Anwendung der ersten binomischen Formel:

$$\mathbf{K}_T = \frac{EA}{l}\left[s\left(1 + u'\right) + cv'\right]^2 + \frac{\sigma A}{l} \tag{2.103}$$

Wegen der Symmetrie des Systems reduziert sich der Lastvektor auf

$$\mathbf{f}^{\text{ext}} = -\frac{1}{2}F \tag{2.104}$$

Weiterhin notwendig sind

$$l = l_0 = \sqrt{4^2 + 3^2} = 5, \quad c = \cos\alpha_0 = \frac{4}{5}, \quad s = \sin\alpha_0 = \frac{3}{5} \tag{2.105}$$

Mit diesen Formeln erhält man den Iterationsverlauf aus Tab. 2.1, Abb. 2.14 zeigt den Verlauf der Iteration und die Entwicklung der Lösung. In der Tabelle wird auch ein Konvergenzexponent κ dargestellt. Dieser sagt aus: Reduzierte sich die Norm der rechten Seite **d** (Ungleichgewichtskraft) von Näherungslösung $i - 2$ zu $i - 1$ um einen Faktor a, so hat sie sich von $i - 1$ zu i um a^κ verringert. Die Berechnungsformel für κ ist (1.45).

Nahe der endgültigen Lösung geht κ gegen 2. Dies wird „quadratische Konvergenz" genannt.

▶   Ein Newton-Raphson-Verfahren zeigt quadratische Konvergenz in der Nähe der Lösung.

In der Praxis wird die Iteration jedoch oft schon früher als konvergiert betrachtet und daher abgebrochen, bevor der Effekt vollständig sichtbar ist.

Tab. 2.1 Newton-Raphson-Iteration beim Zweibock mit Green-Lagrange-Dehnungen

f_{ext}	v_2^g	rechte Seite	$\mathbf{K}_T$	Δv	κ
−0,5	0	−0,5	1	−0,5	
	−0,5	−0,11805556	0,54166667	−0,21794872	
	−0,71794872	−0,01921719	0,36795968	−0,05222635	1,25764431
	−0,77017506	−0,0010295	0,32868654	−0,00313217	1,61221173
	−0,77330724	−3,6442E-06	0,32636011	−1,1166E-05	1,92832425
	−0,7733184	−4,6273E-11	0,32635182	−1,4179E-10	1,99764891
−0,55	−0,7733184	−0,05	0,32635182	−0,15320889	
	−0,92652729	−0,00851134	0,21654818	−0,03930462	
	−0,96583191	−0,0005305	0,18963997	−0,00279738	1,56743928
	−0,96862929	−2,6518E-06	0,18774449	−1,4124E-05	1,90915951
	−0,96864341	−6,7543E-11	0,18773493	−3,5978E-10	1,9963818
−0,57	−0,96864341	−0,02	0,18773493	−0,10653319	
	−1,0751766	−0,00377525	0,11749085	−0,03213227	
	−1,10730887	−0,00032938	0,09704662	−0,00339405	1,46287675
	−1,11070293	−3,6317E-06	0,09490724	−3,8265E-05	1,84809966
	−1,11074119	−4,6106E-10	0,09488314	−4,8593E-09	1,99037628
−0,58	−1,1107412	−0,01	0,09488314	−0,1053928	
	−1,216134	−0,0034325	0,03036298	−0,11304878	
	−1,32918278	−0,00371938	**−0,03472831**	0,10709932	−0,0750662
	−1,22208346	−0,00326237	0,0268312	−0,12158855	−1,63332064
	−1,34367201	−0,00428086	−0,04276293	0,10010671	−2,0724101
	−1,2435653	−0,00282218	0,01417714	−0,19906513	−1,53347465

Bei Laststufe −0,58 ist die maximal aufnehmbare Last dieses Systems überschritten (Durchschlagproblem, s. Kap. 3). Dies ist erkennbar an der horizontalen Tangente des Kraft-Verschiebungs-Diagramms bzw. der Tatsache, dass der Wert von $\mathbf{K}_T$ um 0 oszilliert und auch negativ wird. Gleichgewicht ist nicht mehr möglich, entsprechend springen die Lösungen hin- und her, ohne der Konvergenz näher zu kommen.

2.3.6 Kontinuumsmechanische Symbolschreibweise

Die symbolische Schreibweise der Kontinuumsmechanik ist nicht wesentlicher Gegenstand dieses Buches. Näheres kann man z. B. bei Parisch [15] und Wriggers [29] nachlesen. Sie sei hier nur angerissen.

Der Deformationsgradient

$$\mathbf{F} = \left[\frac{\partial x_i}{\partial x_{0j}} \right] \tag{2.106}$$

enthält die Ableitung der Koordinaten des verformten Systems x_i nach den Ausgangskoordinaten x_{0j}. Bei der *polaren Zerlegung* wird der Deformationsgradient multiplikativ in eine   Rotation $\mathbf{R}$ und eine

  Streckung $\mathbf{U}$ aufgespalten:

$$\mathbf{F} = \mathbf{RU} \tag{2.107}$$

Die Rotation besitzt die Orthogonalitätseigenschaft, d. h.

$$\mathbf{R}^T = \mathbf{R}^{-1} \Rightarrow \mathbf{R}^T \mathbf{R} = \mathbf{I} \tag{2.108}$$

Bei einer gleichmäßigen Verformung über die Länge in einem eindimensionalen Element wie in Abschn. 2.3.2.2 gibt es nur eine Komponente des (sogenannten *Rechts-*)Strecktensors $\mathbf{U}$:

$$U_{11} = \frac{l}{l_0} \tag{2.109}$$

Die Berücksichtigung von (2.58) bis (2.60) führt auf

$$\varepsilon^{\mathrm{GL}} = \frac{1}{2}\frac{l^2 - l_0^2}{l_0^2} = \frac{1}{2}\left(\frac{l^2}{l_0^2} - \frac{l_0^2}{l_0^2}\right) = \frac{1}{2}\left(\frac{l}{l_0}\frac{l}{l_0} - 1\right) = \frac{1}{2}\left(U_{11}U_{11} - 1\right) \tag{2.110}$$

Im Zwei- und Dreidimensionalen erhält man dieses Dehnungsmaß als

$$\boldsymbol{\varepsilon}^{\mathrm{GL}} = \frac{1}{2}\left(\mathbf{U}^T\mathbf{U} - \mathbf{I}\right) \tag{2.111}$$

Unter Verwendung von (2.108):

$$\boldsymbol{\varepsilon}^{\mathrm{GL}} = \frac{1}{2}\left(\mathbf{U}^T\mathbf{I}\mathbf{U} - \mathbf{I}\right) = \frac{1}{2}\left(\underbrace{\mathbf{U}^T\mathbf{R}^T}_{\mathbf{F}^T}\underbrace{\mathbf{R}\mathbf{U}}_{\mathbf{F}} - \mathbf{I}\right) \tag{2.112}$$

$$\boldsymbol{\varepsilon}^{\mathrm{GL}} = \frac{1}{2}\left(\mathbf{F}^T\mathbf{F} - \mathbf{I}\right) \tag{2.113}$$

Also entspricht der Ausdruck $\mathbf{F}^T\mathbf{F}$ dem Quadrat des Strecktensors, $\mathbf{U}^2$. Wie man oben schon beispielhaft gesehen hat, sind die Green'schen Verzerrungen von den Starrkörperrotationen unabhängig, ohne dass diese explizit abgespalten werden müssen. Der Term

$$\mathbf{C} = \mathbf{F}^T\mathbf{F} \tag{2.114}$$

heißt *rechter Cauchy-Green-Tensor.*

In dieser Darstellung bilden die Komponenten des Dehnungstensors eine Matrix (Tensornotation) statt eines Vektors (Voigt-Notation). Die verschiedenen Schreibweisen und ihre Vor- und Nachteile werden in Abschn. 5.3 erörtert.

Im Detail lauten die Hauptdiagonalterme (gleicher Index) des Deformationsgradienten:

$$F_{ii} = \frac{\partial x_i}{\partial x_{0i}} = \frac{\partial\left(x_{0i} + u_i\right)}{\partial x_{0i}} = 1 + \frac{\partial u_i}{\partial x_{0i}} \tag{2.115}$$

während die Nebendiagonalterme (ungleicher Index) sich auf

$$F_{ij} = \frac{\partial x_i}{\partial x_{0j}} = \frac{\partial \left(x_{0i} + u_i\right)}{\partial x_{0j}} = \frac{\partial u_i}{\partial x_{0j}}, \, j \neq i \tag{2.116}$$

reduzieren. Im Folgenden wird der Index 0 weggelassen, weil nur noch Verschiebungen und *Anfangs*koordinaten vorkommen, zusammen:

$$\mathbf{F} = \begin{bmatrix} 1 + \dfrac{\partial u}{\partial x} & \dfrac{\partial u}{\partial y} & \dfrac{\partial u}{\partial z} \\[2mm] \dfrac{\partial v}{\partial x} & 1 + \dfrac{\partial v}{\partial y} & \dfrac{\partial v}{\partial z} \\[2mm] \dfrac{\partial w}{\partial x} & \dfrac{\partial w}{\partial y} & 1 + \dfrac{\partial w}{\partial z} \end{bmatrix} = \mathbf{I} + \underbrace{\begin{bmatrix} \dfrac{\partial u}{\partial x} & \dfrac{\partial u}{\partial y} & \dfrac{\partial u}{\partial z} \\[2mm] \dfrac{\partial v}{\partial x} & \dfrac{\partial v}{\partial y} & \dfrac{\partial v}{\partial z} \\[2mm] \dfrac{\partial w}{\partial x} & \dfrac{\partial w}{\partial y} & \dfrac{\partial w}{\partial z} \end{bmatrix}}_{\mathbf{H}} \tag{2.117}$$

$\mathbf{H}$ heißt *Verschiebungsgradient*. Damit kann die Dehnung geschrieben werden als

$$\boldsymbol{\varepsilon}^{\text{GL}} = \frac{1}{2} \left[\left(\mathbf{I} + \mathbf{H}^T\right) \left(\mathbf{I} + \mathbf{H}\right) - \mathbf{I} \right] = \frac{1}{2} \left[\mathbf{I} + \mathbf{H}^T + \mathbf{H} + \mathbf{H}^T \mathbf{H} - \mathbf{I} \right] \tag{2.118}$$

$$\boldsymbol{\varepsilon}^{\text{GL}} = \frac{1}{2} \left[\mathbf{H}^T + \mathbf{H} + \mathbf{H}^T \mathbf{H} \right] \tag{2.119}$$

Zur Bestimmung der B-Matrix, die für die inneren Kräfte $\mathbf{f}^{\text{int}}$ und $\mathbf{K}_u$ als Bestandteil der Tangentenmatrix benötigt wird und deren Ableitung Teil der Anfangsspannungsmatrix $\mathbf{K}_\sigma$ ist, gehen wir zur Indexschreibweise über (Regeln in Abschn. 1.1):

$$\varepsilon_{ij}^{\text{GL}} = \frac{1}{2} \left(F_{ki} F_{kj} - \delta_{ij} \right), \, i, j, k = 1 \ldots 3 \text{ (Anzahl der räumlichen Dimensionen)} \tag{2.120}$$

Daraus ergibt sich die B-Matrix als

$$B_{ijn} = \frac{\partial \varepsilon_{ij}^{\text{GL}}}{\partial \hat{u}_n} = \frac{1}{2} \left(\frac{\partial F_{ki}}{\partial \hat{u}_n} F_{kj} + F_{ki} \frac{\partial F_{kj}}{\partial \hat{u}_n} \right) \tag{2.121}$$

wobei der Index n über alle Freiheitsgrade des Elementes läuft. Der Deformationsgradient kann als

$$F_{ij} = \delta_{ij} + \frac{\partial u_i}{\partial x_{0j}} \tag{2.122}$$

ausgedrückt werden. An dieser Stelle muss unterschieden werden zwischen u_i als einer Verschiebungsrichtung als Funktion über das Element und $\hat{u}_n$ als einem Freiheitsgrad der

Elementknoten. Die Beziehung dazwischen lautet in 2d:

$$
\begin{bmatrix} u_x \\ u_y \end{bmatrix} = \begin{bmatrix} N_1 & N_2 & N_3 & \cdots & 0 & 0 & 0 & \cdots \\ 0 & 0 & 0 & \cdots & N_1 & N_2 & N_3 & \cdots \end{bmatrix} \begin{bmatrix} \hat{u}_{x1} \\ \hat{u}_{x2} \\ \hat{u}_{x3} \\ \vdots \\ \hat{u}_{y1} \\ \hat{u}_{y2} \\ \hat{u}_{y3} \\ \vdots \end{bmatrix} \tag{2.123}
$$

solange die Reihenfolge im Knotenverschiebungsvektor ist

1. alle Freiheitsgrade in derselben Richtung,
2. alle Richtungen.

Diese Reihenfolge ist für die Programmierung ungewöhnlich (üblich ist erstens alle Freiheitsgrade am Knoten, zweitens alle Knoten), aber gut für die Matrixdarstellung. In Indexschreibweise lautet (2.123):

$$
u_k = N_{km}\hat{u}_m \tag{2.124}
$$

wobei m über alle Freiheitsgrade am Element läuft, einschl. der Nullen in N_{km}. Die Ableitung des Deformationsgradienten nach den Freiheitsgraden wird dann zu

$$
\frac{\partial F_{ki}}{\partial \hat{u}_n} = \frac{\partial}{\partial \hat{u}_n}\frac{\partial u_k}{\partial x_{0i}} = \frac{\partial}{\partial \hat{u}_n}\frac{\partial N_{km}}{\partial x_{0i}}\hat{u}_m = \frac{\partial N_{km}}{\partial x_{0i}}\delta_{mn} = \frac{\partial N_{kn}}{\partial x_{0i}} \tag{2.125}
$$

n läuft auch über alle Freiheitsgrade. Die Ableitung von $\hat{u}_m$ nach $\hat{u}_n$ ist eins für $m = n$ und sonst null, was durch das Kronecker-Delta ausgedrückt wird. Die Summe über m hat damit nur Beiträge, wenn $m = n$ ist. Durch Austauschen des Index' i durch j erhält man die andere Ableitung als

$$
\frac{\partial F_{kj}}{\partial \hat{u}_n} = \frac{\partial N_{kn}}{\partial x_{0j}} \tag{2.126}
$$

damit

$$
B_{ijn} = \frac{1}{2}\left(\frac{\partial N_{kn}}{\partial x_{0i}}F_{kj} + F_{ki}\frac{\partial N_{kn}}{\partial x_{0j}}\right) \tag{2.127}
$$

Für die inneren Kräfte wird

$$
B_{ijn}\sigma_{ij} = \frac{1}{2}\left(\frac{\partial N_{kn}}{\partial x_{0i}}F_{kj}\sigma_{ij} + F_{ki}\frac{\partial N_{kn}}{\partial x_{0j}}\sigma_{ij}\right) \tag{2.128}
$$

benötigt und für $\mathbf{K}_\sigma$

$$
K_{nm}^\sigma = \int\limits_{(V)} k_{nm}^\sigma \, dV \tag{2.129}
$$

wobei m über alle Freiheitsgrade läuft und

$$k_{nm}^{\sigma} = \frac{\partial B_{ijn}}{\partial \hat{u}_m} \sigma_{ij} = \frac{1}{2} \left(\frac{\partial N_{kn}}{\partial x_{0i}} \frac{\partial N_{km}}{\partial x_{0j}} \sigma_{ij} + \frac{\partial N_{km}}{\partial x_{0i}} \frac{\partial N_{kn}}{\partial x_{0j}} \sigma_{ij} \right) \qquad (2.130)$$

ergibt. Für den symmetrischen Spannungstensor ($\sigma_{ij} = \sigma_{ji}$) resultiert daraus

$$k_{nm}^{\sigma} = \frac{1}{2} \left(\frac{\partial N_{kn}}{\partial x_{0i}} \frac{\partial N_{km}}{\partial x_{0j}} \sigma_{ij} + \frac{\partial N_{km}}{\partial x_{0i}} \frac{\partial N_{kn}}{\partial x_{0j}} \sigma_{ji} \right) \qquad (2.131)$$

Nun hat im zweiten Term die Ableitung von N_{km} den zweiten Index von σ als Summationsindex und die die Ableitung von N_{kn} den ersten – genau wie der erste Term. Daher sind beide Summanden gleich, folglich

$$k_{nm}^{\sigma} = \frac{\partial N_{kn}}{\partial x_{0i}} \sigma_{ij} \frac{\partial N_{km}}{\partial x_{0j}} \qquad (2.132)$$

wobei von der Tatsache Gebrauch gemacht wurde, dass in der Indexschreibweise nur Skalare als Repräsentanten der Tensoren vorkommen, sodass man die Reihenfolge ändern kann. Diese Darstellung lässt erkennen, dass eine symmetrische Matrix $\mathbf{K}_{\sigma}$ entsteht und wie die Terme für Routinen zur Matrizenmultiplikation vorbereitet werden können. (2.132) schließt drei Summen ein, nämlich über k, i und j, jeweils über die Koordinaten- bzw. Verschiebungsrichtungen, während n und m die verbleibende Matrix aufspannen. Die Summe über k ergibt in 2d:

$$k_{nm}^{\sigma} = \frac{\partial N_{1n}}{\partial x_{0i}} \sigma_{ij} \frac{\partial N_{1m}}{\partial x_{0j}} + \frac{\partial N_{2n}}{\partial x_{0i}} \sigma_{ij} \frac{\partial N_{2m}}{\partial x_{0j}} \qquad (2.133)$$

Nun kehren wir zurück zur Matrizenschreibweise. Mit

$$\mathbf{N} = \begin{bmatrix} N_1 & N_2 & N_3 & \cdots \end{bmatrix} \quad \text{und} \quad \hat{\mathbf{u}}_i^T = \begin{bmatrix} \hat{u}_{i1} & \hat{u}_{i2} & \hat{u}_{i3} & \cdots \end{bmatrix} \qquad (2.134)$$

wobei I über die Richtungen läuft, kann (2.123) als

$$\begin{bmatrix} u_x \\ u_y \end{bmatrix} = \begin{bmatrix} \mathbf{N} & \mathbf{0} \\ \mathbf{0} & \mathbf{N} \end{bmatrix} \begin{bmatrix} \hat{\mathbf{u}}_1 \\ \hat{\mathbf{u}}_2 \end{bmatrix} \qquad (2.135)$$

geschrieben werden und der Integrand der Anfangsspannungsmatrix als

$$
\mathbf{k}^{\sigma} := \left[k_{nm}^{\sigma} \right] =
\begin{bmatrix} \dfrac{\partial \mathbf{N}^{T}}{\partial x_{01}} & \dfrac{\partial \mathbf{N}^{T}}{\partial x_{02}} \\ \mathbf{0} & \mathbf{0} \end{bmatrix}
\begin{bmatrix} \sigma_{11} & \sigma_{12} \\ \sigma_{21} & \sigma_{22} \end{bmatrix}
\begin{bmatrix} \dfrac{\partial \mathbf{N}}{\partial x_{01}} & \mathbf{0} \\ \dfrac{\partial \mathbf{N}}{\partial x_{02}} & \mathbf{0} \end{bmatrix}
$$

$$
+
\begin{bmatrix} \mathbf{0} & \mathbf{0} \\ \dfrac{\partial \mathbf{N}^{T}}{\partial x_{01}} & \dfrac{\partial \mathbf{N}^{T}}{\partial x_{02}} \end{bmatrix}
\begin{bmatrix} \sigma_{11} & \sigma_{12} \\ \sigma_{21} & \sigma_{22} \end{bmatrix}
\begin{bmatrix} \mathbf{0} & \dfrac{\partial \mathbf{N}}{\partial x_{01}} \\ \mathbf{0} & \dfrac{\partial \mathbf{N}}{\partial x_{02}} \end{bmatrix}
\tag{2.136}
$$

$$
\mathbf{K}_{\sigma} =
\begin{bmatrix}
\displaystyle\int\limits_{(V)} \begin{bmatrix} \dfrac{\partial \mathbf{N}^{T}}{\partial x_{01}} & \dfrac{\partial \mathbf{N}^{T}}{\partial x_{02}} \end{bmatrix} \begin{bmatrix} \sigma_{11} & \sigma_{12} \\ \sigma_{21} & \sigma_{22} \end{bmatrix} \cdot \begin{bmatrix} \dfrac{\partial \mathbf{N}}{\partial x_{01}} \\ \dfrac{\partial \mathbf{N}}{\partial x_{02}} \end{bmatrix} dV & \mathbf{0} \\[4em]
\mathbf{0} & \displaystyle\int\limits_{(V)} \begin{bmatrix} \dfrac{\partial \mathbf{N}^{T}}{\partial x_{01}} & \dfrac{\partial \mathbf{N}^{T}}{\partial x_{02}} \end{bmatrix} \begin{bmatrix} \sigma_{11} & \sigma_{12} \\ \sigma_{21} & \sigma_{22} \end{bmatrix} \cdot \begin{bmatrix} \dfrac{\partial \mathbf{N}}{\partial x_{01}} \\ \dfrac{\partial \mathbf{N}}{\partial x_{02}} \end{bmatrix} dV
\end{bmatrix}
\tag{2.137}
$$

In der Tat treten dieselben Terme so oft auf, wie Richtungen (Dimensionen) betrachtet werden. Sie können einmal berechnet und dann entsprechend der Reihenfolge im Vektor der Knotenfreiheitsgrade verteilt werden.

Für das Stabelement wird nur eine Koordinate, aber werden zwei Verschiebungsrichtungen je Knoten berücksichtigt. Damit existiert nur

$$
\frac{\partial \mathbf{N}}{\partial x} = \frac{1}{l_0} \begin{bmatrix} -1 & 1 \end{bmatrix}
\tag{2.138}
$$

Folglich muss

$$
\int\limits_{(l)} \frac{\partial \mathbf{N}^{T}}{\partial x_{01}} \sigma_{11} \frac{\partial \mathbf{N}}{\partial x_{01}} A_0 dx = \frac{1}{l_0^2} \begin{bmatrix} -1 \\ 1 \end{bmatrix} \begin{bmatrix} -1 & 1 \end{bmatrix} \sigma_{11} A_0 l_0 = \frac{\sigma_{11} A_0}{l_0} \begin{bmatrix} 1 & -1 \\ -1 & 1 \end{bmatrix}
\tag{2.139}
$$

berechnet und zweimal verteilt werden, um $\mathbf{K}_{\sigma}$ wie in (2.91) zu erhalten.

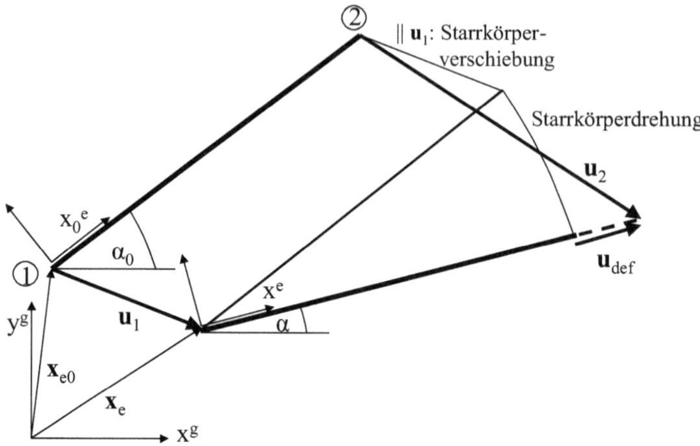

Abb. 2.15 Zur Erläuterung der mitdrehenden Formulierung

2.4 Große Rotationen II: mitdrehende Formulierung (*Co-rotational formulation*)

2.4.1 Grundidee

Wenn ein Element insgesamt große Rotationen erfährt, im Element selbst aber nur kleine gegenseitige Verdrehungen auftreten, was bei hinreichend feinem Netz vorausgesetzt werden kann, ist der nachfolgend dargestellte Weg eine Alternative. Wieder dient das Stabelement als Beispiel.

Ein Knotenverschiebungszustand **u** ruft

- eine Starrkörperverschiebung,
- eine Starrkörperverdrehung und
- einen Verschiebungszustand $\mathbf{u}_{\mathrm{def}}$, der zu einer Verformung führt,

hervor. Nur Letzterer erzeugt Dehnungen.

Die Knotenkoordinaten des deformierten Systems, **x**, können aus denen des unverformten Systems, $\mathbf{x}_0$, durch Addition der Verschiebungen berechnet werden:

$$\mathbf{x} = \mathbf{x}_0 + \mathbf{u} \tag{2.140}$$

Umgekehrt stellen die Verschiebungen die Koordinatendifferenz

$$\mathbf{u} = \mathbf{x} - \mathbf{x}_0 \tag{2.141}$$

dar. Wie in Abb. 2.15 zu sehen, erhält man *deformatorische* Verschiebungen, wenn man die Differenz der Koordinaten bestimmt, die man jeweils in ein System transformiert, das dem Element anhaftet und mit diesem rotiert, d. h. das den Starrkörperbewegungen folgt:

$$\mathbf{u}_{\mathrm{def}} = \mathbf{T}\,(\mathbf{x} - \mathbf{x}_{\mathrm{e}}) - \mathbf{T}_0\,(\mathbf{x}_0 - \mathbf{x}_{\mathrm{e0}}) \tag{2.142}$$

Darin bedeuten $\mathbf{x}_{\mathrm{e0}}$ und $\mathbf{x}_{\mathrm{e}}$ den Ursprung des Elementkoordinatensystems im unverformten bzw. im verformten System, angegeben in globalen Koordinaten. Dies gilt für jeden Knoten:

$$\mathbf{u}_{1\mathrm{def}} = \mathbf{T}\,(\mathbf{x}_1 - \mathbf{x}_{\mathrm{e}}) - \mathbf{T}_0\,(\mathbf{x}_{10} - \mathbf{x}_{\mathrm{e0}}) \tag{2.143}$$

$$\mathbf{u}_{2\mathrm{def}} = \mathbf{T}\,(\mathbf{x}_2 - \mathbf{x}_{\mathrm{e}}) - \mathbf{T}_0\,(\mathbf{x}_{20} - \mathbf{x}_{\mathrm{e0}}) \tag{2.144}$$

Weil Dehnungen nur aus Differenzen der Knotenverschiebungen berechnet werden, im Falle des Stabes also

$$\varepsilon = \frac{1}{l}\,(\mathbf{u}_{2\mathrm{def}} - \mathbf{u}_{1\mathrm{def}}) \tag{2.145}$$

hat die Starrkörper*verschiebung* keinen Einfluss, weil sie für alle Knoten gleich ist. Man erhält nämlich:

$$\begin{aligned}
\mathbf{u}_{2\mathrm{def}} - \mathbf{u}_{1\mathrm{def}} &= \mathbf{T}\,(\mathbf{x}_2 - \mathbf{x}_{\mathrm{e}}) - \mathbf{T}_0\,(\mathbf{x}_{20} - \mathbf{x}_{\mathrm{e0}}) - [\mathbf{T}\,(\mathbf{x}_1 - \mathbf{x}_{\mathrm{e}}) - \mathbf{T}_0\,(\mathbf{x}_{10} - \mathbf{x}_{\mathrm{e0}})] \\
&= \mathbf{T}\mathbf{x}_2 - \mathbf{T}\mathbf{x}_{\mathrm{e}} - \mathbf{T}_0\mathbf{x}_{20} + \mathbf{T}_0\mathbf{x}_{\mathrm{e0}} - \mathbf{T}\mathbf{x}_1 + \mathbf{T}\mathbf{x}_{\mathrm{e}} + \mathbf{T}_0\mathbf{x}_{10} - \mathbf{T}_0\mathbf{x}_{\mathrm{e0}}
\end{aligned} \tag{2.146}$$

$$\mathbf{u}_{2\mathrm{def}} - \mathbf{u}_{1\mathrm{def}} = \mathbf{T}\mathbf{x}_2 - \mathbf{T}_0\mathbf{x}_{20} - [\mathbf{T}\mathbf{x}_1 - \mathbf{T}_0\mathbf{x}_{10}] \tag{2.147}$$

Damit ist die Position des Ursprungs des mitbewegten Koordinatensystems eliminiert, nur die Orientierung ist noch von Bedeutung. Somit genügt es, eine Transformation in ein Koordinatensystem vorzunehmen, das parallel zur Elementorientierung liegt, sodass statt (2.142) neu definiert wird:

$$\mathbf{u}_{\mathrm{def}} := \mathbf{T}\mathbf{x} - \mathbf{T}_0\mathbf{x}_0 \tag{2.148}$$

Für das Stabelement aus Abb. 2.16, bei dem nur eine Längsdehnung (in x-Richtung im mitbewegten Koordinatensystem) auftritt, lauten die Transformationsgleichungen:

$$\begin{bmatrix} x_1 \\ x_2 \end{bmatrix}^{\mathrm{e}} = \begin{bmatrix} \cos\alpha & \sin\alpha & 0 & 0 \\ 0 & 0 & \cos\alpha & \sin\alpha \end{bmatrix} \begin{bmatrix} x_1 \\ y_1 \\ x_2 \\ y_2 \end{bmatrix}^{\mathrm{g}}$$

$$\mathbf{x}^{\mathrm{e}} = \mathbf{T}\mathbf{x}^{\mathrm{g}} \tag{2.149}$$

wobei zu beachten ist, dass der Winkel α jetzt für das verformte System zu bestimmen ist.

Die Orientierung des Stabelementes in der Ebene kann für den verformten Zustand durch

$$\Delta x = x_{20} + u_2 - x_{10} - u_1, \quad \Delta y = y_{20} + v_2 - y_{10} - v_1 \tag{2.150}$$

Abb. 2.16 Geometrische Beziehungen beim Stabelement

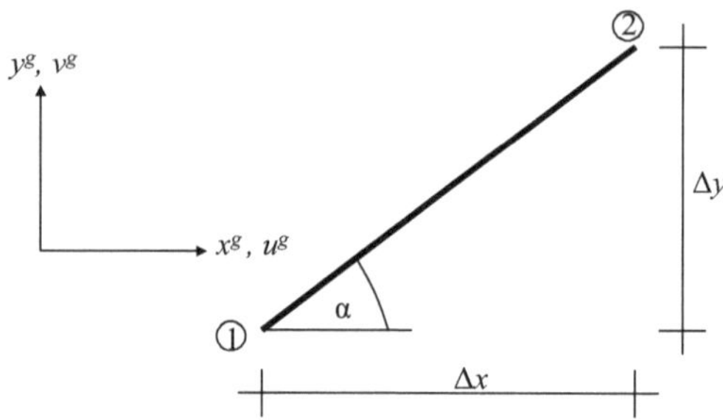

beschrieben werden. Damit ergibt sich die Länge zu

$$l = \sqrt{\Delta x^2 + \Delta y^2} \tag{2.151}$$

und die trigonometrischen Funktionen können durch

$$\cos\alpha = \frac{\Delta x\,(\mathbf{u})}{l\,(\mathbf{u})}, \quad \sin\alpha = \frac{\Delta y\,(\mathbf{u})}{l\,(\mathbf{u})} \tag{2.152}$$

ausgedrückt werden.

Im unverformten Zustand hängen die trigonometrischen Funktionen nur von den Ausgangskoordinaten ab, hier:

$$\cos\alpha_0 = \frac{(x_{20} - x_{10})}{l_0}, \quad \sin\alpha_0 = \frac{(y_{20} - y_{10})}{l_0} \tag{2.153}$$

Im deformierten Zustand jedoch haben auch die Verschiebungen Einfluss auf die Transformation, was sich bei der deformatorischen Verschiebung in

$$\mathbf{u}_{\mathrm{def}} = \mathbf{T}\,(\mathbf{u})\,(\mathbf{x}_0 + \mathbf{u}) - \mathbf{T}_0\mathbf{x}_0 \tag{2.154}$$

niederschlägt.

2.4.2 Dehnung, innere Kräfte, Tangentensteifigkeitsmatrix

Bei der mitgehenden Formulierung bleibt das lineare Dehnungsmaß geeignet, aber im mitgedrehten Koordinatensystem. Wie große Dehnungen hier eingefügt werden, wird in Abschn. 2.5.4 gezeigt. Mit den Formelzeichen der FE-Formulierung lauten die Dehnungen nun:

$$\varepsilon = \mathbf{B}_{\mathrm{lin}}\mathbf{u}_{\mathrm{def}} = \mathbf{B}_{\mathrm{lin}}\,[\mathbf{T}\,(\mathbf{u})\,(\mathbf{x}_0 + \mathbf{u}) - \mathbf{T}_0\mathbf{x}_0] \tag{2.155}$$

Dadurch wird die Beziehung zwischen Dehnung und Knotenverschiebungen nichtlinear. Diese Gleichung kann auf ein-, zwei- und dreidimensionale Elemente angewandt werden.

Die allgemeine B-Matrix erhält man wieder als Ableitung der Dehnungen nach den (globalen) Knotenverschiebungen:

$$\mathbf{B} = \frac{\partial \boldsymbol{\varepsilon}}{\partial \mathbf{u}} = \frac{\partial}{\partial \mathbf{u}} \left(\mathbf{B}_{\text{lin}} \left[\mathbf{T}\left(\mathbf{u}\right)\left(\mathbf{x}_0 + \mathbf{u}\right) - \mathbf{T}_0\mathbf{x}_0 \right] \right)$$

$$= \mathbf{B}_{\text{lin}} \underbrace{\left[\frac{\partial \mathbf{T}}{\partial \mathbf{u}} \left(\mathbf{x}_0 + \mathbf{u}\right) + \mathbf{T}\left(\mathbf{u}\right) \right]}_{=:\,\mathbf{T}^*} \tag{2.156}$$

Es soll betont werden, dass die B-Matrix sich nur um einen von der Transformation abhängigen Term von der linearen B-Matrix unterscheidet, die die spezielle Elementformulierung enthält. So lauten die inneren Kräfte:

$$\mathbf{f}_{\text{int}} = \int\limits_{(V)} \mathbf{B}^T \boldsymbol{\sigma}\, dV = \int\limits_{(V)} \mathbf{T}^{*T} \mathbf{B}_{\text{lin}}^T \boldsymbol{\sigma}\, dV \tag{2.157}$$

Die Transformationsmatrix $\mathbf{T}^*$ ist für das ganze Element konstant, $\mathbf{x}$ und $\mathbf{u}$ darin sind Knotenwerte und somit unabhängig vom Integranden, sodass diese Terme vor das Integral gezogen werden können:

$$\mathbf{f}_{\text{int}} = \mathbf{T}^* \underbrace{\int\limits_{(V)} \mathbf{B}_{\text{lin}}^T \boldsymbol{\sigma}\, dV}_{\mathbf{f}_{\text{int}}^{\text{elem}}} \tag{2.158}$$

Das Integral entspricht formal den inneren Kräften aus dem Linearen, wobei aber die Spannungen über (2.155) und das Werkstoffgesetz nichtlinear berechnet werden. Übergibt man an die Elementroutine die deformatorischen Verschiebungen anstelle der gesamten, braucht für diesen Anteil nichts mehr geändert werden. Setzt man nun für $\boldsymbol{\sigma}$ ein:

$$\mathbf{f}_{\text{int}} = \mathbf{T}^{*T} \int\limits_{(V)} \mathbf{B}_{\text{lin}}^T \underbrace{\mathbf{E}\mathbf{B}_{\text{lin}}\mathbf{u}_{\text{def}}}_{\boldsymbol{\sigma}}\, dV \tag{2.159}$$

verbleibt mit $\mathbf{u}_{\text{def}}$ wieder ein vom Integranden unabhängiger Term, der hinter das Integral gezogen werden kann:

$$\mathbf{f}_{\text{int}} = \mathbf{T}^{*T} \underbrace{\int\limits_{(V)} \mathbf{B}_{\text{lin}}^T \mathbf{E}\mathbf{B}_{\text{lin}}\, dV}_{\mathbf{K}_{\text{lin}}^{\text{elem}}} \mathbf{u}_{\text{def}} \tag{2.160}$$

Die inneren Kräfte auf Elementebene ergeben sich also als die nicht rotierte gewöhnliche Elementsteifigkeitsmatrix (aus dem Linearen) multipliziert mit den deformatorischen Verschiebungen.

Die Bezeichnung $\hat{\mathbf{u}}_{\text{g}}$ in den folgenden Termen betont, dass es sich um die Knotenverschiebungen im globalen Koordinatensystem handelt, während der Kopfzeiger ^{elem} aussagt, dass das Elementkoordinatensystem den Bezug darstellt und diese Terme wie im Linearen berechnet werden.

Als Bestandteil der Tangentensteifigkeitsmatrix $\mathbf{K}_\mathrm{T}$ ergibt sich gemäß (2.83)

$$\mathbf{K}_u = \int\limits_{(V)} \mathbf{B}^T \mathbf{E} \mathbf{B}\, dV = \int\limits_{(V)} \mathbf{T}^{*T} \mathbf{B}_{\mathrm{lin}}^T \mathbf{E} \mathbf{B}_{\mathrm{lin}} \mathbf{T}^*\, dV \tag{2.161}$$

und bei für das ganze Element konstanter Transformation

$$\mathbf{K}_u = \mathbf{T}^{*T} \underbrace{\int\limits_{(V)} \mathbf{B}_{\mathrm{lin}}^T \mathbf{E} \mathbf{B}_{\mathrm{lin}}\, dV}_{\mathbf{K}_{\mathrm{lin}}} \mathbf{T}^* \tag{2.162}$$

Auch hier werden nur die aus dem Linearen bekannte Elementsteifigkeitsmatrix und ansonsten von der Transformation abhängige Terme benötigt. Zweiter Bestandteil von $\mathbf{K}_\mathrm{T}$ ist die Anfangsspannungsmatrix:

$$\mathbf{K}_\sigma = \int\limits_{(V)} \frac{\partial \mathbf{B}^T}{\partial \hat{\mathbf{u}}_\mathrm{g}} \boldsymbol{\sigma}\, dV = \int\limits_{(V)} \frac{\partial \mathbf{T}^{*T}}{\partial \hat{\mathbf{u}}_\mathrm{g}} \mathbf{B}_{\mathrm{lin}}^T \boldsymbol{\sigma}\, dV = \frac{\partial \mathbf{T}^{*T}}{\partial \hat{\mathbf{u}}_\mathrm{g}} \underbrace{\int\limits_{(V)} \mathbf{B}_{\mathrm{lin}}^T \boldsymbol{\sigma}\, dV}_{\mathbf{f}_{\mathrm{int}}^{\mathrm{elem}}} \tag{2.163}$$

Auch $\mathbf{K}_\sigma$ besteht neben den schon besprochenen inneren Kräften auf Elementebene nur aus von der Transformation abhängigen Termen, **sodass also die großen Rotationen von außen um vorhandene lineare Elemente hinzugefügt werden können**.

Um die Struktur der Ableitung von

$$\mathbf{T}^{*T} = \left[\frac{\partial \mathbf{T}}{\partial \hat{\mathbf{u}}_\mathrm{g}} \left(\mathbf{x}_0 + \hat{\mathbf{u}}_\mathrm{g}\right) + \mathbf{T}\left(\hat{\mathbf{u}}_\mathrm{g}\right) \right]^T = \left[\frac{\partial \mathbf{T}}{\partial \hat{\mathbf{u}}_\mathrm{g}} \left(\mathbf{x}_0 + \hat{\mathbf{u}}_\mathrm{g}\right) \right]^T + \mathbf{T}^T \left(\hat{\mathbf{u}}_\mathrm{g}\right) \tag{2.164}$$

zu verstehen, muss man sich vor Augen halten, dass

- $\mathbf{T}(\mathbf{x}_0 + \mathbf{u})$ eine Spaltenmatrix darstellt,
- eine erste Ableitung nach dem Vektor der globalen Freiheitsgrade $\hat{\mathbf{u}}_\mathrm{g}$ gebildet wurde, wobei die jeweiligen Ableitungen nach den einzelnen Freiheitsgraden Zeilen bilden,
- eine Transposition vorgenommen wurde, sodass die Ableitungen nach $\hat{\mathbf{u}}_\mathrm{g}$ nun die Spalten bilden,
- eine weitere Ableitung nach $\hat{\mathbf{u}}_\mathrm{g}$ vorgenommen wird und diese Ableitungen wieder die Zeilen bilden.

Damit lautet $\mathbf{K}_\sigma$, wobei die Bedeutung der Schreibweise in Abschn. 1.5 beschrieben ist:

$$\frac{\partial \mathbf{T}^{*T}}{\partial \hat{\mathbf{u}}_\mathrm{g}} \mathbf{f}_{\mathrm{int}}^{\mathrm{elem}} = \frac{\partial}{\partial \hat{\mathbf{u}}_\mathrm{g}} \left\{ \left[\frac{\partial \mathbf{T}}{\partial \hat{\mathbf{u}}_\mathrm{g}} \left(\mathbf{x}_0 + \hat{\mathbf{u}}_\mathrm{g}\right) \right]^T \mathbf{f}_{\mathrm{int}}^{\mathrm{elem}} + \mathbf{T}^T \mathbf{f}_{\mathrm{int}}^{\mathrm{elem}} \right\}$$

$$= \frac{\partial}{\partial \hat{\mathbf{u}}_\mathrm{g}} \left\{ \left[\frac{\partial \mathbf{T}}{\partial \hat{\mathbf{u}}_\mathrm{g}} \left(\mathbf{x}_0 + \hat{\mathbf{u}}_\mathrm{g}\right) \right]^T \mathbf{f}_{\mathrm{int}}^{\mathrm{elem}} \right\} + \frac{\partial \mathbf{T}^T}{\partial \hat{\mathbf{u}}_\mathrm{g}} \mathbf{f}_{\mathrm{int}}^{\mathrm{elem}} \tag{2.165}$$

Um die entstehende Struktur besser zu erkennen, wird der Term in der geschweiften Klammer transponiert und rücktransponiert:

$$\frac{\partial \mathbf{T}^{*T}}{\partial \hat{\mathbf{u}}_{\mathrm{g}}}\mathbf{f}_{\mathrm{int}}^{\mathrm{elem}} = \frac{\partial}{\partial \hat{\mathbf{u}}_{\mathrm{g}}}\left\{\mathbf{f}_{\mathrm{int}}^{\mathrm{elem}\,T}\left[\frac{\partial \mathbf{T}}{\partial \hat{\mathbf{u}}_{\mathrm{g}}}\left(\mathbf{x}_0 + \hat{\mathbf{u}}_{\mathrm{g}}\right)\right]\right\}^T + \frac{\partial \mathbf{T}^T}{\partial \hat{\mathbf{u}}_{\mathrm{g}}}\mathbf{f}_{\mathrm{int}}^{\mathrm{elem}}$$

$$= \left\{\mathbf{f}_{\mathrm{int}}^{\mathrm{elem}\,T}\left[\frac{\partial}{\partial \hat{\mathbf{u}}_{\mathrm{g}}}\frac{\partial \mathbf{T}}{\partial \hat{\mathbf{u}}_{\mathrm{g}}}\left(\mathbf{x}_0 + \hat{\mathbf{u}}_{\mathrm{g}}\right) + \frac{\partial \mathbf{T}}{\partial \hat{\mathbf{u}}_{\mathrm{g}}}\right]\right\}^T + \frac{\partial \mathbf{T}^T}{\partial \hat{\mathbf{u}}_{\mathrm{g}}}\mathbf{f}_{\mathrm{int}}^{\mathrm{elem}} \tag{2.166}$$

Nach Ausführung der Ableitungen und der Rücktransposition erhält man:

$$\frac{\partial \mathbf{T}^{*T}}{\partial \hat{\mathbf{u}}_{\mathrm{g}}}\mathbf{f}_{\mathrm{int}}^{\mathrm{elem}} = \mathbf{K}_\sigma = \left(\mathbf{x}_0 + \hat{\mathbf{u}}_{\mathrm{g}}\right)^T \frac{\partial^2 \mathbf{T}^T}{\partial \hat{\mathbf{u}}_{\mathrm{g}}^T\,\partial \hat{\mathbf{u}}_{\mathrm{g}}}\mathbf{f}_{\mathrm{int}}^{\mathrm{elem}} + \left[\frac{\partial \mathbf{T}^T}{\partial \hat{\mathbf{u}}_{\mathrm{g}}}\mathbf{f}_{\mathrm{int}}^{\mathrm{elem}}\right]^T + \frac{\partial \mathbf{T}^T}{\partial \hat{\mathbf{u}}_{\mathrm{g}}}\mathbf{f}_{\mathrm{int}}^{\mathrm{elem}} \tag{2.167}$$

wobei der zweite Summand die Transponierte des dritten ist.

Die Ausdrücke, die zur B-Matrix, den inneren Kräften und der Tangentenmatrix führen, enthalten Ableitungen der Transformationsmatrix nach einem Vektor. Das führt auf eine dreidimensionale Matrix (Hypermatrix), die zweite Ableitung sogar auf eine vierdimensionale. Dann ist die gewöhnliche Matrizenschreibweise nicht ausreichend, um zu beschreiben, wie die Summationen ausgeführt werden müssen. Ein Weg, das Problem zu überwinden, ist, zuerst die Multiplikationen mit den Vektoren im gegebenen Kontext auszuführen, was die Dimension um eins reduziert, und dann die Ableitungen von $\mathbf{T}$ innerhalb dieser Produkte zu bilden. So ergibt der Term

$$\left(\mathbf{x}_0 + \hat{\mathbf{u}}_{\mathrm{g}}\right)^T \mathbf{T}^T \mathbf{f}_{\mathrm{int}}^{\mathrm{elem}} \tag{2.168}$$

nach Ausführung der Matrizenprodukte einen Skalar und eine (zweidimensionale) Matrix nach Bildung der beiden Ableitungen von $\mathbf{T}^T$. Das wird nachfolgend im Detail am Beispiel des Stabelementes gezeigt.

Ein alternativer Weg ist es, die Indexschreibweise unter Einschluss der Summenkonvention (Regeln in Abschn. 1.1) zu verwenden. Die Dehnungen, angeordnet in einer Spaltenmatrix (Voigt-Notation, daher nur ein Index) lauten dann:

$$\varepsilon_i = B_{ij}^{\mathrm{lin}}\left[T_{jk}\left(x_{0k}^{\mathrm{g}} + u_k^{\mathrm{g}}\right) - T_{0jk}x_{0k}^{\mathrm{g}}\right] \tag{2.169}$$

wobei $\quad j \quad$ über die Freiheitsgrade in Elementkoordinaten und

$\qquad k \quad$ über die Freiheitsgrade in globalen Koordinaten läuft.

Die vollständige B-Matrix kann dann ausgedrückt werden als

$$B_{il} = \frac{\partial \varepsilon_i}{\partial u_l^{\mathrm{g}}} = B_{ij}^{\mathrm{lin}}\left[\frac{\partial T_{jk}}{\partial u_l^{\mathrm{g}}}\left(x_{0k}^{\mathrm{g}} + u_k^{\mathrm{g}}\right) + T_{jk}\frac{\partial\left(x_{0k}^{\mathrm{g}} + u_k^{\mathrm{g}}\right)}{\partial u_l^{\mathrm{g}}}\right] \tag{2.170}$$

wobei l über die Freiheitsgrade in globalen Koordinaten läuft.

Die Ableitungen einer Verschiebungskomponente nach einer Verschiebungskomponente ist 1, wenn sie den gleichen Index tragen, sonst 0, was durch das Kronecker-Delta δ_{kl} beschrieben wird. Damit liefert das letzte Produkt nur einen Beitrag, wenn $k = l$ ist:

$$B_{il} = B_{ij}^{\mathrm{lin}} \left[\frac{\partial T_{jk}}{\partial u_l^{\mathrm{g}}} \left(x_{0k}^{\mathrm{g}} + u_k^{\mathrm{g}} \right) + T_{jk}\delta_{kl} \right] = B_{ij}^{\mathrm{lin}} \left[\frac{\partial T_{jk}}{\partial u_l^{\mathrm{g}}} \left(x_{0k}^{\mathrm{g}} + u_k^{\mathrm{g}} \right) + T_{jl} \right] \qquad (2.171)$$

Für die Multiplikation mit $\mathbf{B}^T$ muss der erste Index für die Summation benutzt werden, für $\mathbf{K}_u$:

$$K_{lm}^u = \int\limits_{(V)} B_{il} E_{ij} B_{jm} dV \qquad (2.172)$$

für die inneren Kräfte:

$$f_l^{\mathrm{int}} = \int\limits_{(V)} B_{il}\sigma_i dV \qquad (2.173)$$

Für die Anfangsspannungsmatrix wird der folgende Term benötigt (man berücksichtige, dass in der Indexschreibweise nur Skalare behandelt werden, sodass ihre Reihenfolge in Produkten, jedoch nicht ihre Indizes geändert werden können):

$$\frac{\partial B_{il}}{\partial u_m^{\mathrm{g}}}\sigma_i = \left[\frac{\partial^2 T_{jk}}{\partial u_l^{\mathrm{g}}\partial u_m^{\mathrm{g}}} \left(x_{0k}^{\mathrm{g}} + u_k^{\mathrm{g}} \right) + \frac{\partial T_{jk}}{\partial u_l^{\mathrm{g}}} \frac{\partial \left(x_{0k}^{\mathrm{g}} + u_k^{\mathrm{g}} \right)}{\partial u_m^{\mathrm{g}}} + \frac{T_{jl}}{\partial u_m^{\mathrm{g}}} \right] B_{ij}^{\mathrm{lin}}\sigma_i \qquad (2.174)$$

$$\frac{\partial B_{il}}{\partial u_m^{\mathrm{g}}}\sigma_i = \left[\frac{\partial^2 T_{jk}}{\partial u_l^{\mathrm{g}}\partial u_m^{\mathrm{g}}} \left(x_{0k}^{\mathrm{g}} + u_k^{\mathrm{g}} \right) + \frac{\partial T_{jk}}{\partial u_l^{\mathrm{g}}}\delta_{km} + \frac{T_{jl}}{\partial u_m^{\mathrm{g}}} \right] B_{ij}^{\mathrm{lin}}\sigma_i \qquad (2.175)$$

$$K_{lm}^\sigma = \left[\frac{\partial^2 T_{jk}}{\partial u_l^{\mathrm{g}}\partial u_m^{\mathrm{g}}} \left(x_{0k}^{\mathrm{g}} + u_k^{\mathrm{g}} \right) + \frac{\partial T_{jm}}{\partial u_l^{\mathrm{g}}} + \frac{T_{jl}}{\partial u_m^{\mathrm{g}}} \right] \underbrace{\int\limits_{(V)} B_{ij}^{\mathrm{lin}}\sigma_i dV}_{f_j^{\mathrm{int,elem}}} \qquad (2.176)$$

Es werden Summen über i, j und k gebildet, während l und m die resultierende Matrix aufspannen.

$$K_{lm}^\sigma = \left[f_j^{\mathrm{int,elem}} \frac{\partial^2 T_{jk}}{\partial u_l^{\mathrm{g}}\partial u_m^{\mathrm{g}}} \left(x_{0k}^{\mathrm{g}} + u_k^{\mathrm{g}} \right) + f_j^{\mathrm{int,elem}} \frac{\partial T_{jm}}{\partial u_l^{\mathrm{g}}} + f_j^{\mathrm{int,elem}} \frac{T_{jl}}{\partial u_m^{\mathrm{g}}} \right] \qquad (2.177)$$

Der erste Summand ergibt einen Skalar, bevor die beiden Ableitungen gebildet werden, der zweite und dritte zunächst einen Vektor, alle drei Terme nach Ausführung der Ableitungen aber Matrizen, wobei im zweiten und dritten Term nur die verbleibenden Indizes l und m vertauscht sind, d. h. der zweite bildet beim Aufbau der Matrizen die Transponierte des ersten.

2.4.3 Bestimmung des Elementkoordinatensystems

Im Zweidimensionalen kann die Orientierung eines Elementes bereits durch den Abstandsvektor zweier Knoten in ihrer aktuellen Lage, d. h. unter Einschluss der Verschiebungen, bestimmt werden, wie im Beispiel unten zu sehen. Im Dreidimensionalen benötigt man drei Orientierungsvektoren, z. B.

- den Abstandsvektor $\mathbf{\Delta}_1$ von zwei Knoten,
- den Abstandsvektor $\mathbf{\Delta}_2^*$ vom ersten zu einem dritten Knoten,
- das Vektorprodukt $\mathbf{\Delta}_3 = \mathbf{\Delta}_1 \times \mathbf{\Delta}_2^*$,
- das Vektorprodukt $\mathbf{\Delta}_2 = \mathbf{\Delta}_3 \times \mathbf{\Delta}_1$, damit eine rechtwinklige Basis entsteht.

Die aus den $\mathbf{\Delta}_i$ bestimmten Einheitsvektoren $\overline{\mathbf{\Delta}}_i$ ergeben die Transformationsmatrix

$$\mathbf{T}_1 = \begin{bmatrix} \overline{\mathbf{\Delta}}_1 & \overline{\mathbf{\Delta}}_2 & \overline{\mathbf{\Delta}}_3 \end{bmatrix}^T \tag{2.178}$$

die für jeden Knoten angewendet wird. Für n Knoten taucht $\mathbf{T}_1$ n mal in $\mathbf{T}$ auf, bei Biegeträgern auch $2n$ mal, nämlich jeweils für Verschiebungen und Verdrehungen.

Gemäß dem isoparametrischen Konzept, wonach jeder Einheitskoordinate $\{\xi, \eta, \zeta\}$ durch die Ansatzfunktionen wahre Koordinaten $\{x, y, z\}$ zugeordnet sind, kann auch gewählt werden:

$$\mathbf{\Delta}_1 = \left\{\frac{\partial x}{\partial \xi}, \frac{\partial y}{\partial \xi}, \frac{\partial z}{\partial \xi}\right\} \text{ und } \mathbf{\Delta}_2^* = \left\{\frac{\partial x}{\partial \eta}, \frac{\partial y}{\partial \eta}, \frac{\partial z}{\partial \eta}\right\} \tag{2.179}$$

Das sind Tangenten an die Einheitskoordinatenlinien.

Für das gerade Stabelement aus Abb. 2.16 sind beide Wege deckungsgleich:

$$\frac{dx}{d\xi} = \frac{d\mathbf{N}}{d\xi}\begin{bmatrix} x_1 \\ x_2 \end{bmatrix} = \frac{1}{l}\begin{bmatrix} -1 & 1 \end{bmatrix}\begin{bmatrix} x_1 \\ x_2 \end{bmatrix} = \frac{1}{l}(x_2 - x_1) = \frac{\Delta x}{l} = \cos\alpha \tag{2.180}$$

$$\frac{dy}{d\xi} = \frac{\Delta y}{l} = \sin\alpha \tag{2.181}$$

sodass man

$$\mathbf{\Delta}_1 = \overline{\mathbf{\Delta}}_1 = \left\{ \cos\alpha \quad \sin\alpha \right\} \tag{2.182}$$

erhält. Dies ist bereits ein Einheitsvektor. Der dazu orthogonale Vektor lässt sich z. B. aus der Bedingung, dass das Skalarprodukt 0 sein muss, konstruieren:

$$\overline{\mathbf{\Delta}}_2 = \left\{ -\sin\alpha \quad \cos\alpha \right\} \tag{2.183}$$

Benötigt wird aber nur die x-Komponente, also $\overline{\mathbf{\Delta}}_1$.

Eine andere Technik basiert auf der polaren Zerlegung des Deformationsgradienten $\mathbf{F}$ (s. Abschn. 2.3.6):

$$\mathbf{F}^T\mathbf{F} = \mathbf{U}^T\mathbf{R}^T\mathbf{R}\mathbf{U} = \mathbf{U}^2 \tag{2.184}$$

Dann ist

$$\mathbf{U}^{-1} = \left(\mathbf{F}^T\mathbf{F}\right)^{-\frac{1}{2}} \tag{2.185}$$

was z. B. nach dem Theorem von Cayley-Hamilton berechnet werden kann. Damit kann die Rotationsmatrix als

$$\mathbf{R} = \mathbf{RUU}^{-1} = \mathbf{FU}^{-1} = \mathbf{F}\left(\mathbf{F}^{T}\mathbf{F}\right)^{-\frac{1}{2}} \tag{2.186}$$

berechnet werden. $\mathbf{R}$ wird als Transformationsmatrix $\mathbf{T}_1$ verwendet.

Sowohl diese Rotationsmatrix als auch die Tangenten an die Einheitskoordinaten können an jedem Integrationspunkt bestimmt werden, sodass Biegung oder gekrümmte Elemente berücksichtigt werden können. Deshalb weist diese Methode eine höhere Genauigkeit auf und ist für Elemente von höherem Ansatzgrad geeignet.

2.4.4 Beispiel Stabelement

Für das Stabelement gilt $dV = A_0 dx$. Im Falle linearer Ansatzfunktionen sind alle Terme im Integranden unabhängig von x. Darum erhält man:

$$\mathbf{f}_{\text{int}}^{\text{elem}} = \mathbf{B}_{\text{lin}}^{T}\sigma A_0 l_0 \tag{2.187}$$

$$\mathbf{f}_{\text{int}} = \mathbf{T}^{*T}\mathbf{f}_{\text{int}}^{\text{elem}} \tag{2.188}$$

$$\mathbf{K}_{\text{T}} = \mathbf{B}^{T}\mathbf{B}EA_0 l_0 + \frac{\partial \mathbf{T}^{*T}}{\partial \mathbf{u}}\mathbf{f}_{\text{int}}^{\text{elem}} = \mathbf{T}^{*T}\mathbf{B}_{\text{lin}}^{T}\mathbf{B}_{\text{lin}}\mathbf{T}^{*}EA_0 l_0 + \frac{\partial \mathbf{T}^{*T}}{\partial \mathbf{u}}\mathbf{f}_{\text{int}}^{\text{elem}} \tag{2.189}$$

Ferner hat die Spannung nur eine Komponente, die mit den Knotenverschiebungen über

$$\sigma = E\mathbf{B}_{\text{lin}}\left[\mathbf{T}\left(\mathbf{x}_0 + \hat{\mathbf{u}}_{\text{g}}\right) - \mathbf{T}_0\mathbf{x}_0\right] \tag{2.190}$$

verknüpft ist. Die B-Matrix auf Elementebene ist

$$\mathbf{B}_{\text{lin}} = \frac{1}{l_0}\begin{bmatrix} -1 & 1 \end{bmatrix} \tag{2.191}$$

worin l_0 die Ausgangslänge ist, von der keine Ableitung gebildet werden muss.

Mit den Abkürzungen

$$c := \cos\alpha$$
$$s := \sin\alpha \tag{2.192}$$

lautet die Transformationsmatrix:

$$\mathbf{T} = \begin{bmatrix} c & s & 0 & 0 \\ 0 & 0 & c & s \end{bmatrix} \tag{2.193}$$

Zusammen bedeutet das:

$$\sigma = \frac{E}{l_0} \begin{bmatrix} -1 & 1 \end{bmatrix} \left(\begin{bmatrix} c & s & 0 & 0 \\ 0 & 0 & c & s \end{bmatrix} \begin{bmatrix} x_{10} + u_1 \\ y_{10} + v_1 \\ x_{20} + u_2 \\ y_{20} + v_2 \end{bmatrix} \right.$$

$$\left. - \begin{bmatrix} c_0 & s_0 & 0 & 0 \\ 0 & 0 & c_0 & s_0 \end{bmatrix} \begin{bmatrix} x_{10} \\ y_{10} \\ x_{20} \\ y_{20} \end{bmatrix} \right) \tag{2.194}$$

$$\sigma = \frac{E}{l_0} \left(\begin{bmatrix} -c & -s & c & s \end{bmatrix} \begin{bmatrix} x_{10} + u_1 \\ y_{10} + v_1 \\ x_{20} + u_2 \\ y_{20} + v_2 \end{bmatrix} \right.$$

$$\left. - \begin{bmatrix} -c_0 & -s_0 & c_0 & s_0 \end{bmatrix} \begin{bmatrix} x_{10} \\ y_{10} \\ x_{20} \\ y_{20} \end{bmatrix} \right) \tag{2.195}$$

Weiterhin folgt aus (2.191):

$$\mathbf{B}_{\text{lin}}^{T} \sigma = \frac{1}{l_0} \begin{bmatrix} -\sigma \\ \sigma \end{bmatrix} \tag{2.196}$$

und damit:

$$\mathbf{f}_{\text{lin}}^{\text{elem}} = \frac{1}{l_0} \begin{bmatrix} -\sigma \\ \sigma \end{bmatrix} A_0 l_0 = \begin{bmatrix} -\sigma A_0 \\ \sigma A_0 \end{bmatrix} \tag{2.197}$$

Einige Terme enthalten Ableitungen der Transformationsmatrix nach den Knotenverschiebungen. Diese ergäben Hypermatrizen, die sich auf dem zweidimensionalen Papier nicht darstellen lassen. Deshalb ist zu empfehlen, entweder die Indexschreibweise zu benutzen oder die Ableitungen mit dem nachfolgenden oder ggf. vorausgehenden Vektor zu multiplizieren, also

$$\frac{\partial \mathbf{T}}{\partial \mathbf{u}} (\mathbf{x}_0 + \mathbf{u}) = \frac{\partial}{\partial \mathbf{u}} \begin{bmatrix} c & s & 0 & 0 \\ 0 & 0 & c & s \end{bmatrix} \begin{bmatrix} x_{10} + u_1 \\ y_{10} + v_1 \\ x_{20} + u_2 \\ y_{20} + v_2 \end{bmatrix}$$

$$= \begin{bmatrix} \dfrac{\partial c}{\partial \mathbf{u}} (x_{10} + u_1) + \dfrac{\partial s}{\partial \mathbf{u}} (y_{10} + v_1) \\ \dfrac{\partial c}{\partial \mathbf{u}} (x_{20} + u_2) + \dfrac{\partial s}{\partial \mathbf{u}} (y_{20} + v_2) \end{bmatrix} \tag{2.198}$$

$$\frac{\partial \mathbf{T}}{\partial \mathbf{u}} (\mathbf{x}_0 + \mathbf{u})$$

$$= \begin{bmatrix} \dfrac{\partial c}{\partial u_1}(x_{10} + u_1) + \dfrac{\partial s}{\partial u_1}(y_{10} + v_1) & \cdots & \dfrac{\partial c}{\partial v_2}(x_{10} + u_1) + \dfrac{\partial s}{\partial v_2}(y_{10} + v_1) \\[2ex] \dfrac{\partial c}{\partial u_1}(x_{20} + u_2) + \dfrac{\partial s}{\partial u_1}(y_{20} + v_2) & \cdots & \dfrac{\partial c}{\partial v_2}(x_{20} + u_2) + \dfrac{\partial s}{\partial v_2}(y_{20} + v_2) \end{bmatrix}$$

$$(2.199)$$

Damit wird in (2.156)

$$\mathbf{T}^* = \begin{bmatrix} \cdots + c & \cdots + s & \cdots & \dfrac{\partial c}{\partial v_2}(x_{10} + u_1) + \dfrac{\partial s}{\partial v_2}(y_{10} + v_1) \\[2ex] \cdots & \cdots & \cdots + c & \dfrac{\partial c}{\partial v_2}(x_{20} + u_2) + \dfrac{\partial s}{\partial v_2}(y_{20} + v_2) + s \end{bmatrix} \quad (2.200)$$

Mit den Gleichungen für die Winkelfunktionen (2.152) lauten die darin vorkommenden Terme:

$$\frac{\partial \Delta x}{\partial \mathbf{u}} = \begin{bmatrix} -1 & 0 & 1 & 0 \end{bmatrix}, \quad \frac{\partial \Delta y}{\partial \mathbf{u}} = \begin{bmatrix} 0 & -1 & 0 & 1 \end{bmatrix} \tag{2.201}$$

$$\frac{\partial l}{\partial \mathbf{u}} = \frac{1}{2\sqrt{\Delta x^2 + \Delta y^2}} \left(2\Delta x \frac{\partial \Delta x}{\partial \mathbf{u}} + 2\Delta y \frac{\partial \Delta y}{\partial \mathbf{u}} \right)$$

$$= \frac{1}{l} \left(\Delta x \frac{\partial \Delta x}{\partial \mathbf{u}} + \Delta y \frac{\partial \Delta y}{\partial \mathbf{u}} \right) \tag{2.202}$$

$$\frac{\partial l}{\partial \mathbf{u}} = \frac{1}{l} \begin{bmatrix} -\Delta x & -\Delta y & \Delta x & \Delta y \end{bmatrix} = \begin{bmatrix} -c & -s & c & s \end{bmatrix} \tag{2.203}$$

$$\frac{\partial \cos \alpha}{\partial \mathbf{u}} = \frac{1}{l^2} \left(\frac{\partial \Delta x}{\partial \mathbf{u}} l - \Delta x \frac{\partial l}{\partial \mathbf{u}} \right)$$

$$= \frac{1}{l^2} \left(\begin{bmatrix} -1 & 0 & 1 & 0 \end{bmatrix} l - \Delta x \frac{1}{l} \begin{bmatrix} -\Delta x & -\Delta y & \Delta x & \Delta y \end{bmatrix} \right) \tag{2.204}$$

$$\frac{\partial \cos \alpha}{\partial \mathbf{u}} = \frac{1}{l} \begin{bmatrix} -1 & 0 & 1 & 0 \end{bmatrix} - \frac{1}{l^3} \Delta x \begin{bmatrix} -\Delta x & -\Delta y & \Delta x & \Delta y \end{bmatrix} \tag{2.205}$$

$$\frac{\partial \cos \alpha}{\partial \mathbf{u}} = \frac{1}{l} \left(\begin{bmatrix} -1 & 0 & 1 & 0 \end{bmatrix} - c \begin{bmatrix} -c & -s & c & s \end{bmatrix} \right)$$

$$= \frac{1}{l} \begin{bmatrix} -1 + c^2 & cs & 1 - c^2 & -cs \end{bmatrix} \tag{2.206}$$

$$\frac{\partial \sin \alpha}{\partial \mathbf{u}} = \frac{1}{l} \begin{bmatrix} 0 & -1 & 0 & 1 \end{bmatrix} - \frac{1}{l^3} \Delta y \begin{bmatrix} -\Delta x & -\Delta y & \Delta x & \Delta y \end{bmatrix}$$

$$= \frac{1}{l} \begin{bmatrix} cs & -1 + s^2 & -cs & 1 - s^2 \end{bmatrix} \tag{2.207}$$

Des Weiteren ist

$$\mathbf{B} = \mathbf{B}_{\text{lin}} \mathbf{T}^* = \frac{1}{l_0} \begin{bmatrix} -1 & 1 \end{bmatrix} \mathbf{T}^* \tag{2.208}$$

Definiert man für

$$\mathbf{T}^* =: \begin{bmatrix} t_{11} & t_{12} & t_{13} & t_{14} \\ t_{21} & t_{22} & t_{23} & t_{24} \end{bmatrix} \tag{2.209}$$

wird

$$\mathbf{B} = \frac{1}{l_0}\begin{bmatrix} -t_{11} + t_{21} & \cdots & \cdots & -t_{14} + t_{24} \end{bmatrix} \tag{2.210}$$

und die inneren Kräfte ergeben sich zu

$$\mathbf{f}_{\text{int}} = \mathbf{B}^T \sigma A l_0 = \begin{bmatrix} (-t_{11} + t_{21})\,\sigma A \\ (-t_{12} + t_{22})\,\sigma A \\ (-t_{13} + t_{23})\,\sigma A \\ (-t_{14} + t_{24})\,\sigma A \end{bmatrix} \tag{2.211}$$

Die Ableitung von $\mathbf{T}^{*T}$ (2.200) wird mit $\mathbf{f}_{\text{int}}^{\text{elem}}$ multipliziert:

$$\mathbf{K}_\sigma = \frac{\partial \mathbf{T}^{*T}}{\partial \hat{\mathbf{u}}_g} \mathbf{f}_{\text{int}}^{\text{elem}} = \left(\mathbf{x}_0 + \hat{\mathbf{u}}_g\right)^T \frac{\partial^2 \mathbf{T}^T}{\partial \hat{\mathbf{u}}_g^2} \mathbf{f}_{\text{int}}^{\text{elem}} + \left[\frac{\partial \mathbf{T}^T}{\partial \hat{\mathbf{u}}_g} \mathbf{f}_{\text{int}}^{\text{elem}}\right]^T + \frac{\partial \mathbf{T}^T}{\partial \hat{\mathbf{u}}_g} \mathbf{f}_{\text{int}}^{\text{elem}} \tag{2.212}$$

Der erste Term ergibt:

$$\left(\mathbf{x}_0 + \hat{\mathbf{u}}_g\right)^T \frac{\partial^2 \mathbf{T}^T}{\partial \hat{\mathbf{u}}_g^2} \mathbf{f}_{\text{int}}^{\text{elem}}$$

| $x_{10}+u_1 \quad x_{20}+u_2$
 $y_{10}+v_1 \quad y_{20}+v_2$ | $\begin{array}{cc} \dfrac{\partial^2 c}{\partial \hat{\mathbf{u}}_g^2} & 0 \\[2mm] \dfrac{\partial^2 s}{\partial \hat{\mathbf{u}}_g^2} & 0 \\[2mm] 0 & \dfrac{\partial^2 c}{\partial \hat{\mathbf{u}}_g^2} \\[2mm] 0 & \dfrac{\partial^2 s}{\partial \hat{\mathbf{u}}_g^2} \end{array}$ | $\dfrac{-\sigma A}{\sigma A}$ |

$$\left(x_{10}+u_1\right)\frac{\partial^2 c}{\partial \hat{\mathbf{u}}_g^2} + \left(y_{10}+v_1\right)\frac{\partial^2 s}{\partial \hat{\mathbf{u}}_g^2} \qquad \left(x_{20}+u_2\right)\frac{\partial^2 c}{\partial \hat{\mathbf{u}}_g^2} + \left(y_{20}+v_2\right)\frac{\partial^2 s}{\partial \hat{\mathbf{u}}_g^2}$$

$$-\left(x_{10}+u_1\right)\frac{\partial^2 c}{\partial \hat{\mathbf{u}}_g^2}\sigma A - \left(y_{10}+v_1\right)\frac{\partial^2 s}{\partial \hat{\mathbf{u}}_g^2}\sigma A + \left(x_{20}+u_2\right)\frac{\partial^2 c}{\partial \hat{\mathbf{u}}_g^2}\sigma A + \left(y_{20}+v_2\right)\frac{\partial^2 s}{\partial \hat{\mathbf{u}}_g^2}\sigma A$$

Mit (2.150) lässt sich das Ergebnis zu

$$\left(\mathbf{x}_0 + \hat{\mathbf{u}}_g\right)^T \frac{\partial^2 \mathbf{T}^T}{\partial \hat{\mathbf{u}}_g^2} \mathbf{f}_{\text{int}}^{\text{elem}} = \Delta x \frac{\partial^2 c}{\partial \hat{\mathbf{u}}_g^2} + \Delta y \frac{\partial^2 s}{\partial \hat{\mathbf{u}}_g^2} \tag{2.213}$$

zusammenfassen. Darin ist z. B.:

$$\frac{\partial^2 c}{\partial \hat{\mathbf{u}}_{\mathrm{g}}^2} = \begin{bmatrix} \dfrac{\partial^2 c}{\partial u_1^2} & \dfrac{\partial^2 c}{\partial u_1 v_1} & \dfrac{\partial^2 c}{\partial u_1 u_2} & \dfrac{\partial^2 c}{\partial u_1 v_2} \\[2ex] & \dfrac{\partial^2 c}{\partial v_1^2} & & \vdots \\[2ex] & & \dfrac{\partial^2 c}{\partial u_2^2} & \vdots \\[2ex] \text{symm.} & & & \dfrac{\partial^2 c}{\partial v_2^2} \end{bmatrix} \tag{2.214}$$

darin wiederum z. B.:

$$\frac{\partial^2 \cos\alpha}{\partial v_2^2} = \frac{3}{l^4} \underbrace{\frac{\partial l}{\partial v_2}}_{\Delta y / l} \Delta x \Delta y - \frac{1}{l^3} \underbrace{\frac{\partial \Delta x}{\partial v_2}}_{0} \Delta y - \frac{1}{l^3} \Delta x \underbrace{\frac{\partial \Delta y}{\partial v_2}}_{1} \tag{2.215}$$

$$\frac{\partial^2 \cos\alpha}{\partial v_2^2} = \frac{3}{l^5} \Delta x \Delta y^2 - \frac{1}{l^3} \Delta x = \frac{1}{l^2} \left(3cs^2 - c \right) \tag{2.216}$$

und auf die gleiche Weise:

$$\frac{\partial^2 \sin\alpha}{\partial v_2^2} = -\frac{1}{l^2} \frac{\partial l}{\partial v_2} + \frac{3}{l^4} \frac{\partial l}{\partial v_2} \Delta y^2 - \frac{1}{l^3} \frac{\partial \Delta y}{\partial v_2} \Delta y - \frac{1}{l^3} \Delta y \frac{\partial \Delta y}{\partial v_2} \tag{2.217}$$

$$\frac{\partial^2 \sin\alpha}{\partial v_2^2} = -\frac{3}{l^3} \Delta y + \frac{3}{l^5} \Delta y^3 = \frac{1}{l^2} \left(-3s + 3s^3 \right) \tag{2.218}$$

Der dritte Term der Anfangsspannungsmatrix (2.212) ergibt:

$$\frac{\partial \mathbf{T}^T}{\partial \hat{\mathbf{u}}_{\mathrm{g}}} \mathbf{f}_{\mathrm{int}}^{\mathrm{elem}} = \frac{\partial}{\partial \hat{\mathbf{u}}_{\mathrm{g}}} \begin{bmatrix} c & 0 \\ s & 0 \\ 0 & c \\ 0 & s \end{bmatrix} \begin{bmatrix} -\sigma A_0 \\ \sigma A_0 \end{bmatrix} = \begin{bmatrix} -\dfrac{\partial c}{\partial \hat{\mathbf{u}}_{\mathrm{g}}} \\[2ex] -\dfrac{\partial s}{\partial \hat{\mathbf{u}}_{\mathrm{g}}} \\[2ex] \dfrac{\partial c}{\partial \hat{\mathbf{u}}_{\mathrm{g}}} \\[2ex] \dfrac{\partial s}{\partial \hat{\mathbf{u}}_{\mathrm{g}}} \end{bmatrix} \sigma A_0$$

seine Transponierte den zweiten Term. Die gesamte tangentiale Steifigkeitsmatrix lautet dann:

$$\mathbf{K}_{\mathrm{T}} = \mathbf{B}^T \mathbf{B} E A_0 l_0 + \Delta x \frac{\partial^2 c}{\partial \hat{\mathbf{u}}_{\mathrm{g}}^2} \sigma A_0 + \Delta y \frac{\partial^2 s}{\partial \hat{\mathbf{u}}_{\mathrm{g}}^2} \sigma A_0$$

$$+ \begin{bmatrix} -\dfrac{\partial c}{\partial \mathbf{u}_{\mathrm{g}}^T} & -\dfrac{\partial s}{\partial \mathbf{u}_{\mathrm{g}}^T} & \dfrac{\partial c}{\partial \mathbf{u}_{\mathrm{g}}^T} & \dfrac{\partial s}{\partial \mathbf{u}_{\mathrm{g}}^T} \end{bmatrix} \sigma A_0 + \begin{bmatrix} -\dfrac{\partial c}{\partial \hat{\mathbf{u}}_{\mathrm{g}}} \\[2ex] -\dfrac{\partial s}{\partial \hat{\mathbf{u}}_{\mathrm{g}}} \\[2ex] \dfrac{\partial c}{\partial \hat{\mathbf{u}}_{\mathrm{g}}} \\[2ex] \dfrac{\partial s}{\partial \hat{\mathbf{u}}_{\mathrm{g}}} \end{bmatrix} \sigma A_0 \tag{2.219}$$

2.4.5   Numerisches Beispiel Zweibock

Für den Zweibock aus Abb. 2.13 sind die Koordinaten und Randbedingungen

$$x_{10} = 0 \quad y_{10} = 0 \quad x_{20} = 4 \quad y_{20} = 3$$
$$u_1 = 0 \quad v_1 = 0 \quad u_2 = 0$$

$$(2.220)$$

Dadurch ist v_2 der einzige Freiheitsgrad und nur Ableitungen nach v_2 müssen berücksichtigt werden. Auch das Gleichgewicht ist nur am Knoten 2 in y-Richtung von Interesse. Das heißt:

$$\mathbf{f}_{\text{ext}} = -\frac{F}{2}\,\hat{\mathbf{u}} = v_2$$

$$\Delta x = 4, \quad \Delta y = 3 + v_2$$

$$\Delta y_0 = 3, \quad l_0 = 5, \quad \cos\alpha_0 = \frac{4}{5}, \quad \sin\alpha_0 = \frac{3}{5}$$

$$l = \sqrt{4^2 + (3 + v_2)^2}$$

$$\cos\alpha = \frac{4}{l}, \quad \sin\alpha = \frac{3 + v_2}{l}$$

$$\sigma = \frac{E}{5}\left(4c + (3 + v_2)\,s - 4c_0 - 3s_0\right) = \frac{E}{5}\left(4c + (3 + v_2)\,s - 5\right)$$

$$\frac{\partial l}{\partial v_2} = \frac{1}{l}\,(3 + v_2)$$

$$\frac{\partial}{\partial v_2}\cos\alpha = -\frac{4}{l^3}\,(3 + v_2), \quad \frac{\partial}{\partial v_2}\sin\alpha = \frac{1}{l} - \frac{1}{l^3}\,(3 + v_2)^2$$

$$\mathbf{T}^* = \begin{bmatrix} t_{11} & \cdots & t_{13} & 0 \\ \cdots & \cdots & t_{23} & \dfrac{\partial c}{\partial v_2}\cdot 4 + \dfrac{\partial s}{\partial v_2}\,(3 + v_2) + s \end{bmatrix}$$

$$\mathbf{B} = \frac{1}{5}t_{24}$$

$$\mathbf{f}_{\text{int}} = t_{24}\sigma A_0$$

$$\mathbf{K}_u = \left(\frac{1}{5}t_{24}\right)^2 EA_0 \cdot 5 = \frac{1}{5}t_{24}^2 EA_0$$

$$\frac{\partial^2}{\partial v_2^2}\cos\alpha = \left(\frac{3}{l^5}\,(3 + v_2)^2 - \frac{1}{l^3}\right)\cdot 4$$

$$\frac{\partial^2}{\partial v_2^2}\sin\alpha = \left(-\frac{3}{l^3} + \frac{3}{l^5}\,(3 + v_2)^2\right)(3 + v_2)$$

$$\mathbf{K}_\sigma = 4\frac{\partial^2 c}{\partial v_2^2}\sigma A_0 + (3 + v_2)\frac{\partial^2 s}{\partial v_2^2}\sigma A_0 + 2\frac{\partial s}{\partial v_2}\sigma A_0$$

$$= \left(4\frac{\partial^2 c}{\partial v_2^2} + (3 + v_2)\frac{\partial^2 s}{\partial v_2^2} + 2\frac{\partial s}{\partial v_2}\right)\sigma A_0$$

$$\mathbf{K}_{\text{T}} = \mathbf{K}_u + \mathbf{K}_\sigma$$

Damit führt der folgende Algorithmus zur Lösung:

Alg. 2.2

- *Gegeben:* $\mathbf{f}_{ext}$
- setze $i = 1, \hat{\mathbf{u}}_1 = \hat{\mathbf{u}}_{konvergiert}$ *aus letztem Lastschritt bzw.* $\hat{\mathbf{u}}_1 = \mathbf{0}$
  1) berechne $\mathbf{f}_{int}\,(\hat{\mathbf{u}}_i)$
  2) löse $\Delta\hat{\mathbf{u}}_i = \mathbf{K}_T^{-1}\,(\mathbf{f}_{ext} - \mathbf{f}_{int})$
  3) berechne $\hat{\mathbf{u}}_{i+1} = \hat{\mathbf{u}}_i + \Delta\hat{\mathbf{u}}_i$
- *wenn konvergiert:*
  - neues $\mathbf{f}_{ext}, i = 1$
- weiter mit 1)

Der Iterationsfortschritt wird in Tab. 2.2 gezeigt und in Abb. 2.17 grafisch dargestellt. Der Konvergenzexponent κ (1.45) nähert sich dem Wert 2 in der Umgebung der Lösung, wie es für das Newton-Raphson-Verfahren typisch ist (quadratische Konvergenz). Dass er danach teilweise wieder abnimmt, ist der Tatsache geschuldet, dass die Prozessorgenauigkeit erreicht wird. In der Praxis wird die Iteration aber vorher abgebrochen.

Bei Laststufe $-0{,}72$ ist die maximal aufnehmbare Last überschritten, also kein Gleichgewicht mehr möglich, sodass keine Konvergenz eintritt. Man erkennt das auch daran, dass $\mathbf{K}_T$ Werte um 0 annimmt und zeitweise negativ wird.

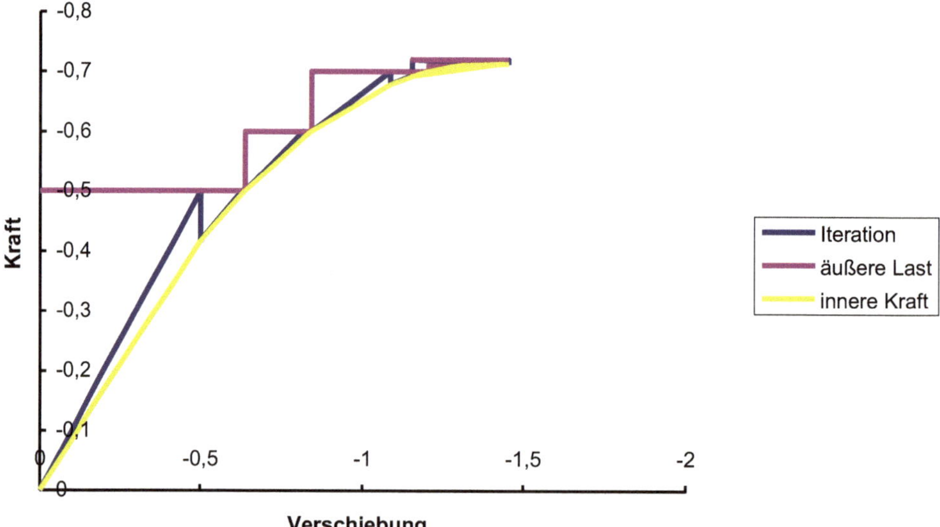

Abb. 2.17 Iterationsverlauf im Newton-Raphson-Verfahren für die mitdrehende Formulierung

Tab. 2.2 Newton-Raphson-Iteration für den Zweibock in der mitdrehenden Formulierung

äußere Last	$v_{2,i}-v_{2,1}$	$v_{2,i}$	$\mathbf{K}_T$	rechte Seite	κ
−0,5	0	0	1,0000008	−0,5	
	−0,4999996	−0,4999996	0,66042952	−0,08334799	
	−0,6262023	−0,6262023	0,56949548	−0,00572057	1,4953006
	−0,63624727	−0,63624727	0,56218932	−3,6687E-05	1,88483506
	−0,63631253	−0,63631253	0,56214182	−1,5497E-09	1,99471873
	−0,63631254	−0,63631254	0,56214182	−1,0547E-15	1,40986474
−0,6	0	−0,63631254	0,56214182	−0,1	
	−0,17789105	−0,81420359	0,43143732	−0,01159205	
	−0,20475949	−0,84107203	0,41152375	−0,00026745	1,74914856
	−0,20540939	−0,84172192	0,41104167	−1,5665E-07	1,97462355
	−0,20540977	−0,8417223	0,41104139	−5,2958E-14	2,00197669
	−0,20540977	−0,8417223	0,41104139	2,2204E-16	0,36740652
−0,7	0	−0,8417223	0,41104139	−0,1	
	−0,2432845	−1,08500681	0,22992876	−0,02201854	
	−0,33904694	−1,18076924	0,15882583	−0,00340757	1,23300293
	−0,36050169	−1,202224	0,14295845	−0,00017027	1,60588135
	−0,36169271	−1,20341502	0,14207845	−5,2405E-07	1,93016356
−0,71	0	−1,20341502	0,14207845	−0,01000052	
	−0,07038734	−1,27380235	0,09025931	−0,00182599	
	−0,09061782	−1,29403284	0,07544379	−0,00014993	1,46997863
	−0,09260511	−1,29602012	0,07399056	−1,4441E-06	1,85728841
	−0,09262462	−1,29603964	0,07397629	−1,3925E-10	1,99166208
	−0,09262462	−1,29603964	0,07397629	−4,4409E-16	1,3686783
−0,72	0	−1,29603964	0,07397629	−0,01	
	−0,13517844	−1,43121809	−0,02379526	−0,0066341	
	0,14362066	−1,15241898	0,17983348	−0,02820801	−3,52708527
	−0,01323561	−1,30927525	0,06430777	−0,00908488	−0,7827879
	−0,15450753	−1,45054718	−0,03757155	−0,00722727	0,20189861
	0,03785274	−1,25818691	0,10172079	−0,01332489	−2,67441291

Mit der mitdrehenden Formulierung zeigt das System ein qualitativ ähnliches Verhalten wie mit den Green'schen Verzerrungen. Allerdings lag da die kritische Laststufe bei −0,58. Dieser Unterschied wird in Abschn. 2.6.3 aufgeklärt.

2.4.6 Richtung von Spannungen und Dehnungen

Bei der mitdrehenden Formulierung werden Spannungen und Dehnungen im gedrehten Elementkoordinatensystem berechnet. Das ist sehr nützlich für Schalen und Balken, die ausgezeichnete Richtungen (Stabachse bzw. Schalenmittelfläche) aufweisen, und auch

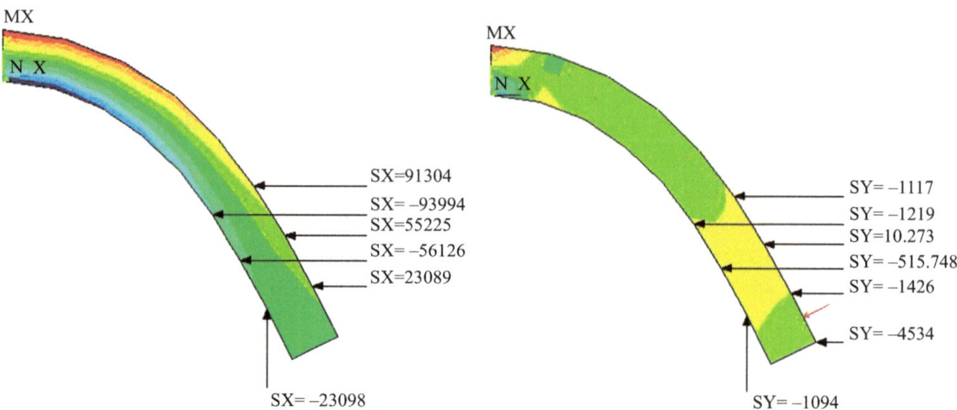

Abb. 2.18 Spannungskomponenten im gedrehten Koordinatensystem

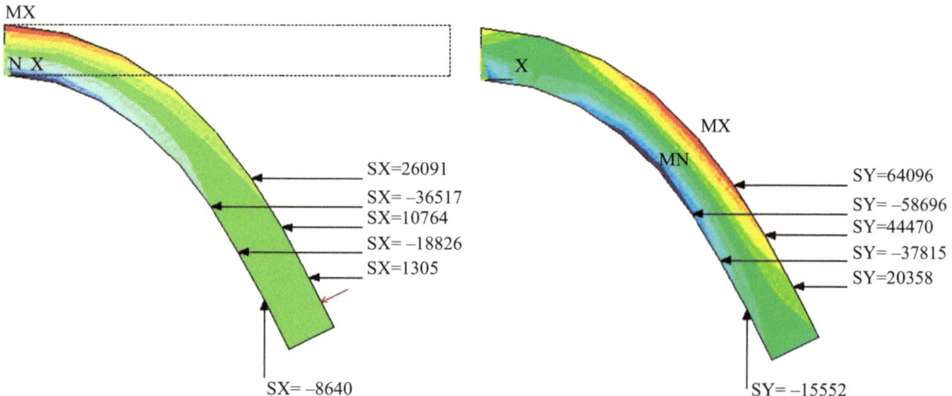

Abb. 2.19 Spannungskomponenten im Ausgangskoordinatensystem

hilfreich für die Interpretation von Ergebnissen anderer Elementtypen, wie in Abb. 2.18 im Vergleich mit Abb. 2.19 erkennbar ist. Besonders in balken- oder schalenähnlichen Systemen sind Dehnungs- und Spannungskomponenten, die auch nach großen Rotationen parallel zum Rand verlaufen, am aussagekräftigsten. Ein weiteres Beispiel, bei dem mitdrehende Bezugsachsen vorteilhaft sind, sind Anisotropieachsen.

Dieses Beispiel ist biegedominiert. Man erwartet daher, dass die randparallelen Spannungen am größten sind, wie man auch für σ_x in Abb. 2.18 (gedrehtes Koordinatensystem) erkennt. Hier sind die y-Spannungen außer im Bereich der Lasteinleitung (roter Pfeil) klein. In Abb. 2.19 (Ausgangskoordinatensystem, in dem sich die Green'schen Verzerrungen und deren zugeordnete Spannungen ergeben) erscheinen x- und y-Spannungen in gleicher Größenordnungen, weil die randparallelen Spannungen Komponenten in globaler x- und y-Richtung besitzen.

2.5 Große Dehnungen

2.5.1 Eindimensionale Betrachtungen

Ingenieurdehnungen werden aus Längenänderungen im Verhältnis zu der **Ausgangs**länge l_0 berechnet. Dieses Maß ist jedoch nicht für jede in technischen Anwendungen vorkommende Größenordnung von Dehnungen geeignet, wie das nachfolgende Beispiel zeigt.

In Abb. 2.20 werden drei Fälle gezeigt, für die die Dehnung – zuerst die Ingenieurdehnung – bestimmt werden soll.

In Fall a) ist dies

$$\varepsilon^{\mathrm{Ing}} = \frac{\Delta l}{l_0} = \frac{\Delta L}{L} \tag{2.221}$$

in Fall b)

$$\varepsilon^{\mathrm{Ing}} = \frac{\Delta L}{2L} \tag{2.222}$$

weil die Ausgangslänge zweimal so groß ist. Im Fall c) wird der Probestab im ersten Schritt auf die doppelte Länge und dann weiter um ΔL deformiert. Nach der Definition der Ingenieurdehnungen ist das Inkrement

$$\Delta \varepsilon^{\mathrm{Ing}} = \frac{\Delta L}{L} \tag{2.223}$$

d. h. vergleichbar zu Fall a), weil die Ausgangslänge L ist. Sinnvoller wäre jedoch das gleiche Resultat wie in Fall b), weil die Längen vor dieser Deformation gleich sind. Dazu müsste die aktuelle, die deformierte, Länge l herangezogen werden:

$$\Delta \varepsilon = \frac{\Delta l}{l} = \frac{\Delta L}{2L} \tag{2.224}$$

Das führt zu folgendem prinzipiellen Vorgehen:

$$\varepsilon = \sum \Delta \varepsilon = \sum \frac{\Delta l}{l} \tag{2.225}$$

Ausgedrückt durch infinitesimal kleine Inkremente erhält man:

$$\varepsilon = \int_{l_0}^{l} d\varepsilon = \int_{l_0}^{l} \frac{1}{l} dl = [\ln l]_{l_0}^{l} = \ln l - \ln l_0 = \ln\left(\frac{l}{l_0}\right) \tag{2.226}$$

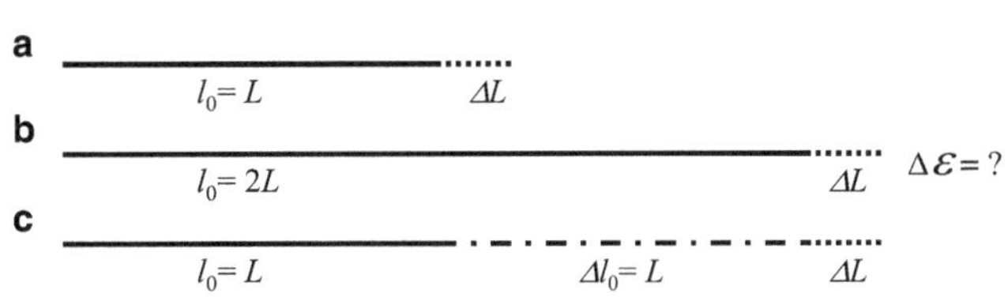

Abb. 2.20 Zur Einführung logarithmischer Dehnungen

Tab. 2.3 Vergleich verschiedener Dehnungsmaße

Ingenieur-Dehnung	Green-Lagrange-Dehnung	logarithmische Dehnung
-1	$-0{,}5000$	$-\infty$
$-0{,}99$	$-0{,}5000$	$-4{,}6052$
$-0{,}5$	$-0{,}3750$	$-0{,}6931$
$-0{,}3$	$-0{,}2550$	$-0{,}3567$
$-0{,}1$	$-0{,}0950$	$-0{,}1054$
$-0{,}05$	$-0{,}0488$	$-0{,}0513$
$-0{,}03$	$-0{,}0296$	$-0{,}0305$
$-0{,}01$	$-0{,}0100$	$-0{,}0101$
$-0{,}001$	$-0{,}0010$	$-0{,}0010$
0	$0{,}0000$	$0{,}0000$
$0{,}001$	$0{,}0010$	$0{,}0010$
$0{,}01$	$0{,}0101$	$0{,}0100$
$0{,}03$	$0{,}0305$	$0{,}0296$
$0{,}05$	$0{,}0513$	$0{,}0488$
$0{,}1$	$0{,}1050$	$0{,}0953$
$0{,}3$	$0{,}3450$	$0{,}2624$
$0{,}5$	$0{,}6250$	$0{,}4055$
1	$1{,}5000$	$0{,}6931$

Diese Dehnungen werden logarithmische Dehnungen genannt. Der so genannte *Umformgrad* φ stellt den negativen Wert da, damit Stauchungen positiv werden. Um einen besseren Vergleich mit den Ingenieurdehnungen zu ermöglichen, wird umgeformt:

$$\varepsilon^{\log} = \ln\left(\frac{l}{l_0}\right) = \ln\left(\frac{l_0 + \Delta l}{l_0}\right) = \ln\left(1 + \frac{\Delta l}{l_0}\right) \tag{2.227}$$

$$\varepsilon^{\log} = \ln\left(1 + \varepsilon^{\mathrm{Ing}}\right) \tag{2.228}$$

Die logarithmischen Dehnungen heißen – insbesondere im Mehrdimensionalen – auch *Hencky*-Dehnungen (vgl. Abschn. 2.5.2). In Tab. 2.3 und Abb. 2.21 werden die verschiedenen Dehnungsmaße miteinander verglichen.

Deutliche Abweichungen zwischen den unterschiedlichen Dehnungen zeigen sich ab etwa 5 %. Die Werte der Green-Lagrange-Dehnungen erscheinen nicht besonders sinnvoll; schließlich sind sie auch für große Rotationen, nicht für große Dehnungen gemacht.

Die logarithmischen Dehnungen zeigen ein stark unterschiedliches Verhalten für Zug und Druck. Bemerkenswert ist, dass für die Ingenieurdehnung -1 die logarithmische Dehnung gegen $-\infty$ geht. Ingenieurdehnung -1 heißt aber auch $\Delta l = -l_0$ und bedeutet damit, dass das betreffende Teil auf die Länge 0 zusammengedrückt wird. Das ist die maximal vorstellbare Druckdeformation, sodass der zugeordnete Dehnungswert $-\infty$ sinnvoll erscheint.

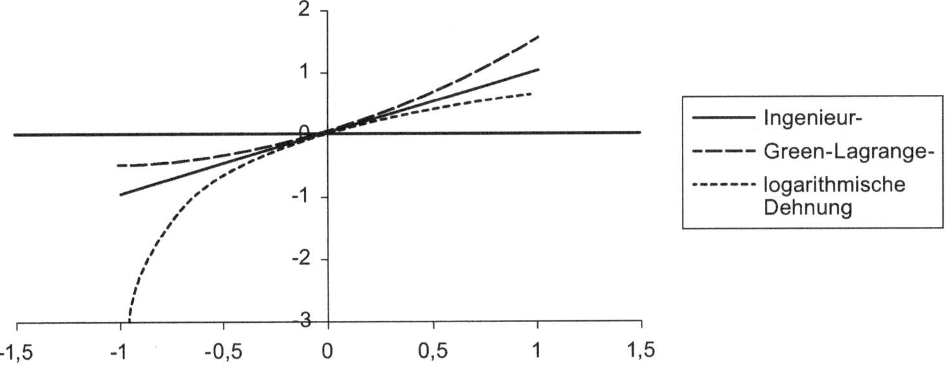

Abb. 2.21 grafischer Vergleich verschiedener Dehnungsmaße

2.5.2 Übergang ins Zwei- und Dreidimensionale

Da es wahrscheinlich ist, dass große Dehnungen in Kombination mit großen Drehungen auftreten, müssen beide Phänomene in derselben Theorie berücksichtigt werden. Dazu gibt es verschiedene Wege. Einer ist, basierend auf der Beziehung zwischen logarithmischen und Ingenieurdehnungen in 1d (2.228), die Ingenieurdehnungen durch ein Maß für große Rotationen zu ersetzen, hier durch die Green-Lagrange-Dehnungen:

$$\varepsilon^{\log} = \ln\left(\frac{l}{l_0}\right) = \ln\left[\left(\frac{l}{l_0}\right)^2\right]^{\frac{1}{2}} = \frac{1}{2}\ln\left(\frac{l^2}{l_0^2}\right) = \frac{1}{2}\ln\left(\frac{l^2 - l_0^2}{l_0^2} + \frac{l_0^2}{l_0^2}\right)$$

$$= \frac{1}{2}\ln\left(\frac{l^2 - l_0^2}{l_0^2} + 1\right)$$

$$\varepsilon^{\log} = \frac{1}{2}\ln\left(1 + 2\varepsilon^{\mathrm{GL}}\right) \tag{2.229}$$

In 3d nennt man das auf diese Weise definierte Dehnungsmaß *Hencky*-Dehnungen:

$$\boldsymbol{\varepsilon}^{\mathrm{Hencky}} = \frac{1}{2}\ln\left(\mathbf{I} + 2\boldsymbol{\varepsilon}^{\mathrm{GL}}\right) \tag{2.230}$$

worin $\mathbf{I}$ die Einheitsmatrix bedeutet.

Man kann sofort sehen, dass dieses Maß für große Rotationen geeignet ist, weil die Green-Lagrange-Dehnungen für beliebige Starrkörperrotationen null werden, sodass man

$$\boldsymbol{\varepsilon}^{\mathrm{Hencky}} = \frac{1}{2}\ln\left(\mathbf{I}\right) = \mathbf{0} \tag{2.231}$$

erhält. Die verbleibende Frage ist, wie der Logarithmus einer Matrix zu bestimmen ist. Er ist mathematisch folgendermaßen definiert:

Eine symmetrische Matrix $\mathbf{A}$ kann durch eine Matrix $\mathbf{Q}$, die die normierten Eigenvektoren von $\mathbf{A}$ enthält, und die Diagonalmatrix

$$\boldsymbol{\Lambda} = \mathrm{diag}\,[\lambda_i] \tag{2.232}$$

ihrer Eigenwerte dargestellt werden:

$$\mathbf{A} = \mathbf{Q}\boldsymbol{\Lambda}\mathbf{Q}^T \tag{2.233}$$

Weil dies das gesamte Spektrum der Eigenwerte abdeckt, nennt man diese Form *spektrale Zerlegung*. Die Funktion einer Matrix wird nun berechnet, indem man die Funktion auf die Eigenwerte anwendet, aus den Ergebnissen wieder eine Diagonalmatrix bildet und diese von beiden Seiten mit den Eigenvektoren multipliziert:

$$f\,(\mathbf{A}) = \mathbf{Q}\,\,\mathrm{diag}\,[f\,(\lambda_i)]\,\mathbf{Q}^T \tag{2.234}$$

Die Methode ist recht aufwändig und deshalb selten in einen FE-Code implementiert, aber sie ist z. B. die Basis für die Elemente VISCO106 bis 108 in ANSYS.

Für die zweite Methode muss man sich an die inkrementelle Form der logarithmischen Dehnungen (2.225) erinnern. Das Dehnungsinkrement wird wie die Ingenieurdehnung berechnet, aber mit Bezug auf eine deformierte Referenzkonfiguration. Den Starrkörperdrehungen kann man in der gleichen Weise Rechnung tragen wie für kleine Dehnungen, nämlich durch die mitdrehende Formulierung. Das so erzeugte Dehnungsinkrement heißt *Green-Naghdi*-Rate.

Die Definition von logarithmischen Dehnungen mit ihrem Bezug auf die *aktuelle* Konfiguration erfordert es, die Jacobi-Matrix $\mathbf{J}$, die die Beziehung zwischen den Ableitungen nach den Einheits- und nach den wahren Koordinaten herstellt und deren Determinante bei der Integration benötigt wird, auf der Basis der verformten Konfiguration $\mathbf{x}_0 + \mathbf{u}$ zu berechnen, bei der mitgehenden Formulierung im gedrehten Koordinatensystem.

Für den Einfluss der Netzform auf die Güte der Lösung ist damit ebenfalls die verformte Konfiguration und nicht die Ausgangsgeometrie maßgebend.

2.5.3 Hencky-Dehnungen in Symbolen der Kontinuumsmechanik

Gl. (2.227) folgend kann die eindimensionale logarithmische Dehnung infinitesimal als

$$\varepsilon^{\log} = \ln\left(\frac{dx}{dx_0}\right) = \ln\,(F_{11}) = \frac{1}{2}\ln\left(F_{11}^2\right) \tag{2.235}$$

geschrieben werden. Mit den Betrachtungen aus Abschn. 2.3.6 erhält man für den dreidimensionalen Fall

$$\boldsymbol{\varepsilon}^{\mathrm{Hencky}} = \frac{1}{2}\ln\left(\mathbf{F}^T\mathbf{F}\right) = \frac{1}{2}\ln\left(\mathbf{U}^2\right) \tag{2.236}$$

2.5.4 Logarithmische Dehnungen und mitdrehende Formulierung

Weil die mitdrehende (*co-rotational*) Formulierung große Rotationen erfasst, muss für große, also logarithmische Dehnungen nur eine sich inkrementell ändernde Bezugskonfiguration hinzugefügt werden. Dehnungen werden ohnehin im gedrehten System berechnet, nun eben Dehnungsinkremente. Die sich ändernden Bezugslängen können aus den deformatorischen Verschiebungen $\mathbf{u}_{\mathrm{def}}$ berechnet werden. Die Grundformel für die Dehnungen in der mitdrehenden Formulierung war:

$$\boldsymbol{\varepsilon} = \mathbf{B}_{\mathrm{lin}}\mathbf{u}_{\mathrm{def}} = \mathbf{B}_{\mathrm{lin}}\left[\mathbf{T}\left(\mathbf{u}\right)\left(\mathbf{x}_0 + \mathbf{u}\right) - \mathbf{T}_0\mathbf{x}_0\right] \tag{2.155}$$

Darin wurde $\mathbf{B}_{\mathrm{lin}}$ aus den Ableitungen der Ansatzfunktionen $\mathbf{N}$ nach den Ausgangskoordinaten im Elementkoordinatensystem

$$\mathbf{x}_0^{\mathrm{e}} = \mathbf{T}_0\mathbf{x}_0 \tag{2.237}$$

bestimmt. Stattdessen werden nun die Elementkoordinaten in einem deformierten Referenzzustand

$$\mathbf{x}_{\mathrm{ref}}^{\mathrm{e}} = \mathbf{T}\left(\mathbf{u}_{\mathrm{ref}}\right)\left(\mathbf{x}_0 + \mathbf{u}_{\mathrm{ref}}\right) \tag{2.238}$$

verwandt, um ein Dehnungs*inkrement* zu berechnen:

$$\begin{aligned}
\Delta\boldsymbol{\varepsilon} &= \mathbf{B}_{\mathrm{lin}}\left(\mathbf{x}_{\mathrm{ref}}^{\mathrm{e}}\right)\Delta\mathbf{u}_{\mathrm{def}} \\
&= \mathbf{B}_{\mathrm{lin}}\left(\mathbf{x}_{\mathrm{ref}}^{\mathrm{e}}\right)\left[\mathbf{T}\left(\mathbf{u}_{i+1}\right)\left(\mathbf{x}_0 + \mathbf{u}_{i+1}\right) - \mathbf{T}\left(\mathbf{u}_i\right)\left(\mathbf{x}_0 + \mathbf{u}_i\right)\right] \\
\boldsymbol{\varepsilon} &= \boldsymbol{\varepsilon}_i + \Delta\boldsymbol{\varepsilon}
\end{aligned} \tag{2.239}$$

Darin ist i die letzte konvergierte Lösung und $i+1$ diejenige in der aktuellen Iteration. $\mathbf{u}_{\mathrm{ref}}$ kann zwischen $\mathbf{u}_i$ und $\mathbf{u}_{i+1}$ gewählt werden, z. B. in der Mitte (Mittelpunktsregel).

Bei der Bildung von Ableitungen nach den wahren Koordinaten wird die Elementgeometrie im Allgemeinen durch die Inverse der Jacobi-Matrix $\mathbf{J}$ berücksichtigt. Bei der mitdrehenden Formulierung mit kleinen Dehnungen wird $\mathbf{J}$ aus den Koordinaten der Ausgangskonfiguration $\mathbf{x}_0^{\mathrm{e}}$ im gedrehten Elementkoordinatensystem gebildet:

$$\mathbf{J}_0 = \left[\frac{\partial x_{0i}^{\mathrm{e}}}{\partial \xi_j}\right] \tag{2.240}$$

Für große Dehnungen werden die Koordinaten der mit den deformatorischen Verschiebungen aktualisierten Referenzkonfiguration (2.238) herangezogen:

$$\mathbf{J} = \left[\frac{\partial x_{\mathrm{ref},i}^{\mathrm{e}}}{\partial \xi_j}\right] \tag{2.241}$$

Die zugehörige Determinante $\det\mathbf{J}$ wird auch für die Integration über das Elementvolumen verwendet. Das geschieht numerisch mit n_{GP} Gaußpunkten, d. h. die inneren Knotenkräfte ergeben sich als

$$\mathbf{f}_{\mathrm{int}} = \int_{(V)} \mathbf{B}^T\sigma\,dV \approx \sum_{i=1}^{n_{\mathrm{GP}}} w_i\mathbf{B}^T\left(\frac{\partial\mathbf{N}\left(\xi_i,\eta_i,\zeta_i\right)}{\partial\mathbf{x}}\right)\sigma\left(\xi_i,\eta_i,\zeta_i\right)\det\mathbf{J}\left(\mathbf{x}_{\mathrm{ref}}^{\mathrm{e}};\xi_i,\eta_i,\zeta_i\right)$$

$$\tag{2.242}$$

worin w_i den Wichtungsfaktor und ξ_i, η_i, ζ_i die Einheitskoordinaten des Gaußpunktes i bedeuten.

Für eine höhere Genauigkeit und Stabilität verwendet man dabei gern ein implizites Verfahren, z. B. die Mittelpunktsregel, d. h. die Referenzkonfiguration liegt in der Mitte zwischen dem Anfang und dem Ende des Lastinkrementes, wobei das Ende erst noch berechnet werden soll (deshalb implizit). Im Dreidimensionalen wird die sich daraus ergebende Jacobi-Determinante $\det \mathbf{J}$ für die Integration verwandt, während im Ein- und Zweidimensionalen sichergestellt werden muss, dass das richtige Volumen berechnet wird. Dieses hängt grundsätzlich vom verwendeten Materialgesetz ab. Bei Von-Mises-Plastizität (s. Kap. 8) und dominierenden plastischen Dehnungen wird von einem konstanten Volumen ausgegangen, in 1d:

$$V = Al = A_0 l_0 \tag{2.243}$$

Das Dehnungsinkrement lautet dann für den Stab:

$$\Delta\varepsilon = \mathbf{B}_{\text{lin}}\left(l_{\text{Ref}}\right) \Delta\mathbf{u}_{\text{def}} \tag{2.244}$$

$$= \frac{1}{l_{\text{Ref}}}\begin{bmatrix} -1 & 1 \end{bmatrix}\left[\mathbf{T}\left(\mathbf{u}_{i+1}\right)\left(\mathbf{x}_0 + \mathbf{u}_{i+1}\right) - \mathbf{T}\left(\mathbf{u}_i\right)\left(\mathbf{x}_0 + \mathbf{u}_i\right)\right]$$

$$\varepsilon_{i+1} = \varepsilon_i + \Delta\varepsilon \tag{2.245}$$

Bei Verwendung der Mittelpunktsregel ist die Bezugslänge

$$l_{\text{Ref}} = \frac{l_{i+1} + l_i}{2} \tag{2.246}$$

Zum Vergleich mit der Formulierung für kleine Dehnungen wird

$$\mathbf{B}_{\text{lin}}\left(l_{\text{Ref}}\right) = \frac{l_0}{l_{\text{Ref}}}\mathbf{B}_{\text{lin}} = \frac{2l_0}{l_{i+1} + l_i}\mathbf{B}_{\text{lin}} = \frac{2l_0}{l\left(\mathbf{u}_{i+1}\right) + l_i}\mathbf{B}_{\text{lin}} \tag{2.247}$$

$$\varepsilon_{i+1} = \varepsilon_i + \underbrace{\frac{2l_0}{l\left(\mathbf{u}_{i+1}\right) + l_i}\mathbf{B}_{\text{lin}}\left[\mathbf{T}\left(\mathbf{u}_{i+1}\right)\left(\mathbf{x}_0 + \mathbf{u}_{i+1}\right) - \mathbf{T}\left(\mathbf{u}_i\right)\left(\mathbf{x}_0 + \mathbf{u}_i\right)\right]}_{\Delta\varepsilon^{\text{small}}} \tag{2.248}$$

geschrieben. Alle Terme mit Index i sind konstant während des aktuellen Lastinkrementes und müssen daher nicht abgeleitet werden. Deshalb ist die Ableitung von $\Delta\varepsilon^{\text{small}}$ nach dem Verschiebungsvektor $\mathbf{u}$ die Gesamt-B-Matrix für kleine Dehnungen (2.156). Für große Dehnungen lautet sie damit:

$$\mathbf{B}^{\text{large}} = \frac{2l_0}{l_{i+1} + l_i}\mathbf{B}^{\text{small}} - \frac{2l_0}{\left(l_{i+1} + l_i\right)^2}\frac{\partial l_{i+1}}{\partial\mathbf{u}}\Delta\varepsilon^{\text{small}}$$

$$= \frac{l_0}{l_{\text{ref}}}\mathbf{B}^{\text{small}} - \frac{l_0}{2l_{\text{ref}}^2}\frac{\partial l_{i+1}}{\partial\mathbf{u}}\Delta\varepsilon^{\text{small}} \tag{2.249}$$

Analog kann die für $\mathbf{K}_\sigma$ benötigte Ableitung von $\mathbf{B}^{\text{large}}$, die zweite Ableitung von ε, gebildet werden.

Im allgemeinen, zwei- oder dreidimensionalen Fall werden Ableitungen der Jacobi-Matrix benötigt, alle anderen Terme sind aus der Formulierung für kleine Dehnungen bekannt.

2.6 Zugehörige Spannungen

2.6.1 Beziehung zu den Dehnungen

In den beiden Fachwerkbeispielen mit unterschiedlichen Formulierungen (Abschn. 2.3.5 und 2.4.5) ergaben sich trotz qualitativ ähnlichen Verhaltens unterschiedliche Kraft-Weg-Beziehungen mit unterschiedlicher Maximallast, weil bei unterschiedlichen Dehnungs-maßen die gleiche Spannungs-Dehnungs- und Spannungs-Kraft-Beziehung verwandt worden war.

Es ist schon nicht wahrscheinlich, dass das Hooke'sche Gesetz im gesamten Bereich der Deformation gilt, aber auch die Spannungen können – und müssen – unterschiedlich aus Kräften und Querschnitt bestimmt werden, und zwar passend zu dem verwen-deten Dehnungsmaß (sogenannte *konjugierte* Spannungen). Basis ist die Beziehung (2.76):

$$\mathbf{f}_{\text{int}} = \int\limits_{(V)} \mathbf{B}^T \sigma \, dV$$

$\mathbf{f}_{\text{int}}$ stellt die Knotenkräfte dar. Da $\mathbf{B}$ die Ableitung von ε nach den Knotenverschiebun-gen ist, ergibt sich für jedes Dehnungsmaß eine andere Beziehung zwischen Kraft und Spannungen. Im Eindimensionalen wird aus (2.76)

$$\mathbf{f}_{\text{int}} = \int\limits_{(l)} \mathbf{B}^T \sigma A \, dx \tag{2.250}$$

bei konstanter Dehnung und Spannung über die Elementlänge

$$\mathbf{f}_{\text{int}} = \mathbf{B}^T \sigma A l \tag{2.251}$$

und bei nur einem Freiheitsgrad u (der andere sei gehalten)

$$f_{\text{int}} = F = \frac{d\varepsilon}{du}\sigma A l \tag{2.252}$$

Diese Formel wird nun nach σ aufgelöst:

$$\sigma = \frac{F}{Al\dfrac{d\varepsilon}{du}} \tag{2.253}$$

wobei für kleine Dehnungen die unverformte Fläche A_0 und die unverformte Länge l_0 einzusetzen sind. Die eindimensionale Berechnung ist besonders wichtig, weil sie oft Grundlage für die Bestimmung der Materialparameter aus Versuchen ist.

2.6.2 Ingenieurmaße

Zur *Ingenieurdehnung* kennen wir die *Ingenieurspannungen*, im Eindimensionalen:

$$\sigma^{\text{Ing}} = \frac{F}{A_0} \tag{2.254}$$

Diese Definition ist geläufig. Trotzdem wird versuchsweise (2.253) angewandt. Die Längenänderung ist hier u, die Dehnung und ihre Ableitung folglich

$$\varepsilon = \frac{u}{l_0} \Rightarrow \frac{d\varepsilon}{du} = \frac{1}{l_0}, \tag{2.255}$$

also

$$\sigma = \frac{F}{A_0 l_0 \dfrac{1}{l_0}} = \frac{F}{A_0} \tag{2.256}$$

Die Ingenieurspannung gilt auch in der Grundform der mitdrehenden Formulierung, natürlich im mitgedrehten Koordinatensystem, wo ja die deformatorische Verschiebung ermittelt wird, aus der wiederum die Ingenieurdehnung berechnet wird. Zur Probe dienen die Ergebnisse für den Zweibock in Abschn. 2.4.5. Für den letzten konvergierten Zustand erhielt man $\mathbf{f}_{\text{int}} = -0{,}71, \sin\alpha = 0{,}3919$ und $\sigma = -18{,}12$. Die Stabkraft F ergibt sich aus der inneren Kraft im globalen System als

$$F = \frac{\mathbf{f}_{\text{int}}}{\sin\alpha} \Rightarrow \sigma = \frac{F}{A_0} = \frac{\mathbf{f}_{\text{int}}}{\sin\alpha}\frac{1}{A_0} = \frac{-0{,}71}{0{,}3919\cdot 0{,}1} = -18{,}12 \tag{2.257}$$

2.6.3 Green-Lagrange-Dehnungen

Zu den *Green-Lagrange-Dehnungen* gehören die *zweiten Piola-Kirchhoff-Spannungen*. Im Eindimensionalen lautet die Dehnung nach (2.58) in Verbindung mit (2.60) und ihre Ableitung:

$$\varepsilon^{\text{GL}} = \frac{1}{2}\frac{l^2 - l_0^2}{l_0^2} = \frac{1}{2}\frac{(l_0 + u)^2 - l_0^2}{l_0^2} \Rightarrow \frac{d\varepsilon}{du} = \frac{1}{2}\frac{2(l_0 + u)}{l_0^2} = \frac{l}{l_0^2} \tag{2.258}$$

Dann ist die zugeordnete Spannung nach (2.253)

$$\sigma^{\text{PK}} = \frac{F}{A_0 l_0 \dfrac{l}{l_0^2}} = \frac{F}{A_0}\frac{l_0}{l} = \sigma^{\text{Ing}}\frac{l_0}{l} \tag{2.259}$$

oder, um auch noch die Ingenieurdehnung einzubeziehen:

$$\sigma^{\text{PK}} = \sigma^{\text{Ing}}\frac{1}{\dfrac{l_0 + u}{l_0}} = \sigma^{\text{Ing}}\frac{1}{1 + \varepsilon^{\text{Ing}}} \tag{2.260}$$

Ihre physikalische Deutung ist ebenso begrenzt wie die der Green-Lagrange-Dehnungen.

2.6.4 Vergleich Green/Piola-Kirchhoff und Corotational

Beim Zweibock wurde mit der mitdrehenden Formulierung am Ende von Abschn. 2.4.5 für den letzten konvergierten Zustand die Verschiebung des Firstpunktes zu $v_2 = -1{,}296$ und damit die verformte Länge

$$l = \sqrt{4^2 + (3 - 1{,}2960)^2} = 4{,}3478 \tag{2.261}$$

sowie die Winkelfunktionen

$$\cos\alpha = \frac{4}{4{,}3478} = 0{,}9200, \quad \sin\alpha = \frac{3 - 1{,}2960}{4{,}3478} = 0{,}3919 \tag{2.262}$$

berechnet. Das ergibt eine Ingenieurdehnung von

$$\varepsilon^{\mathrm{Ing}} = 1/5 \cdot (4 \cdot 0{,}9200 + (3 - 1{,}2960) \cdot 0{,}3919 - 5) = -0{,}1304 \tag{2.263}$$

und die Ingenieurspannung

$$\sigma^{\mathrm{Ing}} = 138{,}889 \cdot (-0{,}1304) = -18{,}12 \tag{2.264}$$

Zum Vergleich erhält man durch die 1d-Umrechnung (2.68) die Green-Lagrange-Dehnung

$$\varepsilon^{\mathrm{GL}} = -0{,}1304 + \frac{1}{2}(-0{,}1304)^2 = -0{,}1219 \tag{2.265}$$

und durch Anwendung von (2.259) die Piola-Kirchhoff-Spannung

$$\sigma^{\mathrm{PK}} = -18{,}12 \frac{5}{4{,}3478} = -20{,}83 \tag{2.266}$$

Aus beiden ermittelt man einen modifizierten Elastizitätsmodul

$$E_{\mathrm{mod}} = \frac{\sigma^{\mathrm{PK}}}{\varepsilon^{\mathrm{GL}}} = \frac{-20{,}83}{-0{,}1219} = 170{,}87 \tag{2.267}$$

Legt man diesen der Berechnung des Zweibocks gegenüber, erwartet man die letzte konvergierte Lösung bei ungefähr

$$\mathbf{f}^{\mathrm{ext}}_{\mathrm{mod}} = 0{,}57 \cdot \frac{170{,}87}{138{,}89} = 0{,}701 \tag{2.268}$$

und tatsächlich liegt diese bei der mitdrehenden Formulierung in dieser Größe. Das Diagramm Abb. 2.22 lässt aber erkennen, dass der Verlauf dorthin anders, nämlich anfänglich zu steif ist.

Um auch das gleiche Kraft-Weg-Verhalten zu bekommen, löst man die 1d-Beziehung (2.68) zwischen Green-Lagrange- und Ingenieurdehnungen nach $\varepsilon^{\mathrm{GL}}$ über die gemischt-quadratische Gleichung

$$-2\varepsilon^{\mathrm{GL}} + 2\varepsilon^{\mathrm{Ing}} + \varepsilon^{\mathrm{Ing}^2} = 0 \tag{2.269}$$

auf und erhält:

$$\varepsilon_{1/2}^{\mathrm{Ing}} = -1 \pm \sqrt{1 + 2\varepsilon^{\mathrm{GL}}} \tag{2.270}$$

Ausgehend davon, dass die Ingenieurdehnung $\varepsilon^{\mathrm{Ing}} > -1$ sein muss, hat die Green-Lagrange-Dehnung als untere Schranke

$$\varepsilon^{\mathrm{GL}} > -\frac{1}{2} \tag{2.271}$$

Dadurch bleibt die Wurzel stets reell. Ebenso folgt, dass nur das positive Vorzeichen der Wurzel Bedeutung hat:

$$\varepsilon^{\mathrm{Ing}} = -1 + \sqrt{1 + 2\varepsilon^{\mathrm{GL}}} \tag{2.272}$$

Setzt man dies in (2.260) ein, nachdem man die Ingenieurspannung entsprechend dem Hooke'schen Gesetz durch den E-Modul und die Ingenieurdehnung ersetzt hat, erhält man

$$\sigma^{\mathrm{PK}} = E\,\frac{\varepsilon^{\mathrm{Ing}}}{1 + \varepsilon^{\mathrm{Ing}}} \tag{2.273}$$

Damit ergibt sich die Piola-Kirchhoff-Spannung zu

$$\sigma^{\mathrm{PK}} = E\,\frac{-1 + \sqrt{1 + 2\varepsilon^{\mathrm{GL}}}}{\sqrt{1 + 2\varepsilon^{\mathrm{GL}}}} \tag{2.274}$$

Dies ist ein nichtlineares Materialgesetz, das wieder zu einer linearen Kraft-Weg-Beziehung führt. Gemäß Abschn. 2.3.4.1 wird die Ableitung der Spannung nach der Dehnung für die Tangentensteifigkeitsmatrix benötigt:

$$\frac{d\sigma^{\mathrm{PK}}}{d\varepsilon^{\mathrm{GL}}} = E\,\frac{\dfrac{\sqrt{1 + 2\varepsilon^{\mathrm{GL}}}}{\sqrt{1 + 2\varepsilon^{\mathrm{GL}}}} - \dfrac{-1 + \sqrt{1 + 2\varepsilon^{\mathrm{GL}}}}{\sqrt{1 + 2\varepsilon^{\mathrm{GL}}}}}{1 + 2\varepsilon^{\mathrm{GL}}} = \frac{E}{(1 + 2\varepsilon^{\mathrm{GL}})^{\frac{3}{2}}} \tag{2.275}$$

So kann der Elastizitätsmodul im Beispiel des Zweibocks bei der Berechnung mit Green'schen Verzerrungen $E = 138{,}889$ bleiben, womit man die Lösung aus Abb. 2.22 erhält. Die Maximallast beträgt wiederum $0{,}71$ bei einer Verschiebung von $-1{,}296$, aber jetzt entsprechen die Kurven der inneren Kraft sowie der konvergierten Lösungen auch im Verlauf denen aus der mitdrehenden Formulierung (*co-rotational*).

2.6.5 Logarithmische Dehnungen

Die *logarithmischen* Dehnungen werden als Maß für große Verzerrungen verwandt. Dabei muss das Volumen des *verformten* Körpers, mithin in (2.253) die verformte Querschnittsfläche A und die verformte Länge l betrachtet werden. Die Ableitung der Verzerrung ist

$$\frac{d\varepsilon^{\log}}{du} = \frac{d}{du}\ln\left(\frac{l}{l_0}\right) = \frac{d}{du}\ln\left(\frac{1}{l_0}(l_0 + u)\right) = \frac{l_0}{l_0 + u}\frac{1}{l_0} = \frac{1}{l_0 + u} = \frac{1}{l} \tag{2.276}$$

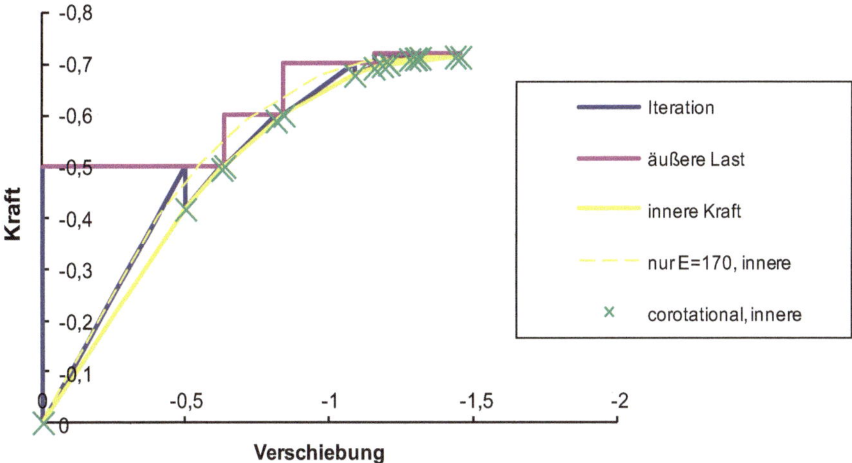

Abb. 2.22 Verlauf der Iteration bei Verwendung der korrekten Beziehung zwischen der Green-Lagrange-Dehnung und der 2. Piola-Kirchhoff-Spannung

Setzt man nun in (2.253) ein, erhält man

$$\sigma = \frac{F}{\frac{1}{l}Al} = \frac{F}{A} \tag{2.277}$$

Das geeignete Maß zur *logarithmischen Dehnung*, bei der die Längenänderung auf die verformte Länge bezogen ist, ist also die sogenannte *„wahre" Spannung*, die Kraft geteilt durch die *deformierte* Fläche, in 1d:

$$\sigma^{\text{wahr}} = \frac{F}{A} \tag{2.278}$$

Diese Spannungen werden, insbesondere im Mehrdimensionalen, *Cauchy*-Spannungen genannt.

Ein einachsiger Spannungszustand erzeugt gewöhnlich einen dreiachsigen Dehnungszustand. Daraus kann die deformierte Fläche berechnet werden. Als Teil des Hooke'schen Gesetzes gilt für einen einachsigen Spannungszustand:

$$\varepsilon_y = \varepsilon_z = -\nu\varepsilon_x \tag{2.279}$$

Gleichzeitig gilt gemäß (2.227)

$$\varepsilon_x = \ln\left(1 + \frac{\partial u_x}{\partial x}\right) \tag{2.280}$$

Diese Beziehung gilt sinngemäß auch in der Querrichtung:

$$\varepsilon_y = \ln\left(1 + \frac{\partial u_y}{\partial y}\right) \tag{2.281}$$

In (2.279) eingesetzt bedeutet das:

$$\ln\left(1 + \frac{\partial u_y}{\partial y}\right) = -\nu \ln\left(1 + \frac{\partial u_x}{\partial x}\right) = \ln\left[\left(1 + \frac{\partial u_x}{\partial x}\right)^{-\nu}\right] \tag{2.282}$$

Anwendung der Exponentialfunktion auf beide Seiten:

$$\left(1 + \frac{\partial u_y}{\partial y}\right) = \left(1 + \frac{\partial u_x}{\partial x}\right)^{-\nu} \tag{2.283}$$

Dieses Zwischenergebnis führt zu dem folgenden Effekt:

Wenn ein Würfel mit der Kantenlänge l um l gestreckt wird, erhält man für $\nu = 0,3$ als Längenänderung in Querrichtung:

$$1 + \frac{\Delta l_y}{l} = \left(1 + \frac{l}{l}\right)^{-0,3}$$
$$\frac{\Delta l_y}{l} = \left(1 + \frac{l}{l}\right)^{-0,3} - 1$$
$$\Delta l_y = \left[\left(1 + \frac{l}{l}\right)^{-0,3} - 1\right] l = -0,1877 l \tag{2.284}$$

während bei Ingenieurdehnungen das Ergebnis $-0,3l$ wäre.

Wichtiger aber ist, dass die Querschnittsfläche des deformierten Systems

$$A = A_0 \left(1 + \frac{\partial u_y}{\partial y}\right)\left(1 + \frac{\partial u_z}{\partial z}\right) = A_0 \left(1 + \frac{\partial u_x}{\partial x}\right)^{-2\nu} \tag{2.285}$$

ist, das heißt

$$\sigma^{\text{Cauchy}} = \frac{F}{A_0} \frac{1}{\left(1 + \frac{\partial u_x}{\partial x}\right)^{-2\nu}} = \frac{F}{A_0}\left(1 + \frac{\partial u_x}{\partial x}\right)^{2\nu} \tag{2.286}$$

Das Hooke'sche Gesetz gilt normalerweise nicht in dem Bereich, in dem deutliche Unterschiede zwischen den Dehnungsmaßen auftreten. Wichtiger ist z. B. Plastizität von Metallen, wo vorausgesetzt werden kann, dass

- die plastischen Dehnungen überwiegen und
- die plastischen Dehnungen inkompressibel sind.

Tab. 2.4 Vergleich von Dehnungs- und Spannungsmaßen

Punkt	$\varepsilon^{\mathrm{Ing}}$	σ^{Ing}	$\varepsilon^{\mathrm{log}}$	σ^{Cauchy}
1	0,00168	348	0,00167859	348,58464
2	0,0386	348	0,03787365	361,4328
3	0,04	371	0,03922071	385,84
4	0,072	428	0,06952606	458,816
5	0,101	455	0,09621886	500,955
6	0,143	467	0,13365638	533,781
7	0,192	471	0,17563257	561,432
8	0,272	463	0,24059046	588,936

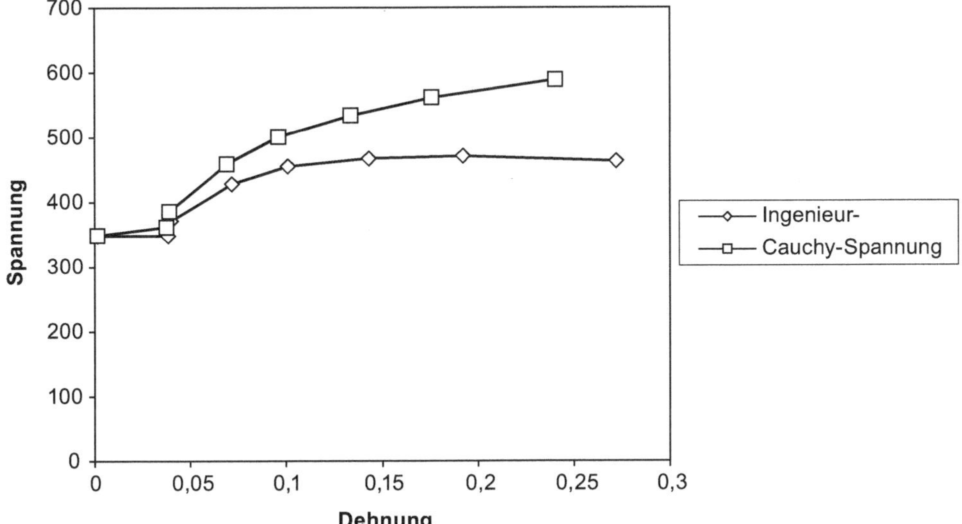

Abb. 2.23 Vergleich von Dehnungs- und Spannungsmaßen

Letzteres träte auch bei einer Querkontraktionszahl $\nu = 0{,}5$ auf, woraus folgt:

$$\sigma^{\mathrm{Cauchy}} = \frac{F}{A_0}\left(1 + \frac{\partial u_x}{\partial x}\right)^{2 \cdot 0,5} = \frac{F}{A_0}\left(1 + \frac{\partial u_x}{\partial x}\right) \tag{2.287}$$

$$\sigma^{\mathrm{Cauchy}} = \sigma^{\mathrm{Ing}}\left(1 + \varepsilon_x^{\mathrm{Ing}}\right) \tag{2.288}$$

Wenn ein FE-Programm große Dehnungen verwendet, müssen gemessene Fließkurven (gewöhnlich Ingenieurmaße) über (2.228) und (2.288) in logarithmische Dehnungen und wahre Spannungen umgerechnet werden.

Tab. 2.4 und Abb. 2.23 zeigen Spannungs-Dehnungs-Daten für eine bestimmte Stahlsorte. Man kann sehen, dass sich die Spannungen mehr als die Dehnungen unterscheiden. Darüber hinaus zeigen die Cauchy-Spannungen auch noch Verfestigung, wo die Ingenieurdehnung Entfestigung zeigt. Letzteres ist physikalisch nicht der Fall, sondern auf den Unterschied zwischen aktueller und Ausgangsfläche zurückzuführen.

2.6.6   Kontinuumsmechanische Aspekte

Gl. (2.288) kann auch als

$$\sigma^{\text{wahr}} = \sigma^{\text{Ing}}\left(1 + \frac{l - l_0}{l_0}\right) = \sigma^{\text{Ing}}\frac{l}{l_0} \tag{2.289}$$

geschrieben werden, während (2.259) nach

$$\sigma^{\text{Ing}} = \frac{l}{l_0}\sigma^{\text{PK}} \tag{2.290}$$

aufgelöst werden kann, sodass gilt:

$$\sigma^{\text{wahr}} = \frac{l}{l_0}\sigma^{\text{PK}}\frac{l}{l_0} \tag{2.291}$$

In Abschn. 2.3.6 wurde l/l_0 als eindimensionale Darstellung des Strecktensors $\mathbf{U}$ identifiziert. Darum ist die 3d-Erweiterung

$$\boldsymbol{\sigma}^{\text{wahr}} = \mathbf{U}\boldsymbol{\sigma}^{\text{PK}}\mathbf{U}^{(T)} \tag{2.292}$$

Dies würde jedoch wegen der Eigenschaften der Piola-Kirchhoff-Spannungen und von $\mathbf{U}$ im ursprünglichen Koordinatensystem gelten. Für die aktuelle Konfiguration ist eine Drehung nötig:

$$\boldsymbol{\sigma} = \underbrace{\mathbf{RU}}_{\mathbf{F}}\boldsymbol{\sigma}^{\text{PK}}\underbrace{\mathbf{U}^{(T)}\mathbf{R}^T}_{\mathbf{F}^T} \tag{2.293}$$

$$\boldsymbol{\sigma}^{\text{Kh}} = \mathbf{F}\boldsymbol{\sigma}^{\text{PK}}\mathbf{F}^T \tag{2.294}$$

Diese Transformation mit dem Deformationsgradienten nennt man eine *Push-forward*-Operation. Das Resultat heißt *Kirchhoff'scher* Spannungstensor. Nun war Ausgangspunkt der Zuordnung von Spannungen und Dehnungen die Berechnung der inneren Kräfte

$$\mathbf{f}^{\text{int}} = \int\limits_{(V)} \mathbf{B}^T\boldsymbol{\sigma}\,dV \tag{2.295}$$

Die innere Arbeit der Kirchhoff-Spannungen kann über das ursprüngliche Volumen integriert werden, während für die „wahren" Spannungen die Integration über das Volumen des verformten Elementes dV erfolgen muss. Das könnte durch die Bestimmung der Jacobi-Matrix auf der Basis der verformten Konfiguration erfolgen. Zur unverformten Konfiguration mit Index 0 besteht aber die Beziehung

$$dV = \det \mathbf{F} dV_0 \tag{2.296}$$

was zu

$$\mathbf{f}^{\text{int}} = \int\limits_{(V0)} \mathbf{B}^T \boldsymbol{\sigma}^{\text{Cauchy}} \det \mathbf{F} dV_0 = \int\limits_{(V)} \mathbf{B}^T \boldsymbol{\sigma}^{\text{Kh}} dV_0 \tag{2.297}$$

führt. Mit

$$\boldsymbol{\sigma}^{\text{Cauchy}} \det \mathbf{F} = \boldsymbol{\sigma}^{\text{Kh}} \Leftrightarrow \boldsymbol{\sigma}^{\text{Cauchy}} = \frac{1}{\det \mathbf{F}} \boldsymbol{\sigma}^{\text{Kh}} = \frac{1}{\det \mathbf{F}} \mathbf{F} \boldsymbol{\sigma}^{\text{PK}} \mathbf{F}^T \tag{2.298}$$

erhält man nun die *Cauchy*-Spannungen im Mehrdimensionalen.

2.7 Updated-Lagrange-Formulierung

2.7.1 Klassischer Ansatz

Lagrange-Formulierung bedeutet – im Gegensatz zur Euler'schen Betrachtungsweise, die in der Strömungsmechanik vorherrscht –, dass die Bewegung eines materiellen Punktes verfolgt wird. Wenn die Kinematik eines Systems vollständig aus der Ausgangskonfiguration beschrieben wird, nennt man das Total-Lagrange'sche Formulierung.

Ein einfacher, aber weniger genauer Weg, große Rotationen und – mehr oder weniger als Nebeneffekt – große Dehnungen zu erfassen, ist der folgende:

- führe eine geometrisch lineare Berechnung für ein Lastinkrement durch, das nur kleine Verdrehungen hervorruft,
- addiere die Verschiebungen zu den Anfangskoordinaten, um neue Koordinaten zu erhalten,
- bringe ein neues Lastinkrement auf,
- summiere die Dehnungs- und Spannungsinkremente.

In der Terminologie der Zeitintegration ist das eine explizite Methode, die einen größeren Fehler oder sogar numerische Instabilität zeigen kann, wenn das Inkrement zu groß gewählt wird.

Beispiel

Die Steifigkeitsmatrix eines um einen Winkel α aus der Horizontalen gedrehten Stabelementes lautet mit den Abkürzungen

c: $\cos\alpha$ und

s: $\sin\alpha$:

$$\mathbf{K} = \mathbf{T}^T \mathbf{K}^{\text{elem}} \mathbf{T} = \frac{EA}{l} \begin{bmatrix} c^2 & cs & -c^2 & -cs \\ cs & s^2 & -cs & -s^2 \\ -c^2 & -cs & c^2 & cs \\ -cs & -s^2 & cs & s^2 \end{bmatrix} \tag{2.299}$$

Seien $\mathbf{u} = \mathbf{0}$ und $\varepsilon = 0$ Anfangswerte von Verschiebungen und Dehnung.

Im ersten Lastinkrement können die Verschiebungen im globalen System durch Lösen von

$$\mathbf{K}\Delta\mathbf{u} = \mathbf{f}_{\text{ext}} \tag{2.300}$$

berechnet werden. Die Verschiebung wird aufsummiert:

$$\mathbf{u} \leftarrow \mathbf{u} + \Delta\mathbf{u} \tag{2.301}$$

Nun kann eine neue Transformationsmatrix bestimmt werden:

$$\mathbf{T}_1 = \mathbf{T}\left(\mathbf{x}_0 + \mathbf{u}\right) \tag{2.302}$$

Das Verschiebungsinkrement im Elementkoordinatensystem lautet:

$$\Delta\mathbf{u}_e = \mathbf{T}_1 \Delta\mathbf{u} \tag{2.303}$$

Die Dehnung kann dann aufsummiert werden zu

$$\varepsilon \leftarrow \varepsilon + \mathbf{B}_{\text{lin}}\Delta\mathbf{u}_e \tag{2.304}$$

Daraus ergibt sich die Spannung als:

$$\sigma = E\varepsilon \tag{2.305}$$

Damit lauten die inneren Kräfte:

$$\mathbf{f}_{\text{int}} = \mathbf{T}_1^T \mathbf{B}_{\text{lin}}^T \sigma V = \begin{bmatrix} c & 0 \\ s & 0 \\ 0 & c \\ 0 & s \end{bmatrix} \frac{1}{l} \begin{bmatrix} -1 & 1 \end{bmatrix} \sigma V \tag{2.306}$$

Unter der Voraussetzung eines konstant bleibenden Volumens bei großen Dehnungen erhält man:

$$\mathbf{f}_{\text{int}} = \begin{bmatrix} c & 0 \\ s & 0 \\ 0 & c \\ 0 & s \end{bmatrix} \frac{1}{l} \begin{bmatrix} -1 & 1 \end{bmatrix} \sigma A_0 l_0 = \begin{bmatrix} -c \\ -s \\ c \\ s \end{bmatrix} \sigma A_0 \frac{l_0}{l} \tag{2.307}$$

In dieser Position wird ein neues Lastinkrement aufgebracht, das zu einer neuen äußeren Last $\mathbf{f}_{\text{ext}}$ führt. Das nächste Verschiebungsinkrement wird nun durch Lösen von

$$\mathbf{K}\Delta\mathbf{u} = \mathbf{f}_{\text{ext}} - \mathbf{f}_{\text{int}} \tag{2.308}$$

mit $\mathbf{K}$ auf der Basis der *neuen* Transformation berechnet und die Prozedur beginnt wieder mit Gl. (2.301).

Was für den Zweibock benötigt wird, ist schon in den vorigen Kapiteln aufgelistet. Einige Größen werden hier wiederholt:

$$l = \sqrt{4^2 + (3 + v_2)^2} \tag{2.309}$$

$$c = \cos\alpha = \frac{4}{l}, \quad s = \sin\alpha = \frac{3 + v_2}{l} \tag{2.310}$$

Mit diesen Größen kann die Steifigkeitsmatrix $\mathbf{K}$ gebildet werden. Für das Beispiel wird nur

$$k_{44} = \frac{EA}{l}s^2 \tag{2.311}$$

benötigt. Die Verschiebung auf Elementebene hat nur eine Komponente:

$$\Delta u_{e2} = s\Delta v_2 \tag{2.312}$$

$$\varepsilon + \Delta\varepsilon = \varepsilon + \frac{\Delta u_{e2}}{l} \tag{2.313}$$

$$\sigma = E\varepsilon \tag{2.314}$$

$$\mathbf{f}_{\text{int}} = s\sigma A_0\frac{l_0}{l} \tag{2.315}$$

Die Ergebnisse, insbesondere die Maximallast, hängen stark von der Schrittweite ab, wie in Abb. 2.24 zusammen mit ANSYS-LINK180-Ergebnissen (mit mitdrehender Formulierung für große Dehnungen) gezeigt wird.

Man kann sehen, dass eine zu große Schrittweite zu großen Fehlern in den Resultaten führt, wenn das Verhalten stark nichtlinear wird. Die Nichtlinearität kann in den inneren und äußeren Kräften festgestellt werden, weil die innere Kraft in Konfiguration $i + 1$ nicht exakt mit der äußeren der vorherigen Konfiguration (i) übereinstimmt. Eine kleine Differenz verbleibt, die die rechte Seite von (2.227) vergrößert. Deshalb wurde für die mit „adaptive Schrittweite" markierte Kurve die äußere Kraft so gewählt, dass dieser Fehler auf einen bestimmten Bruchteil der äußeren Last beschränkt bleibt:

$$\mathbf{f}_i^{\text{ext}} - \mathbf{f}_{i+1}^{\text{int}} = c\mathbf{f}_i^{\text{ext}} \tag{2.316}$$

Ist das nicht der Fall, wird das letzte Lastinkrement so skaliert, dass das nächste Ergebnis im gewünschten Bereich liegt:

$$\Delta\mathbf{f}_{i+1}^{\text{ext}} = \Delta\mathbf{f}_i^{\text{ext}}\frac{c\mathbf{f}_i^{\text{ext}}}{\mathbf{f}_i^{\text{ext}} - \mathbf{f}_{i+1}^{\text{int}}} \tag{2.317}$$

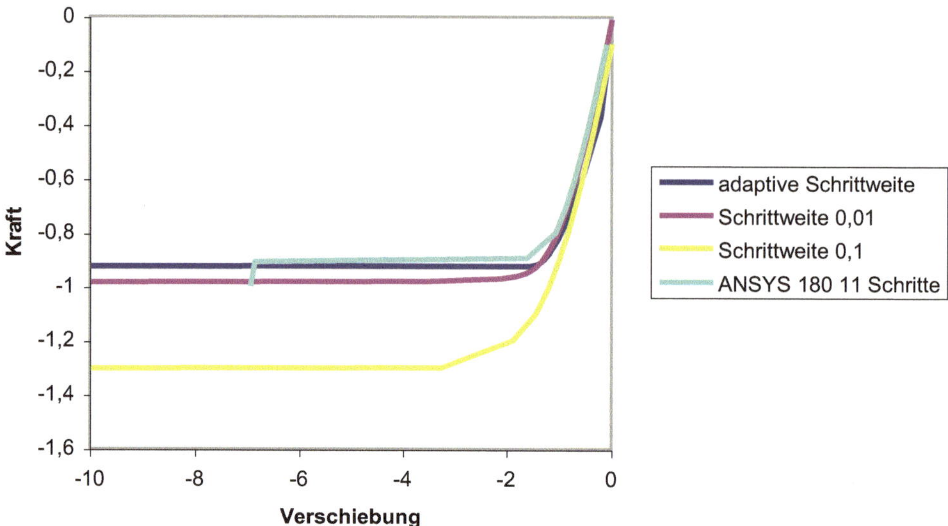

Abb. 2.24 Verhalten der klassischen Updated-Lagrange-Näherung

Mit $c = 0,01$ wird das in Abb. 2.24 gezeigte Ergebnis mit deutlich weniger Schritten als mit Schrittweite 0,01, aber mit größerer Genauigkeit erreicht.

2.7.2 Verallgemeinerung

Heutzutage wird der Begriff „updated Lagrange" gern auch für andere inkrementelle Verfahren benutzt, die nicht auf der Basis der Ausgangskonfiguration formuliert sind. Diese können von hoher Genauigkeit sein. So ist die mitdrehende Formulierung für kleine Dehnungen *total*, die Einführung der logarithmischen Dehnungen dort über die Aufsummierung von Inkrementen *updated*.

3.1 Phänomene

Ein Balken wird in seiner Längsrichtung durch eine Druckkraft belastet. Die Last wird erhöht. Plötzlich weicht der Stab zur Seite, quer zur Achse, aus: er knickt (Abb. 3.1).

Andere Instabilitätsphänomene eines Balkens sind Verdrehen unter einer Druckkraft (Drillknicken) und Verdrehen bzw. Ausweichen des Druckgurtes unter einer Biegebeanspruchung (Kippen) sowie Kombinationen (Biegdrillknicken).

Ein ähnlicher Effekt kann bei einer in der Ebene belasteten Platte auftreten, nämlich Ausweichen senkrecht zur Ebene (Abb. 3.2). Man spricht hier von Beulen.

Abb. 3.1 Knicken eines Balkens, dritter Eulerfall

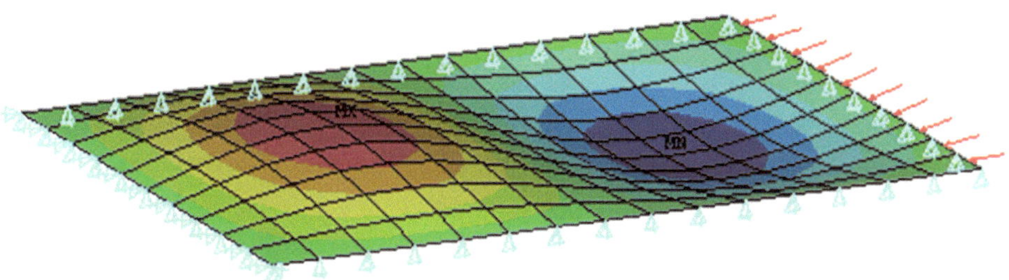

Abb. 3.2 Plattenbeulen

© Springer Fachmedien Wiesbaden 2016

W. Rust, *Nichtlineare Finite-Elemente-Berechnungen*, DOI 10.1007/978-3-658-13378-8_3

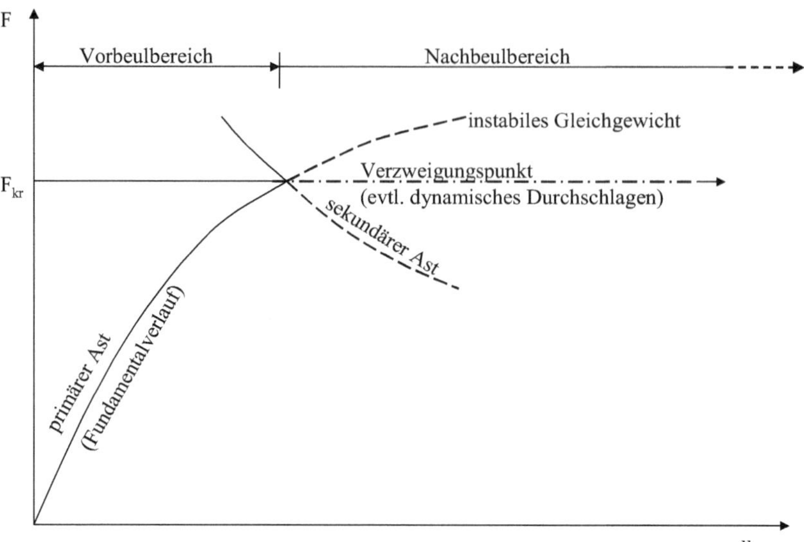

Abb. 3.3 Last-Verschiebungs-Diagramm eines Verzweigungsproblems

Abb. 3.4 Verformung am Durchschlagpunkt

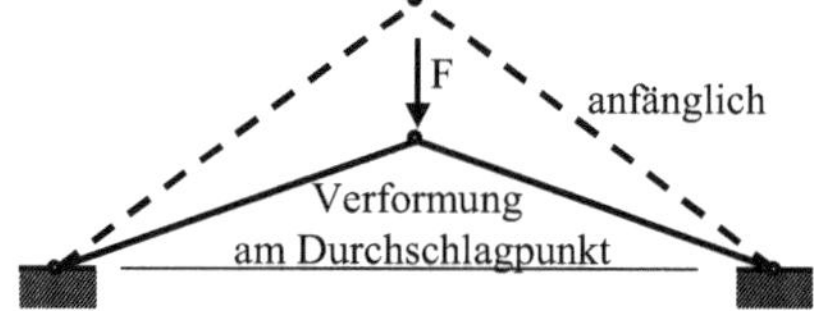

Diese Phänomene haben gemein, dass die Verschiebungen senkrecht zur Lastrichtung auftreten. Ab jetzt wird wegen der Gleichheit der numerischen Behandlung nur noch von Beulen gesprochen. Am idealen, nicht ausgebeulten System ist Gleichgewicht theoretisch weiterhin möglich. Eine minimale Störung, die praktisch immer vorhanden ist, löst jedoch die Querverformung ab einem bestimmten Lastniveau aus. Wegen der zwei Gleichgewichtspfade (ideal und gebeult) spricht man von einem Verzweigungsproblem (Abb. 3.3).

Im Falle des Zweibocks aus 2.13 beginnt die Verschiebung nahezu proportional zur Last, nimmt aber später immer schneller zu, bis die Last gar nicht mehr gesteigert werden kann. An dieser Stelle befindet sich der Lastangriffspunkt noch oberhalb der Verbindungslinie der Fußpunkte (Abb. 3.4). In einem kraftgesteuerten Versuch wird das System plötzlich nachgeben und – vorausgesetzt, dass es nicht zerstört wird – erst wieder ein Gleichgewicht erreichen, wenn sich die bisherige Spitze unten befindet (Abb. 3.5).

Dieser Instabilitätstyp heißt *Durchschlagproblem*. Anders als beim Beulen bewegt sich das System weiter in der bisherigen Richtung, die von der Last vorgegeben wird. Wie bei den Verzweigungsproblemen tritt das Systemversagen auf, wenn eine kritische Last überschritten wird. Durchschlagen muss nicht Systemversagen bedeuten, sondern kann auch erwünscht sein, etwa bei Schaltern.

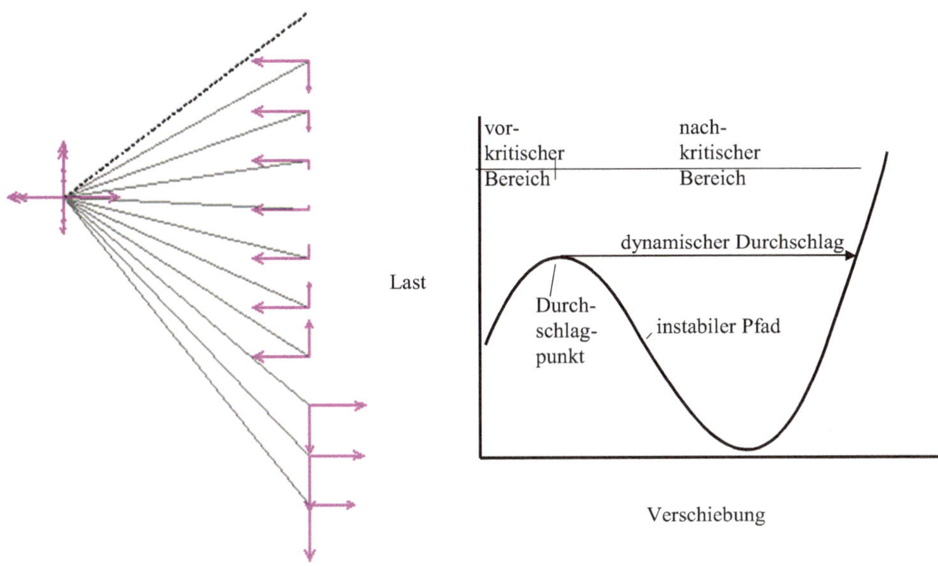

Abb. 3.5 Durchschlagproblem: Verformungszustände, Reaktionskräfte und Last-Verschiebungs-Kurve

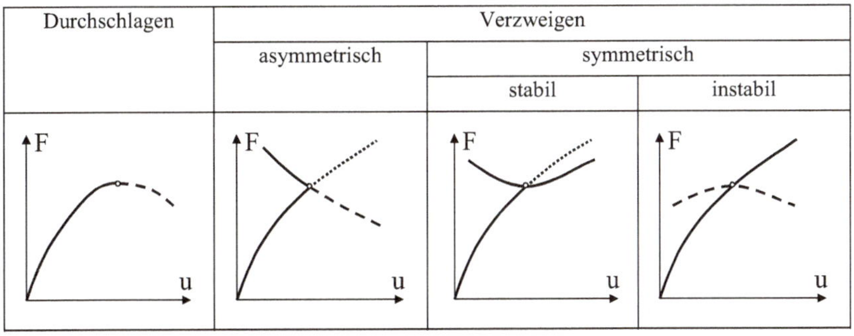

Durchschlagen	Verzweigen		
	asymmetrisch	symmetrisch	
		stabil	instabil

Abb. 3.6 Klassifizierung von Instabilitätsphänomenen nach Koiter (instabile Äste *gestrichelt*)

Gemeinsames Charakteristikum dieser beiden Phänomene ist, dass es einen Punkt gibt, an dem zwei benachbarte Gleichgewichtszustände zum selben Lastniveau, aber leicht bzw. infinitesimal benachbarten Verschiebungszuständen existieren und so ein Übergang von einem Zustand zum anderen ohne Laständerung erfolgen kann (s. a. Abb. 3.11).

Verzweigungsprobleme werden durch das nachkritische Verhalten unterschieden (Abb. 3.6). Wenn eine Laststeigerung, und sei es nur eine kleine, nach der Verzweigung möglich ist, wird das nachkritische Verhalten stabil oder gutartig genannt, sonst instabil oder bösartig. Letzteres ist besonders gefährlich, weil das Lastniveau bei der Verzweigung nicht gehalten werden kann, was ein plötzliches völliges Zusammenbrechen zur Folge haben kann. Deshalb muss ein größerer Sicherheitsfaktor gewählt werden.

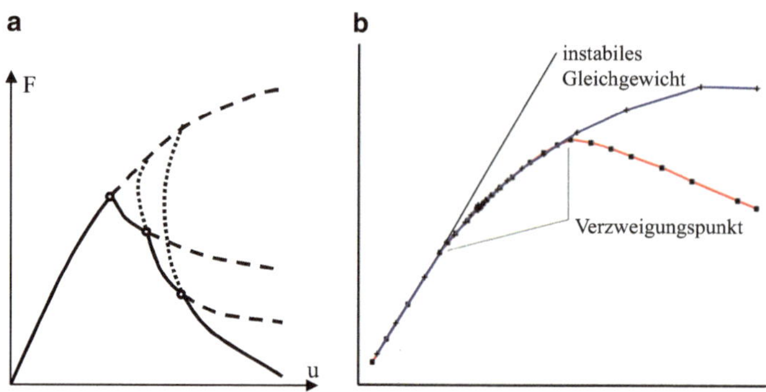

Abb. 3.7 Sekundäres Verzweigen, schematisch (**a**), ausgesteifte Schale (**b**)

Das nachkritische Verhalten kann von der Richtung des Ausweichens abhängen: stabil in der einen, instabil in der anderen Richtung. Dann spricht man von asymmetrischem Verzweigen.

Selbst wenn das nachkritische Verhalten als stabil klassifiziert wird, können so große Verschiebungen auftreten, dass die Gebrauchsfähigkeit des Systems überschritten ist. Vor dem kritischen Punkt ist das Verhalten jedoch stabil, selbst wenn eine gewisse Imperfektion (s. Abschn. 3.4) schon zu etwas Biegung führt. Deshalb kann es sinnvoll sein, einen Sicherheitsabstand des Gebrauchszustandes gegenüber der idealen kritischen Last zu bestimmen.

Wenn das nachkritische Verhalten instabil ist, wird Biegung oder eine Imperfektion die maximal aufnehmbare Last deutlich reduzieren, sodass die ideale kritische Last nur von geringer Aussagekraft ist. Es ist also besonders wichtig, Imperfektionen zu berücksichtigen.

Im Last-Verschiebungs-Diagramm (Abb. 3.3) bildet die Verbindung der Gleichgewichtszustände des idealen Systems den Primärpfad, der oberhalb des Verzweigungspunktes instabil wird und daher nur theoretisch existiert. Die Gleichgewichtszustände nach Eintreten der Verzweigung bilden den Sekundärpfad. Es können jedoch weitere, sekundär genannte, Verzweigungen auftreten, wenn das System von einer Beulform in die andere springt, die man evt. auch beim direkten Verzweigen vom instabilen Teil des Primärpfades erreichen würde (Abb. 3.7).

Die Gefahr von Durchschlagen und Verzweigen kann im selben System existieren. Ein einfaches Beispiel ist wieder der Zweibock. Vor dem Durchschlagen kann ein Schenkel knicken (Abb. 3.8), wenn seine kritische Last vorher erreicht wird. Das führt außerdem zu einem früheren Durchschlagen (Abb. 3.9).

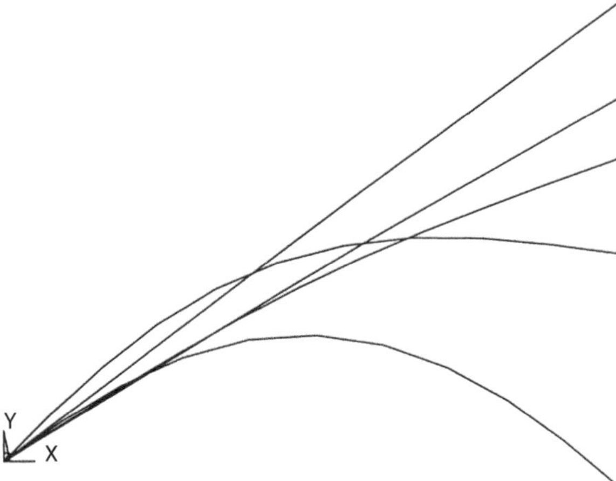

Abb. 3.8 Halbmodell des Zweibocks, verformtes System vor und nach der Verzweigung

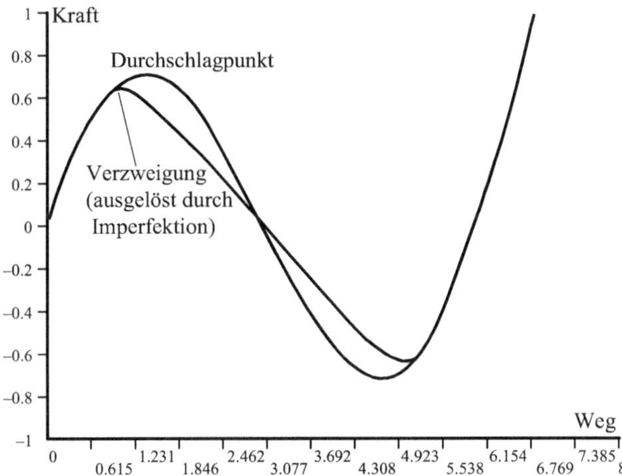

Abb. 3.9 Zweibock, Durchschlag- und Verzweigungsproblem

3.2 Bedingungen für kritische Punkte, Indifferenzkriterium

3.2.1 Allgemeines

Das Gleichgewicht kann in instabil, indifferent und stabil klassifiziert werden. Beim stabilen Gleichgewicht führt eine Kraft zu einer Auslenkung, aber das System stellt sich nach Wegnahme der Last selbst zurück; im Falle eines instabilen Gleichgewichtes erfolgt keine Rückstellung nach Lastwegnahme, sondern im Gegenteil eine Zunahme der Verformung. Dazwischen liegt das indifferente Gleichgewicht, bei dem das System bei Wegnahme der Last in der ausgelenkten Lage verharrt (Abb. 3.10).

Am kritischen Punkt, sei es ein Durchschlag- oder Verzweigungspunkt, ist eine zumindest infinitesimale Bewegung ohne Laständerung möglich (Abb. 3.11). Das bedeutet indifferentes Gleichgewicht.

Gewöhnlich wird die Verschiebung aufgrund eines Lastinkrementes im Newton-Raphson-Verfahren durch Lösen von

$$\mathbf{K}_T \Delta \hat{\mathbf{u}} = \Delta \mathbf{f} \tag{3.1}$$

ermittelt. Am kritischen Punkt ist wegen des indifferenten Gleichgewichts jedoch $\Delta \mathbf{f} = \mathbf{0}$, d. h.

$$\mathbf{K}_T \Delta \hat{\mathbf{u}} = \mathbf{0} \tag{3.2}$$

Dieses Gleichungssystem hat nur dann eine nicht-triviale Lösung, wenn die Tangentenmatrix $\mathbf{K}_T$ singulär ist. Nicht-trivial bedeutet hier: Es kann zur Verschiebung zu einem Nachbarzustand kommen, ohne dass eine Laständerung vorliegt.

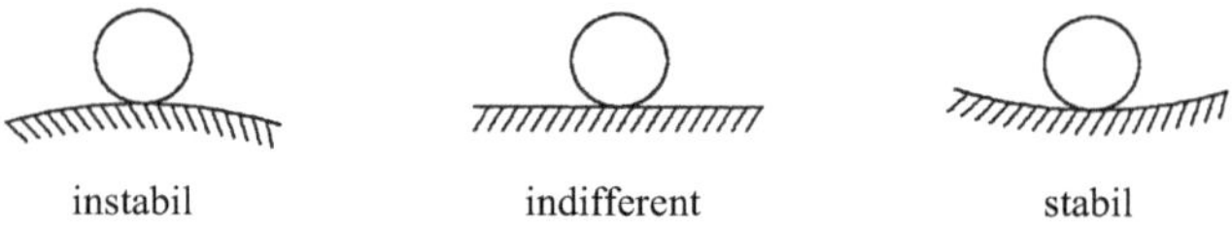

Abb. 3.10 Gleichgewichtszustände

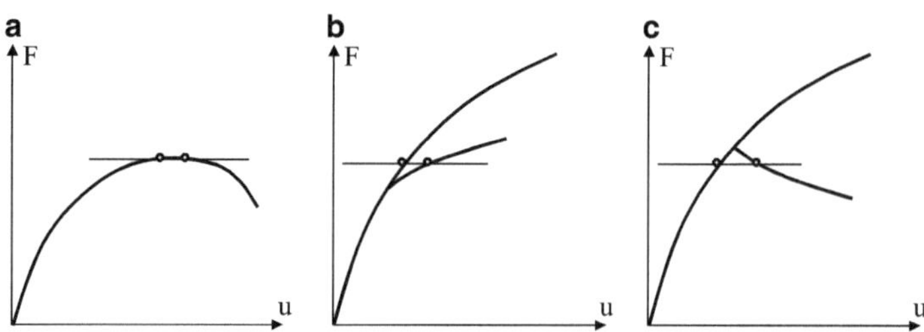

Abb. 3.11 Last-Verschiebungs-Kurven für Durchschlagen (**a**) und Verzweigen (**b**, **c**) mit zwei benachbarten Gleichgewichtszuständen zum selben Lastniveau

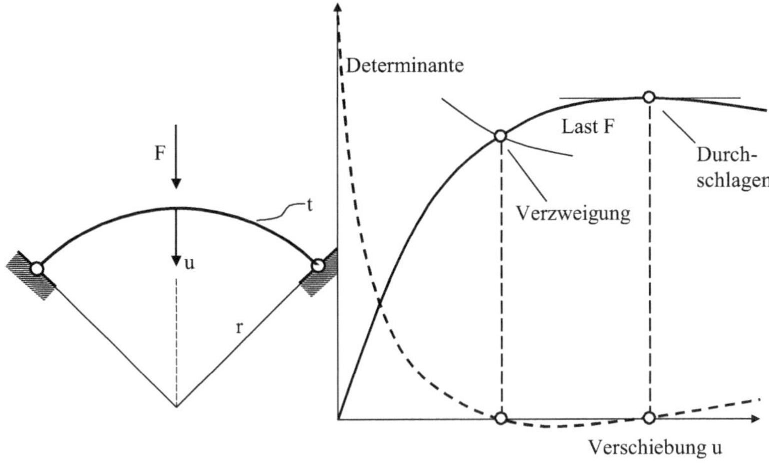

Abb. 3.12 Flacher Kreisbogen, Last-Verschiebungs-Kurve und Determinante

Indikatoren für diese Eigenschaft sind:

1. die Determinante det $\mathbf{K}_T = 0$ oder
2. wenigstens ein Eigenwert ω von $\mathbf{K}_T$ ist null, wobei ω die Lösung von $(\mathbf{K}_T - \omega\mathbf{I})\,\boldsymbol{\varphi} = \mathbf{0}$ ist oder
3. wenigstens ein Null-Diagonalelement tritt in der nach dem Gauß-Algorithmus drei-eckszerlegten Matrix auf.

Diese drei Bedingungen sind gleichwertig. Es muss hinzugefügt werden, dass dies für einen konvergierten Zustand gilt.

Entsprechend diesen Kriterien ist eine Lösung auf einem instabilen Ast, wenn

1. die Determinante det $\mathbf{K}_T < 0$ oder
2. es wenigstens einen negativen Eigenwert ω gibt oder
3. wenigstens ein negatives Hauptdiagonalelement der triangularisierten Matrix auftritt.

Ansteigende Lasten können zu mehr negativen Eigenwerten oder Hauptdiagonalele-menten führen, wobei jedes einen möglichen Verzweigungspunkt anzeigt.

Die Determinante (Bedingung 1) ist als Kriterium etwas problematisch:

- Eine gerade Anzahl negativer Eigenwerte führt zu einer positiven Determinante, ob-wohl der aktuelle Lastpfad instabil ist (Beispiel in Abb. 3.12).
- Der einfachste Weg, die Determinante zu berechnen, ist, nach einer Gauß-Elimination die Hauptdiagonalelemente miteinander zu multiplizieren, d. h. Kriterium 3 kann früher ausgewertet werden.
- Die Determinante kann eine sehr große Zahl werden, sodass 10^{990} eine Instabilität bedeuten kann, wenn die Determinante zuvor 10^{1000} war.

3.2.2 Formulierungen der Instabilitätsbedingung

Wie in Abschn. 2.3.4.1 gezeigt wurde, hat die Tangentensteifigkeitsmatrix mindestens 2 Anteile, die Anfangsverschiebungs- und die Anfangsspannungsmatrix:

$$\mathbf{K}_\mathrm{T} = \mathbf{K}_u + \mathbf{K}_\sigma \tag{3.3}$$

Einige Autoren nehmen auch – sinnvoll in einem bestimmten Zusammenhang – eine Aufspaltung der Anfangsverschiebungsmatrix in den konstanten Anteil aus der linearen Theorie und einen nichtlinearen Anteil vor:

$$\mathbf{K}_\mathrm{T} = \mathbf{K}_0 + \mathbf{K}_\mathrm{n} + \mathbf{K}_\sigma \tag{3.4}$$

So können verschiedene Eigenwertprobleme formuliert werden:

1. das oben erwähnte $(\mathbf{K}_\mathrm{T} - \omega\mathbf{I})\,\boldsymbol{\varphi} = \mathbf{0}$, wobei der Eigenwert $\omega = 0$ im kritischen Punkt wird
2. $(\mathbf{K}_u + \Lambda_2\mathbf{K}_\sigma)\,\boldsymbol{\varphi} = (\mathbf{K}_0 + \mathbf{K}_\mathrm{n} + \Lambda_2\mathbf{K}_\sigma)\,\boldsymbol{\varphi} = \mathbf{0}$ wobei $\Lambda_2 = 1$ im kritischen Punkt wird
3. $[\mathbf{K}_0 + \Lambda_3(\mathbf{K}_\mathrm{n} + \mathbf{K}_\sigma)]\,\boldsymbol{\varphi} = \mathbf{0}$ wobei $\Lambda_3 = 1$ im kritischen Punkt wird.

$\omega = 0$ im ersten Fall wie auch $\Lambda_i = 1$ in den letzten beiden Fällen bedeutet, dass die Matrix in den Klammern vor $\boldsymbol{\varphi}$ zusammen $\mathbf{K}_\mathrm{T}$ ergibt, d. h. die Lösungen stimmen im kritischen Punkt überein. Die Entwicklung der Eigenwerte mit dem Lastniveau kann aber unterschiedlich sein (s. auch Abb. 3.13). Ebenso können sich in hinreichender Entfernung

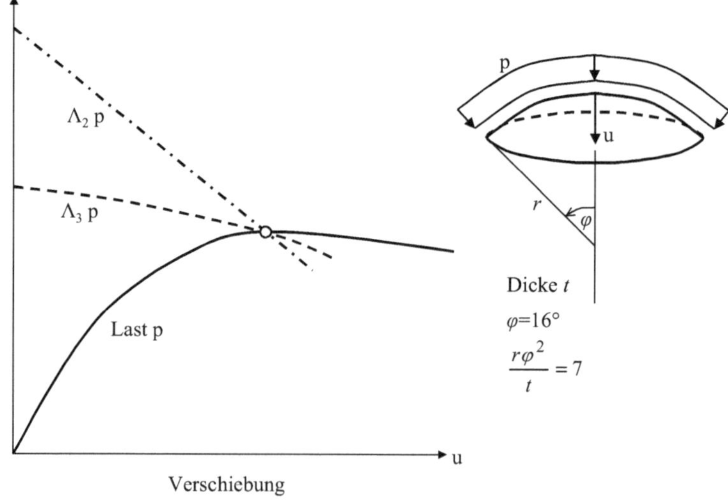

Abb. 3.13 Entwicklung der Eigenwerte Λ_2 und Λ_3 für eine Kugelkappe unter Außendruck

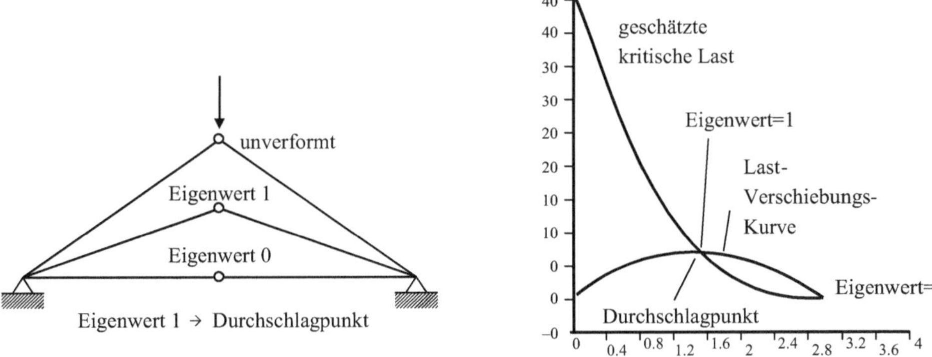

Abb. 3.14 Entwicklung des Eigenwertes Λ_2 mit dem Lastniveau über der zugehörigen Verschiebung

vom kritischen Punkt unterschiedliche Beulformen ergeben. ANSYS verwendet

$$(\mathbf{K}_T - \omega \mathbf{K}_{Pt})\,\boldsymbol{\varphi} = \mathbf{0} \tag{3.5}$$

mit $\omega = 0$ im kritischen Punkt, wobei die „Perturbation"-Matrix $\mathbf{K}_{Pt}$ in etwa der Anfangsspannungsmatrix $\mathbf{K}_\sigma$ entspricht. Dann kann das Eigenwertspektrum auf $\Lambda_2 = \omega + 1$ geshiftet werden.

Ein Vorteil der Formulierungen 2 und 3 ist, dass

$$\mathbf{f}^* = \Lambda_i \mathbf{f}^{\text{ext}} \tag{3.6}$$

als nächste Schätzung für die kritische Last verwendet werden kann. Dieser Wert nähert sich der kritischen Last aus der linearen Beulanalyse (Abschn. 2.2.3) an, wenn die aufgebrachte Belastung gegen null geht. In allen nichtlinearen Fällen muss die Belastung allerdings inkrementell aufgebracht werden, bis eines der Instabilitätskriterien erfüllt ist. Zumindest in der Nähe der kritischen Last kann eine Extrapolation der Beziehung zwischen Eigenwert und Laststufe sinnvoll sein.

Abb. 3.14 zeigt die Last-Verschiebungs-Kurve des Zweibocks zusammen mit der geschätzten kritischen Last $\mathbf{f}^*$ aus dem Eigenwertproblem vom Typ 2.

Die wichtigste Anwendung dieser „begleitende Eigenwertanalyse" genannten Vorgehensweise ist nicht, direkt die kritische Last zu bestimmen, sondern

- zu entscheiden, ob Nichtkonvergenz auf ein physikalisches Stabilitätsproblem zurückzuführen ist ($\omega \approx 0$ oder $\Lambda \approx 1$) oder numerische Gründe hat,
- zu bemerken, wenn ein Lösungszustand sich auf einem instabilen Pfad befindet ($\omega < 0$ oder $\Lambda < 1$).

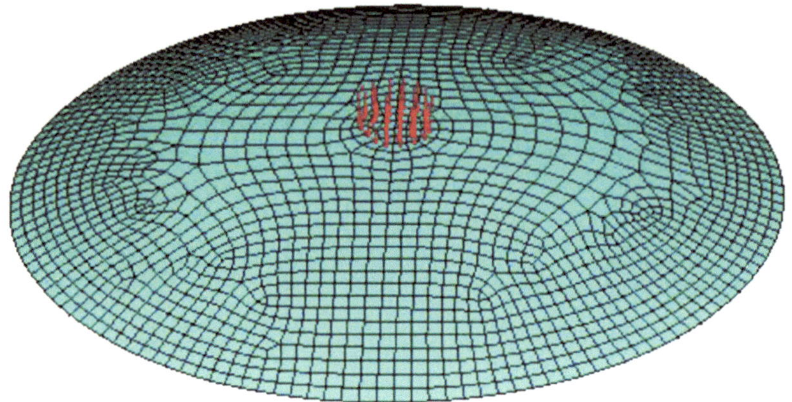

Abb. 3.15 Kugelschalenausschnitt unter konzentriertem Außendruck

3.2.3 Modalanalyse (Eigenfrequenzanalyse) und Stabilitätsprobleme

Bekanntlich beeinflussen Vorspannungseffekte die Eigenfrequenzen eines Systems. Die besten Beispiele sind Musikinstrumentensaiten, die durch die Veränderung der Spannung gestimmt werden. Wenn ein System mit einer bestimmten Biegesteifigkeit Druckspannungen aufweist, geht die Eigenfrequenz zurück. Im Falle eines Stabilitätsproblems kann das System ausgelenkt werden, ohne dass es nach Wegnahme der Störung in die vorige Lage zurückkehrt. Für eine mögliche Schwingung bedeutet das, dass die Schwingungsdauer gegen unendlich und damit die Eigenfrequenz gegen null geht. Deshalb kann eine vorgespannte Modalanalyse anstelle der Beuluntersuchung für die begleitende Eigenwertanalyse verwandt werden. Am kritischen Punkt fallen die Eigenformen, die Beulform und die Eigenschwingungsform, zusammen.

Das Eigenwertproblem lautet:

$$\left(\mathbf{K}_{\mathrm{T}} - \omega^2 \mathbf{M}\right) \boldsymbol{\varphi} = \mathbf{0} \tag{3.7}$$

In Abb. 3.16 ist der Verlauf der ersten fünf Eigenwerte des Kugelschalenabschnittes aus Abb. 3.15 über dem Lastniveau aufgetragen. Weil der verwendete Löser für die *Frequenz*bestimmung ausgelegt ist, werden negative Quadrate der Eigenfrequenzen und die zugehörigen Eigenformen unterdrückt. Auf diese Weise verschwindet die erste Form bei Überschreiten des kritischen Punktes und eine weitere Form rückt nach. Dadurch kommt es scheinbar zu Sprüngen im Verlauf. Daher sind in Abb. 3.16 die Eigenwerte zu den ersten drei Eigenformen schwarz markiert. Die verschwundene Eigenform taucht hier wieder auf, wenn die aufnehmbare Last wieder ansteigt. Ein Eigenwert hingegen wird von der Last gar nicht beeinflusst (horizontale Linie).

Der praktische Nutzen dieser begleitenden Eigenwertanalyse kann im Beispiel aus Abb. 3.17, einer Traglastberechnung eines ausgesteiften Zylinderschalenabschnitts, gesehen werden [20]. Drei Lastpfade für dasselbe System können unterschieden werden, wobei einer zu einer viel zu hohen und einer zu einer etwas zu hohen Versagenslast führt, die vom System nicht aufgenommen werden kann und damit auf einem instabilen Pfad liegt.

Die Eigenfrequenzberechnung zeigt in solchen Fällen eine verschwindende (unterdrückte) Eigenform, weil der erste Eigenwert negativ wird. Dies geschieht oberhalb des Verzweigungspunktes, wenn keine Verzweigung erfolgt. Ein Beispiel ist in Abb. 3.18 für einen anderen Lastfall dargestellt. Die bei Lastfaktor 1 zweite Eigenform wird bei nur geringer Lasterhöhung auf 1,03 zur ersten, weil die bisherige erste Form unterdrückt wird. Welche Bedeutung dies hat, wird in Abschn. 3.3 weiter erläutert.

Das Verschwinden einer Eigenform kann numerisch identifiziert werden (wichtig für die Automatisierung), indem man von der Tatsache Gebrauch macht, dass zwei verschiedene Eigenvektoren M-orthogonal sind, d. h. das Produkt der Massenmatrix $\mathbf{M}$ von links mit dem einen und von rechts mit einem anderen Eigenvektor φ also null ist. Weil hier die Eigenvektoren zu verschiedenen Laststufen verglichen werden, gilt dies nur näherungsweise, sodass als Kriterium

$$\frac{\varphi_{i-1}^{T}\mathbf{M}\varphi_i}{\varphi_i^{T}\mathbf{M}\varphi_i} \ll 1 \tag{3.8}$$

gelten kann, worin der Index i die Lastniveaus zählt, bei denen eine Eigenwertberechnung stattgefunden hat.

Das Problem der unterdrückten Eigenformen lässt sich mit einem Löser für unsymmetrische Matrizen oder zur Bestimmung von Eigenfrequenzen gedämpfter Systeme über-

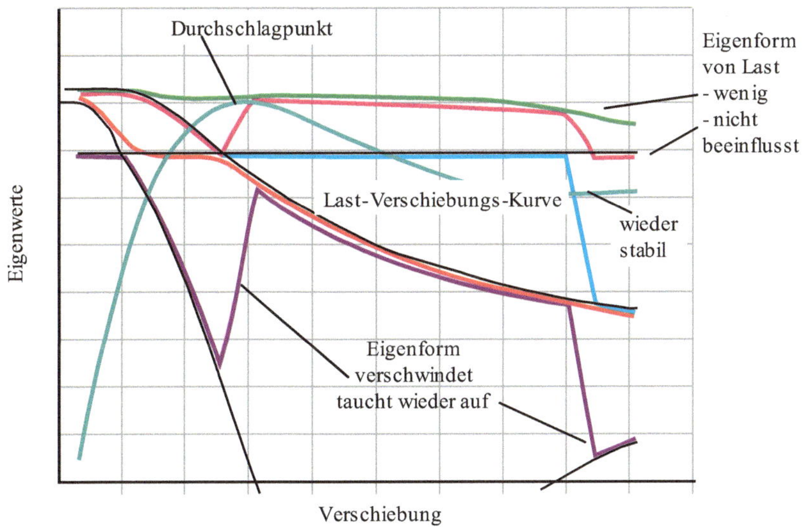

Abb. 3.16 Eigenfrequenzen in Abhängigkeit vom Lastniveau

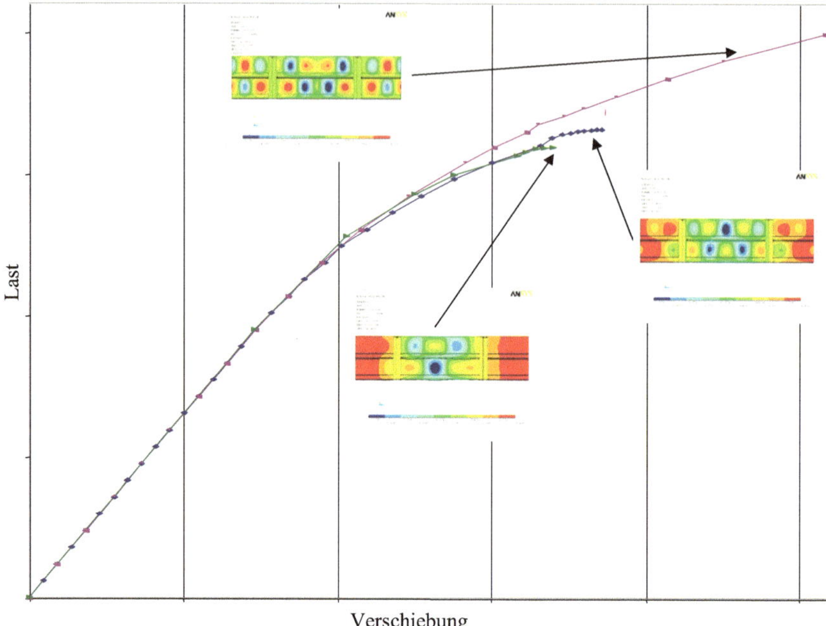

Abb. 3.17 Verschiedene Last-Verschiebungs- Kurven eines Systems in Abhängigkeit von Imperfektionen und der Lastinkrementierung

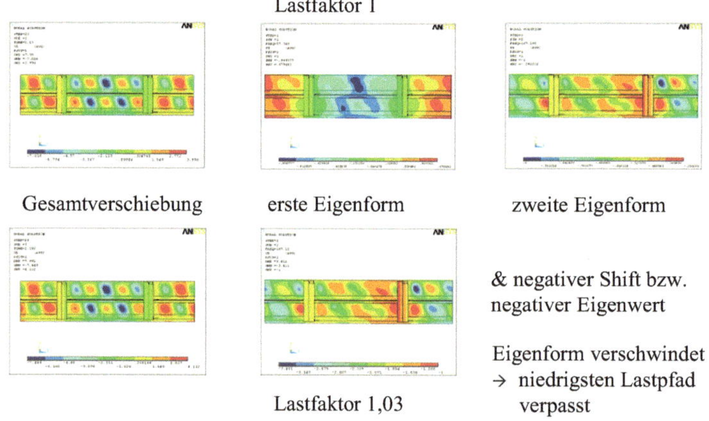

Abb. 3.18 Verschwindende Eigenform nach Erreichen eines instabilen Pfades [20]

winden. Hier werden komplexe Eigenwerte erwartet. Wendet man diese Löser auf ein symmetrisches, ungedämpftes System an, wird eine Eigenfrequenz bei einer Vorspannung oberhalb der kritischen Last rein imaginär (Abb. 3.19).

a

Mode	✔ Realteil Eigenwert (Frequenz) [Hz]	✔ Imaginärteil Eigenwert [Hz]
1,	32,149	0,
2,	224,28	0,
3,	297,9	0,
4,	545,01	0,
5,	804,38	0,
6,	957,56	0,

b

Mode	✔ Realteil Eigenwert (Frequenz) [Hz]	✔ Imaginärteil Eigenwert [Hz]
1,	0,	13,514
2,	209,46	0,
3,	303,14	0,
4,	528,72	0,
5,	786,32	0,
6,	928,83	0,

Abb. 3.19 Eigenfrequenzen unterhalb (**a**) und oberhalb der kritischen Last (**b**)

Abb. 3.20 Erste Eigenform unter- und oberhalb der kritischen Last

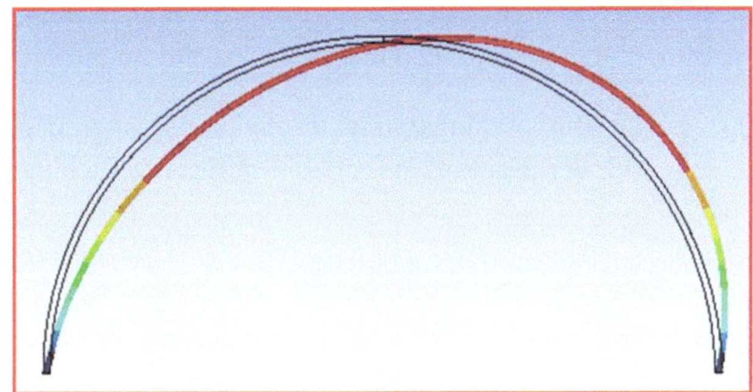

Die Eigenform ist die wahrscheinliche Beulfigur, in obigem Beispiel bleibt diese unter- und oberhalb der kritischen Last so, wie in Abb. 3.20 dargestellt.

3.2.4 Direkte Identifikation kritischer Punkte durch ein erweitertes System

Am kritischen Lastniveau λ_{krit} müssen zwei Bedingungen erfüllt werden [26]:

1. Es muss Gleichgewicht herrschen:

$$\mathbf{d}\,(\hat{\mathbf{u}}, \lambda) = \mathbf{f}^{\mathrm{int}}\,(\hat{\mathbf{u}}) - \lambda \mathbf{f}_0^{\mathrm{ext}}\,(\hat{\mathbf{u}}) = \mathbf{0}$$

2. Das Eigenwertproblem 1 aus Abschn. 3.2.2 muss einen Eigenwert 0 ergeben, d. h.:

$$\mathbf{K}_{\mathrm{T}}\boldsymbol{\varphi} = \mathbf{0}$$

Dies führt zu zwei Unbekanntenvektoren mit je n Komponenten plus dem unbekannten Lastfaktor λ, d. h. $2n + 1$ Unbekannten in $2n$ Gleichungen.

3. Die fehlende Gleichung kann in Zusammenhang mit dem Eigenvektor gefunden werden:
   a. Die Länge des Eigenvektors muss skaliert werden, z. B. zu 1:

$$\boldsymbol{\varphi}^T \boldsymbol{\varphi} - 1 = 0$$

   b. Nur Verzweigungspunkte, an denen der Eigenvektor senkrecht zum Vektor der äußeren Last steht, sollen gefunden werden:

$$\boldsymbol{\varphi}^T \mathbf{f}_0^{\mathrm{ext}} = 0$$

   c. Nur Durchschlagpunkte, an denen das nicht der Fall ist, sollen gefunden werden. Weil der Eigenvektor beliebig skaliert werden kann, kann man formulieren:

$$\boldsymbol{\varphi}^T \mathbf{f}_0^{\mathrm{ext}} - 1 = 0$$

Diese Gleichungen müssen simultan durch ein Newton-Verfahren gelöst werden. Die Tangentenmatrix enthält alle Ableitungen nach den Unbekannten, mit Bedingung 3a:

$$\begin{bmatrix} \dfrac{\partial \mathbf{d}}{\partial \mathbf{u}} & \dfrac{\partial \mathbf{d}}{\partial \boldsymbol{\varphi}} & \dfrac{\partial \mathbf{d}}{\partial \lambda} \\[2mm] \dfrac{\partial \mathbf{K}_{\mathrm{T}}\boldsymbol{\varphi}}{\partial \mathbf{u}} & \dfrac{\partial \mathbf{K}_{\mathrm{T}}\boldsymbol{\varphi}}{\partial \boldsymbol{\varphi}} & \dfrac{\partial \mathbf{K}_{\mathrm{T}}\boldsymbol{\varphi}}{\partial \lambda} \\[2mm] \dfrac{\left(\boldsymbol{\varphi}^T \boldsymbol{\varphi} - 1\right)}{\partial \mathbf{u}} & \dfrac{\left(\boldsymbol{\varphi}^T \boldsymbol{\varphi} - 1\right)}{\partial \boldsymbol{\varphi}} & \dfrac{\left(\boldsymbol{\varphi}^T \boldsymbol{\varphi} - 1\right)}{\partial \lambda} \end{bmatrix} \begin{bmatrix} \Delta \mathbf{u} \\ \Delta \boldsymbol{\varphi} \\ \Delta \lambda \end{bmatrix} = \begin{bmatrix} \lambda \mathbf{f}_0^{\mathrm{ext}} - \mathbf{f}^{\mathrm{int}} \\ -\mathbf{K}_{\mathrm{T}}\boldsymbol{\varphi} \\ 1 - \boldsymbol{\varphi}^T \boldsymbol{\varphi} \end{bmatrix} \qquad (3.9)$$

Die Ableitung in der zweiten Zeile und dritten Spalte existiert nur, wenn der Lastvektor von den Verschiebungen abhängt. Dann ist

$$\mathbf{K}_p = -\frac{\partial \mathbf{f}^{\mathrm{ext}}}{\partial \mathbf{u}} = -\frac{\partial \left(\lambda \mathbf{f}_0^{\mathrm{ext}}\right)}{\partial \mathbf{u}} = -\lambda \frac{\partial \left(\mathbf{f}_0^{\mathrm{ext}}\right)}{\partial \mathbf{u}} \qquad (3.10)$$

der einzige Teil der Tangentensteifigkeitsmatrix $\mathbf{K}_{\mathrm{T}}$, der vom Lastfaktor λ abhängt. Die Ableitung lautet:

$$\frac{\partial \mathbf{K}_{\mathrm{T}}\boldsymbol{\varphi}}{\partial \lambda} = \frac{\partial \mathbf{K}_p \boldsymbol{\varphi}}{\partial \lambda} = \frac{\partial \mathbf{K}_p}{\partial \lambda} \boldsymbol{\varphi} = -\frac{\partial \left(\mathbf{f}_0^{\mathrm{ext}}\right)}{\partial \mathbf{u}} \boldsymbol{\varphi} = -\frac{1}{\lambda} \frac{\partial \left(\mathbf{f}^{\mathrm{ext}}\right)}{\partial \mathbf{u}} \boldsymbol{\varphi} = -\frac{1}{\lambda} \mathbf{K}_p \boldsymbol{\varphi} \qquad (3.11)$$

Damit lautet das lineare Gleichungssystem im Newton-Verfahren:

$$\begin{bmatrix} \mathbf{K}_T & 0 & -\mathbf{f}_0^{\text{ext}} \\ \dfrac{\partial \mathbf{K}_T \boldsymbol{\varphi}}{\partial \mathbf{u}} & \mathbf{K}_T & -\dfrac{1}{\lambda}\mathbf{K}_p \boldsymbol{\varphi} \\ 0 & 2\boldsymbol{\varphi}^T & 0 \end{bmatrix} \begin{bmatrix} \Delta \mathbf{u} \\ \Delta \boldsymbol{\varphi} \\ \Delta \lambda \end{bmatrix} = \begin{bmatrix} \lambda \mathbf{f}_0^{\text{ext}} - \mathbf{f}^{\text{int}} \\ -\mathbf{K}_T \boldsymbol{\varphi} \\ 1 - \boldsymbol{\varphi}^T \boldsymbol{\varphi} \end{bmatrix} \tag{3.12}$$

Was relativ kompliziert aussieht, kann jedoch im Wesentlichen zurückgeführt werden auf die Lösung eines Gleichungssystems mit $\mathbf{K}_T$ und verschiedenen rechten Seiten, wie nach Vorstellung der Ideen für das Bogenlängenverfahren in Abschn. 4.4 gezeigt wird.

$\mathbf{K}_T \boldsymbol{\varphi}$ und $\mathbf{K}_p \boldsymbol{\varphi}$ können auf Elementebene bestimmt und dann zu einem globalen Vektor zusammengebaut werden. Für den Term in der ersten Spalte und zweiten Reihe wird das nach der Herleitung des Algorithmus' gezeigt. Für ein Programm mit verschiedenen Elementtypen kann es sinnvoll sein, diese Ableitung numerisch zu bilden.

3.3 Bedeutung des Eigenvektors

In Abb. 3.21 sind die Verschiebungszustände zweier Laststufen zu sehen. Obwohl diese sehr ähnlich aussehen, stellt sich heraus, dass ihre Differenz (Abb. 3.22a [20]) zum einen ähnlich zu der sich einstellenden Verformung im Versagensbereich ist (Abb. 3.22b, diese Versagensform zeichnet sich hier also schon ab), zum anderen aber auch ähnlich zur verschwindenden Eigenform aus Abb. 3.18 ist. Das heißt, der unterdrückte Mode, die Eigenform zum Nulleigenwert am kritischen Punkt, zeigt, wie das System sich weiter verformen muss, um den niedrigsten Lastpfad zu erreichen.

Diese wichtigste Eigenform kann während der Lastgeschichte wechseln, was weitere Verzweigungsmöglichkeiten anzeigt. Für das Beispiel in Abb. 3.21 ist die Verformung das Ergebnis eines früheren Beulprozesses.

Die Eigenform zum kritischen Eigenwert 0 bzw. 1 zeigt, wie das System sich ohne weitere Lastzufuhr verformen kann. Im Falle eines Durchschlagproblems ist die Eigenform ähnlich zum Verformungszustand, im Falle eines Verzweigungsproblems völlig verschieden (vgl. Abb. 3.21 mit 3.18). Außerdem steht im letzteren Fall der Eigenvektor senkrecht zum Lastvektor, d. h.

$$\boldsymbol{\varphi}^T \mathbf{f}^{\text{ext}} = 0 \tag{3.13}$$

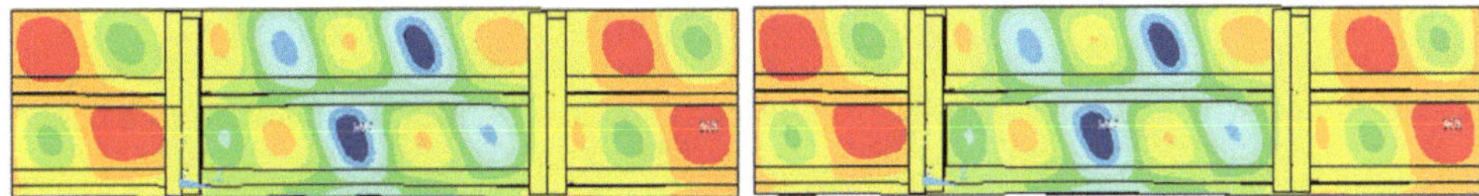

Abb. 3.21 Radiale Verschiebung in zwei aufeinander folgenden Laststufen nahe dem Instabilitätspunkt

Für das Durchschlagproblem ergibt dieses Produkt einen Wert, der deutlich von null verschieden ist, sodass man ein Kriterium erhält, zwischen Durchschlag- und Verzweigungsproblem zu unterscheiden, wenn man einen Vergleichswert hat. Dieser kann das Produkt aus Verschiebungsvektor und Lastvektor sein, wobei der Verschiebungsvektor in gleicher Weise wie der Eigenvektor normiert sein sollte:

$$\frac{\boldsymbol{\varphi}^T \mathbf{f}^{\text{ext}}}{\hat{\mathbf{u}}^T \mathbf{f}^{\text{ext}}} = \begin{cases} \ll 1 & \Rightarrow \quad \text{Verzweigungsproblem} \\ \text{sonst} & \Rightarrow \quad \text{Durchschlagproblem} \end{cases} \tag{3.14}$$

3.4 Imperfektionen

Im Falle eines Verzweigungsproblems kann ein System für höhere Lasten als die kritische auf dem Primärpfad verbleiben und so zu Lösungen auf der unsicheren Seite führen. Oft muss der Verzweigungsprozess erst durch eine Imperfektion angestoßen werden, um eine physikalisch sinnvolle Lösung zu erhalten. Dies kann durch geeignete Störlasten oder geometrische Imperfektionen erfolgen.

3.4.1 Imperfektion durch Kräfte

Imperfektionen sollen die Beulform zum niedrigsten Lastpfad anregen. Wenn diese nicht bekannt ist, sollte die Imperfektion durch Kräfte so gewählt werden, dass sie die Art der Beulform nicht überbestimmt. Wenige Kräfte sind also zu bevorzugen. Diese Aussage gilt

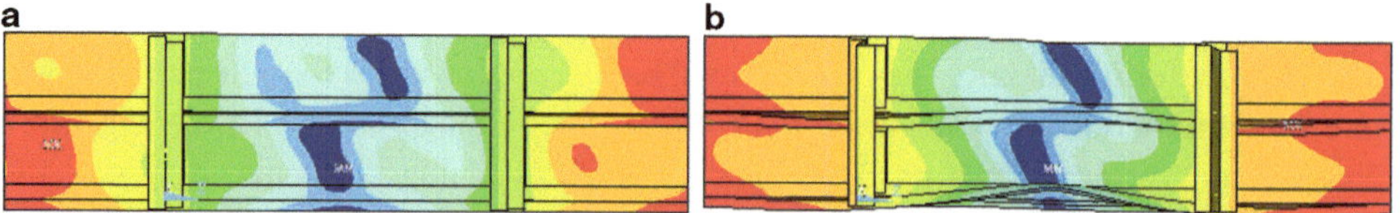

Abb. 3.22 Differenz zwischen zwei aufeinander folgenden Laststufen (**a**), letzte Lösung (**b**)

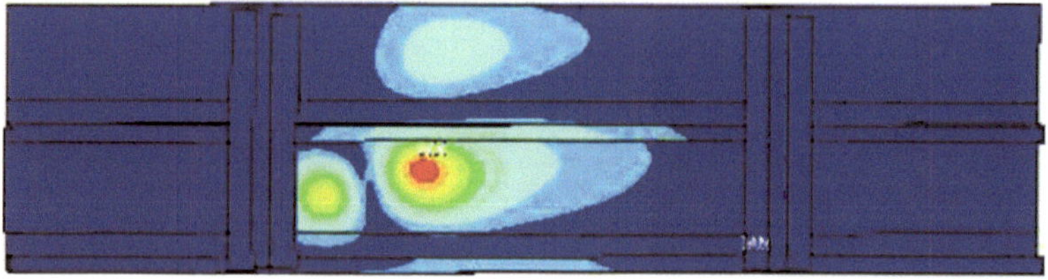

Abb. 3.23 Imperfektion (hier radiale Verschiebungen) infolge von zwei Einzellasten (*rot/grün*)

besonders unter dem Gesichtspunkt, dass auch im Versuch Beulmuster, auch solche, die sich über das ganze System erstrecken, in der Regel in einer lokalen Beule ihren Anfang nehmen. Zum Beispiel werden in Abb. 3.23 zwischen fünf und sieben Halbwellen erwartet. Fünf gleichmäßig verteilte Einzellasten aufzubringen wäre gefährlich. Zwei Kräfte, unsymmetrisch angeordnet, genügen als Auslöser, lassen dem System aber genug Freiheitsgrade, das richtige Beulmuster zu finden.

So eine Imperfektion kann nur für den jeweiligen Spezialfall gewählt werden und erfordert eine Schätzung, eine Idee von der Beul- oder Versagensform.

3.4.2 Imperfektion durch geometrische Vorgaben

Für geometrische Imperfektionen, d. h. spannungsfreie Vorverformungen, also Veränderungen der Knotenkoordinaten, kann man versuchen, eine geeignete Funktion zu finden, mit der das Beulen angeregt wird, das ist aber fallabhängig. Vor allem ist nicht sichergestellt, dass man die Beulform zur niedrigsten Beullast trifft. Unter Umständen kann so sogar eine höhere Verzweigungslast als die ideale Beullast ermittelt werden [21].

Als noch weniger geeignet haben sich zufallsverteilte Knotenverschiebungen erwiesen. Auch sie können zu höheren als den idealen Beullasten führen. Es kann dabei ferner passieren, dass zufällig von einem Knoten zum anderen die größtmöglichen Koordinatensprünge auftreten, was z. B. zu Elementverdrillungen führen kann und der Genauigkeit nicht förderlich ist. Um das zu vermeiden, müssten die geometrischen Störungen erst wieder geglättet werden.

Außerdem treten in beiden Fällen Konflikte auf, wenn das System Bauteile umfasst, die nicht durch gemeinsame Knoten, sondern durch Kontakt verbunden sind. Es ist sehr wahrscheinlich, dass durch willkürliche geometrische Veränderungen Überschneidungen oder Spalte auftreten.

3.4.3 Imperfektion durch eine lineare Beulanalyse

Ein allgemeinerer Ansatz für geometrische Imperfektionen ist die Verwendung der Eigenform aus einer Beulanalyse, also die Koordinatenänderung um den skalierten Eigenvektor:

$$\mathbf{x} \leftarrow \mathbf{x} + c\,\boldsymbol{\varphi} \tag{3.15}$$

Damit das zielführend ist, muss aber die Voraussetzung der linearen Beulanalyse erfüllt sein, nämlich lineares Verhalten bis zum Eintritt des Beulens. Dann können die ersten Eigenformen gute Imperfektionen darstellen. Im Falle mehrfacher Eigenwerte oder, wie es in der Praxis häufig auftritt, nah beieinander liegender Eigenwerte, sind mindestens alle dazu gehörigen Eigenformen zu berücksichtigen. Es kann dann jede Linearkombination daraus die maßgebende Beulform sein.

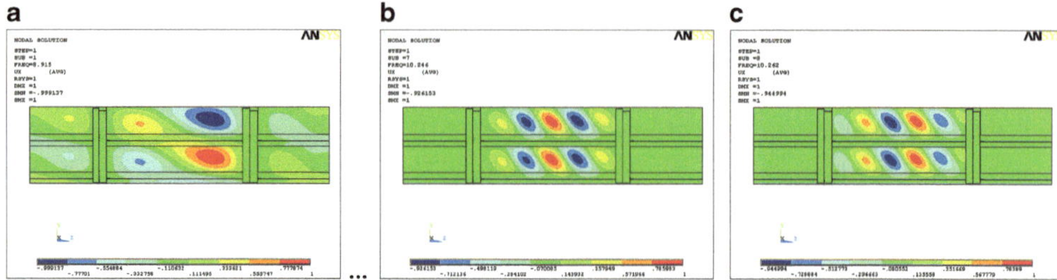

Abb. 3.24 Erste (**a**), siebte (**b**) und achte (**c**) lineare Beulform

Bleibt das System nach dem ersten Verzweigen stabil und versagt erst später durch erneutes Verzweigen oder Beulmusterwechsel, was bei versteiften Flächenträgern oft der Fall ist (z. B. erst Einzelfeldbeulen, dann Teil- oder Gesamtfeldversagen), ist die lineare Beulanalyse oft nicht hilfreich für die Imperfektionsbestimmung. Im Falle des versteiften Zylinderschalenausschnittes aus Abb. 3.23 und 3.24 [20] ist die siebte oder achte Eigenform dem später in der nichtlinearen Berechnung auftretenden Versagensmodus ähnlich, aber wie soll man das vorhersehen?

3.4.4 Begleitende Eigenwert-Analyse

Eine verlässlichere, aber auch kompliziertere Methode als die lineare Beulanalyse ist es, die erste Eigenform einer Beulanalyse zu verwenden, die wiederholt nach bzw. parallel zu einer nichtlinearen Berechnung auf der Basis der aktuellen Tangentenmatrix durchgeführt wird (s. Abschn. 3.2.2). Die Frage dabei ist allerdings, wann und wie oft eine solche Analyse durchzuführen ist und wie die Imperfektion aufgebracht werden kann.

Die nachfolgenden Algorithmen sind geeignet, Verzweigungspunkte bzw. das Verbleiben auf einem instabilen Pfad festzustellen und die Verzweigung auszulösen. Zunächst

Alg. 3.1 Eigenwertanalyse *nach* einer nichtlinearen Berechnung
- Bei vorgegebenen Laststufen die jeweilige Tangentenmatrix $\mathbf{K}_T$ oder Restart-Dateien, mit denen $\mathbf{K}_T$ wieder aufgebaut werden kann, sichern.
- Eine Folge von Eigenwertanalysen i durchführen.
  - Die erste Eigenform aufheben, wenn ihr Eigenwert negativ (Eigenwertproblem 1 und Modalanalyse) bzw. < 1 (EWP 2 und 3 aus Abschn. 3.2.2) wird, oder
  - das Verschwinden oder den Wechsel der ersten Eigenform, wenn (3.8) erfüllt wird, identifizieren,

> wobei darin $\mathbf{M} = \mathbf{I}$ für EWP 1, $\mathbf{M} = \mathbf{K}_\sigma$ für EWP 2, $\mathbf{M} = \mathbf{K}_\mathrm{n} + \mathbf{K}_\sigma$ für EWP 3 oder $\mathbf{M}$ die Massenmatrix in der Modalanalyse ist.
> - Die nichtlineare Berechnung mit einer entsprechenden geometrischen Imperfektion wiederholen.

Eine Wiederholung ist grundsätzlich nur erforderlich, wenn an einem Verzweigungspunkt vorbeigerechnet oder wenn keine Konvergenz erzielt wurde, weil das System verzweigen möchte, aber nicht dazu angeregt wird und deshalb zwischen verschiedenen Übergangslösungen hin- und herspringt.

Zu oft kann diese Vorgehensweise nicht durchgeführt werden, weil jedes Mal eine geometrische Imperfektion hinzukommt oder die vorherige ersetzt, sodass es irgendwann fraglich wird, ob der Verzweigungspunkt, für den die neue Imperfektion geeignet ist, überhaupt erreicht wird.

Besser geeignet für mehrfaches Verzweigen ist

Alg. 3.2 Eigenwertanalyse *parallel* zu einer nichtlinearen Berechnung (Begleitende Eigenwertanalyse)
- Die nichtlineare Berechnung auf bestimmten Lastniveaus unterbrechen und eine Eigenwertanalyse durchführen.
- Die nichtlineare Analyse fortsetzen.

Zur Reaktion auf die Eigenwertberechnungen gibt es zwei Möglichkeiten:

- Die Berechnung anhalten, wenn ein instabiler Pfad vorliegt, und mit einer geometrischen Imperfektion neu starten.
  Dann unterscheidet sich die Vorgehensweise allerdings nur im Ablauf von Algorithmus 1.
  Oder:
- Bei der Fortsetzung der nichtlinearen Berechnung das Newton-Raphson-Verfahren mit dem aktuellen Eigenvektor stören.

Letzteres soll näher erläutert werden: Der Startvektor $\mathbf{u}^0_{i+1}$ für ein Newton-Raphson-Verfahren auf einem neuen Lastniveau $i + 1$ ist gewöhnlich die letzte konvergierte Lösung $\mathbf{u}^\infty_i$. Zu dieser wird nun zu Beginn der Iteration der Eigenvektor $\boldsymbol{\varphi}$ addiert:

$$\mathbf{u}^0_{i+1} = \mathbf{u}^\infty_i + c\,\boldsymbol{\varphi} \tag{3.16}$$

Solange das System stabil ist, wird sich als konvergierte Lösung $\mathbf{u}^\infty_{i+1}$ nach der Newton-Iteration dieselbe einstellen wie ohne Störung. In der Umgebung eines Verzweigungspunktes aber wird eine geeignete Beulform gefunden werden, die als Störung das Verzweigen auslöst, ohne dass eine geometrische Imperfektion eingefügt wurde. Weitere Entscheidungen sind nicht erforderlich. Das Vorliegen eines Durchschlagproblems ist kein Hinderungsgrund; eine Eigenwertanalyse ist hier nicht nötig, schadet aber auch nicht, weil sich der Eigenvektor φ ähnlich zum Verschiebungszustand einstellt.

Da nur eine Störung des Anfangsvektors vorgenommen wird, ist für die Eigenwertanalyse keine besondere Genauigkeit erforderlich, sodass iterative Verfahren frühzeitig abgebrochen werden können. Am einfachsten wäre hier die inverse Von-Mises-Iteration, bei der das durch $\mathbf{K}_T$ bestimmte Gleichungssystem mit mehreren rechten Seiten gelöst werden muss, was beim Gauß-Algorithmus wenig aufwändig ist, da ja die Triangularisierung bereits vorgenommen wurde.

Imperfektionen aus der Eigenwertanalyse gelten als die ungünstigsten Imperfektionen und sind zu empfehlen, wenn man die wahre Vorverformung nicht kennt.

3.4.5 Imperfektionsempfindlichkeit

Um die Sicherheit eines Systems gegen Versagen treffend angeben zu können, muss die Empfindlichkeit gegen die Größe einer Imperfektion untersucht werden. Diese hängt im Wesentlichen vom nachkritischen Verhalten ab: je steiler der Abfall im nachkritischen Bereich, desto empfindlicher die Reaktion auf Störungen. Die Imperfektionsempfindlichkeit kann durch Sensitivitätsdiagramme klassifiziert werden (Abb. 3.25).

Bei einer geeigneten Imperfektion bleibt ein Durchschlagproblem ein Durchschlagproblem, aber die Traglast ändert sich. Ein Verzweigungsproblem jedoch geht entweder in ein Durchschlagproblem über, wenn der nachkritische Zweig instabil ist, oder verwandelt sich in ein nichtlineares Spannungsproblem ohne streng definierte kritische Last, wenn der nachkritische Bereich stabil ist. Der Richtung der Imperfektion kommt eine wichtige Bedeutung zu, nicht nur, aber besonders bei asymmetrischer Verzweigung.

In Abb. 3.26 und 3.27 wird der Einfluss der Imperfektion auf das Tragverhalten anhand zweier Beispiele dargestellt, zum einen bei einer ebenen Platte, zum anderen bei einem Ausschnitt aus einer Kreiszylinderschale. Beide haben die gleiche Dicke, bestehen aus der gleichen Menge an Material und haben vergleichbare Randbedingungen. Die Schale zeigt instabiles nachkritisches Verhalten. Deshalb geht das Verzweigungsproblem am imperfekten System in ein Durchschlagproblem mit deutlicher Reduzierung der Maximallast über. Bei der Platte hingegen erfolgt der Übergang zu einem nichtlinearen, aber stabilen Tragverhalten. Eine Maximallast ist nicht mehr definiert. Tatsächlich wäre aber die Durchbiegung zu begrenzen. Der Vergleich der beiden Systeme zeigt außerdem, dass die Schale wegen der Krümmung ein deutlich höheres Lastniveau erreicht. Das wird allerdings mit dem instabilen Nachbeulverhalten erkauft.

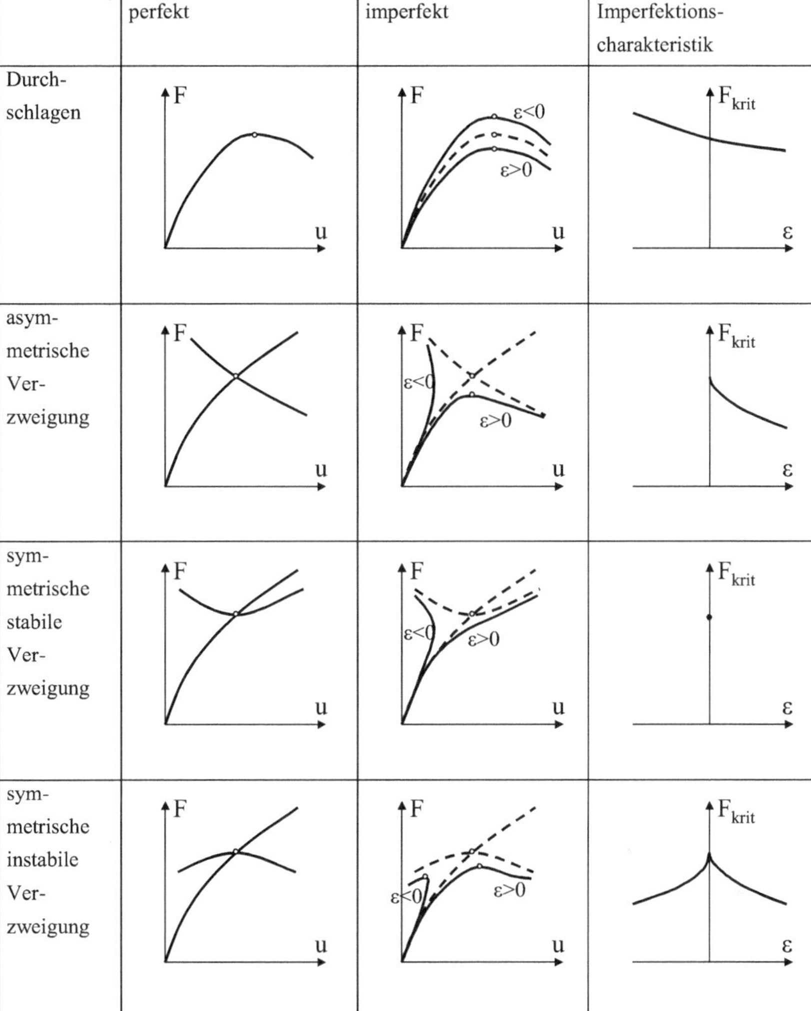

Abb. 3.25 Klassifizierung der Imperfektionsempfindlichkeit

3.4.6 Größe der Imperfektion

Welche Größe muss der Maximalwert der Imperfektion haben? Diese Frage ist pauschal nur so zu beantworten: groß genug, um das Beulen auszulösen. Mehr Imperfektion liegt meist auf der sicheren Seite. Am besten, man weiß etwas über die wahrscheinlich oder aus Gründen geforderter Toleranzen höchstens auftretenden Ungenauigkeiten. Diese müssten noch mit einem Sicherheitsfaktor beaufschlagt werden. Im Geltungsbereich von Vorschriften ist die Größe oft geregelt.

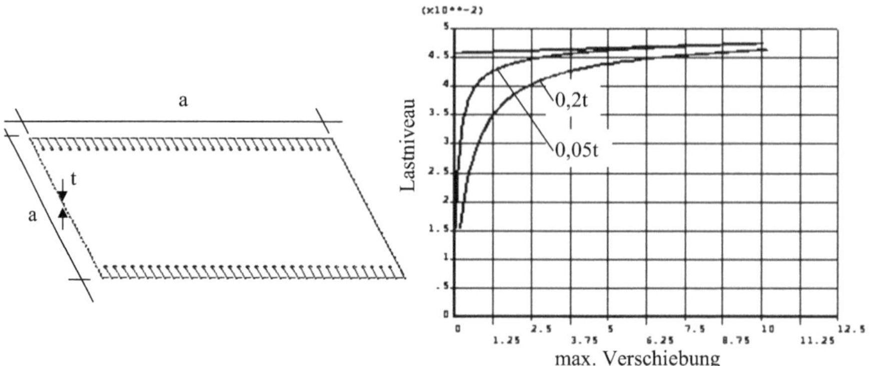

Abb. 3.26 Beulende Platte und ihr Last-Verschiebungs-Diagramm mit verschiedenen Imperfektionsgrößen

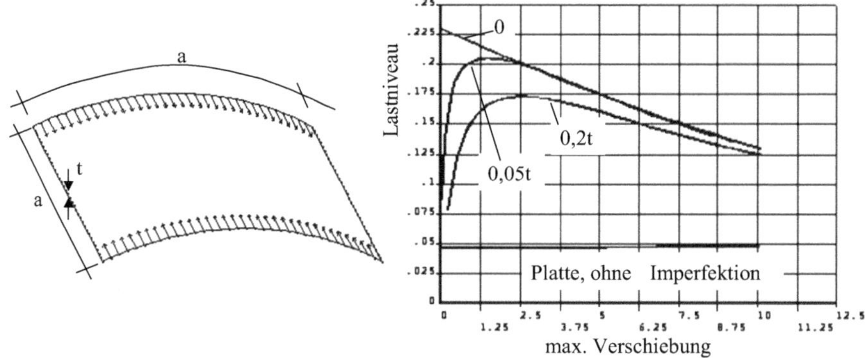

Abb. 3.27 Beulende Zylinderschale und ihr Last-Verschiebungs-Diagramm mit verschiedenen Imperfektionsgrößen

Bei Stabwerken wird gern 1/500 bis 1/250 der Knicklänge als Maximalwert der Imperfektion genommen. Die Knicklänge ist der Abstand der Wendepunkte der Knickbiegelinie.

Bei Flächentragwerken könnte ein Beuldurchmesser, ebenfalls gemessen zwischen Wendepunkten, der Maßstab sein. Davon 1/250 kann aber bei Platten mit stabilem nachkritischen Verhalten dazu führen, dass ein Beulverhalten kaum noch erkennbar ist. In diesem Fall ist die Imperfektion wahrscheinlich deutlich zu groß. Gern genommen wird als Maximalwert der Imperfektion 1/10 der Dicke. Damit wird häufig der Beuleffekt gut sichtbar, das Verzweigen aber auch tatsächlich ausgelöst. Dieser Wert hat aber keinen tieferen Hintergrund, sondern ist nur ein Daumenwert. Im Zweifel müssen mehrere Imperfektionsgrößen ausprobiert und ihr Einfluss auf die Traglast untersucht werden.

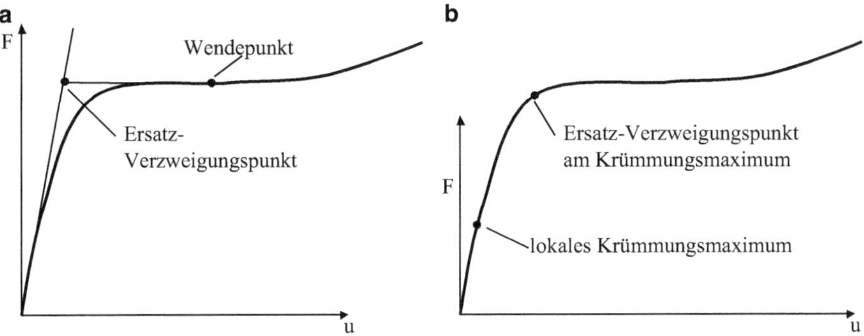

Abb. 3.28 Ersatz-Verzweigungspunkt, **a** durch Schnitt zweier Geraden, **b** am Krümmungsmaximum

3.4.7 Verzweigungspunkt mit Imperfektion

Wie schon ausgeführt, geht ein Verzweigungsproblem durch eine richtig gewählte Imperfektion entweder in ein Durchschlagproblem oder ein nichtlineares Spannungsproblem über. Im ersteren Fall gibt es den Durchschlagpunkt als kritische Last, im letzteren Fall ist eine solche aber nicht definiert; die Traglast muss anders, etwa durch Verformungsbegrenzung festgelegt werden. Trotzdem kann es sinnvoll sein, einen Ersatz-Verzweigungspunkt als charakteristischen Wert festzulegen, etwa um Konstruktionen dadurch miteinander vergleichen zu können. Dies kann insbesondere bei der Suche nach geeigneten Auslegungsparametern oder Optimierungen der Fall sein.

Eine Möglichkeit ist es, die Anfangssteigung des Kraft-Weg-Diagramms mit der Tangente im Wendepunkt nach dem offenkundigen Verzweigen zum Schnitt zu bringen (Abb. 3.28a), eine zweite, den Punkt der stärksten Krümmung, die „Kniespitze" (Abb. 3.28b) heranzuziehen. Was sich leicht anhört, ist numerisch nicht so einfach bzw. unscharf, weil die Systemantwort nicht durch eine Funktion, sondern durch eine Aneinanderreihung von Lösungspunkten gegeben ist. Der Wendepunkt und die Steigung an diesem wollen erst einmal identifiziert werden. Für die Krümmung ist die zweite Ableitung numerisch zu bilden, außerdem kann es zu lokalen Krümmungsmaxima vor dem gesuchten kommen.

Beide Punkte sind wahrscheinlich nicht gleich, sie dienen nur Vergleichszwecken; ihre absolute Aussage ist begrenzt.

3.5 Klassifizierung von Instabilitätsanalysen

Dies ist eine Art Zusammenfassung der oben beschriebenen Verfahrensweisen. Die Abkürzungen kommen u. a. in DIN EN 1993-1-6 „Eurocode 3: Bemessung und Konstruktion von Stahlbauten – Teil 1-6: Festigkeit und Stabilität von Schalen" vor. Dort wird neben den unten aufgeführten Untersuchungen auch festgelegt, wann die begleitende Eigenwert-analyse (Abschn. 3.4.4) durchzuführen ist.

3.5.1   Lineare Beulanalyse (LBA)

- Erfordert eine lineare statische Berechnung mit Referenzlasten, um einen Referenz-spannungszustand zu erhalten.
- Die Grundannahme ist rein lineares Verhalten bis zum Beulen.
- Die Methode ist nur für ein perfektes System geeignet.
- Liefert einen Lastmultiplikator und somit die ideale kritische Last.

Diese Analyseart ist in der Praxis geeignet, um die kritische Last zu *schätzen* und darauf basierend Einstellungen für die nichtlinearen Analysen vorzunehmen. Außerdem können die Beulformen als Imperfektionen benutzt werden, um in einer nichtlinearen Berechnung das *erste* Beulen auszulösen, vorausgesetzt, dass bis dahin kleine Verformungen vorliegen.

3.5.2   Geometrisch nichtlineare Analyse (GNA)

- Ist erforderlich, wenn das vorkritische Verhalten nichtlinear ist.
- Ist immer erforderlich, wenn Durchschlagprobleme untersucht werden.
- Wird auf der Basis des perfekten Systems durchgeführt.
- Wenigstens große Verdrehungen müssen aktiviert sein.
- Beschreibt nur das Verhalten von sehr schlanken Tragwerken.

Die Methode kann bei Durchschlagproblemen ausreichend sein. Sie kann auch benutzt werden, wenn die tatsächliche Verzweigung ohne Vorgabe einer Imperfektion auftritt. Sie ist aber auch eine gute Basis für die Beobachtung des Vorzeichens der Pivot-Elemente oder die Begleitende Eigenwertanalyse, um Verzweigungspunkte oder instabile Äste zu entdecken und danach mit einer Methode mit Imperfektion (s. Abschn. 3.5.4) fortzufahren.

3.5.3   Geometrisch und materiell nichtlineare Analyse (GMNA)

- Hat die gleichen Annahmen und Einschränkungen wie die GNA.
- Ausnahme davon ist, dass zusätzlich nichtlineares Materialverhalten betrachtet wird und die Traglast beeinflusst.
- Die Einbeziehung der Materialnichtlinearität ist bei mäßig schlanken Tragwerken er-forderlich.

Diese Analyse soll auch von der Beobachtung der Pivot-Elemente oder der Eigenwertana-lyse begleitet werden.

3.5.4 Geometrisch oder geometrisch und materiell nichtlineare imperfekte Analyse (GNIA oder GMNIA)

- Beinhalten den Einfluss von Imperfektionen.
- Die Unterscheidung zwischen beiden folgt den gleichen Kriterien wie die zwischen GNA und GMNA: Die Notwendigkeit hängt von der Schlankheit ab.
- Die Imperfektionen müssen so gewählt werden, dass die Systemantwort auf dem niedrigsten Lastpfad berechnet wird. Am verlässlichsten für ihre Bestimmung sind Eigenwertanalysen. Möglichkeiten für Imperfektionen sind
  - Imperfektionen durch Kräfte,
  - geometrische Imperfektionen, besonders durch Beuleigenformen,
  - Störung der Anfangsverschiebungen in iterativen Verfahren,
  - speziell angeregte Schwingungen, wenn eine (quasi-)statische Analyse durch Trägheitseffekte stabilisiert wird ([20, 21]).

3.5.5 Mindestmaßnahmen zur Stablitätsanalyse

- Einer von Instabilitäten beeinflussten Traglastberechnung sollte eine LBA vorausgehen, um eine Idee von der kritischen Last zu bekommen und eine Anfangsimperfektion zu bestimmen.
- Darauf aufbauend wird eine GMNIA durchgeführt. Ob Materialnichtlinearität erforderlich ist oder nicht, ergibt sich aus den auftretenden Spannungen. Wenn nichtlineares Materialverhalten aktiviert ist, das System aber im linear elastischen Bereich bleibt, ist der zusätzliche Aufwand gegenüber der GNIA gering, anderenfalls ist dieser Schritt eben notwendig.
- Die Pivot-Elemente der Gauß-Elimination für die jeweilige konvergierte Lösung eines Lastniveaus müssen beobachtet werden.
- Das Auftreten eines negativen Pivot-Elementes deutet auf eine Verzweigung hin. Diese muss mit einer Eigenwertanalyse auf der Basis der verformten (und somit vorgespannten) Konfiguration untersucht werden.
- Die GMNIA muss mit einer weiteren Imperfektion wiederholt oder fortgeführt werden.

Ein Tragwerk kann durch verschiedenartige Lasten beansprucht sein. Hier werden Kraftgrößen wie Kräfte, Momente und verteilte Belastungen wie Linien- oder Flächenlasten betrachtet. Die in einem Vektor $\mathbf{f}_0^{\text{ext}}$ enthaltenen Basislasten können proportional gesteigert werden. Der Proportionalitätsfaktor ist der Lastfaktor λ:

$$\mathbf{f}^{\text{ext}} = \lambda \mathbf{f}_0^{\text{ext}} \tag{4.1}$$

$\mathbf{f}_0^{\text{ext}}$ könnte z. B. die vorgesehene Gebrauchslast sein und λ ein Sicherheitsfaktor des Systems, wobei das maximale λ berechnet werden soll. Hier wird verallgemeinert, dass die von λ abhängige Systemantwort von Interesse ist.

In der nichtlinearen FEM lautet die Gleichgewichtsbedingung:

$$\mathbf{d}(\mathbf{u}, \lambda) = \mathbf{f}^{\text{int}} - \mathbf{f}^{\text{ext}} = \mathbf{f}^{\text{int}} - \lambda \mathbf{f}_0^{\text{ext}} = \mathbf{0} \tag{4.2}$$

Im Newton-Raphson-Verfahren erhält man das lineare Gleichungssystem

$$\mathbf{K}_{\text{T}}(\mathbf{u})\,\Delta \mathbf{u} = \lambda \mathbf{f}_0^{\text{ext}} - \mathbf{f}^{\text{int}} \tag{4.3}$$

4.1 Kraftsteuerung

Kraftsteuerung ist die einfachste Form der Lastinkrementierung. Der Lastfaktor wird um $\Delta\lambda$ erhöht und das Newton-Raphson-Verfahren iteriert das Verschiebungsinkrement, bis das Gleichgewicht erreicht ist. Für viele Anwendungen ist das ausreichend. Wenn man sich jedoch einem Instabilitätspunkt nähert, kann es zu einem dynamischen Durchschlagen wie in Abb. 3.5 kommen. In praktischen Anwendungen ist Konvergenz nicht mehr wahrscheinlich, d. h. der Durchschlag wird nicht berechnet, sondern die Berechnung

© Springer Fachmedien Wiesbaden 2016

W. Rust, *Nichtlineare Finite-Elemente-Berechnungen*, DOI 10.1007/978-3-658-13378-8_4

bricht ab. Die Maximallast, die das System aufnehmen kann, kann durchaus höher sein, weshalb es nötig ist, die Analyse fortzusetzen. Es ist mit der Kraftsteuerung unmöglich, einer Kraft-Weg-Kurve mit negativer Steigung zu folgen.

4.2 Einfache Verschiebungssteuerung

Die Steuerung charakteristischer Verschiebungen macht das System und damit auch die numerische Analyse stabiler. Wenn eine Belastung infolge von Kraftgrößen durch eine vorgegebene Verschiebung ersetzt werden kann, ist das also hilfreich. Der Lastvektor wird dann aus der zugeordneten Spalte von $\mathbf{K}_T$ multipliziert mit dem Inkrement der vorgeschriebenen Verschiebung erzeugt.

Diese Methode ist auf Einzellasten beschränkt, weil durch die Vorgabe mehrerer Verschiebungen unerwünschte kinematische Restriktionen eingebracht werden. Eine Kraft F *und* ein Moment M können durch eine exzentrisch angreifende Kraft mit der Ausmitte $e = M/F$ ersetzt werden. Zwei oder drei Kräfte am selben Knoten können durch eine vorgegebene Verschiebung in Richtung ihrer Resultierenden ersetzt werden (Abb. 4.1). Die Größe der Reaktionskraft bestimmt das Lastniveau.

Für diesen Zweck muss die Verschiebung in einem gedrehten Koordinatensystem beschrieben werden. Die anderen Komponenten müssen frei bleiben. Das Vorschreiben von zwei Verschiebungskomponenten, sodass deren Resultierende in die gewünschte Kraftrichtung zeigt, ergibt etwas anderes.

Wenn es einen Hinderungsgrund gibt, das Knotenkoordinatensystem zu verdrehen, kann stattdessen auch eine Koppelgleichung formuliert werden, die besagt, dass die Projektion der beiden Verschiebungskomponenten auf die gewünschte Kraftrichtung gesteuert wird (Abb. 4.2).

Abb. 4.1 Einfache Verschiebungssteuerung für zwei Kraftkomponenten

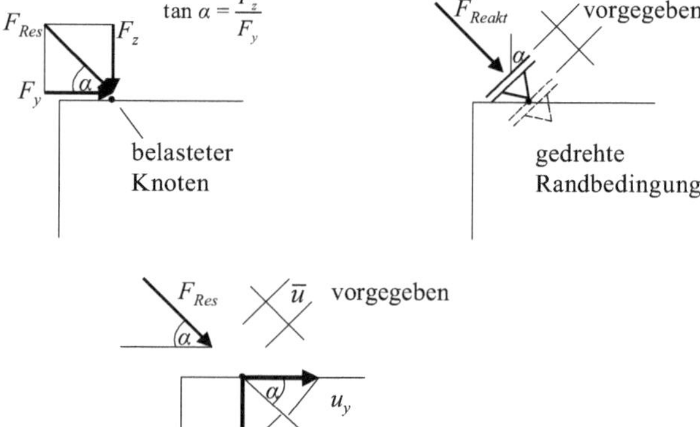

Abb. 4.2 Alternative Verschiebungssteuerung für zwei Kraftkomponenten

4.3 Verschiebungssteuerung mit Kraftgrößen

Wenn die Belastung nicht auf eine Einzelkraft reduziert werden kann, ist die Steuerung einer einzelnen Verschiebungskomponente trotzdem möglich. Dann ist der Lastfaktor λ unbekannt und muss aus der Verschiebungsvorgabe bestimmt werden.

Die rechte Seite in der Newton-Raphson-Iteration, $-\mathbf{d}$, ist die Differenz zweier Anteile, nämlich der skalierten äußeren Lasten $\lambda \mathbf{f}_0^{\text{ext}}$ und der inneren Kräfte $\mathbf{f}^{\text{int}}$:

$$\mathbf{K}_\mathrm{T} \Delta \mathbf{u} = \lambda \mathbf{f}_0^{\text{ext}} - \mathbf{f}^{\text{int}} \tag{4.4}$$

Obwohl ein nichtlineares Problem gelöst wird, führt das Newton-Verfahren auf eine Folge von linearen Gleichungssystemen. Ist die rechte Seite eine Summe, kann die Lösung durch Superposition der Ergebnisse für die Summanden erzielt werden. Wenn $\Delta \mathbf{u}^{\text{ext}}$ die Lösung von

$$\mathbf{K}_\mathrm{T} \Delta \mathbf{u}^{\text{ext}} = \mathbf{f}_0^{\text{ext}} \tag{4.5}$$

ist und $\Delta \mathbf{u}^{\text{int}}$ die Lösung von

$$\mathbf{K}_\mathrm{T} \Delta \mathbf{u}^{\text{int}} = \mathbf{f}^{\text{int}} \tag{4.6}$$

dann lautet das Ergebnis für die gesamte rechte Seite:

$$\Delta \mathbf{u} = \lambda \Delta \mathbf{u}^{\text{ext}} - \Delta \mathbf{u}^{\text{int}} \tag{4.7}$$

Dies gilt auch für die vorgegebene Verschiebungskomponente i:

$$\Delta \overline{u} = \lambda \Delta u_i^{\text{ext}} - \Delta u_i^{\text{int}} \tag{4.8}$$

Diese Gleichung kann nach dem gesuchten Lastfaktor aufgelöst werden:

$$\lambda = \frac{\Delta \overline{u} + \Delta u_i^{\text{int}}}{\Delta u_i^{\text{ext}}} \tag{4.9}$$

In der ersten Iteration für die Laststufe m ist

$$\Delta \overline{u} = \overline{u}^m - u_i^{\infty,m-1} \tag{4.10}$$

worin $\overline{u}^m$ die in der Laststufe m vorgegebene Verschiebung und $u_i^{\infty,m-1}$ die konvergierte Lösung aus dem vorherigen Lastinkrement ist.
Von der zweiten Iteration an hat die gesteuerte Verschiebungskomponente den vorgeschriebenen Wert erreicht, sodass gilt:

$$\Delta \overline{u} = 0 \tag{4.11}$$

Die zur Steuerung ausgewählte Komponente sollte für die Verformung des Systems charakteristisch sein.

4.4 Bogenlängenverfahren (arc-length method)

Die Verschiebungssteuerung für allgemeine Lasten war ein großer Schritt vorwärts in der numerischen Stabilitätsanalyse. Sie ist geeignet, solange die Systemantwort eine (eindeutige) Funktion der Verschiebung ist, ansonsten kann auch sie versagen (s. Abb. 4.3).

Für diesen Zweck wurden die Bogenlängenverfahren als Pfadverfolgungsalgorithmen entwickelt. Den Verfahren ist gemein, dass in keinem die Bogenlänge des Last-Verschiebungs-Diagramms gesteuert wird, sondern höchsten Sehnenlängen; vielleicht kann man von der diskretisierten Bogenlänge sprechen. Weder der Lastfaktor noch die Verschiebung, sondern eine Kombination aus beidem wird gesteuert. Als Ideengeber wird in diesem Zusammenhang gerne Riks [17] genannt. Zur Ausführung sind verschiedene Möglichkeiten (Nebenbedingungen) bekannt. Bei allen Verfahren wird ein erweiterter Unbekanntenvektor, nämlich

$$\Delta \mathbf{v} = \left[\begin{array}{c} \Delta \mathbf{u} \\ \Delta \lambda \end{array} \right] \tag{4.12}$$

verwendet. Die nachfolgenden grafischen Darstellungen beziehen sich auf den Lastfaktor und eine Verschiebungskomponente, die Formeln gelten aber für beliebig viele Freiheitsgrade.

Zum Vergleich mit den folgenden Algorithmen ist in Abb. 4.4 noch einmal die Vorgehensweise im Newton-Verfahren skizziert.

4.4.1 Modellproblem

Die verschiedenen Verfahren sollen an einem mathematischen Modellproblem mit einem Freiheitsgrad u verglichen werden. Dabei sei der Referenzwert der äußeren Kraft

$$\mathbf{f}_0^{\text{ext}} = 1$$

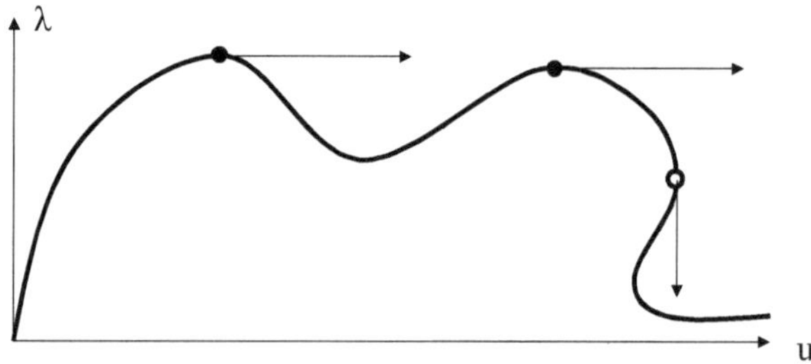

Abb. 4.3 Versagen der Kraft- und Verschiebungssteuerung

●   Kraftsteuerung versagt

○   Verschiebungssteuerung versagt

Abb. 4.4 Einfaches Newton-
Verfahren zum Vergleich

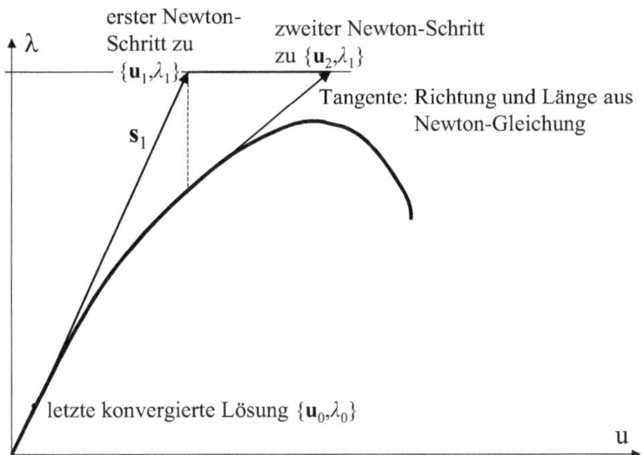

während die innere Kraft

$$\mathbf{f}^{\,\mathrm{int}}\,(\mathbf{u}) = -4\,(u-1)^2 + 4$$

betrage. Es handelt sich also um eine nach unten geöffnete quadratische Parabel mit dem Scheitelpunkt bei $\{u; \lambda\} = \{1; 4\}$. Die Tangenten-„Matrix", die Ableitung der inneren Kraft nach u, ist

$$\mathbf{K}_{\mathrm{T}} = -8\,(u-1) \tag{4.13}$$

Die letzte konvergierte Lösung betrage $\lambda_0 = 3{,}84$, $\mathbf{u}_0 = 0{,}8$.

Das nächste Inkrement starte mit $\Delta\lambda_1 = 0{,}26$. Dementsprechend ist $\lambda_1 = 3{,}84 + 0{,}26 = 4{,}1$ und damit größer als das Maximum von $\mathbf{f}^{\,\mathrm{int}}$. Ein einfaches Newton-Verfahren käme nicht zur Konvergenz.

4.4.2 Suche senkrecht zur letzten Sekante

4.4.2.1 Verfahren

Es wird nach Lösungen gesucht, die in der vom Newton-Verfahren vorgegebenen Richtung (jedoch mit noch unbekannter Länge) und zusätzlich auf einer Ebene liegen, die senkrecht zur letzten Sekante, also der Verbindung von der letzten konvergierten zur aktuellen Lösung aus dem vorausgegangenen Schritt, steht (Abb. 4.5).

In Iterationsschritt m zeigt die Sekante von der letzten konvergierten Lösung zur Lösung der $(m-1)$ten Iteration und lautet:

$$\mathbf{s}_m = \begin{bmatrix} \mathbf{u}_{m-1} - \mathbf{u}_0 \\ \lambda_{m-1} - \lambda_0 \end{bmatrix} \tag{4.14}$$

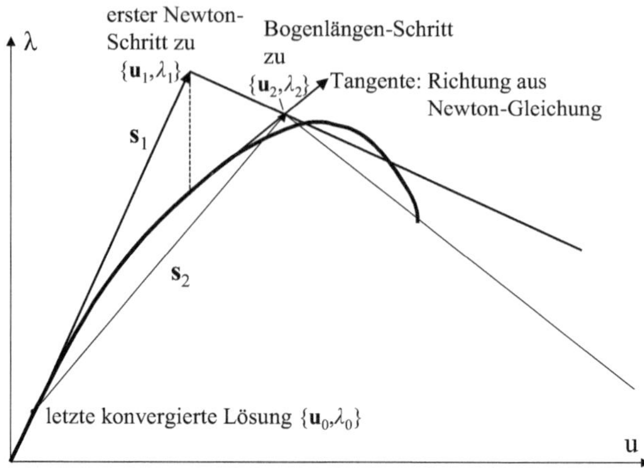

Abb. 4.5 Bogenlängenverfahren, Suche senkrecht zur letzten Sekante

Der erste Vektor ist die Tangente

$$\mathbf{s}_1 = \mathbf{t}_1 = \begin{bmatrix} \Delta\mathbf{u}_1 \\ \Delta\lambda_1 \end{bmatrix} \tag{4.15}$$

wobei das Lastinkrement $\Delta\lambda_1$ im ersten Iterationsschritt gegeben und $\Delta\mathbf{u}_1$ das Verschiebungsinkrement aus der ersten Newton-Raphson-Iteration auf diesem Lastniveau ist.

Wenn der Vektor der inkrementellen Veränderung senkrecht zu $\mathbf{s}$ steht, ist das Skalarprodukt null:

$$\begin{bmatrix} \Delta\mathbf{u}^T & \Delta\lambda \end{bmatrix} \begin{bmatrix} \mathbf{u}_{m-1} - \mathbf{u}_0 \\ \lambda_{m-1} - \lambda_0 \end{bmatrix} = 0 \tag{4.16}$$

Nun gibt es eine Aufspaltung der rechten Seite in

$$\lambda\mathbf{f}_0^{\text{ext}} - \mathbf{f}^{\text{int}} = (\lambda_{m-1} + \Delta\lambda)\,\mathbf{f}_0^{\text{ext}} - \mathbf{f}^{\text{int}}$$
$$= \Delta\lambda\mathbf{f}_0^{\text{ext}} - \underbrace{\left(\mathbf{f}^{\text{int}} - \lambda_{m-1}\mathbf{f}_0^{\text{ext}}\right)}_{\mathbf{f}^{II}} \tag{4.17}$$

und damit des Verschiebungsinkrementes in

$$\Delta\mathbf{u} = \Delta\lambda\Delta\mathbf{u}^{\text{ext}} - \Delta\mathbf{u}^{II} \tag{4.18}$$

die Lösungen der Newton-Raphson-Gleichungen zu den beiden rechten Seiten mit dem entsprechenden Index. Eingesetzt in (4.16) ergibt das:

$$\begin{bmatrix} \Delta\lambda\Delta\mathbf{u}^{\text{ext}T} - \Delta\mathbf{u}^{IIT} & \Delta\lambda \end{bmatrix} \begin{bmatrix} \mathbf{u}_{m-1} - \mathbf{u}_0 \\ \lambda_{m-1} - \lambda_0 \end{bmatrix} = 0 \tag{4.19}$$

$$\left(\Delta\lambda\Delta\mathbf{u}^{\text{ext}} - \Delta\mathbf{u}^{II}\right)(\mathbf{u}_{m-1} - \mathbf{u}_0) + \Delta\lambda\,(\lambda_{m-1} - \lambda_0) = 0 \tag{4.20}$$

Ausmultipliziert, dann $\Delta\lambda$ ausgeklammert:

$$\Delta\lambda\left[\Delta\mathbf{u}^{\mathrm{ext}T}\left(\mathbf{u}_{m-1}-\mathbf{u}_0\right)+\left(\lambda_{m-1}-\lambda_0\right)\right]-\Delta\mathbf{u}^{IIT}\left(\mathbf{u}_{m-1}-\mathbf{u}_0\right)=0 \qquad (4.21)$$

$$\Delta\lambda=\frac{\Delta\mathbf{u}^{IIT}\left(\mathbf{u}_{m-1}-\mathbf{u}_0\right)}{\Delta\mathbf{u}^{\mathrm{ext}T}\left(\mathbf{u}_{m-1}-\mathbf{u}_0\right)+\left(\lambda_{m-1}-\lambda_0\right)} \qquad (4.22)$$

Ist $\Delta\lambda$ erst einmal ermittelt, kann das gesamte Verschiebungsinkrement $\Delta\mathbf{u}$ durch Gl. (4.18) bestimmt werden.

4.4.2.2 Anwendung auf Modellproblem

1. Schritt: Newton-Schritt

$$\lambda_1=\lambda_0+\Delta\lambda_1=4{,}1$$
$$\lambda\mathbf{f}_0^{\mathrm{ext}}-\mathbf{f}^{\mathrm{int}}=4{,}1\cdot1+4\left(u-1\right)^2-4=0{,}26$$
$$\mathbf{K}_{\mathrm{T}}=-8\left(u-1\right)=1{,}6$$
$$\Delta u_1=\frac{0{,}26}{1{,}6}=0{,}1625$$
$$u_1=0{,}8+0{,}1625=0{,}9625$$

2. Schritt: Bogenlängenverfahren

$$\mathbf{f}^{II}=\mathbf{f}^{\mathrm{int}}-4{,}1\cdot1=-4\left(u_1-1\right)^2+4-4{,}1=-0{,}1056$$
$$\mathbf{K}_{\mathrm{T}}=-8\left(u_1-1\right)=0{,}3$$
$$\Delta u^{\mathrm{ext}}=\frac{1}{0{,}3}=3{,}333\quad\Delta u^{II}=\frac{-0{,}1056}{0{,}3}=-0{,}3521$$
$$\Delta\lambda=\frac{-0{,}3521\cdot\left(0{,}9625-0{,}8\right)}{3{,}333\cdot\left(0{,}9625-0{,}8\right)+\left(4{,}1-3{,}84\right)}=-0{,}07136$$
$$\lambda_2=4{,}1-0{,}07136=4{,}029$$
$$\Delta u_2=-0{,}07136\cdot3{,}333-\left(-0{,}3521\right)=0{,}1142$$
$$u_2=0{,}9625+0{,}1142=1{,}077$$

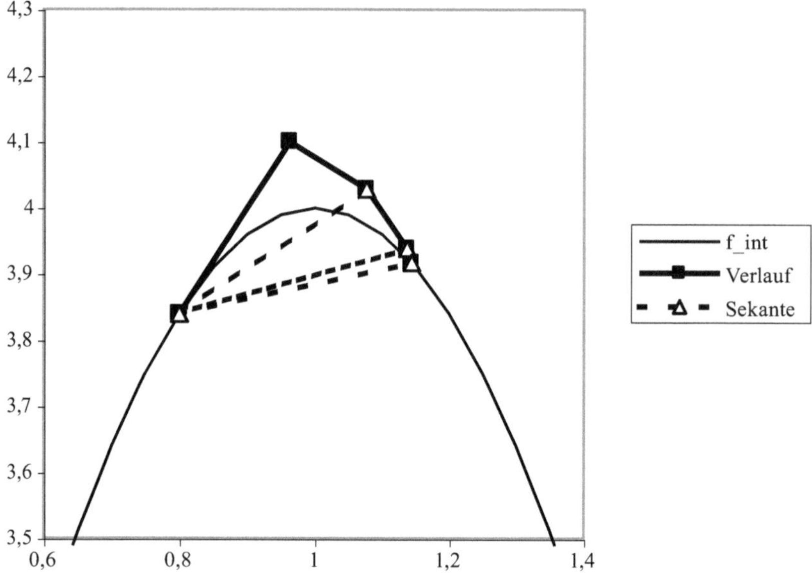

Abb. 4.6 Iterationsverlauf bei Suche senkrecht zur letzten Sekante

3. Schritt: Bogenlängenverfahren

$$\mathbf{f}^{II} = \mathbf{f}^{\mathrm{int}} - 4{,}029 \cdot 1 = -4\,(u_2 - 1)^2 + 4 - 4{,}029 = -0{,}05216$$

$$\mathbf{K}_T = -8\,(u_2 - 1) = -0{,}6135$$

$$\Delta u^{\mathrm{ext}} = \frac{1}{-0{,}6135} = -1{,}630 \quad \Delta u^{II} = \frac{-0{,}05216}{-0{,}6135} = 0{,}08501$$

$$\Delta\lambda = \frac{0{,}08501 \cdot (1{,}077 - 0{,}8)}{-1{,}630 \cdot (1{,}077 - 0{,}8) + (4{,}029 - 3{,}84)} = -0{,}08966$$

$$\lambda_3 = 4{,}029 - 0{,}08966 = 3{,}939$$

$$\Delta u_3 = -0{,}08966 \cdot (-1{,}630) - 0{,}08501 = 0{,}06112$$

$$u_3 = 1{,}077 + 0{,}06112 = 1{,}138$$

Der weitere Iterationsverlauf ist

u	λ	$\lambda\mathbf{f}^{\mathrm{ext}} - \mathbf{f}^{\mathrm{int}}$
1,1442797	3,91690079	0,00016732
1,14433006	3,91667535	1,0143E−08

Man sieht an den Zahlen und der Darstellung in Abb. 4.6, dass trotz eines Startwertes oberhalb des Maximums eine Lösung erzielt wird. Diese liegt auf dem abfallenden Ast, also beim instabilen Gleichgewicht, wie auch der negative Wert für $\mathbf{K}_T$ zeigt.

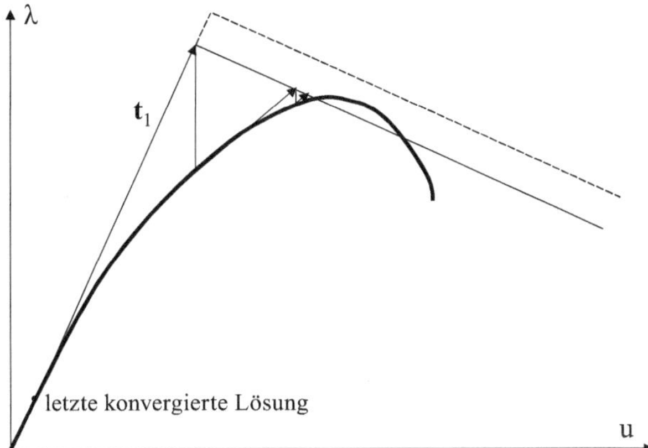

Abb. 4.7 Bogenlängen-Verfahren: Suche senkrecht zur ersten Tangente

4.4.3 Suche senkrecht zur ersten Tangente

Eine frühere Variante beschränkt sich auf die Suche senkrecht zur ersten Tangente (Abb. 4.7). Wer will, kann sich die zugehörigen Formeln analog dem vorigen Abschnitt selbst herleiten.

Je weniger allerdings die Suchebene dem Iterationsfortschritt angepasst wird, desto größer ist die Gefahr, bei einer stark gekrümmten Kurve keine Lösung zu erhalten (gestrichelte Linien in Abb. 4.7).

4.4.4 Suche senkrecht zur aktuellen Tangente

4.4.4.1 Verfahren

Das Prinzip der Suche senkrecht zur aktuellen Tangente wird in Abb. 4.8 gezeigt. Das Problem ist jedoch, diese Tangente zu bestimmen, denn der Punkt P, der den Fußpunkt der Tangente auf der Last-Verschiebungs-Kurve markiert, ist nicht bekannt.

Zur Bestimmung von P fehlt zu dem Verschiebungsvektor $\mathbf{u}$ der zugehörige Lastfaktor λ_p. Auf der anderen Seite ist dies ein Gleichgewichtspunkt, an dem

$$\lambda_p \mathbf{f}_0^{\,\mathrm{ext}} - \mathbf{f}^{\,\mathrm{int}} = \mathbf{0} \tag{4.23}$$

gilt. Vorausgesetzt, man würde bei P ein neues Inkrement beginnen, wäre die rechte Seite

$$-\mathbf{d} = \left(\lambda_p + \Delta\lambda\right)\mathbf{f}_0^{\,\mathrm{ext}} - \mathbf{f}^{\,\mathrm{int}} = \Delta\lambda\mathbf{f}_0^{\,\mathrm{ext}} + \left(\lambda_p\mathbf{f}_0^{\,\mathrm{ext}} - \mathbf{f}^{\,\mathrm{int}}\right) = \Delta\lambda\mathbf{f}_0^{\,\mathrm{ext}} \tag{4.24}$$

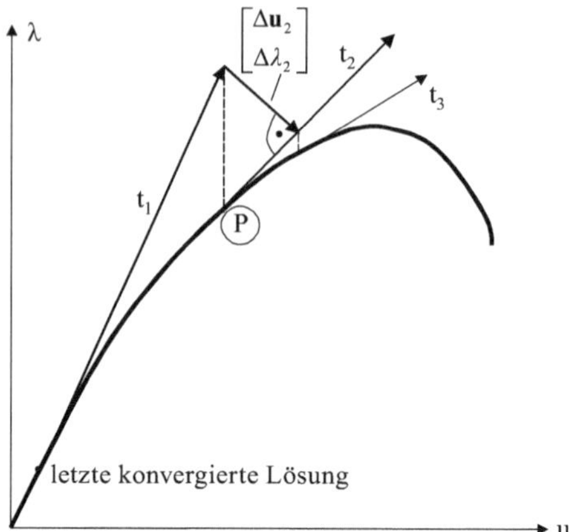

Abb. 4.8 Bogenlängenverfahren, Suche senkrecht zur aktuellen Tangente

und das Inkrement des erweiterten Lösungsvektors würde zu

$$\Delta\mathbf{v} = \left[\begin{array}{c} \Delta\lambda\,\Delta\mathbf{u}^{\text{ext}} \\ \Delta\lambda \end{array} \right] \tag{4.25}$$

und bildete so die gesuchte Tangente.

Damit bleibt das Lastinkrement weiter ungeklärt. Da aber nur die Richtung von $\mathbf{t}_m$ interessiert, kann der Vektor mit $1/\Delta\lambda$ multipliziert werden:

$$\mathbf{t}_m = \left[\begin{array}{c} \Delta\mathbf{u}_m^{\text{ext}} \\ 1 \end{array} \right] \tag{4.26}$$

Für die eigentliche m-te Iteration ist die rechte Seite

$$-\mathbf{d} = (\lambda_{m-1} + \Delta\lambda)\,\mathbf{f}_0^{\text{ext}} - \mathbf{f}^{\text{int}} \Leftrightarrow \tag{4.27}$$

$$-\mathbf{d} = \Delta\lambda\mathbf{f}_0^{\text{ext}} - \underbrace{\left(-\lambda_{m-1}\mathbf{f}_0^{\text{ext}} + \mathbf{f}^{\text{int}} \right)}_{\mathbf{f}^{II}} \tag{4.28}$$

Die Normalenbedingung

$$\left[\begin{array}{cc} \Delta\lambda\,\Delta\mathbf{u}_m^{\text{ext}T} - \Delta\mathbf{u}_m^{IIT} & \Delta\lambda \end{array} \right] \left[\begin{array}{c} \Delta\mathbf{u}_m^{\text{ext}} \\ 1 \end{array} \right] = 0 \tag{4.29}$$

ergibt

$$\Delta\lambda\,\Delta\mathbf{u}_m^{\text{ext}T}\,\Delta\mathbf{u}_m^{\text{ext}} - \Delta\mathbf{u}_m^{IIT}\,\Delta\mathbf{u}_m^{\text{ext}} + \Delta\lambda = 0$$

$$\Delta\lambda\left(\Delta\mathbf{u}_m^{\text{ext}T}\,\Delta\mathbf{u}_m^{\text{ext}} + 1 \right) = \Delta\mathbf{u}_m^{IIT}\,\Delta\mathbf{u}_m^{\text{ext}} \tag{4.30}$$

$$\Delta\lambda = \frac{\Delta\mathbf{u}_m^{IIT}\,\Delta\mathbf{u}_m^{\text{ext}}}{\Delta\mathbf{u}_m^{\text{ext}T}\,\Delta\mathbf{u}_m^{\text{ext}} + 1} \tag{4.31}$$

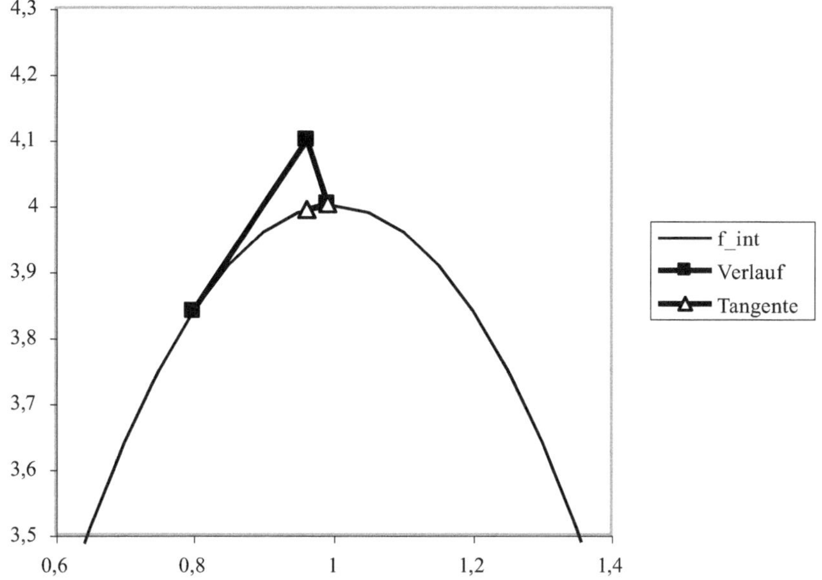

Abb. 4.9 Iterationsverlauf bei Suche senkrecht zur aktuellen Tangente

4.4.4.2 Anwendung auf Modellproblem

Der erste Schritt ist wieder der gewöhnliche Newton-Raphson-Schritt aus Abschn. 4.4.2.2.

2. Schritt: Bogenlängenverfahren

$$\mathbf{f}^{II} = -4{,}1 \cdot 1 + \mathbf{f}^{\text{int}} = -4{,}1 - 4\,(u_1 - 1)^2 + 4 = -0{,}1056$$

$$\mathbf{K}_T = -8\,(u_1 - 1) = 0{,}3$$

$$\Delta u^{\text{ext}} = \frac{1}{0{,}3} = 3{,}333 \quad \Delta u^{II} = \frac{-0{,}1056}{0{,}3} = -0{,}3521$$

$$\Delta\lambda = \frac{-0{,}3521 \cdot 3{,}333}{3{,}333 \cdot 3{,}333 + 1} = -0{,}09690 \quad \lambda_2 = 4{,}1 - 0{,}09690 = 4{,}003$$

$$\Delta u_2 = -0{,}09690 \cdot 3{,}333 - (-0{,}3521) = 0{,}02907 \quad u_2 = 0{,}9625 + 0{,}0291 = 0{,}9916$$

weiterer Verlauf:

u	λ	$\lambda \mathbf{f}^{\text{ext}} - \mathbf{f}^{\text{int}}$
0,99179802	3,99973112	2,05971E−07
0,99179803	3,99973091	0

Hier konvergiert das Verfahren besonders schnell, und das, obwohl die Lösung im Bereich der horizontalen Tangente, also dem kritischen Wert liegt. Deshalb ist die zweite Tangente hier nur als Verbindung der beiden Dreiecksymbole zu erkennen.

4.4.5 Suche auf einem Kreis bzw. einer Hyperkugel

4.4.5.1 Verfahren

Crisfield [4] schlägt die Suche auf einer Hyperkugel vor, die sich bei einer Verschiebungskomponente und einem Lastfaktor auf einen Kreis reduziert und deren Mittelpunkt der letzte Gleichgewichtszustand $\{\mathbf{u}_0; \lambda_0\}$, die letzte konvergierte Lösung, ist (Abb. 4.10).

Die Nebenbedingung lautet nach Pythagoras:

$$f(\mathbf{u}, \lambda) = (\lambda - \lambda_0)^2 + (\mathbf{u} - \mathbf{u}_0)^T (\mathbf{u} - \mathbf{u}_0) - \Delta s^2 = 0 \tag{4.32}$$

wobei Δs den Radius, der nach der Konvergenz die Sehnenlänge zwischen zwei Gleichgewichtspunkten darstellt, bedeutet.

Wenn die $(m-1)$-te Lösung vorliegt, lautet die Bedingung:

$$f(\mathbf{u}, \lambda) = (\lambda - \lambda_0)^2 + (\Delta\mathbf{u} + \mathbf{u}_{m-1} - \mathbf{u}_0)^T (\Delta\mathbf{u} + \mathbf{u}_{m-1} - \mathbf{u}_0) - \Delta s^2 = 0 \tag{4.33}$$

Wieder ist eine Aufspaltung der rechten Seite

$$\lambda \mathbf{f}_0^{\text{ext}} - \mathbf{f}^{\text{int}} \tag{4.34}$$

in zwei Anteile und des Verschiebungsinkrementes in

$$\Delta\mathbf{u} = \lambda \Delta\mathbf{u}^{\text{ext}} - \Delta\mathbf{u}^{\text{int}} \tag{4.35}$$

möglich. Eingesetzt in (4.33) ergibt das

$$(\lambda - \lambda_0)^2$$
$$+ \left(\lambda \Delta\mathbf{u}^{\text{ext}T} - \Delta\mathbf{u}^{\text{int}T} + \mathbf{u}_{m-1}^T - \mathbf{u}_0^T\right)\left(\lambda \Delta\mathbf{u}^{\text{ext}} - \Delta\mathbf{u}^{\text{int}} + \mathbf{u}_{m-1} - \mathbf{u}_0\right) - \Delta s^2 = 0 \tag{4.36}$$

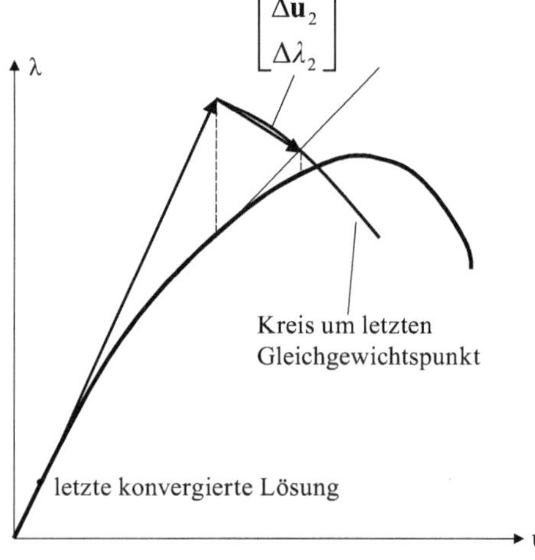

Abb. 4.10 Bogenlängenverfahren, Suche auf einer Hyperkugel

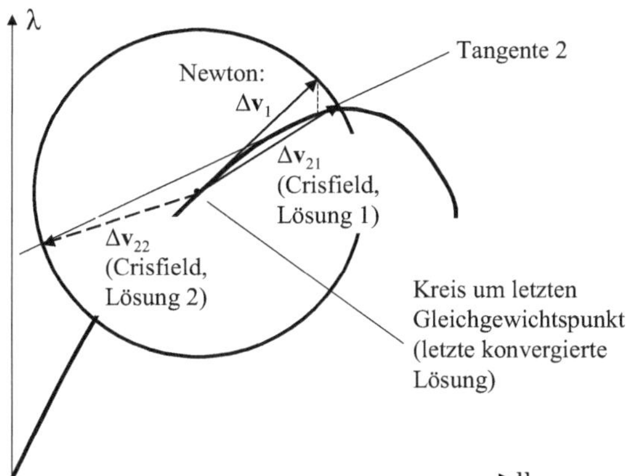

Abb. 4.11 Zwei Lösungen beim Crisfield-Verfahren

So weit ausmultipliziert, dass nach Termen von λ gruppiert werden kann:

$$\lambda^2 - 2\lambda\lambda_0 + \lambda_0^2 + \lambda^2 \Delta\mathbf{u}^{\text{ext}T}\Delta\mathbf{u}^{\text{ext}}$$

$$+ \underbrace{\lambda\Delta\mathbf{u}^{\text{ext}T}\left(-\Delta\mathbf{u}^{\text{int}} + \mathbf{u}_{m-1} - \mathbf{u}_0\right) + \lambda\left(-\Delta\mathbf{u}^{\text{int}T} + \mathbf{u}_{m-1}^T - \mathbf{u}_0^T\right)\Delta\mathbf{u}^{\text{ext}}}$$

$$= 2\lambda\Delta\mathbf{u}^{\text{ext}T}\left(-\Delta\mathbf{u}^{\text{int}} + \mathbf{u}_{m-1} - \mathbf{u}_0\right)$$

$$+ \left(-\Delta\mathbf{u}^{\text{int}T} + \mathbf{u}_{m-1}^T - \mathbf{u}_0^T\right)\left(-\Delta\mathbf{u}^{\text{int}} + \mathbf{u}_{m-1} - \mathbf{u}_0\right) - \Delta s^2 = 0 \tag{4.37}$$

$$\lambda^2\left(1 + \Delta\mathbf{u}^{\text{ext}T}\Delta\mathbf{u}^{\text{ext}}\right) + 2\lambda\left(-\lambda_0 + \Delta\mathbf{u}^{\text{ext}T}\left(-\Delta\mathbf{u}^{\text{int}} + \mathbf{u}_{m-1} - \mathbf{u}_0\right)\right)$$

$$+ \lambda_0^2 + \left(-\Delta\mathbf{u}^{\text{int}T} + \mathbf{u}_{m-1}^T - \mathbf{u}_0^T\right)\left(-\Delta\mathbf{u}^{\text{int}} + \mathbf{u}_{m-1} - \mathbf{u}_0\right) - \Delta s^2 = 0 \tag{4.38}$$

Dies ist eine gemischt-quadratische Gleichung, die zwei Lösungen hat. Die eine ist ein Schritt vorwärts, die andere ein Schritt rückwärts (Abb. 4.11, s. auch Beispiel in Abb. 4.13). Der Algorithmus muss in der Lage sein, die Vorwärtslösung zu identifizieren. Das geht etwa folgendermaßen: Aus dem ersten, dem gewöhnlichen Newton-Schritt hat sich $\Delta\mathbf{v}_1 = \{\mathbf{u}_1 - \mathbf{u}_0, \lambda_1 - \lambda_0\}$ ergeben. Der zweite, der Bogenlängen-Schritt, führt auf zwei Lösungen. Daraus lassen sich

$$\Delta\mathbf{v}_{21} = \{\mathbf{u}_{21} - \mathbf{u}_0, \lambda_{21} - \lambda_0\} \quad \text{und} \quad \Delta\mathbf{v}_{22} = \{\mathbf{u}_{22} - \mathbf{u}_0, \lambda_{22} - \lambda_0\} \tag{4.39}$$

berechnen (erster Index – Iterationsschritt, zweiter – Lösung der quadratischen Gleichung). Für den weiteren Verlauf ausgewählt wird nun die Lösung i, deren Vektor $\Delta\mathbf{v}_{2i}$ mit $\Delta\mathbf{v}_1$ den kleineren Winkel einschließt (zu prüfen über das Skalarprodukt).

Diese zwei Lösungen stellen in der Praxis ein reales Problem dar, dann nämlich, wenn der Rückwärtsschritt nicht auf demselben Pfad erfolgt, sondern z. B. bei Plastizität wie in Abb. 4.12 einer anderen Entlastungskurve folgt. Dann ist ein sicheres Verhindern des Rückwärtsschrittes nahezu unmöglich, sodass mit unbrauchbaren Ergebnissen gerechnet werden muss.

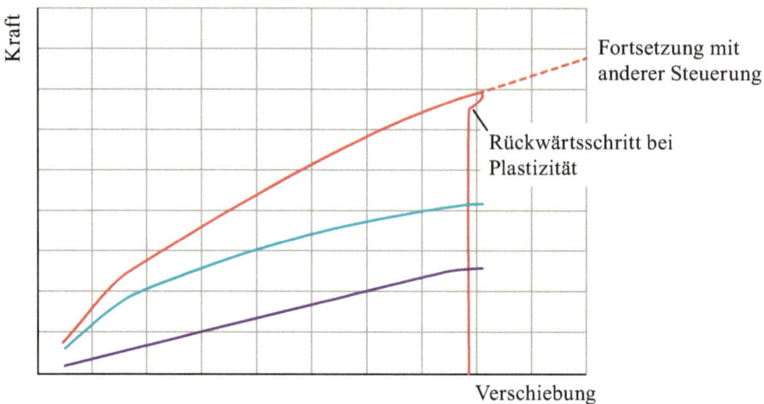

Abb. 4.12 Rückwärtsschritt auf verschiedenen Pfaden, praktische Anwendung [20]

Eine Alternative ist es, die Nebenbedingung (4.32) in das Newton-Verfahren einzubeziehen. Dann müssen zwei Sätze von Gleichungen null werden, die Gleichgewichts- und die Nebenbedingung:

$$\mathbf{d}\,(\mathbf{u},\lambda) = \mathbf{f}^{\text{int}} - \lambda\mathbf{f}_0^{\text{ext}} = \mathbf{0} \tag{4.40}$$

$$f\,(\mathbf{u},\lambda) = (\lambda - \lambda_0)^2 + (\mathbf{u} - \mathbf{u}_0)^T\,(\mathbf{u} - \mathbf{u}_0) - \Delta s^2 = 0 \tag{4.41}$$

Nun müssen die Ableitungen nach $\mathbf{u}$ und λ gebildet werden, woraus sich das lineare Gleichungssystem

$$\begin{bmatrix} \dfrac{\partial\mathbf{d}}{\partial\mathbf{u}} & \dfrac{\partial\mathbf{d}}{\partial\lambda} \\[2ex] \dfrac{\partial f}{\partial\mathbf{u}} & \dfrac{\partial f}{\partial\lambda} \end{bmatrix} \begin{bmatrix} \Delta\mathbf{u} \\[1ex] \Delta\lambda \end{bmatrix} = - \begin{bmatrix} \mathbf{d}\,(\mathbf{u},\lambda) \\[1ex] f\,(\mathbf{u},\lambda) \end{bmatrix} \tag{4.42}$$

ergibt, also

$$\begin{bmatrix} \mathbf{K}_{\mathrm{T}} & -\mathbf{f}_0^{\text{ext}} \\[1ex] 2\,(\mathbf{u}-\mathbf{u}_0)^T & 2\,(\lambda-\lambda_0) \end{bmatrix} \begin{bmatrix} \Delta\mathbf{u} \\[1ex] \Delta\lambda \end{bmatrix} = \begin{bmatrix} \lambda\mathbf{f}_0^{\text{ext}} - \mathbf{f}^{\text{int}} \\[1ex] -f \end{bmatrix} \tag{4.43}$$

Nach Multiplikation mit dem erweiterten Unbekanntenvektor erhält man:

$$\mathbf{K}_{\mathrm{T}}\Delta\mathbf{u} = \Delta\lambda\mathbf{f}_0^{\text{ext}} + \underbrace{\lambda\mathbf{f}_0^{\text{ext}} - \mathbf{f}^{\text{int}}}_{-\mathbf{f}^{II}} \tag{4.44}$$

$$2\,(\mathbf{u}-\mathbf{u}_0)^T\,\Delta\mathbf{u} + 2\,(\lambda-\lambda_0)\,\Delta\lambda = -f \tag{4.45}$$

Zur Klarstellung sei gesagt, dass der Index 0 für die Anfangswerte des Iterationsprozesses, gewöhnlich die letzte konvergierte Lösung, steht und λ, $\mathbf{u}$ und f aus dem letzten Iterationsschritt stammen. Mit der gewohnten Aufspaltung

$$\Delta\lambda\Delta\mathbf{u}^{\text{ext}} - \Delta\mathbf{u}^{II} \tag{4.46}$$

entsprechend den Lösungen für die rechten Seiten $\mathbf{f}_0^{\text{ext}}$ und $\mathbf{f}^{II}$, wird aus (4.45)

$$2\left(\mathbf{u}-\mathbf{u}_0\right)^T\left(\Delta\lambda\Delta\mathbf{u}^{\text{ext}}-\Delta\mathbf{u}^{II}\right)+2\left(\lambda-\lambda_0\right)\Delta\lambda=-f \tag{4.47}$$

$$2\Delta\lambda\left(\mathbf{u}-\mathbf{u}_0\right)^T\Delta\mathbf{u}^{\text{ext}}-2\left(\mathbf{u}-\mathbf{u}_0\right)^T\Delta\mathbf{u}^{II}+2\left(\lambda-\lambda_0\right)\Delta\lambda=-f \tag{4.48}$$

$$2\Delta\lambda\left[\left(\mathbf{u}-\mathbf{u}_0\right)^T\Delta\mathbf{u}^{\text{ext}}+\left(\lambda-\lambda_0\right)\right]=-f+2\left(\mathbf{u}-\mathbf{u}_0\right)^T\Delta\mathbf{u}^{II} \tag{4.49}$$

sodass man als Lastinkrement

$$\Delta\lambda=\frac{-f+2\left(\mathbf{u}-\mathbf{u}_0\right)^T\Delta\mathbf{u}^{II}}{2\left[\left(\mathbf{u}-\mathbf{u}_0\right)^T\Delta\mathbf{u}^{\text{ext}}+\left(\lambda-\lambda_0\right)\right]} \tag{4.50}$$

erhält.

4.4.5.2 Anwendung auf Modellproblem mit Lösung der gemischt-quadratischen Gleichung

Der erste Schritt ist wieder der gewöhnliche Newton-Raphson-Schritt aus Abschn. 4.4.2.2. Die Bogenlänge ergibt sich daraus zu

$$\Delta s^2=\Delta\lambda_1^2+\Delta u_1\cdot\Delta u_1=0{,}26^2+0{,}1625^2=0{,}09401$$

Anfangsvektor $\Delta\mathbf{v}_1=\{0{,}1625;\,0{,}26\}$

2. Schritt: Bogenlängenverfahren

$$\mathbf{f}^{\text{int}}=-4\left(u_1-1\right)^2+4=3{,}994$$

$$\mathbf{K}_{\text{T}}=-8\left(u_1-1\right)=0{,}3$$

$$\Delta u^{\text{ext}}=\frac{1}{0{,}3}=3{,}333\quad\Delta u^{\text{int}}=\frac{3{,}994}{0{,}3}=13{,}31$$

Bestimmungsgleichung

$$\lambda^2\left(1+\Delta\mathbf{u}^{\text{ext}T}\Delta\mathbf{u}^{\text{ext}}\right)+2\lambda\left(-\lambda_0+\Delta\mathbf{u}^{\text{ext}T}\left(-\Delta\mathbf{u}^{\text{int}}+\mathbf{u}_{m-1}-\mathbf{u}_0\right)\right)$$

$$+\lambda_0^2+\left(-\Delta\mathbf{u}^{\text{int}T}+\mathbf{u}_{m-1}^T-\mathbf{u}_0^T\right)\left(-\Delta\mathbf{u}^{\text{int}}+\mathbf{u}_{m-1}-\mathbf{u}_0\right)-\Delta s^2=0$$

$$a=1+3{,}333\cdot3{,}333=12{,}11$$

$$b=-3{,}84+3{,}333\cdot(-13{,}31+0{,}9625-0{,}8)=-95{,}36$$

$$c=3{,}84^2+(-13{,}31+0{,}9625-0{,}8)^2-0{,}09401=187{,}63$$

$$p=b/a=-7{,}874\quad q=c/a=15{,}49$$

$$\lambda^2+p\lambda+q=0\Rightarrow\quad\lambda_{21}=4{,}020$$
$$\lambda_{22}=3{,}854$$

für λ_{21}:

$$\Delta u_{21}=4{,}020\cdot3{,}333-13{,}31=0{,}08565\quad u_{21}=0{,}9625+0{,}08565=1{,}048$$

Kontrollvektor

$$\Delta\mathbf{v}_{21} = \{1{,}048 - 0{,}8;\, 4{,}020 - 3{,}84\} = \{0{,}248;\, 0{,}18\}$$

für λ_{22}:

$$\Delta u_{22} = 3{,}854 \cdot 3{,}333 - 13{,}31 = -0{,}4646 \quad u_{22} = 0{,}9625 - 0{,}4646 = 0{,}4979$$
$$\Delta\mathbf{v}_{22} = \{0{,}4979 - 0{,}8;\, 3{,}854 - 3{,}84\} = \{-0{,}3021;\, 0{,}014\}$$

Skalarprodukt mit Anfangsvektor

$$\Delta\mathbf{v}_1 \bullet \Delta\mathbf{v}_{21} = \{0{,}1625;\, 0{,}26\} \bullet \{0{,}248;\, 0{,}18\} = 0{,}0871$$
$$\Delta\mathbf{v}_1 \bullet \Delta\mathbf{v}_{22} = \{0{,}1625;\, 0{,}26\} \bullet \{-0{,}3021;\, 0{,}014\} = -0{,}04545$$

Das Produkt für Lösung 1 ist größer, daher gewählt: Lösung 1
Weiterer Verlauf (dargestellt in Abb. 4.13):

u	λ	$\lambda\mathbf{f}^{\,\text{ext}} - \mathbf{f}^{\,\text{int}}$
1,07197497	3,9815481	0,00226969
1,07362728	3,97832702	1,09205E−05

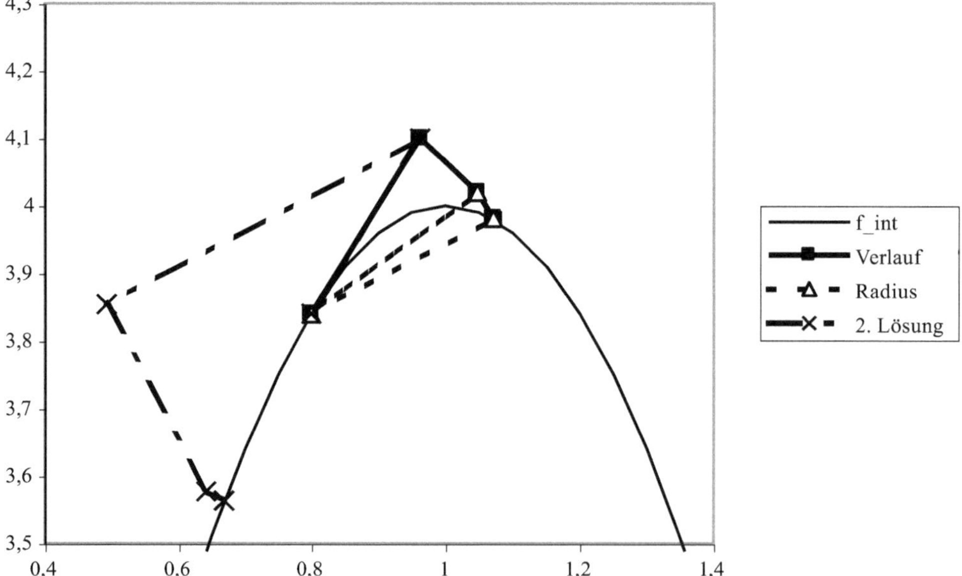

Abb. 4.13 Iterationsverlauf bei Suche auf einem Kreisbogen (quadratische Gleichung)

4.4.5.3 Anwendung auf Modellproblem mit Bestimmung des Lastfaktors durch Newton-Verfahren

Der erste Schritt und die Bestimmung der Bogenlänge erfolgen wie in Abschn. 4.4.5.2.

2. Schritt: Bogenlängenverfahren

$$f = (4{,}1 - 3{,}84)^2 + (0{,}9625 - 0{,}8)^2 - 0{,}09401 = 0$$

muss in diesem Schritt so sein, weil die Bogenlänge unmittelbar bestimmt wurde, gilt aber nicht allgemein

$$\mathbf{f}^{\text{int}} = -4\,(u_1 - 1)^2 + 4 = 3{,}994 \quad \mathbf{f}^{II} = -(4{,}1 \cdot 1 - 3{,}994) = -0{,}1056$$

$$\mathbf{K}_{\text{T}} = -8\,(u_1 - 1) = 0{,}3$$

$$\Delta u^{\text{ext}} = \frac{1}{0{,}3} = 3{,}333 \quad \Delta u^{II} = \frac{-0{,}1056}{0{,}3} = -0{,}3521$$

$$\Delta \lambda = \frac{-0 + 2 \cdot (0{,}9625 - 0{,}8) \cdot (-0{,}3521)}{2 \cdot [(0{,}9625 - 0{,}8) \cdot 3{,}333 + (4{,}1 - 3{,}84)]} = -0{,}07137$$

$$\Delta u_2 = -0{,}07137 \cdot 3{,}333 + 0{,}3521 = 0{,}1142 \quad u_2 = 0{,}9625 + 0{,}1142 = 1{,}0767$$

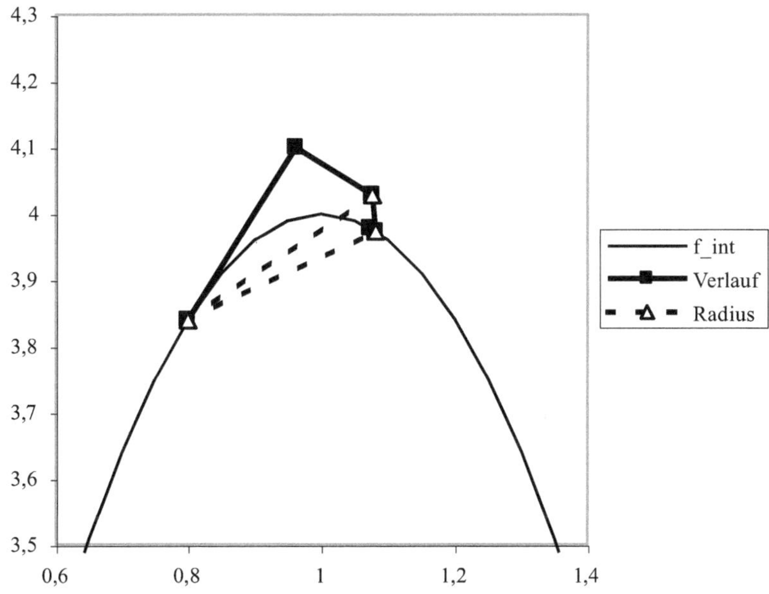

Abb. 4.14 Iterationsverlauf bei Suche auf einem Kreisbogen (Newton-Verfahren)

weiterer Verlauf (dargestellt in Abb. 4.14):

f	u	λ	$\lambda f^{\text{ext}} - f^{\text{int}}$
0,00305898	1,08148605	3,973532132	9,204E−05
8,5833E−05	1,07368306	3,978526775	0,00024355
4,8669E−08	1,07363526	3,978311405	9,1393E−09

$f \neq 0$ in der ersten Spalte ist ein Zeichen dafür, dass die Bogenlängenbedingung nicht in den Iterationsschritten, sondern erst bei Konvergenz eingehalten wird.

Die vorgestellten Verfahren schaffen es also, im instabilen Bereich eine Lösung zu erzielen. Jedoch unterscheiden sich aufgrund der verschiedenen Nebenbedingungen die Ergebnisse, obwohl der Ausgangspunkt jeweils der gleiche Newton-Schritt war. Sowohl die Lastfaktoren als auch die Verschiebungen weichen voneinander ab. Die Lösungen haben aber gemeinsam, dass sie Gleichgewichtspunkte sind, d. h. die verschiedenen Methoden erzeugen unterschiedliche Auflösungen des Gleichgewichtspfades.

4.4.6 Beispiel mit zwei Verschiebungskomponenten

Das Modellproblem enthielt nur eine Verschiebungskomponente und den Lastfaktor. In realen Systemen hat man es aber mit langen Verschiebungsvektoren zu tun. Um eine Idee davon zu bekommen, wie sich Vektoren auf die Handhabung der Verfahren auswirken, folgt hier ein Zahlenbeispiel mit zwei unbekannten „Verschiebungen".

Ein Finite-Elemente-System ergebe den Vektor der inneren Kräfte

$$\mathbf{f}^{\text{int}} = \begin{bmatrix} 8u \cdot \left(10 - 3v^2\right) \\ \left(8 - 2u^2\right) \cdot 12v \end{bmatrix}$$

Der Vektor der äußeren Kräfte sei

$$\mathbf{f}^{\text{ext}} = \lambda \cdot \begin{bmatrix} 14 \\ -18 \end{bmatrix}$$

Die letzte konvergierte Lösung sei $\{u, v; \lambda\} = \{1, -1; 4\}$.

Das nächste Lastinkrement startet nun mit einem Gesamt-Lastmultiplikator $\lambda_1 = 4{,}2$.

Zur Lösung wird auf jeden Fall die Tangentenmatrix

$$\mathbf{K}_{\text{T}} = \frac{\partial \mathbf{f}^{\text{int}}}{\partial \mathbf{u}} = \begin{bmatrix} 8 \cdot \left(10 - 3v^2\right) & -48uv \\ -48uv & \left(8 - 2u^2\right) \cdot 12 \end{bmatrix}$$

benötigt. Für die Anfangswerte erhält man

$$\mathbf{K}_\mathrm{T} = \begin{bmatrix} 56 & 48 \\ 48 & 72 \end{bmatrix}, \quad \mathbf{f}^\mathrm{ext} = 4{,}2 \cdot \begin{bmatrix} 14 \\ -18 \end{bmatrix} = \begin{bmatrix} 58{,}8 \\ -75{,}6 \end{bmatrix},$$

$$\mathbf{f}^\mathrm{int} = \begin{bmatrix} 56 \\ -72 \end{bmatrix}, \quad \mathbf{f}^\mathrm{ext} - \mathbf{f}^\mathrm{int} = \begin{bmatrix} 2{,}8 \\ -3{,}6 \end{bmatrix}$$

Im Newton-Schritt erhält man durch Lösung von $\mathbf{K}_\mathrm{T}\,\Delta\mathbf{u} = \mathbf{f}^\mathrm{ext} - \mathbf{f}^\mathrm{int}$

$$\Delta\mathbf{u} = \begin{bmatrix} 0{,}2167 \\ -0{,}1944 \end{bmatrix} \quad \text{und} \quad \mathbf{u} = \begin{bmatrix} 1{,}2167 \\ -1{,}1944 \end{bmatrix}$$

Nun folgt der erste Bogenlängenschritt, hier exemplarisch mit der Suche senkrecht zur aktuellen Tangente. In diesem Fall ist $m - 1 = 1$, sodass $\mathbf{f}^{II}$ mit λ_1 gebildet wird. Die Kraftvektoren lauten:

$$\mathbf{f}^\mathrm{int} = \begin{bmatrix} 55{,}67 \\ -72{,}23 \end{bmatrix}, \quad \mathbf{f}^{II} = \lambda_{m-1}\mathbf{f}^\mathrm{ext} - \mathbf{f}^\mathrm{int} = \begin{bmatrix} -3{,}126 \\ 3{,}368 \end{bmatrix}, \quad \mathbf{f}^\mathrm{ext}_0 = \begin{bmatrix} 14 \\ -18 \end{bmatrix}$$

Das Gleichungssystem mit dem neuen $\mathbf{K}_\mathrm{T}$ und den zwei rechten Seiten lautet und ergibt:

$$\begin{bmatrix} 56 & 48 \\ 48 & 72 \end{bmatrix} \begin{bmatrix} \Delta u^\mathrm{ext} & \Delta u^{II} \\ \Delta v^\mathrm{ext} & \Delta v^{II} \end{bmatrix} = \begin{bmatrix} 14 & -3{,}126 \\ -18 & 3{,}368 \end{bmatrix},$$

$$\Delta\mathbf{u}^\mathrm{ext} = \begin{bmatrix} -1{,}0017 \\ 0{,}8578 \end{bmatrix}, \quad \Delta\mathbf{u}^{II} = \begin{bmatrix} 0{,}2020 \\ -0{,}1773 \end{bmatrix}$$

Damit lässt sich berechnen:

$$\Delta\lambda = \frac{\begin{bmatrix} 0{,}2020 & -0{,}1773 \end{bmatrix} \begin{bmatrix} -1{,}0017 \\ 0{,}8578 \end{bmatrix}}{\begin{bmatrix} -1{,}0017 & 0{,}8578 \end{bmatrix} \begin{bmatrix} -1{,}0017 \\ 0{,}8578 \end{bmatrix} + 1} = -0{,}1294$$

$$\lambda_2 = 4{,}2 - 0{,}1294 = 4{,}0706$$

$$\Delta\mathbf{u} = \Delta\lambda\,\Delta\mathbf{u}^\mathrm{ext} - \Delta\mathbf{u}^{II} = \begin{bmatrix} -0{,}004123 \\ 0{,}004192 \end{bmatrix}, \quad \mathbf{u}_2 = \begin{bmatrix} 1{,}1443 \\ 1{,}1281 \end{bmatrix}$$

Weiterer Verlauf:

m	$\mathbf{f}_{II}$	$\Delta\lambda$	$\Delta\mathbf{u}$	m	$\mathbf{f}_{II}$	$\Delta\lambda$	$\Delta\mathbf{u}$	λ	$\mathbf{u}$
3	−0,3961	−0,02431	−0,004123	4	−0,001417	−8,52E−05	−1,21E−05	4,0462	1,1401
	0,4223		0,004192		0,001408		1,34E−05		−1,1239

4.4.7 Anfangswerte und Bogenlänge

Die beiden Beiträge zur Bogenlänge, die Verschiebungen und der Lastfaktor, haben unterschiedliche Einheiten, sodass die obigen Ausdrücke streng genommen nicht gebildet werden könnten. In der Numerik sind sie aber nur Zahlen, die jedoch in verschiedenen Situationen unterschiedlich gewichtet werden müssen.

Δs_1 in Abb. 4.15 ist kraftdominiert, Δs_2 verschiebungsdominiert. Die Methode kann nur erfolgreich sein, wenn die Anfangswerte je Lastschritt geeignet gewählt werden. Außerdem müssen das Konvergenzverhalten und indirekt die Krümmung der Last-Verschiebungs-Kurve berücksichtigt werden.

Bei allen aufgeführten Algorithmen startet das allererste Inkrement mit einem gegebenen Lastfaktor λ, der als $\Delta\lambda_0^0$ gespeichert wird. In der ersten Iteration dieses Schrittes wird durch einen konventionellen Newton-Schritt das Verschiebungsinkrement $\Delta\mathbf{u}_0^{\mathrm{ext},0}$ berechnet. Mit dessen Norm wird ein Bezugswert

$$W_{\mathrm{arc}} = \Delta\lambda_0^0 \|\mathbf{u}_0^{\mathrm{ext},0}\| \tag{4.51}$$

berechnet, der eine Art Arbeitsausdruck darstellt. Damit wird für die folgenden Lastschritte i das Anfangslastinkrement zu

$$\Delta\lambda_0^i = \frac{W_{\mathrm{arc}}}{\|\Delta\mathbf{u}_\infty^{\mathrm{ext},i-1}\|} \tag{4.52}$$

also aus der Bezugsarbeit durch die Norm des zuletzt konvergierten Verschiebungsinkrementes bestimmt (Abb. 4.16). Dadurch wird den sich verändernden Steigungen Rechnung getragen. Auch für die folgenden Lastinkremente ist der erste Iterationsschritt ein konventioneller Newton-Schritt.

Nach (4.52) ergibt sich stets ein positives $\Delta\lambda_0^i$. Geht man von einer gewissen Glattheit des Verlaufes aus, empfiehlt es sich, diesen Betrag zunächst mit dem Vorzeichen des letzten konvergierten Lastinkrementes zu versehen:

$$\Delta\lambda_0^i = \frac{W_{\mathrm{arc}}}{\|\Delta\mathbf{u}_\infty^{\mathrm{ext},i-1}\|} sgn\left(\Delta\lambda_\infty^{i-1}\right) \tag{4.53}$$

und dann zu prüfen, ob der Anfangsvektor $\Delta\mathbf{v}$ aus dem Newton-Schritt mit der Veränderung der konvergierten Lösungen ein positives Skalarprodukt bildet, ähnlich wie für die Auswahl der beiden Möglichkeiten beim Crisfield-Verfahren beschrieben.

Abb. 4.15 Bogenlängen in verschiedenen Situationen

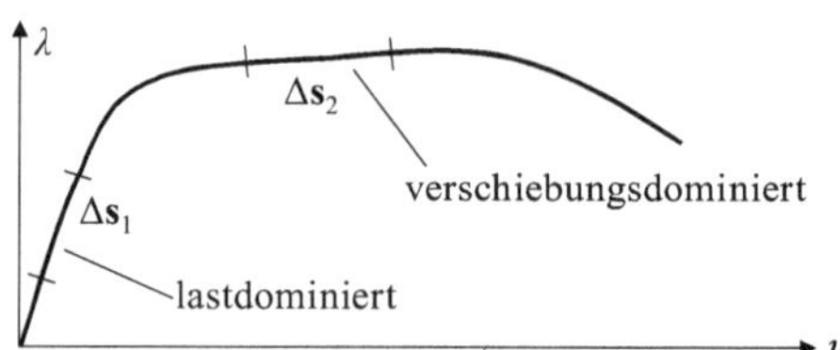

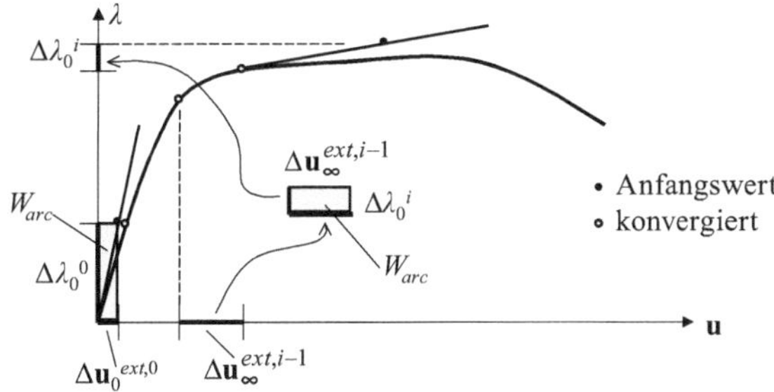

Abb. 4.16 Bogenlängenverfahren: Anfangslastinkrement

Crisfields Methode (Hyperkugel) ist das einzige Verfahren, das die Bogenlänge direkt verwendet. Die Nebenbedingung (4.32) kann in dimensionsloser Form geschrieben werden:

$$f(\mathbf{u}, \lambda) = \frac{(\lambda - \lambda_0)^2}{\lambda_{\text{ref}}^2} + \frac{(\mathbf{u} - \mathbf{u}_0)^T (\mathbf{u} - \mathbf{u}_0)}{u_{\text{ref}}^2} - c_{\text{arc}}^2 = 0 \tag{4.54}$$

Als Referenzwerte kommen

$$\lambda_{\text{ref}} = \Delta\lambda_0^0 \quad \text{und} \quad u_{\text{ref}}^2 = \Delta\mathbf{u}_0^{\text{ext},0^T} \Delta\mathbf{u}_0^{\text{ext},0} \tag{4.55}$$

die Anfangswerte aus dem allerersten Last- und Iterationsschritt, oder

$$\lambda_{\text{ref}} = \Delta\lambda_\infty^0 \quad \text{und} \quad u_{\text{ref}}^2 = \Delta\mathbf{u}_\infty^{0^T} \Delta\mathbf{u}_\infty^0 \tag{4.56}$$

die entsprechenden konvergierten Werte aus dem ersten Lastschritt, in Betracht. Der Anfangswert für c_{arc} ist dann 2.

Des Weiteren muss die Bogenlänge an das Konvergenzverhalten angepasst werden. Regeln dafür spiegeln nur Erfahrungswerte wider. Eine ist die Orientierung an einem Ziel für die Anzahl der Iterationen bis zur Konvergenz, $N_{\text{iter}}^{\text{goal}}$. Dann wird nach Abschluss des Schrittes $i-1$ die aktuelle Bezugsarbeit z. B.:

$$W_{\text{arc}}^i = W_{\text{arc}}^{i-1} \sqrt{\frac{N_{\text{iter}}^{\text{goal}}}{N_{\text{iter}}^{i-1}}} \tag{4.57}$$

oder die Konstante in (4.54):

$$c_{\text{arc}}^i = c_{\text{arc}}^{i-1} \sqrt{\frac{N_{\text{iter}}^{\text{goal}}}{N_{\text{iter}}^{i-1}}} \tag{4.58}$$

Im Falle von Nichtkonvergenz ist die Halbierung der Referenzgröße ein geeigneter Weg.

4.4.8 Lösung des erweiterten Systems

Das lineare Gleichungssystem im Newton-Verfahren zur Lösung des erweiterten Systems mit dem Zweck der direkten Bestimmung von Instabilitätspunkten aus Abschn. 3.2.4 lautet:

$$\begin{bmatrix} \mathbf{K}_T & \mathbf{0} & -\mathbf{f}_0^{\text{ext}} \\ \dfrac{\partial \mathbf{K}_T \boldsymbol{\varphi}}{\partial \mathbf{u}} & \mathbf{K}_T & -\dfrac{1}{\lambda}\mathbf{K}_p \boldsymbol{\varphi} \\ \mathbf{0} & 2\boldsymbol{\varphi}^T & \mathbf{0} \end{bmatrix} \begin{bmatrix} \Delta \mathbf{u} \\ \Delta \boldsymbol{\varphi} \\ \Delta \lambda \end{bmatrix} = \begin{bmatrix} \lambda \mathbf{f}_0^{\text{ext}} - \mathbf{f}^{\text{int}} \\ -\mathbf{K}_T \boldsymbol{\varphi} \\ 1 - \boldsymbol{\varphi}^T \boldsymbol{\varphi} \end{bmatrix} \tag{3.12}$$

Die erste Zeile ergibt:

$$\mathbf{K}_T \Delta \mathbf{u} - \mathbf{f}_0^{\text{ext}} \Delta \lambda = \lambda \mathbf{f}_0^{\text{ext}} - \mathbf{f}^{\text{int}} \tag{4.59}$$

$$\mathbf{K}_T \Delta \mathbf{u} = \Delta \lambda \mathbf{f}_0^{\text{ext}} - \underbrace{\left(-\lambda \mathbf{f}_0^{\text{ext}} + \mathbf{f}^{\text{int}} \right)}_{\mathbf{f}^{II}} \tag{4.60}$$

Mit der Aufspaltung

$$\Delta \mathbf{u} = \Delta \lambda \Delta \mathbf{u}^{\text{ext}} - \Delta \mathbf{u}^{II} \tag{4.61}$$

können diese Gleichungen mit den Teillösungen für die rechten Seiten $\mathbf{f}_0^{\text{ext}}$ und $\mathbf{f}^{II}$, aus denen man $\Delta \mathbf{u}^{\text{ext}}$ bzw. $\Delta \mathbf{u}^{II}$ erhält, bis auf $\Delta \lambda$ gelöst werden.

Die zweite Zeile von (3.12), jetzt

$$\frac{\partial \mathbf{K}_T \boldsymbol{\varphi}}{\partial \mathbf{u}} \left(\Delta \lambda \Delta \mathbf{u}^{\text{ext}} - \Delta \mathbf{u}^{II} \right) + \mathbf{K}_T \Delta \boldsymbol{\varphi} - \frac{1}{\lambda} \mathbf{K}_p \boldsymbol{\varphi} \Delta \lambda = -\mathbf{K}_T \boldsymbol{\varphi} \tag{4.62}$$

kann in

$$\mathbf{K}_T \Delta \boldsymbol{\varphi} = \Delta \lambda \underbrace{\left(-\frac{\partial \mathbf{K}_T \boldsymbol{\varphi}}{\partial \mathbf{u}} \Delta \mathbf{u}^{\text{ext}} + \frac{1}{\lambda} \mathbf{K}_p \boldsymbol{\varphi} \right)}_{\mathbf{p}^{I}} - \underbrace{\left(-\frac{\partial \mathbf{K}_T \boldsymbol{\varphi}}{\partial \mathbf{u}} \Delta \mathbf{u}^{II} + \mathbf{K}_T \boldsymbol{\varphi} \right)}_{\mathbf{p}^{II}} \tag{4.63}$$

ungeformt werden. Mit der Aufspaltung

$$\Delta \boldsymbol{\varphi} = \Delta \lambda \Delta \boldsymbol{\varphi}^{I} - \Delta \boldsymbol{\varphi}^{II} \tag{4.64}$$

kann dieses System mit den rechten Seiten $\mathbf{p}^{I}$ und $\mathbf{p}^{II}$ gelöst werden, um $\Delta \boldsymbol{\varphi}^{I}$ und $\Delta \boldsymbol{\varphi}^{II}$ zu erhalten.

Die dritte Zeile von (3.12), nun

$$2\boldsymbol{\varphi}^T \left(\Delta \lambda \Delta \boldsymbol{\varphi}^{I} - \Delta \boldsymbol{\varphi}^{II} \right) = 1 - \boldsymbol{\varphi}^T \boldsymbol{\varphi} \tag{4.65}$$

kann schließlich nach

$$\Delta \lambda = \frac{1 - \boldsymbol{\varphi}^T \boldsymbol{\varphi} + 2\boldsymbol{\varphi}^T \Delta \boldsymbol{\varphi}^{II}}{2\boldsymbol{\varphi}^T \Delta \boldsymbol{\varphi}^{I}} \tag{4.66}$$

aufgelöst werden. So können die insgesamt $2n + 1$ Gleichungen mit der n-dimensionalen Systemmatrix $\mathbf{K}_T$ und vier rechten Seiten plus einer skalaren Gleichung gelöst werden.

Beispiel: Zweibock

Einige Formeln für das Beispiel aus Abschn. 2.4.5 (mitdrehende Formulierung) werden hier wiederholt:

$$\mathbf{f}_{\text{ext}} = -\lambda \mathbf{f}_0^{\text{ext}} \quad \hat{\mathbf{u}} = v_2$$

$$l = \sqrt{4^2 + (3 + v_2)^2} \quad \cos\alpha = \frac{4}{l}, \quad \sin\alpha = \frac{3 + v_2}{l}$$

$$\sigma = \frac{E}{5}\left(4c + (3 + v_2)\,s - 5\right)$$

$$\frac{\partial l}{\partial v_2} = \frac{1}{l}(3 + v_2) \quad \frac{\partial}{\partial v_2}\cos\alpha = -\frac{4}{l^3}(3 + v_2), \quad \frac{\partial}{\partial v_2}\sin\alpha = \frac{1}{l} - \frac{1}{l^3}(3 + v_2)^2$$

$$\text{Element } t_{24} \text{ von } \mathbf{T}^*: \quad t_{24} = \frac{\partial c}{\partial v_2}\cdot 4 + \frac{\partial s}{\partial v_2}(3 + v_2) + s \quad \mathbf{B} = \frac{1}{5}t_{24}$$

$$\mathbf{f}_{\text{int}} = t_{24}\sigma A_0 \quad \mathbf{K}_u = \left(\frac{1}{5}t_{24}\right)^2 E A_0 \cdot 5 = \frac{1}{5}t_{24}^2 E A_0$$

$$\frac{\partial^2}{\partial v_2^2}\cos\alpha = \left(\frac{3}{l^5}(3 + v_2)^2 - \frac{1}{l^3}\right)\cdot 4$$

$$\frac{\partial^2}{\partial v_2^2}\sin\alpha = \left(-\frac{3}{l^3} + \frac{3}{l^5}(3 + v_2)^2\right)(3 + v_2)$$

$$\mathbf{K}_\sigma = \left(4\frac{\partial^2 c}{\partial v_2^2} + (3 + v_2)\frac{\partial^2 s}{\partial v_2^2} + 2\frac{\partial s}{\partial v_2}\right)\sigma A_0 \quad \mathbf{K}_{\text{T}} = \mathbf{K}_u + \mathbf{K}_\sigma$$

Für die Lösung des erweiterten Systems benötigen wir noch die folgenden Ableitungen:

$$\frac{\partial t_{24}}{\partial \mathbf{u}} = \frac{\partial t_{24}}{\partial v_2} = \frac{\partial^2 c}{\partial v_2^2}\cdot 4 + \frac{\partial^2 s}{\partial v_2^2}(3 + v_2) + \frac{\partial s}{\partial v_2} + \frac{\partial s}{\partial v_2}$$

$$= \frac{\partial^2 c}{\partial v_2^2}\cdot 4 + \frac{\partial^2 s}{\partial v_2^2}(3 + v_2) + 2\frac{\partial s}{\partial v_2}$$

$$\frac{\partial \mathbf{K}_u \varphi}{\partial v_2} = \frac{2}{5}t_{24}\frac{\partial t_{24}}{\partial v_2}E A_0 \varphi$$

$$\frac{\partial^3}{\partial v_2^3}\cos\alpha = \left(\frac{-5\cdot 3}{l^6}\frac{1}{l}(3 + v_2)(3 + v_2)^2 + \frac{3\cdot 2}{l^5}(3 + v_2) - \frac{-3}{l^4}\frac{1}{l}(3 + v_2)\right)\cdot 4$$

$$\frac{\partial^3}{\partial v_2^3}\cos\alpha = \left(\frac{-15}{l^7}(3 + v_2)^3 + \frac{9}{l^5}(3 + v_2)\right)\cdot 4$$

$$\frac{\partial^3}{\partial v_2^3} \sin \alpha = \left(-\frac{3 \cdot (-3)}{l^4} \frac{1}{l} (3 + v_2)(3 + v_2) - \frac{3}{l^3} + \frac{3 \cdot (-5)}{l^6} \frac{1}{l} (3 + v_2)(3 + v_2)^3 \right.$$
$$\left. + \frac{3 \cdot 3}{l^5} (3 + v_2)^2 \right)$$

$$\frac{\partial^3}{\partial v_2^3} \sin \alpha = \left(-\frac{3}{l^3} + \frac{18}{l^5} (3 + v_2)^2 + \frac{-15}{l^7} (3 + v_2)^4 \right)$$

$$\frac{\partial \mathbf{K}_\sigma \varphi}{\partial v_2} = \left(4 \frac{\partial^3 c}{\partial v_2^3} + (3 + v_2) \frac{\partial^3 s}{\partial v_2^3} + \frac{\partial^2 s}{\partial v_2^2} + 2 \frac{\partial^2 s}{\partial v_2^2} \right) \sigma A_0 \varphi$$
$$+ \left(4 \frac{\partial^2 c}{\partial v_2^2} + (3 + v_2) \frac{\partial^2 s}{\partial v_2^2} + 2 \frac{\partial s}{\partial v_2} \right) \frac{\partial \sigma}{\partial v_2} A_0 \varphi$$

$$\frac{\partial \mathbf{K}_\sigma \varphi}{\partial v_2} = \left(4 \frac{\partial^3 c}{\partial v_2^3} + (3 + v_2) \frac{\partial^3 s}{\partial v_2^3} + 3 \frac{\partial^2 s}{\partial v_2^2} \right) \sigma A_0 \varphi$$
$$+ (\cdots) A_0 \frac{E}{5} \left(4 \frac{\partial c}{\partial v_2} + (3 + v_2) \frac{\partial s}{\partial v_2} + s \right) \varphi$$

$$\frac{\partial \mathbf{K}_{\mathrm{T}} \boldsymbol{\varphi}}{\partial \mathbf{u}} = \frac{\partial \mathbf{K}_u \boldsymbol{\varphi}}{\partial \mathbf{u}} + \frac{\partial \mathbf{K}_\sigma \boldsymbol{\varphi}}{\partial \mathbf{u}}$$

Die Belastung ist eine Einzelkraft und hängt nicht von der Verschiebung ab. Deshalb gilt $\mathbf{K}_p = 0$. Der Eigenvektor $\boldsymbol{\varphi}$ enthält nur eine Verschiebung, die wie v_2 gerichtet ist. Sie wird mit φ bezeichnet. Die Referenzlast wird zu

$$\mathbf{f}_0^{\mathrm{ext}} = -1$$

Die Anfangswerte der Unbekannten seien

$$v_2 = 0, \quad \lambda = 0{,}5, \quad \varphi = 1$$

Dann konvergiert die Iteration gegen

$$v_2 = -1{,}398$$
$$\varphi = 1$$
$$\lambda = 0{,}7138$$

Das trifft genau die Traglast und die zugehörige Verschiebung aus Tab. 2.2, aber dieser Lösungspunkt wird direkt gefunden, ohne eine Lastinkrementierung bis zur Nichtkonvergenz vorzunehmen. Das Konvergenzverhalten wird in Abb. 4.17 gezeigt.

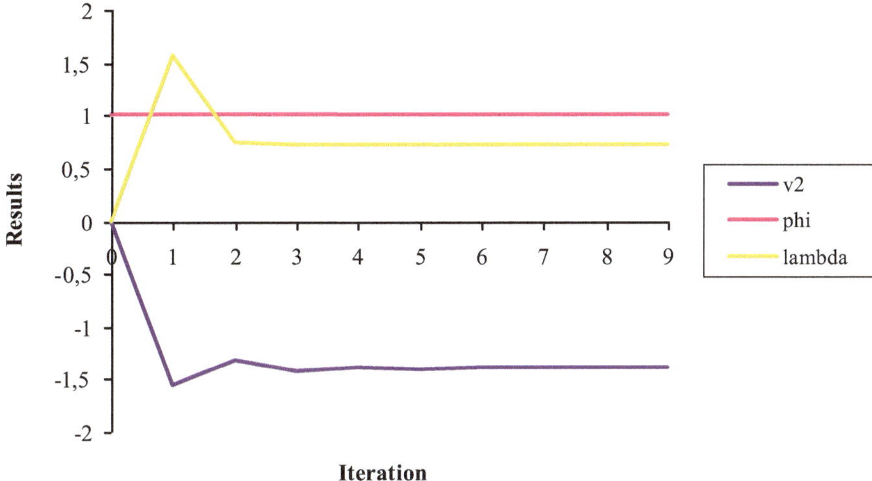

Abb. 4.17 Konvergenz für das erweiterte System in der mitdrehenden Formulierung

Das Verfahren hat sich in der Praxis nicht durchgesetzt. Gründe dafür können sein:

- Es gibt keine Garantie, dass die niedrigsten kritischen Lasten gefunden werden.
  Hier wäre eine Kombination mit einer anderen Steuerung, die so lange aktiv ist, bis durch die begleitende Eigenwertanalyse die Nähe zu einem kritischen Punkt indiziert wird, nützlich.
- Der Term $\frac{\partial \mathbf{K}_T \varphi}{\partial \mathbf{u}}$ enthält die Ableitung von $\mathbf{K}_T$ nach $\mathbf{u}$, die weitere Herleitung und Programmierung voraussetzt. In einem kommerziellen Programm mit vielen Elementtypen ist das unerwünscht. Eine numerische Ableitung ist zwar denkbar, muss aber für jeden Freiheitsgrad des Elementes durchgeführt werden.
  Weil der Term in (4.63) noch mit den Bestandteilen von $\Delta \mathbf{u}$ multipliziert wird, ergibt sich insgesamt nur ein Vektor, der auf Elementebene berechnet und dann zu einem Gesamtvektor zusammengebaut werden kann.

5.1 Repräsentative eindimensionale Grundelemente

Bei Materialmodellen geht es um die Zusammenhänge zwischen Dehnungen und Spannungen, im Folgenden wird aber auf einfache Bauteile Bezug genommen, deren Kraft-Weg-Verhalten bekannt ist. Als Grundlage für ein Werkstoffgesetz muss nur der Weg durch die Dehnung und die Kraft durch die Spannung ersetzt werden.

5.1.1 Elastizität (Hooke-Element)

Das Grundelement für lineare Elastizität ist die Feder (Hooke-Element) wie in Abb. 5.1.

Abb. 5.1 Feder als Modell für lineare Elastizität

© Springer Fachmedien Wiesbaden 2016

W. Rust, *Nichtlineare Finite-Elemente-Berechnungen*, DOI 10.1007/978-3-658-13378-8_5

Abb. 5.2 Arbeitsdiagramm
für lineare Elastizität

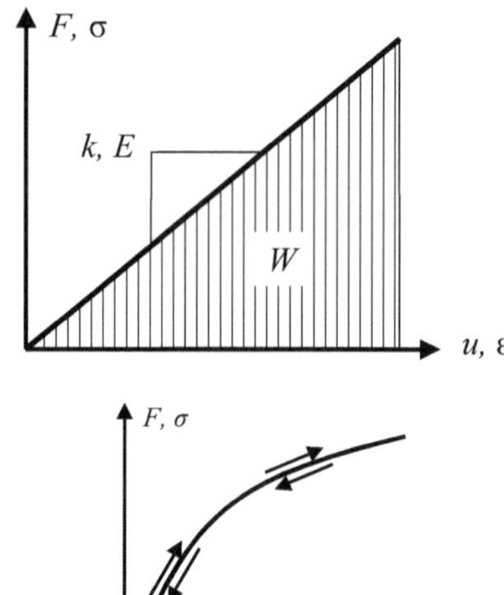

Abb. 5.3 Nichtlineare Elastizität

In Kräften F und Verschiebungen u gilt:

$$F = ku \qquad (5.1)$$

wobei k die Federsteifigkeit darstellt, in Spannungen σ und Dehnungen ε gilt:

$$\sigma = E\varepsilon \qquad (5.2)$$

wobei E der Elastizitätsmodul ist.

Das Kraft-Weg- bzw. Spannungs-Dehnungs-Diagramm ist in Abb. 5.2 zu sehen.

Die Fläche unter der Kraft-Weg-Kurve gibt die verrichtete Arbeit, unter dem Spannungs-Dehnungs-Diagramm die Arbeit für ein infinitesimal kleines Volumenelement, die Elementararbeit, an. Deshalb heißen die Diagramme auch Arbeitsdiagramme.

Für nichtlineare Elastizität muss statt (5.2) eine nichtlineare Funktion definiert werden. Es bleibt aber dabei, dass die Spannung eine Funktion der Gesamtdehnung ist und nicht in Inkrementen formuliert werden muss. Außerdem bleibt es dabei, dass Be- und Entlastung auf demselben Pfad erfolgen (Abb. 5.3). Als Symbol wird auch eine Feder gewählt.

5.1.2 Plastizität (St.-Venant-Element)

Bei Plastizität tritt bei Überschreiten einer gewissen Spannungsschwelle, der Fließgrenze σ_F, eine Verformung ein, die bei Wegnahme der Belastung nicht zurückgeht. Dieses Verhalten kennt man auch der von Reibung. Außerdem geht man davon aus, dass Plastizität das Ergebnis eines mit innerer Reibung verbundenen Vorgangs ist. Deshalb wird Plastizität durch ein Reibelement (St.-Venant-Element) symbolisiert (Abb. 5.4).

Abb. 5.4 Reibelement als
Modell für Plastizität

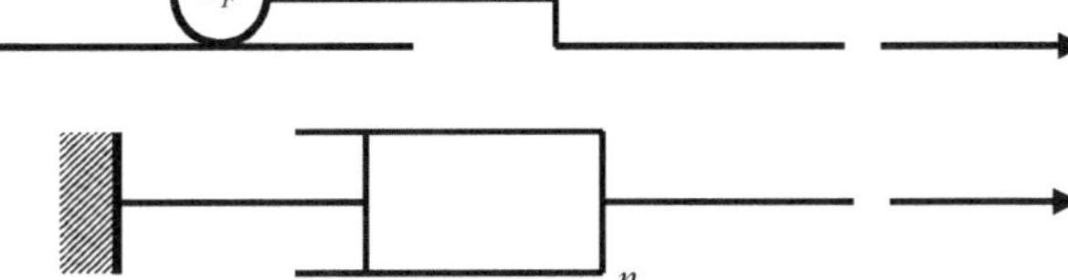

Abb. 5.5 Dämpfer als Modell
für Zeitabhängigkeit

5.1.3 Zeitabhängiges Verhalten (Newton-Element)

Eine zeitabhängige Kraft-Weg- oder Spannungs-Dehnungs-Beziehung wird durch einen Dämpfer (Newton-Element) symbolisiert (Abb. 5.5).

Die Spannung ist hierbei eine Funktion der Dehn*geschwindigkeit*, die als Zeitableitung der Dehnung mit einem Punkt gekennzeichnet wird:

$$\sigma = \eta \dot{\varepsilon} \tag{5.3}$$

wobei η die Dämpfungskonstante bei einem linearen Dämpfer bzw. die Viskosität des Materials ist. Gern wird auch die Umkehrung benutzt:

$$\dot{\varepsilon} = f(\sigma) \tag{5.4}$$

Die Funktion kann auch nichtlinear von der Spannung und der Zeit abhängen oder als Differenzialgleichung formuliert sein:

$$\dot{\varepsilon} = f(\sigma, t) \quad \text{bzw.} \quad \dot{\varepsilon} = f(\sigma, \varepsilon) \tag{5.5}$$

Zeitabhängiges Materialverhalten kann Visko-Plastizität, Visko-Elastizität (Kap. 6) oder Kriechen (Kap. 7) sein.

5.2 Aus Grundelementen zusammengesetzte Modelle

5.2.1 Elasto-Plastizität (Prandtl-Element)

Elasto-Plastizität ist typisch für Metalle bei normalen Umgebungstemperaturen. Sie wird durch eine Reihenschaltung von Feder- und Reibelement (Prandtl-Element) symbolisiert (Abb. 5.6).

Abb. 5.6 Feder- und Reibelement als Symbol für Elasto-Plastizität

Abb. 5.7 Spannungs-
Dehnungs-Linie eines
elastisch-ideal-plastischen
Material bei Be- und
Entlastung

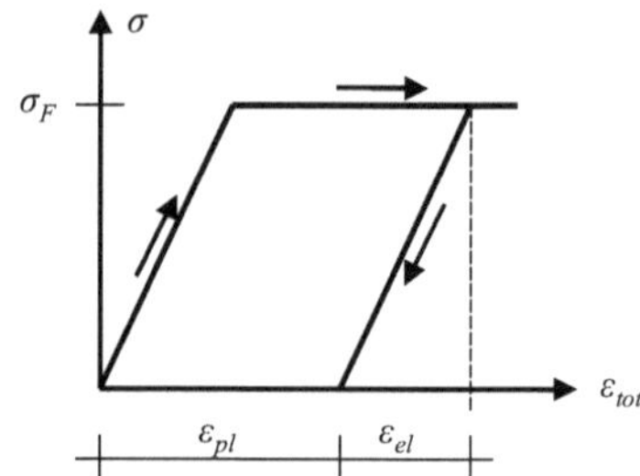

Bei idealer Plastizität erhöht sich die Spannung nach Fließbeginn nicht mehr, wie es bei Stählen mit ausgeprägter Fließgrenze bis zu einer bestimmten Dehnung der Fall ist.

Zunächst steigt die Spannung mit der Dehnung (Abb. 5.7); wenn die Fließgrenze erreicht ist, steigt die Spannung nicht mehr, auch wenn die Dehnung zunimmt. Bei Wegnahme der Belastung geht die Dehnung zurück, aber nur um den elastischen Anteil. Der selbstreversible Anteil heißt *elastische Dehnung* ε_{el}, der irreversible *plastische Dehnung* ε_{pl}. Beide zusammen ergeben die Gesamtdehnung

$$\varepsilon^{tot} = \varepsilon^{el} + \varepsilon^{pl} \tag{5.6}$$

Die Beziehung zwischen Spannung und Dehnung ist nicht mehr ein-eindeutig, sondern von der Lastgeschichte abhängig.

Eine Erweiterung um eine parallel geschaltete Feder (Abb. 5.8) kann lineare Verfestigung nach Überschreiten der Fließgrenze darstellen. Dann ergibt sich die in Abb. 5.9 zu sehende Fließgrenze σ_F aus σ_{F1} zuzüglich der Spannung aus Strang 2 bei Erreichen der Fließgrenze in Strang 1:

$$\varepsilon_{F1} = \frac{\sigma_{F1}}{E_1} \tag{5.7}$$

$$\sigma_F = \sigma_{F1} + E_2\varepsilon_{F1} = \sigma_{F1} + E_2\frac{\sigma_{F1}}{E_1} = \sigma_{F1}\left(1 + \frac{E_2}{E_1}\right) \tag{5.8}$$

Die Numerik der Elastoplastizität wird in Kap. 8 behandelt.

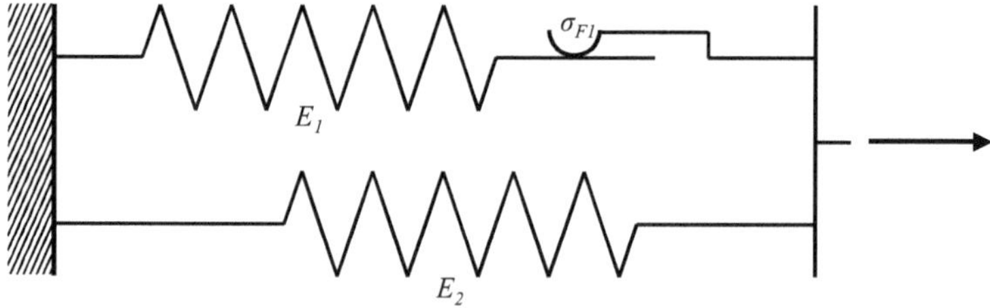

Abb. 5.8 Modell für Elasto-Plastizität mit linearer Verfestigung

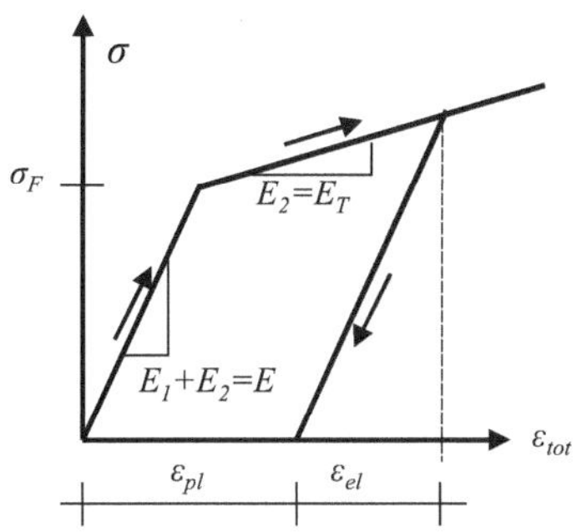

Abb. 5.9 Spannungs-Dehnungs-Linie eines elasto-plastischen Materials mit linearer Verfestigung bei Be- und Entlastung

5.2.2 Maxwell-Element für Kriechen

Unter einem Maxwell-Element versteht man die Reihenschaltung einer Feder mit einem Dämpfer (Abb. 5.10). Es ist geeignet, eine einfache Gesetzmäßigkeit für Kriechen eines ansonsten elastischen Materials abzubilden.

Die Gesamtdehnung ist die Summe aus elastischer, d. h. selbstreversibler, Dehnung in der Feder und Kriechdehnung (Index cr von englisch *creep*) im Dämpfer:

$$\varepsilon^{\text{tot}} = \varepsilon^{\text{el}} + \varepsilon^{\text{cr}} \tag{5.9}$$

Allgemein fasst Kriechen das zeitabhängige Entstehen bleibender Dehnungen zusammen. Man betrachtet jedoch zwei Grenzfälle.

Der erste sei hier als **klassisches Kriechen** bezeichnet und beschreibt die Verformung unter einer konstanten Spannung σ. Damit ist auch die elastische Dehnung

$$\varepsilon^{\text{el}} = \frac{\sigma}{E} \tag{5.10}$$

konstant. Bei einem linearen Dämpfer, der durch (5.3) beschrieben wird, steigt die Kriechdehnung linear mit der Zeit und somit lautet die Formel für die Gesamtdehnung:

$$\varepsilon^{\text{tot}}(t) = \frac{\sigma}{E} + \frac{\sigma}{\eta}t \tag{5.11}$$

Der zeitliche Verlauf beider Größen ist in Abb. 5.11 dargestellt.

Der zweite Grenzfall ist die **Relaxation**. Dabei bleibt die Gesamtdehnung konstant bei $\varepsilon_0^{\text{tot}}$. Mit zunehmendem Anteil der Kriechdehnung nimmt die elastische Dehnung und

Abb. 5.10 Maxwell-Element für Kriechen

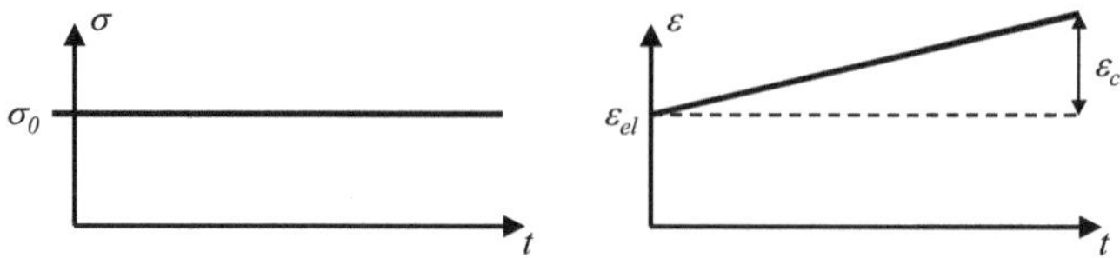

Abb. 5.11 Verlauf von Spannung und Dehnung beim Kriechen

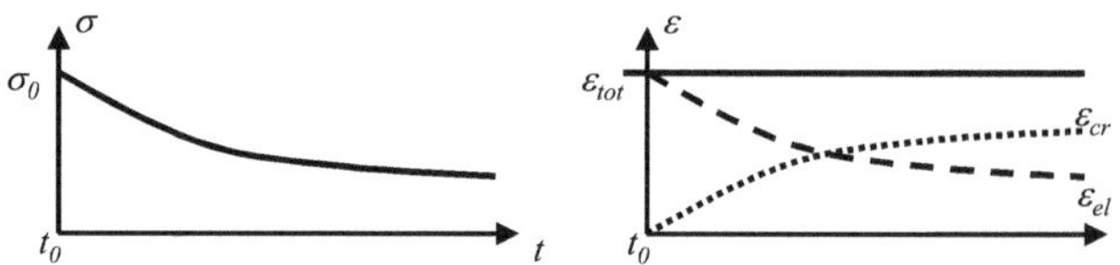

Abb. 5.12 Verlauf von Spannung und Dehnung bei der Relaxation

damit die Spannung ab. Die Ableitung von (5.9) ergibt

$$\dot{\varepsilon}^{\mathrm{el}} + \dot{\varepsilon}^{\mathrm{cr}} = 0 \tag{5.12}$$

Unter Ausnutzung von (5.2) und (5.3) wird daraus

$$\frac{\dot{\sigma}}{E} + \frac{\sigma}{\eta} = 0 \quad \text{mit der Anfangsbedingung} \quad \sigma\,(t_0) = E\varepsilon_0^{\mathrm{tot}} \tag{5.13}$$

Diese Differenzialgleichung erster Ordnung hat die Lösung

$$\sigma\,(t) = E\varepsilon_0^{\mathrm{tot}} e^{-\frac{E}{\eta}(t-t_0)} \tag{5.14}$$

Abb. 5.12 zeigt den so berechneten Verlauf der Spannung und die daraus folgenden Dehnungsverläufe, wobei die Gesamtdehnung unverändert bleibt, sodass gilt:

$$\dot{\varepsilon}^{\mathrm{el}} + \dot{\varepsilon}^{\mathrm{cr}} = 0 \tag{5.15}$$

Die Numerik des Kriechens wird in Kap. 7 beschrieben.

Kriechen kann auch bei Materialien auftreten, die sich plastisch verformen. Es gibt dann zwei Anteile bleibender Verformungen, nämlich die plastische und die Kriechdehnung, wobei letztere zeitabhängig ist. Das Materialmodell wird dafür um das Reibelement erweitert (Abb. 5.13).

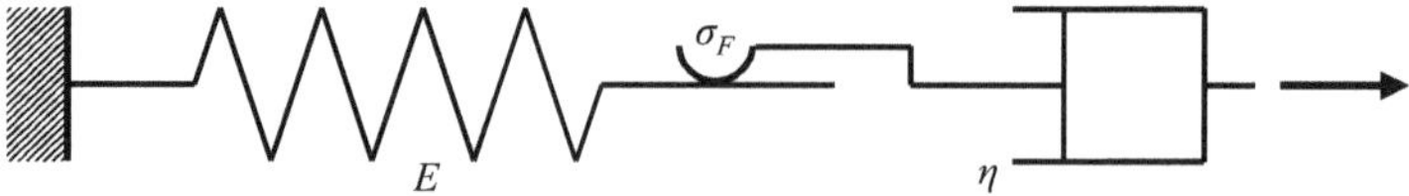

Abb. 5.13 Reihenschaltung von Feder-, Reib- und Dämpferelement zur Beschreibung eines kriechfähigen elasto-plastischen Materials

5.2.3 Kelvin-Voigt-Element für Visko-Elastizität

Das einfachste Modell für Visko-Elastizität ist die Parallelschaltung einer Feder mit einem Dämpfer (Kelvin-Voigt-Element, Abb. 5.14).

Unter Visko-Elastizität versteht man ein Materialverhalten, bei dem nach Wegnahme der Last eine vollständige Rückstellung erfolgt (deshalb Elastizität), diese aber zeitverzögert eintritt (deshalb visko). Ebenso ist jegliche Verformung und Rückstellung zeitabhängig.

Das sehr langsame Aufbringen einer Spannung würde ohne Einfluss des Dämpfers ablaufen und zu

$$\varepsilon = \frac{\sigma}{E} \tag{5.16}$$

führen.

Beim plötzlichen Aufbringen einer Spannung σ_0 zum Zeitpunkt $t = 0$ würde sich diese jedoch auf Feder und Dämpfer verteilen:

$$\sigma_0 = \sigma_\mathrm{f} + \sigma_\mathrm{d} = E\varepsilon + \eta\dot{\varepsilon} \quad \text{oder} \quad \frac{\sigma_0}{\eta} = \frac{E}{\eta}\varepsilon + \dot{\varepsilon} \tag{5.17}$$

Diese inhomogene lineare Differenzialgleichung erster Ordnung mit der Anfangsbedingung

$$\varepsilon\,(t = 0) = 0 \tag{5.18}$$

hat die Lösung

$$\varepsilon = \frac{\sigma_0}{E}\left(1 - e^{-\frac{E}{\eta}t}\right) \tag{5.19}$$

Die Dehnung wächst also mit der Zeit von 0 aus an, bis sich für $t \to \infty$ der Zustand einstellt, der ohne Dämpfer herrschen würde (Abb. 5.15, durchgezogene Linie).

Zum Zeitpunkt t_1 liege die Dehnung ε_1 vor. Nun wird die Spannung weggenommen. Man erhält die Differenzialgleichung

$$\frac{E}{\eta}\varepsilon + \dot{\varepsilon} = 0 \quad \text{mit der Anfangsbedingung} \quad \varepsilon\,(t_1) = \varepsilon_1 \tag{5.20}$$

und der Lösung

$$\varepsilon\,(t) = \varepsilon_1 e^{-\frac{E}{\eta}(t-t_1)} \quad \text{für} \quad t \geq t_1 \tag{5.21}$$

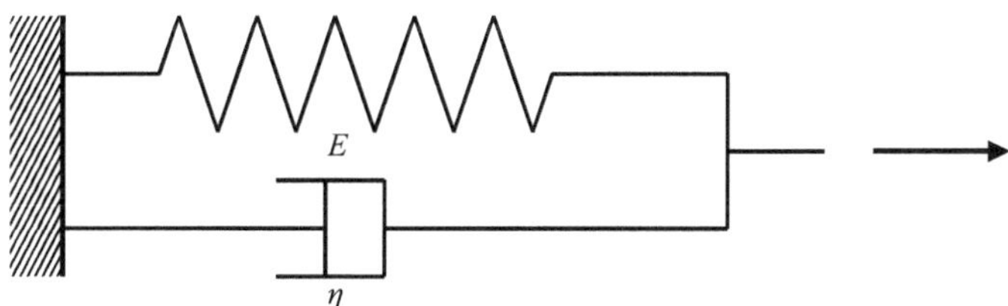

Abb. 5.14 Parallelschaltung von Feder- und Dämpferelement für Visko-Elastizität

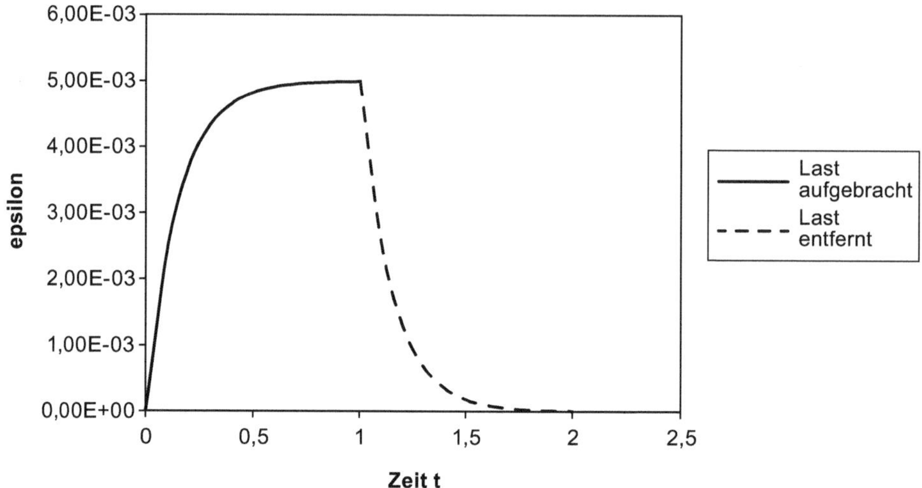

Abb. 5.15 Beispiel für Dehnungs-Zeitverhalten bei Visko-Elastizität

Für $t \to \infty$ stellt sich die Verformung vollständig zurück (Abb. 5.15, gestrichelt). Wegen der bekannten Eigenschaften der Exponentialfunktion werden Minimal- und Maximalwert auch in endlicher Zeit näherungsweise erreicht

Wird in kurzer Zeit eine Dehnung ε_1 aufgebracht, so ergibt sich, weil gegen den Dämpfer gearbeitet wird, zunächst eine sehr hohe Spannung, die dann gegen $E\varepsilon$ abklingt. Bei erzwungener Rückstellung auf die Dehnung Null ergibt sich eine entgegengesetzte Spannung, die später auf Null abklingt (Abb. 5.16).

5.2.4　Erweitertes Viskoelastizitätsmodell

Das in Abb. 5.16 dargestellte Verhalten entspricht wegen der Spannungsspitzen, die bei beliebig hoher Dehngeschwindigkeit gegen unendlich gehen, nicht der Realität. Eine Ver-

Abb. 5.16 Kelvin-Voigt-
Modell bei Dehnungsvorgabe

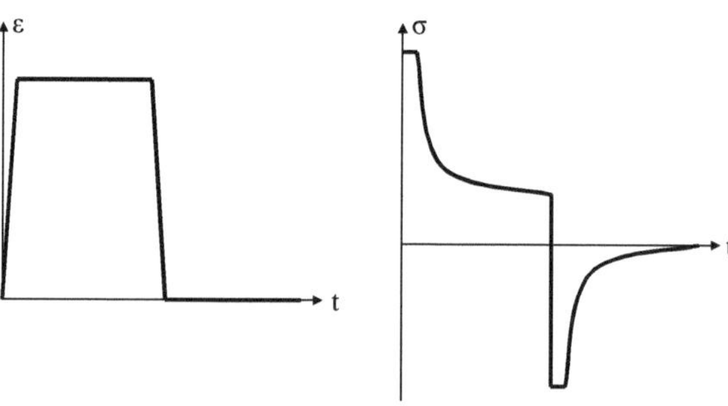

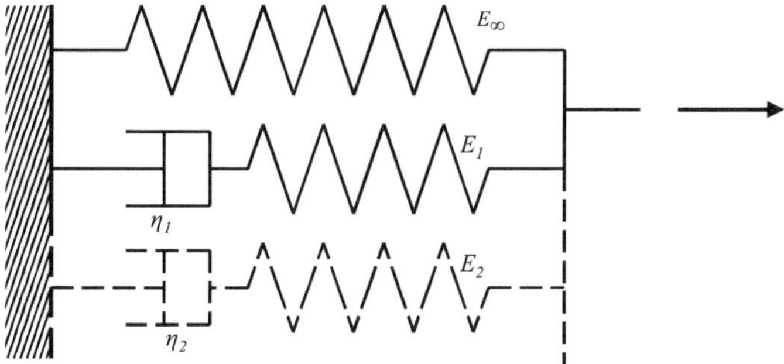

Abb. 5.17 Gängiges Viskoelastizitätsmodell

besserung bringt, den Dämpfer durch ein Maxwell-Element zu ersetzen, d. h. ihn um eine Feder zu erweiterten. Die Spannung ist dann durch $(E_\infty + E_1)\varepsilon$ nach oben und durch $E_\infty \varepsilon$ nach unten begrenzt. Es ist auch möglich, wie in Abb. 5.17 mehrere Maxwell-Elemente mit in der Größenordnung unterschiedlichen Federn und Dämpfern parallel zu schalten, um so das Abklingverhalten besser an Messwerte anpassen zu können. In Abb. 5.17 ist die einzelne Feder mit E_∞ gekennzeichnet, weil diese Feder die Spannungs-Dehnungs-Beziehung bestimmt, wenn genügend Zeit vergangen ist.

Die numerische Behandlung der Visko-Elastizität nach diesem Modell erfolgt in Kap. 6.

5.2.5 Bingham-Modell als Beispiel für Visko-Plastizität

Beim Bingham-Modell liegt eine Feder in Reihe mit einer Parallelschaltung aus Dämpfer und Reibelement (Abb. 5.18). Es kann z. B. ein Metall beschreiben, bei dem die Fließgrenze von der Dehngeschwindigkeit abhängt, wobei es für die Fließgrenze eine untere Schranke bei langsamer Belastung gibt.

Außerdem findet ein Bingham-Modell Anwendung bei zähen Materialien wie z. B. Ziegelrohmasse, die sich erst wie ein fester Körper, nach Überschreiten einer gewissen Spannung (hier Schubspannung) aber wie eine viskose Flüssigkeit verhält.

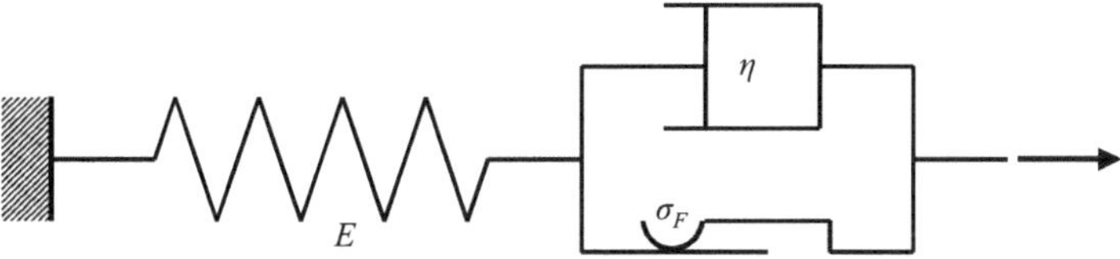

Abb. 5.18 Bingham-Modell als Beispiel für Visko-Plastizität

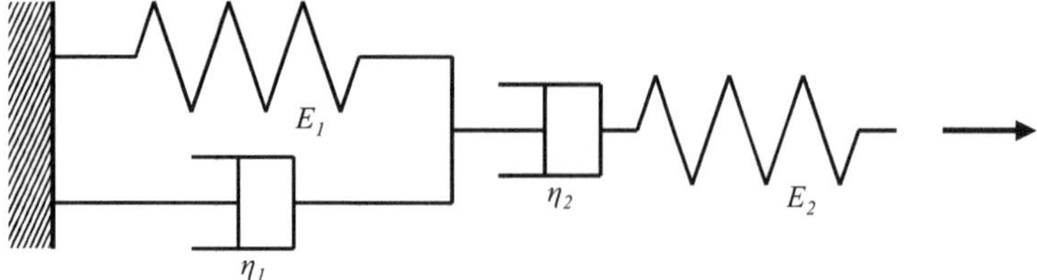

Abb. 5.19 Burghers-Modell

Abb. 5.20 Gegebener Last-
Zeitverlauf 1

Abb. 5.21 Dehnungs-Zeitver-
lauf 1

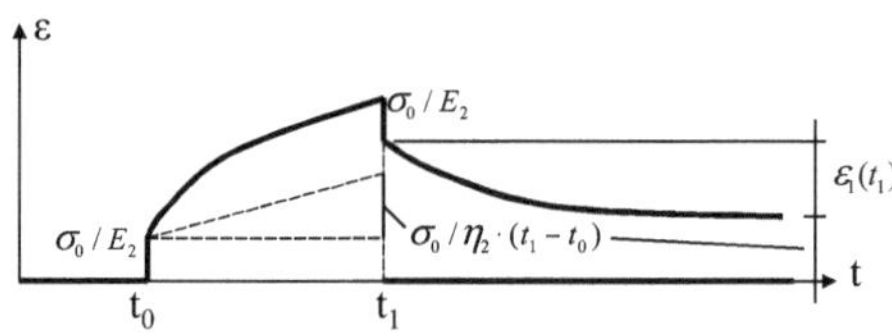

5.2.6 Burghers-Modell

Bei Polymeren kennt man die so genannte Entropie-Elastizität, die darauf zurückzuführen ist, dass die Molekülketten gerade gezogen werden. Der Vorgang ist weitgehend selbstreversibel, aber zeitabhängig und kann durch ein Kelvin-Voigt-Element beschrieben werden. Ferner treten aber – ebenfalls zeitabhängige – bleibende Verformungen auf, die auf Versetzungen in bzw. Aufbrechen von Hauptvalenzbindungen zurückzuführen sind. Wegen der Zeitabhängigkeit ist es müßig zu entscheiden, ob es sich um Visko-Plastizität oder um Kriechen handelt. Dieser Anteil kann jedenfalls durch ein Maxwell-Element abgebildet werden. Die Feder darin kennzeichnet die so gen. Energie-Elastizität. Beides zusammen in Reihe geschaltet ergibt das Burghers-Modell (Abb. 5.19).

Bringt man nun zeitweise eine Spannung nach Abb. 5.20 auf, erhält man den Zeitverlauf der Dehnung aus Abb. 5.21. Zunächst wird nur die Feder 2 verformt, außerdem beginnt der Dämpfer 2 sich zu dehnen, dann folgt die Feder 1, gebremst durch den Dämpfer 1. Nach Wegnahme der Last ist die Feder 2 entspannt, der Dämpfer 2 verändert sich nicht mehr, während sich die Feder 1, gebremst durch den Dämpfer 1, über die Zeit entspannt.

Wird anschließend eine entgegengesetzt gerichtete Last aufgebracht (Abb. 5.22), wiederholt sich der Vorgang prinzipiell in der anderen Richtung (Abb. 5.23), jedoch ist das System nicht mehr unverformt, sodass das weitere Verhalten von der Vorgeschichte abhängt.

Abb. 5.22 Gegebener Last-Zeitverlauf 2

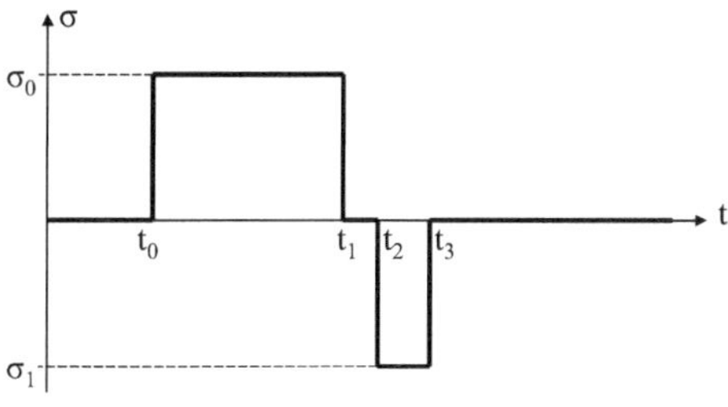

Abb. 5.23 Dehnungs-Zeitver-lauf 2

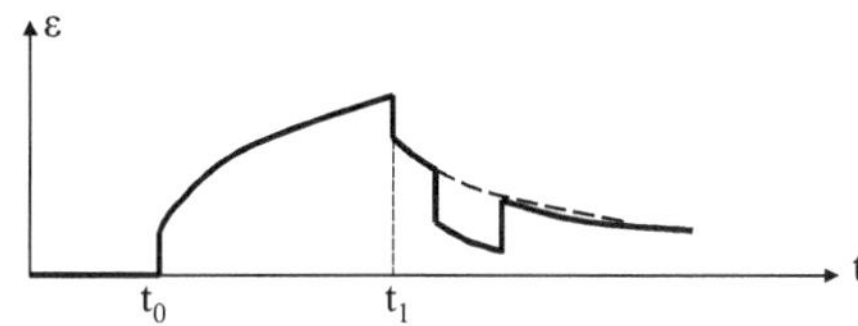

5.3   Tensor- und Vektorschreibweise, Tensor- und Ingenieurnotation

Die Spannung stellt einen zweistufigen Tensor dar, der grundsätzlich neun Komponenten hat, die in der Matrix

$$\boldsymbol{\sigma} = \begin{bmatrix} \sigma_{11} & \tau_{12} & \tau_{13} \\ \tau_{21} & \sigma_{22} & \tau_{23} \\ \tau_{31} & \tau_{32} & \sigma_{33} \end{bmatrix} \tag{5.22}$$

angeordnet werden können (Tensorschreibweise). Gleiches gilt für die Dehnungen. Dementsprechend stellt die Verknüpfung zwischen beiden, der Werkstofftensor, einen vierstufigen Tensor dar. Dessen Darstellung auf dem Papier wäre schwierig.

Aus dem Momentengleichgewicht am infinitesimal kleinen Element ergibt sich die Gleichheit der zugeordneten Schubspannungen an orthogonalen Schnitten:

$$\tau_{ij} = \tau_{ji} \tag{5.23}$$

Auch der Dehnungstensor ist symmetrisch. Das erlaubt es, Spannungs- und Dehnungskomponenten jeweils in einer Spaltenmatrix (Vektorschreibweise oder *Voigt*-Notation) und dann die Komponenten des Werkstofftensors, hier für Elastizität, in einer $n \times n$-Matrix anzuordnen.

$$\begin{bmatrix} \sigma_{11} \\ \sigma_{22} \\ \sigma_{33} \\ \tau_{12} \\ \tau_{23} \\ \tau_{13} \end{bmatrix} = \mathbf{E} \begin{bmatrix} \varepsilon_{11} \\ \varepsilon_{22} \\ \varepsilon_{33} \\ \gamma_{12} \\ \gamma_{23} \\ \gamma_{13} \end{bmatrix} \tag{5.24}$$

In der **Tensornotation** der Dehnungen haben die Schubkomponenten, hier mit ε_{ij} bezeichnet, aus Gründen der einheitlichen Darstellung nur den halben Wert der entsprechenden Komponenten, hier γ_{ij}, in der **Ingenieurnotation**:

$$\begin{bmatrix} \gamma_{12} \\ \gamma_{23} \\ \gamma_{13} \end{bmatrix} = \begin{bmatrix} 2\varepsilon_{12} \\ 2\varepsilon_{23} \\ 2\varepsilon_{13} \end{bmatrix} \tag{5.25}$$

Die Tensornotation erleichtert die kompakte Darstellung von Beziehungen, die für Werkstoffgesetze relevant sind, insbesondere in der Indexschreibweise. Lineare Dehnungen (Ingenieurdehnungen) können als

$$\varepsilon_{ij}^{\mathrm{Ing}} = \frac{1}{2} \left(\frac{\partial u_i}{\partial x_j} + \frac{\partial u_j}{\partial x_i} \right)$$

dargestellt werden, und zwar sowohl für $i = j$ die Normal- als auch $i \neq j$ die Schubkomponenten.

5.4 Aufspaltung und Darstellung räumlicher Spannungszustände

5.4.1 Hauptspannungen

Der räumliche Spannungszustand hat neun Komponenten, von denen je zwei Schubspannungen gleich sind, sodass sechs verschiedene Werte übrig bleiben. Der Spannungstensor lässt sich als Matrix darstellen:

$$\boldsymbol{\sigma} = \begin{bmatrix} \sigma_{xx} & \tau_{xy} & \tau_{xz} \\ \tau_{xy} & \sigma_{yy} & \tau_{yz} \\ \tau_{xz} & \tau_{yz} & \sigma_{zz} \end{bmatrix} \tag{5.26}$$

Dies sind die Spannungen in drei Schnitten, die jeweils senkrecht zu den Koordinatenachsen stehen. Will man die Spannungen in einem beliebigen Schnitt bestimmen, muss man mit dem Normalenvektor **n** multiplizieren. Damit erhält man den Spannungsvektor

$$\mathbf{t} = \begin{bmatrix} \sigma_{11} \\ \tau_{12} \\ \tau_{13} \end{bmatrix} = \boldsymbol{\sigma}\mathbf{n} \tag{5.27}$$

Hinter der Bestimmung von Hauptspannungen (*principal stresses*) steht die Frage, welche Richtungen die Koordinatenachsen haben müssen, damit keine Schubspannungen auftreten. Das ist gleichbedeutend mit der Forderung, dass die Normale zu einer Schnittfläche in die Richtung des Spannungsvektors dieser Fläche zeigen muss:

$$\boldsymbol{\sigma}\mathbf{n} = \lambda\mathbf{n} \tag{5.28}$$

Das ergibt das Eigenwertproblem

$$(\boldsymbol{\sigma} - \lambda\mathbf{I})\,\mathbf{n} = \mathbf{0} \tag{5.29}$$

$$\begin{bmatrix} \sigma_{xx} - \lambda & \tau_{xy} & \tau_{xz} \\ \tau_{xy} & \sigma_{yy} - \lambda & \tau_{yz} \\ \tau_{xz} & \tau_{yz} & \sigma_{zz} - \lambda \end{bmatrix} \begin{bmatrix} n_1 \\ n_2 \\ n_3 \end{bmatrix} = \begin{bmatrix} 0 \\ 0 \\ 0 \end{bmatrix} \tag{5.30}$$

Die Forderung, dass für die nicht-triviale Lösung die Determinante null werden muss, führt auf das charakteristische Polynom

$$-\lambda^3 + \underbrace{\left(\sigma_{xx} + \sigma_{yy} + \sigma_{zz}\right)}_{I_1 = \operatorname{tr}(\boldsymbol{\sigma})}\lambda^2$$

$$-\underbrace{\left(\sigma_{xx}\sigma_{yy} + \sigma_{zz}\sigma_{xx} + \sigma_{zz}\sigma_{yy} - \tau_{xz}\tau_{xz} - \tau_{yz}\tau_{yz} - \tau_{xy}\tau_{xy}\right)}_{I_2}\lambda$$

$$+\underbrace{\left(\sigma_{xx}\sigma_{yy}\sigma_{zz} + \tau_{xy}\tau_{yz}\tau_{xz} + \tau_{xz}\tau_{xy}\tau_{yz} - \tau_{xz}\tau_{xz}\sigma_{yy} - \tau_{yz}\tau_{yz}\sigma_{xx} - \sigma_{zz}\tau_{xy}\tau_{xy}\right)}_{I_3 = \det(\boldsymbol{\sigma})} = 0 \tag{5.31}$$

also

$$-\lambda^3 + I_1\lambda^2 - I_2\lambda + I_3 = 0 \tag{5.32}$$

dessen Koeffizienten die Invarianten I_1 bis I_3 des Spannungstensors darstellen. Diese Werte sind invariant gegenüber Drehungen des Koordinatensystems. Die Hauptspannungen ergeben sich immer gleich. Damit sind auch sie Invarianten. Die drei Lösungen für λ sind die drei Hauptspannungen, wobei die größte stets als σ_1 und die kleinste als σ_3 bezeichnet wird (unter Beachtung der Vorzeichen). Die drei Lösungen für $\boldsymbol{\varphi}=\{n_1, n_2, n_3\}$ sind die – orthogonalen – Hauptrichtungen.

5.4.2   Kugeltensor und Deviator

Die erste Invariante, I_1, ist die Summe der Normalspannungen und beträgt das Dreifache der mittleren Normalspannung

$$\sigma_\mathrm{m} = \frac{1}{3}\left(\sigma_{xx} + \sigma_{yy} + \sigma_{zz}\right) = \frac{1}{3}I_1 \tag{5.33}$$

Dies ist der Spannungsanteil, der nach allen Richtungen gleich ist (deshalb ist er ja invariant gegenüber einer Drehung des Koordinatensystems) und wegen der Analogie zum

Druck in der Hydrostatik hydrostatischer Anteil heißt. Er ist potenziell volumenändernd. Bei entsprechender Anordnung ergibt sich der so genannte Kugeltensor

$$\boldsymbol{\sigma}_\mathrm{m} = \begin{bmatrix} \sigma_\mathrm{m} & 0 & 0 \\ 0 & \sigma_\mathrm{m} & 0 \\ 0 & 0 & \sigma_\mathrm{m} \end{bmatrix} = \sigma_\mathrm{m}\mathbf{I} \tag{5.34}$$

Zieht man ihn vom Spannungstensor ab, erhält man den gestaltändernden Spannungsdeviator

$$\mathbf{s} = \begin{bmatrix} \sigma_{xx} - \sigma_\mathrm{m} & \tau_{xy} & \tau_{xz} \\ \tau_{xy} & \sigma_{yy} - \sigma_\mathrm{m} & \tau_{yz} \\ \tau_{xz} & \tau_{yz} & \sigma_{zz} - \sigma_\mathrm{m} \end{bmatrix} \tag{5.35}$$

Nur die Normalspannungen werden verändert, die Schubspannungen sind bereits deviatorisch.

Bestimmt man vom Deviator die Hauptwerte, so ergibt sich, weil man ja die erste Invariante des Spannungstensors abgezogen hat, dass die erste Invariante des Deviators, J_1, null wird. J_2 und J_3 verbleiben und bilden Koeffizienten eines Polynoms dritter Ordnung, das null werden soll. Das löst man mit einem trigonometrischen Ansatz, in dem der Winkel θ eine Rolle spielt, der später noch interpretiert wird.

Die Hauptrichtungen von Spannungstensor und Deviator sind gleich, weil sie sich ja nur durch den – richtungsunabhängigen – hydrostatischen Anteil unterscheiden.

Auch Dehnungen können in einen volumen- und einen gestaltändernden Anteil zerlegt werden. Der gestaltändernde Anteil (Deviator) entsteht analog den Spannungen durch Subtraktion der mittleren Normaldehnung

$$\varepsilon_\mathrm{m} = \frac{1}{3}\left(\varepsilon_{11} + \varepsilon_{22} + \varepsilon_{33}\right) \tag{5.36}$$

$$e_{ij} = \begin{cases} \varepsilon_{ij} - \varepsilon_\mathrm{m} & \text{für } i = j \\ \varepsilon_{ij} & \text{für } i \neq j \end{cases} \tag{5.37}$$

d. h. nur die Normaldehnungen werden beim Übergang zum Deviator verändert, nicht aber die Schubverzerrungen.

Im Weiteren wird anstelle der mittleren Normaldehnung deren Summe, die bei kleinen Dehnungen die Volumendehnung darstellt, verwandt:

$$\varepsilon_\mathrm{Vol} = \left(\varepsilon_{11} + \varepsilon_{22} + \varepsilon_{33}\right) = 3\varepsilon_\mathrm{m} \tag{5.38}$$

Das Hooke'sche Gesetz lässt sich dann in zwei Gleichungen schreiben. Für den volumetrischen Anteil lautet sie:

$$\sigma_\mathrm{m} = K\varepsilon_\mathrm{Vol} = 3K\varepsilon_\mathrm{m} \tag{5.39}$$

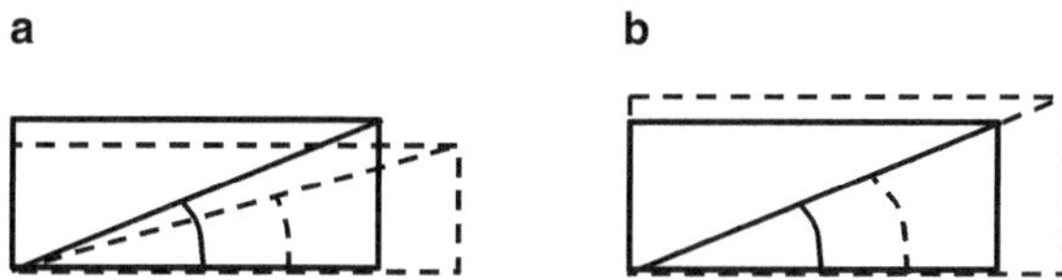

Abb. 5.24 Schubverformung durch Strecken (**a**), Volumenänderung (**b**)

wobei $K = \frac{E}{3(1-2\nu)}$ der Kompressionsmodul mit ν der Querkontraktionszahl ist. Für jede Komponente des Deviators, Normal- wie Schubanteile, ist

$$s_{ij} = 2Ge_{ij} \tag{5.40}$$

wobei $G = \frac{E}{2(1+\nu)}$ der Schubmodul ist.

Für die Schubkomponenten gilt (5.40) nur, wenn für die Verzerrung die Tensornotation verwendet wird, bei der die Schubverzerrungen nur halb so groß wie bei der anschaulicheren Ingenieurnotation (s. Abschn. 5.3) definiert sind. Bei letzterer gilt natürlich

$$s_{ij} = Ge_{ij} = G\gamma_{ij} \quad \text{für} \quad i \neq j \tag{5.41}$$

schließlich ist darüber ja der Schubmodul definiert.

Wie kann eine Normaldehnung eine Schubverformung hervorrufen?

Wie Abb. 5.24 zeigt, ändert die Diagonale (oder eine andere beliebig in ein Rechteck gelegte Gerade) ihre Richtung, wenn das Verhältnis der Kantenlängen des Rechtecks sich ändert, obwohl die Eckwinkel unverändert bleiben. Nur im Fall einer Volumenänderung behält die Diagonale ihre Ausrichtung bei.

5.4.3 Hauptspannungsraum

Für die grafische Darstellung von Spannungszuständen, insbesondere der Fließbedingungen und der Fließregeln, ist es sinnvoll, den Hauptspannungsraum einzuführen. Da der allgemeine Spannungszustand durch sechs Komponenten beschrieben wird, ist seine Darstellung nicht möglich. Berechnet man aber Hauptspannungen, so bleiben drei Größen übrig. Für diese wird eine räumliche Darstellung gewählt, der **Hauptspannungsraum** (*principal stress space*, Abb. 5.25).

Die Raumdiagonale kennzeichnet die Punkte, in denen die drei Hauptspannungen gleich sind, also den hydrostatischen Spannungsanteil. Die Raumdiagonale ist Normale zur *Deviatorebene*, in der man die Abweichungen von der hydrostatischen Achse und damit die gestaltändernden Spannungsanteile, den Spannungsdeviator, sieht. Insbesondere ist $\sqrt{J_2}$ der Abstand zur hydrostatischen Achse.

Abb. 5.25 Hauptspannungsraum

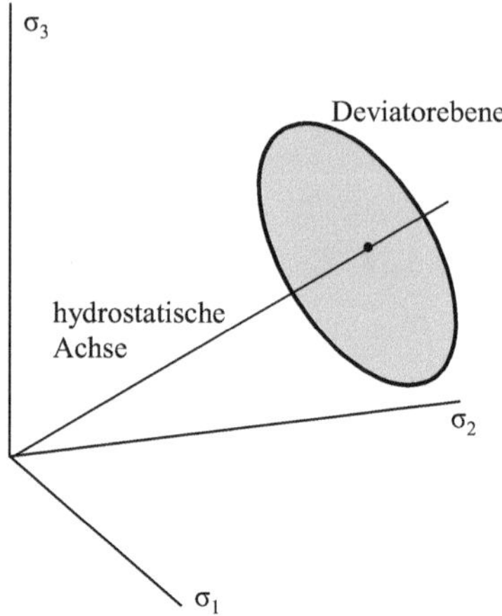

5.5 Berücksichtigung des Materialverhaltens in der FEM

Bei Auftreten von Nichtlinearitäten (Geometrische, Material-, Kontakt) lassen sich die
Verschiebungen normalerweise nicht mehr direkt durch Auflösen der Gleichgewichtsbe-
dingungen bestimmen. Stattdessen wird iterativ vorgegangen. Dabei dominiert das Newton-Raphson-Verfahren. Darin ergibt sich ein Inkrement der Knotenverschiebungen aus

$$\mathbf{K}_\mathrm{T}\Delta\hat{\mathbf{u}} = \mathbf{f}^{\mathrm{ext}} - \mathbf{f}^{\mathrm{int}} \tag{5.42}$$

mit den inneren Kräften

$$\mathbf{f}^{\mathrm{int}} = \int\limits_{(V)} \mathbf{B}^T \boldsymbol{\sigma}\, dV \tag{5.43}$$

Wie in Abschn. 2.3.4.1 gezeigt, setzt sich die tangentiale Steifigkeitsmatrix aus

$$\mathbf{K}_\mathrm{T} = \underbrace{\int\limits_{(V)} \mathbf{B}^T \frac{\partial\boldsymbol{\sigma}}{\partial\boldsymbol{\varepsilon}}\mathbf{B}\, dV}_{\mathbf{K}_u} + \underbrace{\int\limits_{(V)} \frac{\partial\mathbf{B}^T}{\partial\hat{\mathbf{u}}}\boldsymbol{\sigma}\, dV}_{\mathbf{K}_\sigma} \underbrace{- \frac{\partial\mathbf{f}^{\mathrm{ext}}}{\partial\hat{\mathbf{u}}}}_{\mathbf{K}_p} \tag{5.44}$$

zusammen. $\mathbf{K}_\sigma$ existiert nur bei geometrischer Nichtlinearität, $\mathbf{K}_p$ nur bei verschiebungs-
abhängigen Lasten wie Drücken. Die **B**-Matrix hängt vom gewählten Dehnungsmaß, also
ebenfalls von der Kinematik ab.

Für die Berücksichtigung nichtlinearen Materialverhaltens – das ist alles, was nicht
dem Hooke'schen Gesetz entspricht, auch wenn nur das Zusammenwirken von linearen
Federn und Dämpfern betrachtet wird – müssen für (5.43) und (5.44) die Spannungen $\boldsymbol{\sigma}$
und deren Ableitungen nach den Dehnungen $\boldsymbol{\varepsilon}$, genauer nach den Gesamtdehnungen $\boldsymbol{\varepsilon}^{\mathrm{tot}}$,

bereitgestellt werden. Diese Ableitungen bilden auch eine Matrix, die so genannte *konsistente Materialtangente*, wobei konsistent ausdrückt, dass das numerische Verfahren, mit dem die Werkstoffgleichungen erfüllt werden, berücksichtigt wird.

Man muss davon ausgehen, dass das Finite-Elemente-Programm die Gesamtdehnungen übergibt und ggf. noch Geschichtsvariablen wie z. B. plastische Dehnungen bereitstellt. Dazu kommen Zeit, Zeitschritte und Temperaturen.

Aus den Dehnungen werden an allen Integrationspunkten – oft iterativ (*innere* oder *lokale* Iteration) – die Spannungen und die Veränderung der Geschichtsvariablen errechnet. Aus den Spannungen ergeben sich dann die neuen inneren Kräfte, die im ersten Versuch wahrscheinlich nicht mit den äußeren Kräften im Gleichgewicht stehen. Um dieses herzustellen, werden nun die Verschiebungsinkremente iterativ verbessert (*äußere* oder *globale* Iteration). Geschieht das mit dem Newton-Verfahren, wird dazu die Materialtangente benötigt. In jedem Schritt der äußeren Iteration werden neue Dehnungen und mit diesen jedes Mal die zugehörigen Spannungen an den Integrationspunkten berechnet. Der Algorithmus lässt sich wie folgt beschreiben:

Alg. 5.1

1) Start:

Bestimme $\mathbf{f}^{\text{ext}}$, $\mathbf{f}^{\text{int}}$ und $\mathbf{K}_{\text{T}}$ basierend auf $\mathbf{u}_0 = \mathbf{0}$ und dem anfänglichen Materialtensor, gewöhnlich der Elastizitätsmatrix $\mathbf{E}$

Globale Iteration am Gesamtsystem:

2) Löse $\mathbf{K}_{\text{T}}\Delta\mathbf{u} = \mathbf{f}^{\text{ext}} - \mathbf{f}^{\text{int}} \rightarrow \Delta\mathbf{u}, \mathbf{u}_{i+1} = \mathbf{u}_i + \Delta\mathbf{u}$

3) Bestimme die Gesamtdehnungen $\boldsymbol{\varepsilon}^{\text{tot}}$

4) Lokale Iteration an jedem Integrationspunkt:

(a) Bestimme die Spannungen $\boldsymbol{\sigma}$ aus den Gesamtdehnungen $\boldsymbol{\varepsilon}^{\text{tot}}$

(b) Aktualisiere die Geschichtsvariablen

(c) Bilde die konsistente Materialtangente $\dfrac{\partial\boldsymbol{\sigma}}{\partial\boldsymbol{\varepsilon}^{\text{tot}}}$

5) Bestimme die inneren Kräfte $\mathbf{f}^{\text{int}}$ basierend auf $\boldsymbol{\sigma}$ und die Tangentensteifigkeitsmatrix $\mathbf{K}_{\text{T}}$ basierend auf $\partial\boldsymbol{\sigma}/\partial\boldsymbol{\varepsilon}^{\text{tot}}$

6) Gehe zu 2., bis Konvergenz erzielt ist

Das Materialmodell ist interpretierbar als eine Parallelschaltung einer Feder mit n Maxwell-Elementen (Reihenschaltung Feder – Dämpfer) wie in Abb. 5.17.

6.1 Grundformeln für den eindimensionalen Fall

Bei einem Relaxationsversuch wird die Dehnung vorgegeben, während die Spannung über die Zeit abnimmt. Für die Einzelfeder und die Maxwell-Elemente ist die Dehnung gleich. Die Spannung im jeweiligen Strang kann für sich berechnet werden, und zwar wie in Abschn. 5.2.2. Gl. (5.14) kann folgendermaßen umgeschrieben werden:

$$\sigma_i(t) = E_i e^{-\frac{E_i}{\eta_i}(t-t_0)} \varepsilon_0^{\text{tot}} = E_i e^{-\frac{1}{\lambda_i}(t-t_0)} \varepsilon_0^{\text{tot}} \tag{6.1}$$

Es ist also ein zeitabhängiger effektiver E-Modul

$$E_i^{\text{Maxw}}(t - t_0) = E_i e^{-\frac{t-t_0}{\lambda_i}} \tag{6.2}$$

definiert. Anstelle der Dämpfungskonstante η gibt es jetzt als Konstante neben dem (Anfangs-)E-Modul E_i eine charakteristische Zeit λ_i, auch als Relaxationszeit bezeichnet, obwohl die Relaxation nach dieser Zeit nicht abgeschlossen ist. Wegen der Parallelschaltung können sowohl die Spannungs- als auch die E-Modul-Anteile addiert werden. Sie ergeben den aktuellen Elastizitätsmodul des Materials:

$$E(t - t_0) = E_\infty + \sum_{i=1}^{n} E_i^{\text{Maxw}}(t - t_0) = E_\infty + \sum_{i=1}^{n} E_i e^{-\frac{t-t_0}{\lambda_i}} \tag{6.3}$$

Hier steht E_∞ für die Einzelfeder, deren E-Modul nicht zeitlich veränderlich ist.

© Springer Fachmedien Wiesbaden 2016

W. Rust, *Nichtlineare Finite-Elemente-Berechnungen*, DOI 10.1007/978-3-658-13378-8_6

Abb. 6.1 Relaxation bei
unterschiedlichem Belastungsbeginn

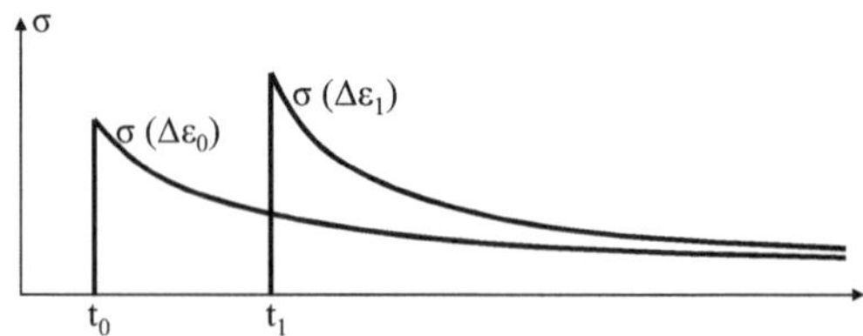

Diese Darstellung ist als *Prony-Reihe* bekannt. Sie gilt, wenn die Relaxation mit Belastungsbeginn t_0 startet, also

$$\sigma\,(t) = E\,(t - t_0)\,\varepsilon_0 \tag{6.4}$$

Nun wird vorausgesetzt, dass bei einer Dehnungsänderung die Relaxation für den geänderten Anteil von vorn beginnt (Abb. 6.1):

$$\sigma\,(t) = E\,(t - t_0)\,\Delta\varepsilon_0 + E\,(t - t_1)\,\Delta\varepsilon_1 \tag{6.5}$$

Geht man nun von differenziell kleinen Zuwächsen für die Dehnung und die Zeit aus, wird der Anfangszeitpunkt variabel und es gilt

$$d\sigma = E\left(t - \bar{t}\right) d\varepsilon \tag{6.6}$$

$$\text{Mit} \quad d\varepsilon = \frac{\partial\varepsilon}{\partial t}dt = \dot{\varepsilon}dt$$

erhält man die Spannung als das uneigentliche Integral

$$\sigma\,(t) = \int\limits_0^t E\left(t - \bar{t}\right)\dot{\varepsilon}d\bar{t} \tag{6.7}$$

Dieses heißt *Faltungsintegral* (*convolution integral*).

Die Dehngeschwindigkeit wird als gegeben betrachtet, weil das Finite-Elemente-Programm das entsprechende Unterprogramm mit der Dehnung aufruft, die sich aus dem aktuell berechneten Verschiebungszustand ergibt. Der Zeitschritt ist ebenfalls gegeben. Als Antwort wird der Spannungszustand erwartet. Setzt man (6.3) ein, ergibt sich

$$\sigma\,(t) = \int\limits_0^t \left(E_\infty + \sum_i E_i e^{-\frac{t-\bar{t}}{\lambda_i}} \right)\dot{\varepsilon}d\bar{t} = E_\infty \int\limits_0^t \dot{\varepsilon}dt + \int\limits_0^t \sum_i E_i e^{-\frac{t-\bar{t}}{\lambda_i}}\dot{\varepsilon}d\bar{t} \tag{6.8}$$

$$\sigma\,(t) = E_\infty\varepsilon\,(t) + \int\limits_0^t \sum_i E_i e^{-\frac{t-\bar{t}}{\lambda_i}}\dot{\varepsilon}d\bar{t} \tag{6.9}$$

6.2 Einführung von Zeitschritten

Mit der Zeitdiskretisierung werden Zeitpunkte t_n eingeführt, an denen alle Werte als bekannt gelten. Der kleinste Wert für t_n ist 0. Der Zeitpunkt, für den Werte berechnet werden sollen, ist

$$t_{n+1} = t_n + \Delta t \tag{6.10}$$

wobei Δt der Zeitschritt ist. Dann ist

$$\sigma\left(t_{n+1}\right) = E_\infty \varepsilon\left(t_{n+1}\right) + \int_0^{t_{n+1}} \sum_i E_i e^{-\frac{t_{n+1}-\bar{t}}{\lambda_i}} \dot{\varepsilon}\, d\bar{t} \tag{6.11}$$

Dieses Integral kann aufgeteilt werden in eines bis t_n und eines über den Zeitschritt:

$$\sigma\left(t_{n+1}\right) = E_\infty \varepsilon\left(t_{n+1}\right) + \int_0^{t_n} \sum_i E_i e^{-\frac{t_{n+1}-\bar{t}}{\lambda_i}} \dot{\varepsilon}\, d\bar{t} + \int_{t_n}^{t_{n+1}} \sum_i E_i e^{-\frac{t_{n+1}-\bar{t}}{\lambda_i}} \dot{\varepsilon}\, d\bar{t} \tag{6.12}$$

Mit Einführung des Zeitschrittes und Berücksichtigung von

$$e^{-\frac{t_{n+1}-\bar{t}}{\lambda_i}} = e^{-\frac{\Delta t + t_n - \bar{t}}{\lambda_i}} = e^{-\frac{\Delta t}{\lambda_i}} e^{-\frac{t_n - \bar{t}}{\lambda_i}} \tag{6.13}$$

und der Tatsache, dass Summation und Integration vertauschbar sind, ergibt sich

$$\sigma\left(t_{n+1}\right) = E_\infty \varepsilon\left(t_{n+1}\right) + \sum_i \left(e^{-\frac{\Delta t}{\lambda_i}} \underbrace{\int_0^{t_n} E_i e^{-\frac{t_n-\bar{t}}{\lambda_i}} \dot{\varepsilon}\, d\bar{t}}_{H_i(t_n)} + \int_{t_n}^{t_{n+1}} E_i e^{-\frac{t_{n+1}-\bar{t}}{\lambda_i}} \dot{\varepsilon}\, d\bar{t} \right) \tag{6.14}$$

$$\underbrace{\phantom{\sum_i \left(e^{-\frac{\Delta t}{\lambda_i}} \int_0^{t_n} E_i e^{-\frac{t_n-\bar{t}}{\lambda_i}} \dot{\varepsilon}\, d\bar{t} + \int_{t_n}^{t_{n+1}} E_i e^{-\frac{t_{n+1}-\bar{t}}{\lambda_i}} \dot{\varepsilon}\, d\bar{t} \right)}}_{H_i(t_{n+1})}$$

Dabei wird die Abkürzung

$$H_i(t) := \int_0^{t} E_i e^{-\frac{t-\bar{t}}{\lambda_i}} \dot{\varepsilon}\, d\bar{t} \tag{6.15}$$

eingeführt. Man erkennt durch Vergleich mit (6.11), dass die große Klammer in (6.14) $H_i(t_{n+1})$ beinhaltet, dieser Ausdruck also rekursiv aus dem Wert des vorherigen Zeitpunktes und dem aktuellen Zeitschritt berechnet werden kann. Gleichzeitig war zum Zeitpunkt t_n

$$\sigma\left(t_n\right) = E_\infty \varepsilon\left(t_n\right) + \sum_i \underbrace{\int_0^{t_n} E_i e^{-\frac{t_n-\bar{t}}{\lambda_i}} \dot{\varepsilon}\, d\bar{t}}_{H_i(t_n)} \tag{6.16}$$

$H_i(t_n)$ also bekannt. Daher ist

$$\sigma(t_{n+1}) = E_\infty \varepsilon(t_{n+1}) + \sum_i H_i(t_{n+1}) \tag{6.17}$$

wobei sich H_i sich aus der Rekursionsformel

$$H_i(t_{n+1}) = e^{-\frac{\Delta t}{\lambda_i}} H_i(t_n) + \int_{t_n}^{t_{n+1}} E_i e^{-\frac{t_{n+1}-\bar{t}}{\lambda_i}} \dot{\varepsilon}\, d\bar{t} \tag{6.18}$$

ergibt. Der Startwert ist $H_i(0) = 0$.

6.3 Numerik

Im Integral wird die Dehngeschwindigkeit durch

$$\dot{\varepsilon} = \frac{\Delta \varepsilon}{\Delta t} \tag{6.19}$$

ersetzt und ist damit gegeben und unabhängig von $\bar{t}$. Folglich ist

$$\int_{t_n}^{t_{n+1}} E_i e^{-\frac{t_{n+1}-\bar{t}}{\lambda_i}} \dot{\varepsilon}\, d\bar{t} \approx E_i \int_{t_n}^{t_{n+1}} e^{-\frac{t_{n+1}-\bar{t}}{\lambda_i}} d\bar{t}\frac{\Delta \varepsilon}{\Delta t} = E_i \lambda_i \frac{\Delta \varepsilon}{\Delta t} \left[e^{-\frac{t_{n+1}-\bar{t}}{\lambda_i}} \right]_{t_n}^{t_{n+1}} \tag{6.20}$$

$$\int_{t_n}^{t_{n+1}} E_i e^{-\frac{t_{n+1}-\bar{t}}{\lambda_i}} \dot{\varepsilon}\, d\bar{t} \approx E_i \lambda_i \frac{\Delta \varepsilon}{\Delta t} \left[e^0 - e^{-\frac{t_{n+1}-t_n}{\lambda_i}} \right] = E_i \Delta \varepsilon \frac{\lambda_i}{\Delta t} \left[1 - e^{-\frac{\Delta t}{\lambda_i}} \right] \tag{6.21}$$

Also ist

$$H_i(t_{n+1}) = e^{-\frac{\Delta t}{\lambda_i}} H_i(t_n) + E_i \Delta \varepsilon \frac{\lambda_i}{\Delta t} \left[1 - e^{-\frac{\Delta t}{\lambda_i}} \right] \tag{6.22}$$

und damit

$$\sigma(t_{n+1}) = E_\infty (\varepsilon(t_n) + \Delta \varepsilon) + \sum_i e^{-\frac{\Delta t}{\lambda_i}} H_i(t_n) + \sum_i E_i \Delta \varepsilon \frac{\lambda_i}{\Delta t} \left[1 - e^{-\frac{\Delta t}{\lambda_i}} \right] \tag{6.23}$$

Wird die Integration numerisch – der Grund erschließt sich erst bei Einführung der Temperaturabhängigkeit – mit der Mittelpunktsregel vorgenommen, muss für den Integranden der Mittelwert aus den Grenzen eingesetzt werden und für $d\bar{t}$ der Zeitschritt, d. h.

$$E_i \int_{t_n}^{t_{n+1}} e^{-\frac{t_{n+1}-\bar{t}}{\lambda_i}} d\bar{t}\frac{\Delta \varepsilon}{\Delta t} \approx E_i \frac{\Delta \varepsilon}{\Delta t} e^{-\frac{t_{n+1}-\frac{1}{2}(t_{n+1}+t_n)}{\lambda_i}} \Delta t = E_i \Delta \varepsilon e^{-\frac{\frac{1}{2}(t_{n+1}-t_n)}{\lambda_i}} \tag{6.24}$$

$$E_i \int_{t_n}^{t_{n+1}} e^{-\frac{t_{n+1}-\bar{t}}{\lambda_i}} d\bar{t}\frac{\Delta \varepsilon}{\Delta t} \approx E_i \Delta \varepsilon e^{-\frac{\frac{1}{2}\Delta t}{\lambda_i}} \tag{6.25}$$

Dann ist

$$H_i\left(t_{n+1}\right) = e^{-\frac{\Delta t}{\lambda_i}} H_i\left(t_n\right) + E_i \Delta\varepsilon\, e^{-\frac{\Delta t}{2\lambda_i}} \tag{6.26}$$

und damit

$$\sigma\left(t_{n+1}\right) = E_\infty\left(\varepsilon\left(t_n\right) + \Delta\varepsilon\right) + \sum_i e^{-\frac{\Delta t}{\lambda_i}} H_i\left(t_n\right) + \sum_i E_i \Delta\varepsilon\, e^{-\frac{\Delta t}{2\lambda_i}} \tag{6.27}$$

Beide Varianten lassen sich zu

$$H_i\left(t_{n+1}\right) = e^{-\frac{\Delta t}{\lambda_i}} H_i\left(t_n\right) + E_i \Delta\varepsilon\, f_i\left(\Delta t\right) \tag{6.28}$$

$$\text{mit}\quad f_i\left(\Delta t\right) = \begin{cases} \dfrac{\lambda_i}{\Delta t}\left(1 - e^{-\frac{\Delta t}{\lambda_i}}\right) & \text{bei direkter Integration} \\[2ex] e^{-\frac{\Delta t}{2\lambda_i}} & \text{bei der Mittelpunktsregel} \end{cases} \tag{6.29}$$

zusammenfassen.

6.4 Werkstofftangente

Gesucht ist die Ableitung der Spannungen nach den Dehnungen, die aber auch die Ableitung nach den Dehnungsinkrementen ist:

$$\frac{d\sigma}{d\varepsilon} = \frac{d\sigma}{d\Delta\varepsilon}\frac{d\Delta\varepsilon}{d\varepsilon} = \frac{d\sigma}{d\Delta\varepsilon}\frac{d\left(\varepsilon - \varepsilon_n\right)}{d\varepsilon} = \frac{d\sigma}{d\Delta\varepsilon} \tag{6.30}$$

Dann ist

$$\frac{\partial\sigma}{\partial\Delta\varepsilon} = E_\infty + \sum_i \frac{\partial H_i\left(t_{n+1}\right)}{\partial\Delta\varepsilon} =: E_{\mathrm{T}} \tag{6.31}$$

Die darin benötigte Ableitung ergibt sich als

$$\frac{\partial H_i\left(t_{n+1}\right)}{\partial\Delta\varepsilon} = E_i f_i\left(\Delta t\right) \tag{6.32}$$

mit $f_i(\Delta t)$ aus (6.29).

Alg. 6.1 (hier für numerische Integration)
- gegeben $n = 0$, $t_0 = 0$, $H_i\left(t_0\right) = 0$
- in der äußeren Iteration für $\Delta\varepsilon$ bis zur Konvergenz
  1) gegeben $\varepsilon\left(t_n\right)$, $\Delta\varepsilon$, Δt und Werkstoffparameter
  2) $H_i\left(t_{n+1}\right) = e^{-\frac{\Delta t}{\lambda_i}} H_i\left(t_n\right) + E_i \Delta\varepsilon\dfrac{\lambda_i}{\Delta t} e^{-\frac{\Delta t}{2\lambda_i}}$
  3) $\sigma\left(t_{n+1}\right) = E_\infty\left(\varepsilon\left(t_n\right) + \Delta\varepsilon\right) + \sum_i H_i\left(t_{n+1}\right)$

$$4) \quad \frac{\partial H_i\,(t_{n+1})}{\partial \Delta \varepsilon} = E_i \frac{\lambda_i}{\Delta t} e^{-\frac{\Delta t}{2\lambda_i}}$$

$$5) \quad \frac{\partial \sigma}{\partial \varepsilon} = E_\infty + \sum_i \frac{\partial H_i\,(t_{n+1})}{\partial \Delta \varepsilon}$$

- Veränderung von $\Delta \varepsilon$, dann weiter mit 1)
- nach Konvergenz von $\Delta \varepsilon$: $n \leftarrow n + 1$, weiter mit 1)

Eine innere Iteration ist nicht erforderlich. Der nächste Schritt 1) ergibt sich nicht nur aus einem neuen Zeitschritt, sondern auch innerhalb der äußeren Gleichgewichtsiteration in demselben Zeitschritt.

6.5 Mehrdimensionaler Fall

6.5.1 Spannungsberechnung

Hier wird auf die Aufspaltung von Spannungen und Dehnungen in Kugeltensor und Deviator und das Hooke'sche Gesetz in diesen Größen in Abschn. 5.4.2 verwiesen. Man geht nun davon aus, dass volumetrische und deviatorische Anteile unterschiedlich relaxieren, daher zu den unterschiedlichen Moduln unterschiedliche Relaxationszeiten, nämlich λ_i^G und λ_i^K, gehören.

Bei der Benutzung von Schubmodul G und Kompressionsmodul K scheinen die Richtungen zunächst entkoppelt. Deshalb können die Formeln aus den obigen Kapiteln je Komponente angewandt werden.

Aus der Spannungs-Dehnungs-Beziehung wird

$$\sigma_{\mathrm{m}}\,(t_{n+1}) = 3K_\infty \varepsilon_{\mathrm{m}}\,(t_{n+1}) + \sum_i H_i^K\,(t_{n+1}) \tag{6.33}$$

mit

$$H_i^K\,(t_{n+1}) = e^{-\frac{\Delta t}{\lambda_i^K}} H_i^K\,(t_n) + 3K_i \Delta \varepsilon_{\mathrm{m}} \frac{\lambda_i^K}{\Delta t} e^{-\frac{\Delta t}{2\lambda_i^K}} \tag{6.34}$$

und nach Übergang zur Ingenieurnotation

$$a) \quad s_{kk}\,(t_{n+1}) = 2G_\infty e_{kk}\,(t_{n+1}) + \sum_i 2H_{i,kk}^G\,(t_{n+1})$$

$$\text{bzw. } b) \quad \tau_{kl}\,(t_{n+1}) = G_\infty \gamma_{kl}\,(t_{n+1}) + \sum_i H_{i,kl}^G\,(t_{n+1}) \quad \text{für} \quad k \neq l \tag{6.35}$$

mit

$$H_{i,kl}^G\,(t_{n+1}) = e^{-\frac{\Delta t}{\lambda_i^G}} H_{i,kl}^G\,(t_n) + G_i \Delta e_{kl} \frac{\lambda_i^G}{\Delta t} e^{-\frac{\Delta t}{2\lambda_i^G}} \tag{6.36}$$

Da die Geschichtsvariable H von einer Dehnungskomponente abhängig ist, muss für jede Komponente kl und jedes Maxwell-Element i eine eigene Variable $H_{i,kl}$ gespeichert werden.

6.5.2 Werkstofftangente

Wegen

$$\sigma_{ii} = s_{ii} + \sigma_{\mathrm{m}} \tag{6.37}$$

wird

$$\frac{d\sigma_{ii}}{d\varepsilon_{kl}} = \frac{ds_{ii}}{d\varepsilon_{kl}} + \frac{d\sigma_{\mathrm{m}}}{d\varepsilon_{kl}} = \frac{\partial s_{ii}}{\partial e_{ii}} \frac{\partial e_{ii}}{\partial \varepsilon_{kl}} + \frac{\partial \sigma_{\mathrm{m}}}{\partial \varepsilon_{\mathrm{m}}} \frac{\partial \varepsilon_{\mathrm{m}}}{\partial \varepsilon_{kl}} \tag{6.38}$$

Die Beschränkung der Indizes auf die jeweilige Dehnung ergibt sich daraus, dass die Spannungskomponenten nur von der jeweils angegebenen Dehnungskomponente abhängig sind. Das Ergebnis der Ableitungen der deviatorischen und volumetrischen Dehnungen nach den Gesamtdehnungskomponenten, erhält man mit

$$\varepsilon_{\mathrm{m}} = \frac{1}{3} \left(\varepsilon_{11} + \varepsilon_{22} + \varepsilon_{33} \right) \tag{6.39}$$

aus

$$e_{ii} = \varepsilon_{ii} - \varepsilon_{\mathrm{m}} = \varepsilon_{ii} - \frac{1}{3} \left(\varepsilon_{11} + \varepsilon_{22} + \varepsilon_{33} \right) \tag{6.40}$$

Die Klammer enthält jedes ε_{kk}, sodass deren Ableitung nach ε_{kk} immer $-1/3$ ist. Ist $k = i$, ist die Ableitung des ersten Terms 1, sonst 0. Zusammengefasst:

$$\frac{\partial e_{ii}}{\partial \varepsilon_{kl}} = \begin{bmatrix} \frac{2}{3} & -\frac{1}{3} & -\frac{1}{3} \\[2mm] -\frac{1}{3} & \frac{2}{3} & -\frac{1}{3} & \mathbf{0} \\[2mm] -\frac{1}{3} & -\frac{1}{3} & \frac{2}{3} \end{bmatrix} \qquad \frac{\partial \varepsilon_{\mathrm{m}}}{\partial \varepsilon_{kl}} = \begin{bmatrix} \frac{1}{3} & \frac{1}{3} & \frac{1}{3} & 0 & 0 & 0 \end{bmatrix} \tag{6.41}$$

Aus (6.33) ergibt sich

$$\frac{\partial \sigma_{\mathrm{m}}}{\partial \varepsilon_{\mathrm{m}}} (t_{n+1}) = 3K_{\infty} + 3 \sum_i \frac{\partial H_i^{K} (t_{n+1})}{\partial \Delta \varepsilon_{\mathrm{m}}} = 3K_{\infty} + 3 \sum_i K_i f_i^{K} (\Delta t) \tag{6.42}$$

mit f_i entsprechend (6.29) je nach Integrationsverfahren sowie mit

$$\frac{\partial H_i^{G} (t_{n+1})}{\partial \Delta e_{ij}} = G_i f_i^{G} (\Delta t) \quad \text{aus (6.35)} \tag{6.43}$$

$$\frac{\partial s_{ii}}{\partial e_{ii}} (t_{n+1}) = 2G_{\infty} + \sum_i 2 \frac{\partial H_i^{G}}{\partial \Delta e_{ii}} (t_{n+1}) = 2G_{\infty} + \sum_i 2G_i f_i^{G} (\Delta t) \tag{6.44}$$

bzw. $\dfrac{d\tau_{ij}}{\partial \gamma_{kl}} (t_{n+1}) = \begin{cases} \dfrac{d\tau_{ij}}{\partial \gamma_{ij}} (t_{n+1}) = G_{\infty} + \sum_i G_i f_i^{G} (\Delta t) & \text{für } i \neq j \wedge ij = kl \\[3mm] 0 & \text{für } ij \neq kl \end{cases}$

Bei der Ableitung nach der jeweiligen deviatorischen Dehnungskomponente entfällt diese also, sodass sich nur insgesamt zwei tangentiale Module

$$K_{\mathrm{T}} := K_\infty + \sum_i K_i\, f_i^{\,K}\,(\Delta t) \quad \text{und} \quad G_{\mathrm{T}} := G_\infty + \sum_i G_i\, f_i^{\,G}\,(\Delta t) \tag{6.45}$$

ergeben. Auf der Hauptdiagonalen der Materialtangente steht also

$$\frac{d\sigma_{ii}}{d\varepsilon_{ii}} = 2G_{\mathrm{T}}\frac{2}{3} + 3K_{\mathrm{T}}\frac{1}{3} \tag{6.46}$$

bei den Normalkomponenten und

$$\frac{d\tau_{ij}}{d\gamma_{ij}} = G_{\mathrm{T}} \tag{6.47}$$

bei den Schubkomponenten sowie auf den Nebendiagonalen

$$\frac{d\sigma_{ii}}{d\varepsilon_{kk}} = 2G_{\mathrm{T}}\left(-\frac{1}{3}\right) + 3K_{\mathrm{T}}\frac{1}{3} \tag{6.48}$$

Zusammengefasst:

$$\frac{d\boldsymbol{\sigma}}{d\boldsymbol{\varepsilon}} = \begin{bmatrix} \frac{4}{3}G_{\mathrm{T}} + K_{\mathrm{T}} & -\frac{2}{3}G_{\mathrm{T}} + K_{\mathrm{T}} & -\frac{2}{3}G_{\mathrm{T}} + K_{\mathrm{T}} & & & \\ -\frac{2}{3}G_{\mathrm{T}} + K_{\mathrm{T}} & \frac{4}{3}G_{\mathrm{T}} + K_{\mathrm{T}} & -\frac{2}{3}G_{\mathrm{T}} + K_{\mathrm{T}} & & \mathbf{0} & \\ -\frac{2}{3}G_{\mathrm{T}} + K_{\mathrm{T}} & -\frac{2}{3}G_{\mathrm{T}} + K_{\mathrm{T}} & \frac{4}{3}G_{\mathrm{T}} + K_{\mathrm{T}} & & & \\ & & & G_{\mathrm{T}} & & \\ & \mathbf{0} & & & G_{\mathrm{T}} & \\ & & & & & G_{\mathrm{T}} \end{bmatrix} \tag{6.49}$$

Trotz der richtungsabhängigen Geschichtsvariablen für die Relaxation der Spannungskomponenten ergibt sich also keine Anisotropie.

Alg. 6.2

- Gegeben $\;n = 0$, $t_0 = 0$, $H_i^K(t_0) = 0$, $H_i^G(t_0) = 0$
  und Werkstoffparameter
- Vorgehen in der äußeren Iteration, in der $\Delta\boldsymbol{\varepsilon}$ bis zur Konvergenz verändert wird:
  1. gegeben $\boldsymbol{\varepsilon}\,(t_n)$, $\Delta\boldsymbol{\varepsilon}$, Δt
  2. $f_i^K(\Delta t) = e^{-\frac{\Delta t}{2\lambda_i^K}}$ bei der Mittelpunktsregel, $f_i^G(\Delta t)$ entsprechend
  3. $H_i^K(t_{n+1}) = e^{-\frac{\Delta t}{\lambda_i^K}} H_i^K(t_n) + K_i \Delta\varepsilon_{\mathrm{m}} f_i^K(\Delta t)$
     $H_{i,kl}^G(t_{n+1}) = e^{-\frac{\Delta t}{\lambda_i^G}} H_{i,kl}^G(t_n) + G_i \Delta\gamma_{kl} f_i^K(\Delta t)$

4) $\sigma_\mathrm{m}(t_{n+1}) = 3K_\infty(\varepsilon_\mathrm{m}(t_n) + \Delta\varepsilon_\mathrm{m}) + 3\sum_i H_i^K(t_{n+1})$

$s_{kk}(t_{n+1}) = 2G_\infty(e_{ii}(t_n) + \Delta e_{ii}) + 2\sum_i H_{i,kk}^G(t_{n+1})$

$\sigma_{kk}(t_{n+1}) = s_{kk}(t_{n+1}) + \sigma_\mathrm{m}(t_{n+1})$

$\tau_{kl}(t_{n+1}) = G_\infty(\gamma_{kl}(t_n) + \Delta\gamma_{ii}) + \sum_i H_{i,kl}^G(t_{n+1})$

5) $K_\mathrm{T} = K_\infty + \sum_i K_i f_i^K(\Delta t)$

$G_\mathrm{T} = G_\infty + \sum_i G_i f_i^G(\Delta t)$

6) $\dfrac{d\sigma}{d\varepsilon} = \begin{bmatrix} \frac{4}{3}G_\mathrm{T} + K_\mathrm{T} & -\frac{2}{3}G_\mathrm{T} + K_\mathrm{T} & -\frac{2}{3}G_\mathrm{T} + K_\mathrm{T} & & & \\ -\frac{2}{3}G_\mathrm{T} + K_\mathrm{T} & \frac{4}{3}G_\mathrm{T} + K_\mathrm{T} & -\frac{2}{3}G_\mathrm{T} + K_\mathrm{T} & & \mathbf{0} & \\ -\frac{2}{3}G_\mathrm{T} + K_\mathrm{T} & -\frac{2}{3}G_\mathrm{T} + K_\mathrm{T} & \frac{4}{3}G_\mathrm{T} + K_\mathrm{T} & & & \\ & & & G_\mathrm{T} & & \\ & \mathbf{0} & & & G_\mathrm{T} & \\ & & & & & G_\mathrm{T} \end{bmatrix}$

- Veränderung von $\Delta\varepsilon$, dann weiter mit 1)
- nach Konvergenz von **u** bzw. $\Delta\varepsilon$: $n \leftarrow n + 1$, weiter mit 1)

6.6 Temperaturabhängigkeit

Neben der bereits behandelten Ratenabhängigkeit polymerer Werkstoffe bei isothermen Zustandsänderungen lässt sich auch eine ausgeprägte Temperaturabhängigkeit dieser Eigenschaft feststellen.

Besonders im Bereich der sogenannten Glasübergangstemperatur T_g (Abb. 6.2) variieren die physikalischen Eigenschaften stark:

- Unterhalb von $T_\mathrm{g}(T < T_\mathrm{g})$ liegt nur eine schwache Molekülbeweglichkeit vor. Für $T \ll T_\mathrm{g}$ besitzen Polymersysteme einen hohen Speichermodul[1] und eine eher geringe Dämpfung, da die Molekülketten ein festes Gitter bilden. Dies ist gleichbedeutend mit einem nahezu rein elastischen Zustand.

---

[1] Der Speichermodul ist ein Ergebnis eines rheologischen Oszillationsversuches, der durch Amplitude und Frequenz der Anregung bestimmt wird. Aus diesen resultieren die Antwortamplitude und die Phasenverschiebung und daraus ein Modul im Komplexen, der in Speicher- und Verlustmodul zerlegt wird.

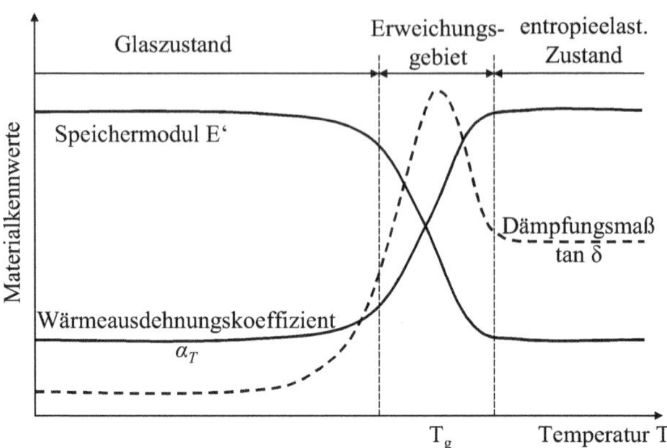

Abb. 6.2 Veränderung der Materialeigenschaften von Polymeren mit der Temperatur

- Oberhalb von $T_g (T > T_g)$, dem sogenannten *entropie-elastischen* Zustand, liegt wiederum ein stabiler Zustand vor.
- Der entropie-elastische Zustand ist durch einen deutlich geringeren Speichermodul und durch eine höhere Dämpfung charakterisiert.

6.6.1 Grundlagen thermo-rheologisch einfacher Materialien, Pseudo-Zeit

Viele Polymerwerkstoffe (incl. Glas) weisen eine Temperaturabhängigkeit auf, die unter dem Begriff „thermo-rheologisch einfach" bzw. „thermo-rheological simplicity (TRS)" bekannt ist. Diese Eigenschaft lässt sich am besten wie folgt ausdrücken:

Die Materialantwort auf eine Belastung bei hoher Temperatur über einen kurzen Zeitraum ist *die gleiche* wie die Antwort bei niedriger Temperatur über einen langen Zeitraum.

oder

Zeit und Temperatur sind dasselbe Phänomen. Dies bedeutet: Wird die viskoelastische Antwort über dem Logarithmus der Zeit aufgetragen, haben die Kurven *die gleiche* Form und sind lediglich in Richtung der Zeitachse verschoben. (s. Abb. 6.3).

Bei einem thermo-rheologisch einfachen Material wird davon ausgegangen, dass nur die Abklingkonstante λ temperaturabhängig ist und für alle Maxwellelemente dieselbe

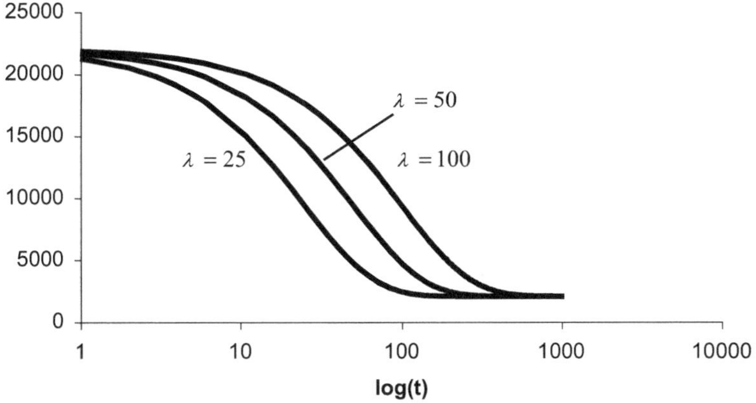

Abb. 6.3 Verlauf eines Moduls über dem Logarithmus der Zeit

Funktion der Form

$$\lambda_i\,(T) = \frac{\lambda_i\,(T_{\mathrm{Ref}})}{a\,(T)} \tag{6.50}$$

angegeben werden kann, wobei

T_{Ref} die Referenztemperatur, bei der die einzugebenden Basisparameter E_0, E_∞ und λ ermittelt wurden,

bedeutet. In der Literatur findet man auch die Darstellung

$$\lambda_i\,(T) = a^*\,(T)\,\lambda_i\,(T_{\mathrm{Ref}}) \tag{6.51}$$

Hier wird (6.50) gefolgt. Der temperaturabhängige E-Modul lautet dann:

$$E\,(t, T) = E_\infty + \sum_{i=1}^{n} E_i\,e^{-\frac{t}{\lambda_i(T)}} = E_\infty + \sum_{i=1}^{n} E_i\,e^{-\frac{a(T)t}{\lambda_i(T_{\mathrm{Ref}})}} \tag{6.52}$$

während bei der Referenztemperatur

$$E\,(t, T_{\mathrm{Ref}}) = E_\infty + \sum_{i=1}^{n} E_i\,e^{-\frac{t}{\lambda_i(T_{\mathrm{Ref}})}} \tag{6.53}$$

ist. Um den gleichen E-Modul für eine bestimmte Temperatur zu erreichen, muss die Zeit also zu einer Pseudo-Zeit

$$\xi = a\,(T)\,t \tag{6.54}$$

modifiziert werden. Dies gilt allerdings nur, wenn die Temperatur über die ganze Zeit konstant ist.

6.6.2 Zeitintegration

Bei technischen Anwendungen ist die Temperatur meist variabel. Dafür gilt die Integralform

$$\xi(t) = \int_0^t a\left(T\left(\bar{t}\right)\right) d\bar{t} \tag{6.55}$$

Dann kann bei endlichen Inkrementen und einem als konstant im Inkrement angenommenen Temperaturverlauf (Rechtecke in Abb. 6.4) die Pseudo-Zeit als

$$\xi(t) = \sum_{m=1}^{n_{\text{Inkr}}} a\left(T\left(t_m\right)\right) \Delta t \quad \text{oder} \quad \xi(t) = \sum_{m=1}^{n_{\text{Inkr}}} a\left(T\left(t_{m-1}\right)\right) \Delta t \tag{6.56}$$

(Euler-vorwärts- bzw. -rückwärts-Verfahren) oder mit einer anderen Form, etwa der Mittelpunktsregel, berechnet werden. Bei dieser ist

$$\int_{t_1}^{t_2} f(t)\, dt \approx f\left(\frac{1}{2}(t_2 + t_1)\right) \Delta t \tag{6.57}$$

$$\text{mit} \quad \Delta t = t_2 - t_1$$

(6.55) hier also zum neuen Zeitpunkt t_{n+1} unter Berücksichtigung der Vorgeschichte

$$\xi(t_{n+1}) = \int_0^{t_{n+1}} a\left(T\left(\bar{t}\right)\right) d\bar{t} = \int_0^{t_n} a\left(T\left(\bar{t}\right)\right) d\bar{t} + \int_{t_n}^{t_{n+1}} a\left(T\left(\bar{t}\right)\right) d\bar{t} \tag{6.58}$$

$$\xi(t_{n+1}) \approx \xi(t_n) + a\left(T\left(\frac{1}{2}(t_{n+1} + t_n)\right)\right) \Delta t \tag{6.59}$$

Das ergibt

$$\Delta\xi = \xi(t_{n+1}) - \xi(t_n) = a\left(T\left(\frac{1}{2}(t_{n+1} + t_n)\right)\right) \Delta t \tag{6.60}$$

Die Formel bedeutet, dass ξ stets größer wird, solange $a(T)$ positiv ist, nur nicht proportional zur Echtzeit.

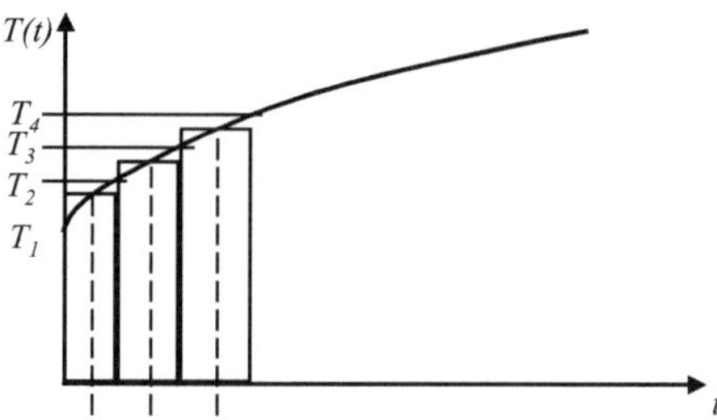

Abb. 6.4 Temperaturverlauf und Idealisierung bei der Mittelpunktsregel

Integriert man nun die entscheidende Gl. (6.21) für die Spannungen nach der Mittelpunktsregel, so ist

$$E_i \frac{\Delta \varepsilon}{\Delta t} \int_{t_n}^{t_{n+1}} e^{-\frac{\xi(t_{n+1})-\xi(\bar{t})}{\lambda_i}} \, d\bar{t} \approx E_i \frac{\Delta \varepsilon}{\Delta t} e^{-\frac{\xi(t_{n+1})-\xi\left(t_{n+\frac{1}{2}}\right)}{\lambda_i}} \Delta t \tag{6.61}$$

mit

$$t_{n+\frac{1}{2}} = t_{n+1} - \frac{\Delta t}{2} \tag{6.62}$$

also

$$E_i \frac{\Delta \varepsilon}{\Delta t} \int_{t_n}^{t_{n+1}} e^{-\frac{\xi(t_{n+1})-\xi(\bar{t})}{\lambda_i}} \, d\bar{t} \approx E_i \Delta \varepsilon \, e^{-\frac{\xi(t_{n+1})-\xi\left(t_{n+1}-\frac{\Delta t}{2}\right)}{\lambda_i}} \tag{6.63}$$

Darin ist

$$\xi\left(t_{n+1} - \frac{\Delta t}{2}\right) = \underbrace{\int_{0}^{t_{n+1}} a\left(T\left(\bar{t}\right)\right) d\bar{t}}_{\xi\,(t_{n+1})} - \underbrace{\int_{t_{n+\frac{1}{2}}}^{t_{n+1}} a\left(T\left(\bar{t}\right)\right) d\bar{t}}_{=:\,\Delta \xi_{\frac{1}{2}}} = \xi\,(t_{n+1}) - \Delta \xi_{\frac{1}{2}} \tag{6.64}$$

sodass sich

$$E_i \frac{\Delta \varepsilon}{\Delta t} \int_{t_n}^{t_{n+1}} e^{-\frac{t_{n+1}-\bar{t}}{\lambda_i}} \, d\bar{t} \approx E_i \Delta \varepsilon \, e^{-\frac{\xi(t_{n+1})-\xi(t_{n+1})+\Delta \xi_{\frac{1}{2}}}{\lambda_i}} = E_i \Delta \varepsilon \, e^{-\frac{\Delta \xi_{\frac{1}{2}}}{\lambda_i}} \tag{6.65}$$

ergibt. Wiederum nach der Mittelpunktsregel ist

$$\Delta \xi_{\frac{1}{2}} = \int_{t_{n+\frac{1}{2}}}^{t_{n+1}} a\left(T\left(\bar{t}\right)\right) d\bar{t} = a\left(T\left(t_n + \frac{3}{4}\Delta t\right)\right) \frac{\Delta t}{2} \tag{6.66}$$

Eine direkte Integration ist für eine beliebige Funktion $a(T(t))$ nicht allgemein möglich.

Ein anderes Problem ist in (6.12) das Integral

$$\int_{0}^{t_n} e^{-\frac{\xi(t_{n+1})-\xi(\bar{t})}{\lambda_i}} \, d\bar{t} = \int_{0}^{t_n} e^{-\frac{\xi(t_{n+1})-\xi(t_n)+\xi(t_n)-\xi(\bar{t})}{\lambda_i}} \, d\bar{t}$$

$$= \int_{0}^{t_n} e^{-\frac{\Delta \xi + \xi(t_n) - \xi(\bar{t})}{\lambda_i}} \, d\bar{t} = \int_{0}^{t_n} e^{-\frac{\Delta \xi}{\lambda_i}} e^{-\frac{\xi(t_n)-\xi(\bar{t})}{\lambda_i}} \, d\bar{t} \tag{6.67}$$

$$= e^{-\frac{\Delta \xi}{\lambda_i}} \int_{0}^{t_n} e^{-\frac{\xi(t_n)-\xi(\bar{t})}{\lambda_i}} \, d\bar{t}$$

Die Aufspaltung und das Vorziehen vor das Integral, das Voraussetzung für die Rekursionsformel ist, ist also auch hier möglich.

6.6.3 Shift-Funktionen

6.6.3.1 Williams-Landel-Ferry-Gleichung

Die wohl gebräuchlichste Shift-Funktion ist die Williams-Landel-Ferry-Gleichung (WLF).
Sie eignet sich besonders für die Berechnung von Polymeren. Während die einzelnen Po-
lymerketten sich relativ zu einander bewegen, werden die Bindungen zwischen diesen
Ketten neu gebildet. Dieser Prozess ist thermisch aktiviert und wird durch die WLF-
Funktion beschrieben. Sie lautet:

$$\log_{10} a\,(T) = \frac{c_1\,(T - T_{\mathrm{Ref}})}{c_2 + (T - T_{\mathrm{Ref}})} \tag{6.68}$$

Passend zu (6.51) wäre

$$\log_{10} a^*\,(T) = -\frac{c_1\,(T - T_{\mathrm{Ref}})}{c_2 + (T - T_{\mathrm{Ref}})} \tag{6.69}$$

Diese Darstellungen passen zu den Kurven im logarithmischen Maßstab. Die Shift-
Funktion selbst ist

$$a\,(T) = 10^{\frac{c_1\,(T - T_{\mathrm{Ref}})}{c_2 + (T - T_{\mathrm{Ref}})}} \tag{6.70}$$

Die WLF-Gleichung ist auch für bestimmte Glasarten geeignet (in Abb. 6.5 für ein Natronkalk-Silikat-Glas dargestellt).

6.6.3.2 Parameterbestimmung für die WLF-Gleichung

Zur Bestimmung der beiden Parameter c_1 und c_2 der WLF-Gleichung benötigt man mindestens drei Relaxationsversuche für unterschiedliche Temperaturen, deren Ergebnisse
man im logarithmischen Maßstab aufträgt (s. Abb. 6.6).

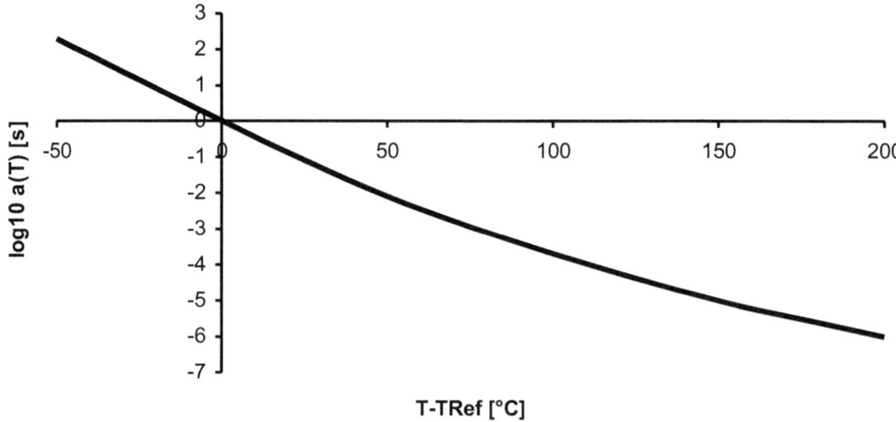

Abb. 6.5 Logarithmus der Shift-Funktion a^* für ein Natronkalk-Silikat-Glas

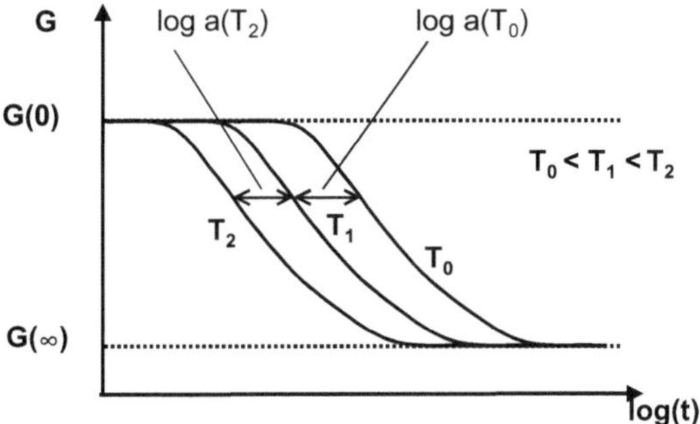

Abb. 6.6 Zur Bestimmung der Shift-Funktion

Der Abstand der jeweiligen temperaturabhängigen Kurve zur Referenzkurve stellt den Logarithmus des Wertes der Shift-Funktion dar. In Abb. 6.6 ist T_1 die Referenztemperatur. Man erhält zwei Gleichungen:

$$\log a\,(T_0) = \frac{c_1\,(T_0 - T_1)}{c_2 + (T_0 - T_1)} \tag{6.71}$$

und

$$\log a\,(T_2) = \frac{c_1\,(T_2 - T_1)}{c_2 + (T_2 - T_1)} \tag{6.72}$$

Nach Umformen ergibt sich das lineare Gleichungssystem

$$\log a\,(T_0)\,c_2 - (T_0 - T_1)\,c_1 = -\log a\,(T_0)\,(T_0 - T_1) \tag{6.73}$$

$$\log a\,(T_2)\,c_2 - (T_2 - T_1)\,c_1 = -\log a\,(T_2)\,(T_2 - T_1) \tag{6.74}$$

aus dem sich c_1 und c_2 bestimmen lassen.

6.6.4 Spannungen

Nach den Überlegungen des Abschn. 6.6.2 gilt:

$$\Delta\xi = a\left(T\left(t_n + \frac{\Delta t}{2}\right)\right)\Delta t \tag{6.75}$$

$$\Delta\xi_{\frac{1}{2}} = a\left(T\left(t_n + \frac{3}{4}\Delta t\right)\right)\Delta t \tag{6.76}$$

$$H_i\,(t_{n+1}) = e^{-\frac{\Delta\xi}{\lambda_i}}\,H_i\,(t_n) + E_i\,\Delta\varepsilon\, e^{-\frac{\Delta\xi_{\frac{1}{2}}}{\lambda_i}} \tag{6.77}$$

$$\sigma\,(t_{n+1}) = E_\infty\,(\varepsilon\,(t_n) + \Delta\varepsilon) + \sum_i H_i\,(t_{n+1}) \tag{6.78}$$

6.6.5 Tangente

Gesucht ist die Ableitung der Spannungen nach den Dehnungen wie in Abschn. 6.4. Die darin benötigten Ableitungen werden vom Übergang auf die Pseudozeit nicht beeinflusst.

Alg. 6.3

Aus praktischen Gründen wurde der Faktor 3 vor K nicht bei H, sondern erst bei σ eingeführt.

- Gegeben $n = 0$, $t_0 = 0$, $H_i^K(t_0) = 0$, $H_i^G(t_0) = 0$
  und Werkstoffparameter
- Ablauf in der äußeren Iteration für $\Delta\varepsilon$ bis zur Konvergenz:
  1) gegeben $\varepsilon(t_n)$, $\Delta\varepsilon$, Δt

  2) $\Delta\xi = a\left(T\left(t_n + \dfrac{\Delta t}{2}\right)\right)\Delta t \qquad \Delta\xi_{\frac{1}{2}} = a\left(T\left(t_n + \dfrac{3}{4}\Delta t\right)\right)\dfrac{\Delta t}{2}$

  3) $H_i^K(t_{n+1}) = e^{-\frac{\Delta\xi}{\lambda_i^K}}H_i^K(t_n) + K_i\Delta\varepsilon_{\mathrm{m}}e^{-\frac{\Delta\xi_{\frac{1}{2}}}{\lambda_i^K}}$

  $H_{i,kl}^G(t_{n+1}) = e^{-\frac{\Delta\xi}{\lambda_i^G}}H_{i,kl}^G(t_n) + G_i\Delta\gamma_{kl}e^{-\frac{\Delta\xi_{\frac{1}{2}}}{\lambda_i^G}}$

  4) $\sigma_{\mathrm{m}}(t_{n+1}) = 3K_\infty(\varepsilon_{\mathrm{m}}(t_n) + \Delta\varepsilon_{\mathrm{m}}) + 3\sum_i H_i^K(t_{n+1})$

  $s_{kk}(t_{n+1}) = 2G_\infty(e_{ii}(t_n) + \Delta e_{ii}) + 2\sum_i H_{i,kk}^G(t_{n+1})$

  $\sigma_{kk}(t_{n+1}) = s_{kk}(t_{n+1}) + \sigma_{\mathrm{m}}(t_{n+1})$

  $\tau_{kl}(t_{n+1}) = G_\infty(\gamma_{kl}(t_n) + \Delta\gamma_{ii}) + \sum_i H_{i,kl}^G(t_{n+1})$

  5) $K_{\mathrm{T}} = K_\infty + \sum_i K_i e^{-\frac{\Delta\xi_{\frac{1}{2}}}{\lambda_i^K}} \qquad G_{\mathrm{T}} = G_\infty + \sum_i G_i e^{-\frac{\Delta\xi_{\frac{1}{2}}}{\lambda_i^G}}$

  6) $\dfrac{d\sigma}{d\varepsilon}$ wie in (6.49)
- Veränderung von $\Delta\varepsilon$, dann weiter mit 1)
- nach Konvergenz von **u** bzw. $\Delta\varepsilon$: $n \leftarrow n + 1$, weiter mit 1)

6.7 Ebener Spannungs- und Verzerrungszustand

6.7.1 Ebener Verzerrungszustand

Im ebenen Verzerrungszustand und bei Rotationssymmetrie werden die Dehnungskomponenten ε_{xx}, ε_{yy}, $\varepsilon_{zz} = 0$ und γ_{xy} übergeben und müssen ebensolche Spannungskomponenten erzeugt werden, wobei aber $\sigma_{zz} \neq 0$ ist. Es muss lediglich die Zahl der Schubverzerrungen eingeschränkt werden.

6.7.2 Ebener Spannungszustand

Im ebenen Spannungszustand werden die Dehnungskomponenten ε_{xx}, ε_{yy} und γ_{xy} übergeben und müssen ebensolche Spannungskomponenten erzeugt werden. ε_{zz} ist nicht gegeben, aber auch nicht 0, sondern muss aus der Bedingung bestimmt werden, dass $\sigma_{zz} = 0$ ist. Bei der klassischen Elastizität lässt sich die Elastizitätsmatrix entsprechend umstellen:

$$\begin{bmatrix} \sigma_{xx} \\ \sigma_{yy} \\ \sigma_{zz} \end{bmatrix} = \frac{E}{(1+v)(1-2v)} \begin{bmatrix} 1-v & v & v \\ v & 1-v & v \\ v & v & 1-v \end{bmatrix} \begin{bmatrix} \varepsilon_{xx} \\ \varepsilon_{yy} \\ \varepsilon_{zz} \end{bmatrix} \tag{6.79}$$

Also:

$$\sigma_{zz} = \frac{E}{(1+v)(1-2v)} \left(v\varepsilon_{xx} + v\varepsilon_{yy} + (1-v)\varepsilon_{zz} \right) = 0 \tag{6.80}$$

Klammerausdruck muss null werden, aufgelöst:

$$\varepsilon_{zz} = \frac{-v}{1-v} \left(\varepsilon_{xx} + \varepsilon_{yy} \right) \tag{6.81}$$

Hier aber ist das Problem zu lösen, dass die Querkontraktion nicht konstant ist, weil G und K verschieden relaxieren können. Das macht die Aufspaltung des Dehnungstensors in Kugeltensor und Deviator, die aber Voraussetzung für den Algorithmus ist, schwieriger.

Es gilt:

$$H_{i,kl}^{G}\left(t_{n+1}\right) = e^{-\frac{\Delta \xi}{\lambda_i^G}} H_{i,kl}^{G}\left(t_n\right) + G_i \Delta \gamma_{kl} e^{-\frac{\Delta \xi \frac{1}{2}}{\lambda_i^G}} \tag{6.82}$$

$$s_{11}\left(t_{n+1}\right) = 2G_\infty e_{11}\left(t_{n+1}\right) + 2\sum_i H_{i,11}^{G}\left(t_{n+1}\right) \tag{6.83}$$

$$s_{22}\left(t_{n+1}\right) = 2G_\infty e_{22}\left(t_{n+1}\right) + 2\sum_i H_{i,22}^{G}\left(t_{n+1}\right) \tag{6.84}$$

$$s_{33}\left(t_{n+1}\right) = 2G_\infty e_{33}\left(t_{n+1}\right) + 2\sum_i e^{-\frac{\Delta \xi}{\lambda_i^G}} H_{i,33}^{G}\left(t_n\right) + 2\sum_i G_i \Delta e_{33} e^{-\frac{\Delta \xi \frac{1}{2}}{\lambda_i^G}} \tag{6.85}$$

$$\sigma_{\mathrm{m}}\left(t_{n+1}\right) = 3K_\infty \varepsilon_{\mathrm{m}}\left(t_n\right) + 3\sum_i e^{-\frac{\Delta \xi}{\lambda_i^K}} H_i^{K}\left(t_n\right) + 3\sum_i K_i \Delta \varepsilon_{\mathrm{m}} e^{-\frac{\Delta \xi \frac{1}{2}}{\lambda_i^K}} \tag{6.86}$$

Es muss gelten:

$$s_{33} + \sigma_{\mathrm{m}} = 0 \tag{6.87}$$

also zum Zeitpunkt t_{n+1}:

$$3K_\infty \left(\varepsilon_{\mathrm{m}}\left(t_n\right) + \Delta \varepsilon_{\mathrm{m}}\right) + 3\sum_i e^{-\frac{\Delta \xi}{\lambda_i^K}} H_i^{K}\left(t_n\right) + 3\sum_i K_i \Delta \varepsilon_{\mathrm{m}} e^{-\frac{\Delta \xi \frac{1}{2}}{\lambda_i^K}}$$
$$+ 2G_\infty \left(e_{33}\left(t_n\right) + \Delta e_{33}\right) + 2\sum_i e^{-\frac{\Delta \xi}{\lambda_i^G}} H_{i,33}^{G}\left(t_n\right) + 2\sum_i G_i \Delta e_{33} e^{-\frac{\Delta \xi \frac{1}{2}}{\lambda_i^G}} = 0 \tag{6.88}$$

Es ist möglich, ε_{m} als Geschichtsvariable mitzuführen:

$$\varepsilon_{\mathrm{m}}\left(0\right) = 0, \quad \varepsilon_{\mathrm{m}}\left(t_{n+1}\right) = \varepsilon_{\mathrm{m}}\left(t_n\right) + \Delta \varepsilon_{\mathrm{m}} \tag{6.89}$$

wobei beim Übergang $t_n \Leftarrow t_{n+1}$ auch $\varepsilon_{\mathrm{m}}\left(t_{n+1}\right)$ in $\varepsilon_{\mathrm{m}}\left(t_n\right)$ übergeht.

Für die Dehnungen gilt:

$$3\varepsilon_{\mathrm{m}} = \varepsilon_{11} + \varepsilon_{22} + \varepsilon_{33}, \quad \text{aufgelöst:} \tag{6.90}$$

$$\varepsilon_{33} = 3\varepsilon_{\mathrm{m}} - \varepsilon_{11} - \varepsilon_{22} \tag{6.91}$$

$$e_{33} = \varepsilon_{33} - \varepsilon_{\mathrm{m}} = 3\varepsilon_{\mathrm{m}} - \varepsilon_{11} - \varepsilon_{22} - \varepsilon_{\mathrm{m}} \tag{6.92}$$

Damit kann zum Zeitpunkt t_n berechnet werden:

$$e_{33} = 2\varepsilon_{\mathrm{m}} - \varepsilon_{11} - \varepsilon_{22} \tag{6.93}$$

Dann gilt auch

$$\Delta e_{33} = 2\Delta \varepsilon_{\mathrm{m}} - \Delta \varepsilon_{11} - \Delta \varepsilon_{22} \tag{6.94}$$

Damit gibt es nur noch die eine Unbekannte $\Delta\varepsilon_m$ in (6.88) zum Zeitpunkt t_{n+1} sodass aufgelöst werden kann:

$$
\Delta\varepsilon_m = \left[-3K_\infty\varepsilon_m\,(t_n) - 3\sum_i e^{-\frac{\Delta\xi}{\lambda_i^K}} H_i^K\,(t_n) - 2G_\infty e_{33}\,(t_n) - 2G_\infty\,(-\Delta\varepsilon_{11} - \Delta\varepsilon_{22}) \right.
$$
$$
\left. -2\sum_i e^{-\frac{\Delta\xi}{\lambda_i^G}} H_{i,33}^G\,(t_n) - 2\,(-\Delta\varepsilon_{11} - \Delta\varepsilon_{22})\sum_i G_i e^{-\frac{\Delta\xi_1}{\lambda_i^G}} \right]
$$
$$
: \left(3K_\infty + 4G_\infty + 3\sum_i K_i e^{-\frac{\Delta\xi_1}{\lambda_i^K}} + 4\sum_i G_i e^{-\frac{\Delta\xi_1}{\lambda_i^G}} \right)
$$

$$(6.95)$$

Mit (6.89) und (6.91) kann dann ε_{33} berechnet und der Algorithmus normal fortgesetzt werden.

6.8 Beispielrechnungen

Für die folgenden Beispielrechnungen sei die Zahl der Maxwell-Elemente gleich 1 und

$$E_\infty = 2700\,\mathrm{N/mm^2}$$
$$E_1 = 1000\,\mathrm{N/mm^2}$$
$$\lambda_{(1)} = 2000\,\mathrm{h}$$

6.8.1 Zu Abschn. 6.1

a) Das Material wird aus dem unbelasteten Zustand plötzlich um 0,001 (0,1 %) gedehnt. Die Dehnung wird 100 h gehalten, dann plötzlich auf 0,002 erhöht. Dieser Zustand dauert auch 100 h an.
Dann ist nach (6.5)

$$\sigma\,(200\,\mathrm{h}) = \left(E_\infty + E_1 e^{-\frac{200\,\mathrm{h}-0}{2000\,\mathrm{h}}} \right)\cdot 0{,}001 + \left(E_\infty + E_1 e^{-\frac{200\,\mathrm{h}-100\,\mathrm{h}}{2000\,\mathrm{h}}} \right)\cdot 0{,}001$$

$$\sigma\,(200\,\mathrm{h}) = E_\infty\cdot(0{,}001 + 0{,}001) + E_1\cdot 0{,}001\left(e^{-\frac{200\,\mathrm{h}}{2000\,\mathrm{h}}} + e^{-\frac{100\,\mathrm{h}}{2000\,\mathrm{h}}} \right)$$

$$\sigma\,(200\,\mathrm{h}) = E_\infty\cdot(0{,}001 + 0{,}001) + E_1\cdot 0{,}001\left(e^{-\frac{200\,\mathrm{h}}{2000\,\mathrm{h}}} + e^{-\frac{100\,\mathrm{h}}{2000\,\mathrm{h}}} \right)$$

$$\sigma\,(200\,\mathrm{h}) = 2700\cdot 0{,}002 + 1000\cdot 0{,}001\left(e^{-0{,}1} + e^{-0{,}05} \right) = 7{,}256\,\frac{\mathrm{N}}{\mathrm{mm^2}}$$

b) Das Material wird binnen 200 h vom unbelasteten Zustand mit konstanter Dehngeschwindigkeit auf 0,002 gedehnt.
Die Dehngeschwindigkeit ist also $\dot\varepsilon = \frac{0{,}002}{200\,\mathrm{h}} = 10^{-5}\frac{1}{\mathrm{h}}$

Dann lässt sich die Spannung nach 200 h über (6.9) berechnen zu

$$\sigma\,(200\,\mathrm{h}) = E_\infty \cdot 0{,}002 + E_1\dot{\varepsilon}\int_0^{200\,\mathrm{h}} e^{-\frac{200\,\mathrm{h}-\bar{t}}{\lambda}}\,d\bar{t}$$

$$\sigma\,(200\,\mathrm{h}) = E_\infty \cdot 0{,}002 + E_1\dot{\varepsilon}\lambda e^{-\frac{200\,\mathrm{h}-\bar{t}}{\lambda}}\Big|_0^{200\,\mathrm{h}}$$

$$= E_\infty \cdot 0{,}002 + E_1\dot{\varepsilon}\lambda\left[\underbrace{e^{-\frac{200\,\mathrm{h}-200}{\lambda}}}_{1}-e^{-\frac{200\,\mathrm{h}-0}{\lambda}}\right]$$

$$\sigma\,(200\,\mathrm{h}) = 2700\cdot 0{,}002 + 1000\cdot 10^{-5}\tfrac{1}{\mathrm{h}}2000\,\mathrm{h}\left[1-e^{-\frac{200\,\mathrm{h}}{2000\,\mathrm{h}}}\right] = 7{,}303\,\frac{\mathrm{N}}{\mathrm{mm}^2}$$

6.8.2 Zu Abschn. 6.2

Zur Lösung von Beispiel a) muss „plötzlich" definiert werden: Das Dehnungsinkrement 0,001 werde jeweils mit konstanter Dehngeschwindigkeit innerhalb von 0,01 h aufgebracht.

Dann kann mit den Zeitschritten 0,01 h, 99,99 h, 0,01 h, 99,99 h gerechnet werden. Die zugehörige Dehngeschwindigkeit beträgt $\dot{\varepsilon} = \frac{0{,}001}{0{,}01\,\mathrm{h}} = 0{,}1\tfrac{1}{\mathrm{h}};\ 0;\ 0{,}1/\mathrm{h};\ 0.$

So ergibt sich

$$H\,(0{,}01\,\mathrm{h}) = E_1\cdot 0{,}1\tfrac{1}{\mathrm{h}}\int_0^{0{,}01\,\mathrm{h}} e^{-\frac{0{,}01\,\mathrm{h}-\bar{t}}{\lambda}}\,d\bar{t} = E_1\cdot 0{,}1\tfrac{1}{\mathrm{h}}\lambda e^{-\frac{0{,}01\,\mathrm{h}-\bar{t}}{\lambda}}\Big|_0^{0{,}01\,\mathrm{h}}$$

$$H\,(0{,}01\,\mathrm{h}) = E_1\cdot 0{,}1\tfrac{1}{\mathrm{h}}\lambda\left[e^{-\frac{0{,}01\,\mathrm{h}-0{,}01\,\mathrm{h}}{\lambda}} - e^{-\frac{0{,}01\,\mathrm{h}-0}{\lambda}}\right]$$

$$H\,(0{,}01\,\mathrm{h}) = 1000\cdot 0{,}1\tfrac{1}{\mathrm{h}}2000\,\mathrm{h}\left[1-e^{-\frac{0{,}01\,\mathrm{h}}{2000\,\mathrm{h}}}\right] = 0{,}999998 \approx 1\,\frac{\mathrm{N}}{\mathrm{mm}^2}$$

und

$$\sigma\,(0{,}01\,\mathrm{h}) = 2700\cdot 0{,}001 + 1 = 3{,}7\,\frac{\mathrm{N}}{\mathrm{mm}^2}$$

$$H\,(100\,\mathrm{h}) = e^{-\frac{99{,}99}{2000}}\cdot H\,(0{,}01\,\mathrm{h}) + 0 = 0{,}9512\,\frac{\mathrm{N}}{\mathrm{mm}^2}$$

$$H\,(100{,}01\,\mathrm{h}) = e^{-\frac{0{,}01}{2000}}\cdot H\,(100\,\mathrm{h}) + E_1\dot{\varepsilon}\lambda\left[1-e^{-\frac{100{,}01-100}{2000}}\right]$$

$$H\,(100{,}01\,\mathrm{h}) = e^{-\frac{0{,}01}{2000}}\cdot H\,(100\,\mathrm{h}) + 1000\cdot 0{,}1\cdot 2000\left[1-e^{-\frac{100{,}01-100}{2000}}\right] = 1{,}9512$$

$$H\,(200\,\mathrm{h}) = e^{-\frac{99{,}99}{2000}}\cdot H\,(100{,}01\,\mathrm{h}) + 0 = 1{,}856\,\frac{\mathrm{N}}{\mathrm{mm}^2}$$

Somit ergibt sich

$$\sigma\,(200\,\mathrm{h}) = 2700 \cdot 0,002 + 1,856 = 7,256\,\frac{\mathrm{N}}{\mathrm{mm}^2}$$

wie mit der Grundformel berechnet.

6.8.3 Zu Abschn. 6.3

Die Anwendung der numerischen Integration mit der Mittelpunktsregel betrifft nur die Phasen, in denen sich die Dehnung ändert, in Beispiel a) also:

$$H\,(0,01\,\mathrm{h}) = E_1 \cdot 0,1\frac{1}{\mathrm{h}} \int_0^{0,01\,\mathrm{h}} e^{-\frac{0,01\,\mathrm{h}-\bar{t}}{\lambda}}\,d\bar{t} \approx E_1 \cdot 0,001 e^{-\frac{0,01\,\mathrm{h}}{2\lambda}}$$

$$H\,(0,01\,\mathrm{h}) = 1000 \cdot 0,001 e^{-\frac{0,01\,\mathrm{h}}{2 \cdot 2000\,\mathrm{h}}} = 0,9999975 \approx 1$$

Wegen der kurzen Zeit und der angenommenen konstanten Kriechgeschwindigkeit ergibt sich praktisch kein Unterschied zur exakten Integration. Dementsprechend beträgt

$$H\,(100\,\mathrm{h}) = e^{-\frac{99,99}{2000}} \cdot H\,(0,01\,\mathrm{h}) + 0 = 0,9512\,\frac{\mathrm{N}}{\mathrm{mm}^2}$$

$$H\,(100,01\,\mathrm{h}) = e^{-\frac{0,01}{2000}} \cdot H\,(100\,\mathrm{h}) + 1000 \cdot 0,001 e^{-\frac{0,01}{2 \cdot 2000}} = 1,9512\,\frac{\mathrm{N}}{\mathrm{mm}^2}$$

$$H\,(200\,\mathrm{h}) = e^{-\frac{99,99}{2000}} \cdot H\,(100,01\,\mathrm{h}) + 0 = 1,856\,\frac{\mathrm{N}}{\mathrm{mm}^2}$$

Versucht man Beispiel b) in einem Zeitschritt zu berechnen, erhält man

$$H\,(200\,\mathrm{h}) = 1000 \cdot 0,002 e^{-\frac{200}{2 \cdot 2000}} = 1,9025$$

$$\sigma\,(200\,\mathrm{h}) = 2700 \cdot 0,002 + 1,9025 = 7,302\,\frac{\mathrm{N}}{\mathrm{mm}^2}$$

Auch hier ist der Unterschied sehr gering.

7.1 Grundsätzliches

Unter Kriechen seien hier das Kriechen im klassischen Sinne (Abb. 7.1), die zeitliche Zunahme von Dehnungen unter einer konstanten Spannung, der andere Grenzfall, die Relaxation (Abb. 7.2), die zeitliche Abnahme der Spannung unter einer konstanten Zwangsbeanspruchung, und alle Zwischenzustände verstanden, weil sie im gleichen Kontext behandelt werden.

Beim klassischen Kriechen unterscheidet man drei Phasen (Abb. 7.3):

- primäres Kriechen mit Abnahme der Kriechgeschwindigkeit
- sekundäres Kriechen mit konstanter Kriechgeschwindigkeit (lineare Zunahme der Kriechdehnung) und
- tertiäres Kriechen mit erneuter Zunahme der Kriechgeschwindigkeit, die kurz vor dem Bruch erfolgt.

Rechnerisch wird tertiäres Kriechen normalerweise nicht erfasst, der übrige Kriechvorgang wird additiv aufgespalten in einen Anteil mit – bei konstanter Spannung und Temperatur -abnehmender Geschwindigkeit (als primär bezeichnet) und einen mit konstanter Geschwindigkeit (als sekundär bezeichnet).

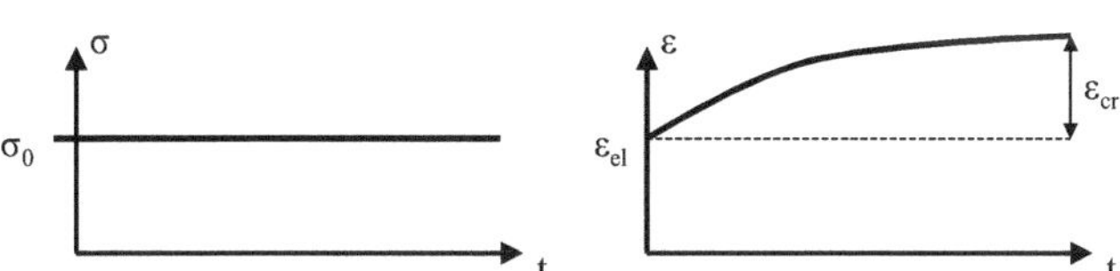

Abb. 7.1 Verlauf von Spannung und Dehnung beim Kriechen

© Springer Fachmedien Wiesbaden 2016
W. Rust, *Nichtlineare Finite-Elemente-Berechnungen*, DOI 10.1007/978-3-658-13378-8_7

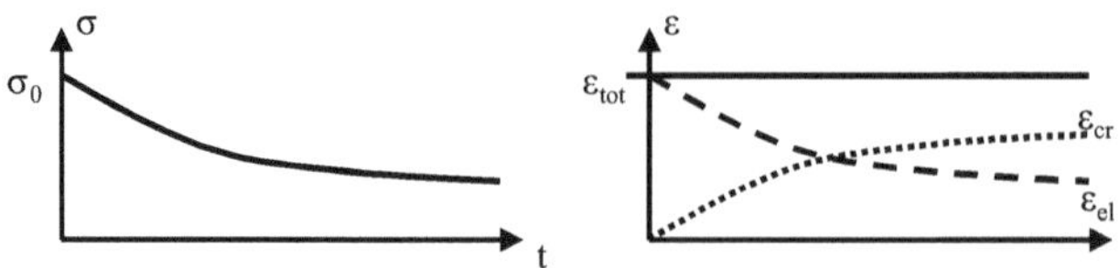

Abb. 7.2 Verlauf von Spannung und Dehnung bei der Relaxation

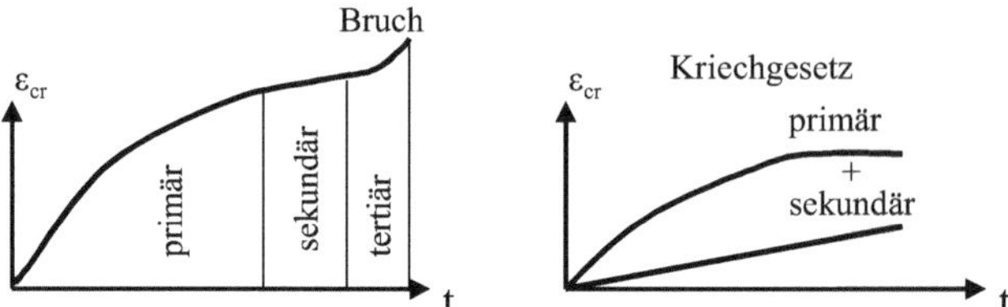

Abb. 7.3 Kriechphasen und rechnerische Umsetzung

Kriechgleichungen nehmen normalerweise die Form

$$\dot{\varepsilon}_{cr} = f(\sigma, T, \varepsilon, t) \tag{7.1}$$

an, d. h. durch die Gesetzmäßigkeiten wird die Kriechgeschwindigkeit beschrieben.
Dabei bedeuten

ε Dehnung

$(\dots)_{cr}$ Kriechen

$(\dot{\cdots}) = \dfrac{\partial \cdots}{\partial t}$ Zeitableitung

σ Spannung

T Temperatur

t Zeit

Die Abhängigkeit von der Temperatur wird gerne durch die so genannte Arrhenius-Funktion beschrieben, d. h.

$$\dot{\varepsilon}_{cr} = g\,(\sigma, \varepsilon, t)\, e^{-\frac{C}{T}} \tag{7.2}$$

C ist eine Konstante, in die die so genannte Aktivierungsenergie eingeht. Bei der Bestimmung von C aus Messwerten, die bei bestimmten Temperaturen ermittelt worden sind, spielt dieser Umstand aber keine Rolle.

Die Abhängigkeit von ε (indirekte Zeitabhängigkeit, Abb. 7.4, Dehnungsverfestigung in Abb. 7.6) und t (direkte Zeitabhängigkeit, Abb. 7.5, Zeitverfestigung in Abb. 7.6) tritt gewöhnlich nicht gleichzeitig auf. Beide Ansätze unterscheiden sich gravierend in ihren Auswirkungen, wenn sich die Spannung während der Kriechzeit wesentlich ändert.

Tritt bei der direkten Zeitabhängigkeit nach einer gewissen Zeit eine Spannungsänderung auf, wird der Kriechvorgang auch für die neue Spannung als schon teilweise

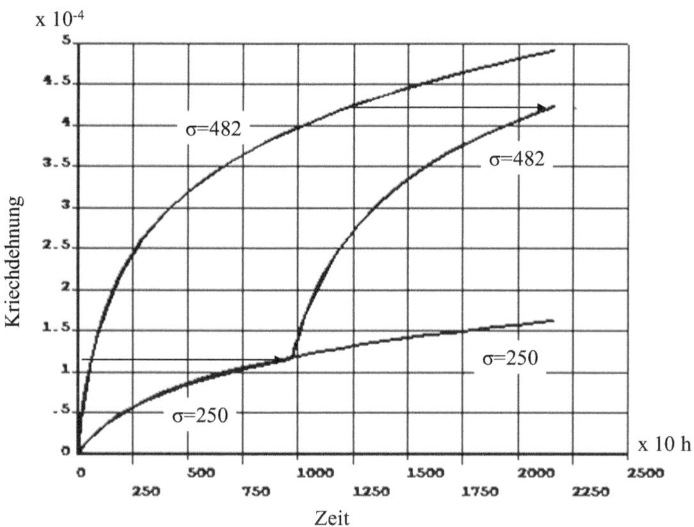

Abb. 7.4 Auswirkung der indirekten Zeitabhängigkeit auf die Kriechsimulation bei Spannungsänderung

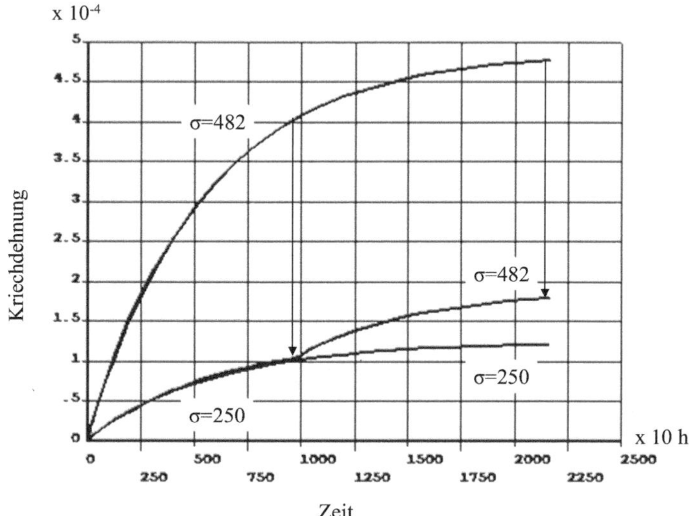

Abb. 7.5 Auswirkungen der direkten Zeitabhängigkeit auf die Kriechsimulation bei Spannungsänderung

abgeschlossen betrachtet. Tatsächlich beginnt das Kriechen für den Änderungsanteil erst
mit der Änderung. Dies kann mit der indirekten Zeitabhängigkeit erfasst werden. Die
Gleichungen beschreiben eher einen Sättigungswert für die Kriechdehnung, der span-
nungsabhängig ist.

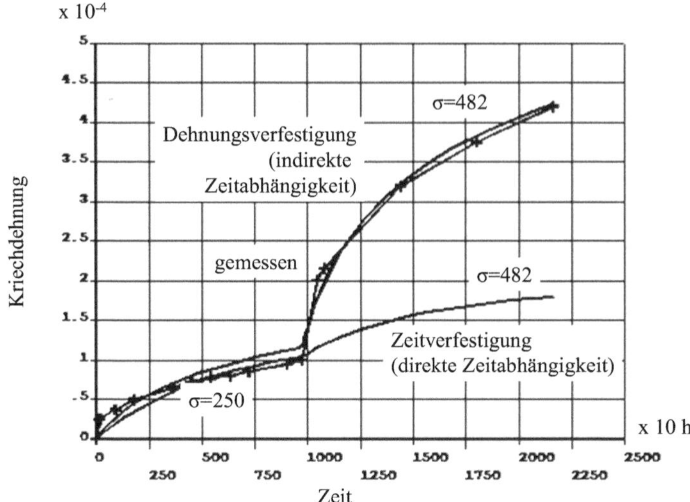

Abb. 7.6 Vergleich von direkter und indirekter Zeitabhängigkeit in der Kriechsimulation bei Spannungsänderung

Die Integration von Kriechgleichungen scheint auf den ersten Blick nicht so problematisch, wenn keine Abhängigkeit von ε gegeben ist oder ε nur linear vorkommt. Die Gesamtdehnung ε_{tot} wird aber aufgespalten in elastische und Kriechanteile:

$$\varepsilon_{tot} = \varepsilon_{el} + \varepsilon_{cr} \tag{7.3}$$

Von den elastischen Dehnungen hängen die Spannungen ab, eindimensional

$$\sigma = E\varepsilon_{el} \tag{7.4}$$

Das bedeutet, dass sich über eine Zeitspanne während des Kriechens die Spannung ändert, die Einfluss auf die Kriechgeschwindigkeit hat. Unter Berücksichtigung solcher wechselseitigen Abhängigkeiten lassen sich geschlossene Lösungen meist nicht angeben, weshalb numerisch integriert werden muss.

7.2 Zeitintegration beim Kriechen

7.2.1 Differenzenquotienten

Grundlage für die numerische Zeitintegration ist die Differenziation.

Zur Erinnerung: Die Ableitung stellt den Grenzwert des Differenzenquotienten dar. Bei differenzierbaren Funktion fallen die Grenzwerte des linkseitigen, des rechtsseitigen und des zentralen Differenzenquotienten zusammen.

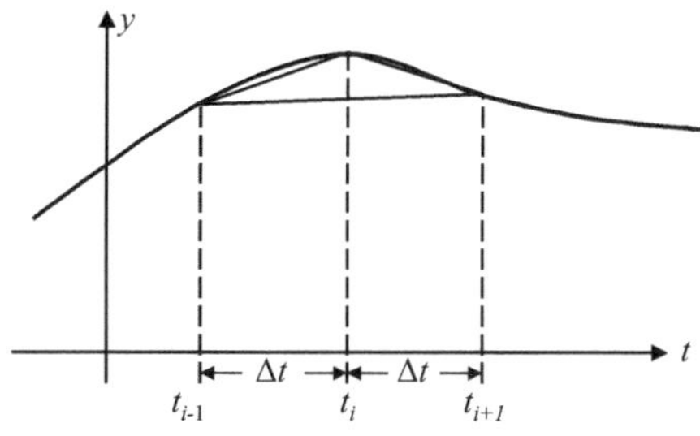

Abb. 7.7 Zur Bildung der Differenzenquotienten

Für eine Funktion $y(t)$ wie sie in Abb. 7.7 zu sehen ist, ergeben sich die Differenzenquotienten für die erste Ableitung zu

$$\dot{y}(t_i) \approx \frac{y\,(t_i + \Delta t) - y\,(t_i)}{\Delta t} \qquad \text{vorderer} \tag{7.5}$$

$$\dot{y}(t_i) \approx \frac{y\,(t_i) - y\,(t_i - \Delta t)}{\Delta t} \qquad \text{hinterer} \tag{7.6}$$

$$\dot{y}(t_i) \approx \frac{y\,(t_i + \Delta t) - y\,(t_i - \Delta t)}{2\Delta t} \qquad \text{zentraler Differenzenquotient} \tag{7.7}$$

7.2.2 Kriechbeispiel

Als Beispiel soll das nachfolgende Kriechgesetz gelten. Die Kriechgeschwindigkeit wird als

$$\dot{\varepsilon}_{\mathrm{cr}} = A\sigma^m n e^{-nt} \tag{7.8}$$

angegeben. A, m und n sind Materialparameter, die übrigen Symbole sind unter Abschn. 7.1 erklärt.

Für den Fall konstanter Spannung, der klassisches Kriechen bedeutet, lässt sich der zeitliche Verlauf der Kriechdehnung als

$$\varepsilon_{\mathrm{cr}} = -A\sigma^m e^{-nt} + C \tag{7.9}$$

angeben. C wird aus der Anfangsbedingung bestimmt. Die soll hier

$$\varepsilon_{\mathrm{cr}}(0) = 0 \tag{7.10}$$

lauten, daraus folgt

$$0 = -A\sigma^m + C \quad \Longleftrightarrow \quad C = +A\sigma^m \tag{7.11}$$

$$\varepsilon_{\mathrm{cr}} = A\sigma^m \left(1 - e^{-nt}\right) \tag{7.12}$$

Berechnet werden soll die Kriechdehnung zur Zeit 10.000 h. Gegeben seien die – für einen bestimmten Kunststoff ermittelten – Parameter

$$A = 1{,}05 \cdot 10^{-3}$$

$$m = 1$$

$$n = 3 \cdot 10^{-4} \ 1/\text{h}$$

m ist dimensionslos, A hat die Einheit $[\text{MPa}^{-m}]$, hier $[\text{MPa}^{-1}]$.

Mit (7.9) erhält man bei einer konstanten Spannung von $\sigma = 31{,}6\,\text{MPa}$ (klassisches Kriechen) eine Kriechdehnung von

$$\varepsilon_{\text{cr}} = 1{,}05 \cdot 10^{-3} \cdot 31{,}6 \left(1 - e^{-3 \cdot 10^{-4} \cdot 10.000}\right) = 0{,}0315 = 3{,}15\,\%$$

Dieser Fall sowie reine Relaxation für $m = 1$ und $m = 1{,}2$ sollen im Folgenden numerisch behandelt werden.

Für die Relaxation wird eine Dehnung ε_0 vorgegeben, die der elastischen unter einer Spannung von $31{,}6\,\text{MPa}$ entspricht, bei einem Elastizitätsmodul von $3700\,\text{MPa}$ heißt das $\varepsilon_0 = 0{,}85\,\%$.

7.2.3 Explizite Zeitintegration

Unter expliziter Zeitintegration versteht man Methoden, bei denen die Verhältnisse zu Beginn eines Zeitschrittes als konstant über den Zeitschritt angenommen werden. Die Integration erfolgt also vorwärts, weshalb eines dieser Verfahren auch Euler-vorwärts-Verfahren heißt.

Man bestimmt

$$\Delta\varepsilon_{\text{cr}} = \dot{\varepsilon}_{\text{cr}}(t)\Delta t \tag{7.13}$$

$$\varepsilon_{\text{cr}}(t + \Delta t) = \varepsilon_{\text{cr}}(t) + \Delta\varepsilon_{\text{cr}} \tag{7.14}$$

Darin findet man mit

$$\dot{\varepsilon}(t) = \frac{\Delta\varepsilon_{\text{cr}}}{\Delta t} = \frac{\varepsilon_{\text{cr}}(t + \Delta t) - \varepsilon_{\text{cr}}(t)}{\Delta t} \tag{7.15}$$

den vorderen Differenzenquotienten wieder.

Der Algorithmus ist für die drei Fälle denkbar einfach:

Alg. 7.1
1) Berechne $\sigma(t)$
2) $\dot{\varepsilon}_{\text{cr}}(t) = A\sigma^{m}(t)n e^{-nt}$
3) $\Delta\varepsilon_{\text{cr}} = \dot{\varepsilon}_{\text{cr}}(t)\,\Delta t$
4) $\varepsilon_{\text{cr}}(t + \Delta t) = \varepsilon_{\text{cr}}(t) + \Delta\varepsilon_{\text{cr}}$
5) Berechne ε_{el}
   $t \Leftarrow t + \Delta t$, weiter mit 1)

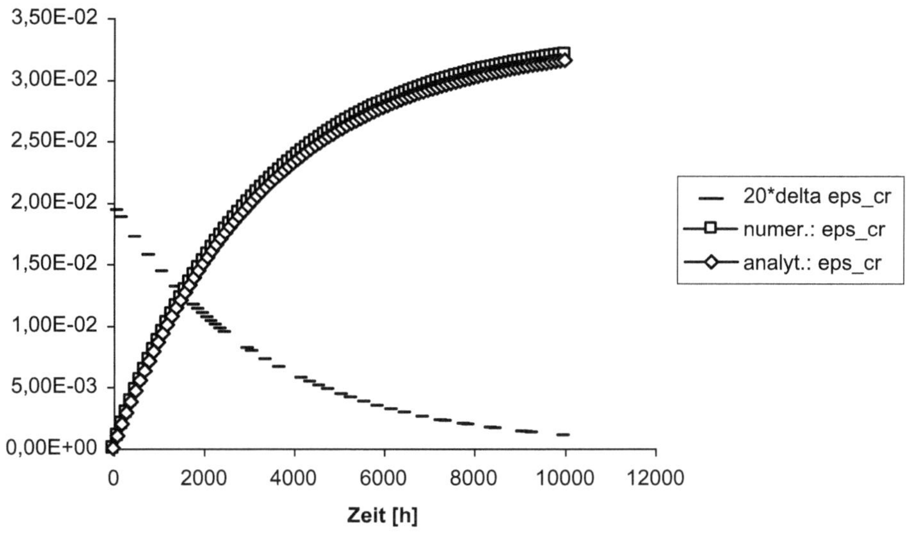

Abb. 7.8 Klassisches Kriechen, Vergleich Euler-vorwärts-Verfahren und analytische Lösung

Für das klassische Kriechen ist σ konstant, sodass ε_{el} nicht benötigt wird. Man erhält mit einem konstanten Zeitschritt von $\Delta t = 100\,\text{h}$ bei $10.000\,\text{h}$ eine Kriechdehnung von $3,20\,\%$ und damit geringfügig mehr als analytisch. Das liegt daran, dass bei tatsächlich abnehmender Kriechgeschwindigkeit diese mit ihrem Wert vom Anfang über den ganzen Zeitschritt aufrecht erhalten wird (Abb. 7.14).

Abb. 7.8 zeigt den Verlauf, der mit dem expliziten Verfahren und der analytischen Lösung ermittelt wurde, im Vergleich. Dabei zeigen die Symbole hier und in den folgenden Diagrammen alle Lösungspunkte, die bei dem gewählten Zeitschritt berechnet wurden.

Für die Relaxation muss von (7.3) und (7.4) Gebrauch gemacht werden. Die elastische Dehnung ist zu Beginn gleich der Gesamtdehnung:

$$\varepsilon_{el,0} = \varepsilon_0 \tag{7.16}$$

Für den Algorithmus lauten die noch offenen Schritte:

Alg. 7.2
1) $\sigma(t) = E\varepsilon_{el}$

...

5) $\varepsilon_{el} = \varepsilon_0 - \varepsilon_{cr}$

Mit einem Zeitschritt von $\Delta t = 100$ erhält man den Spannungsverlauf aus Abb. 7.9.

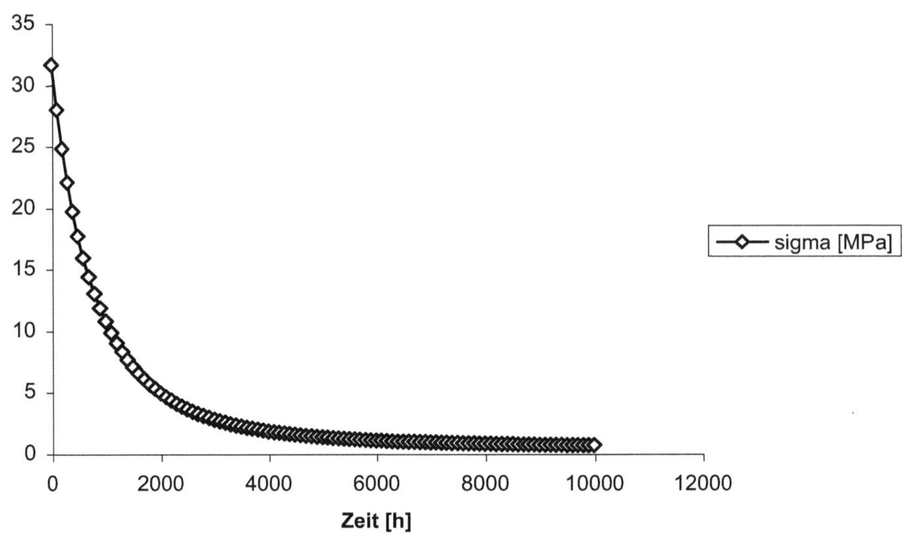

Abb. 7.9 Relaxation: Spannungsverlauf bei expliziter Integration und $\Delta t = 100$

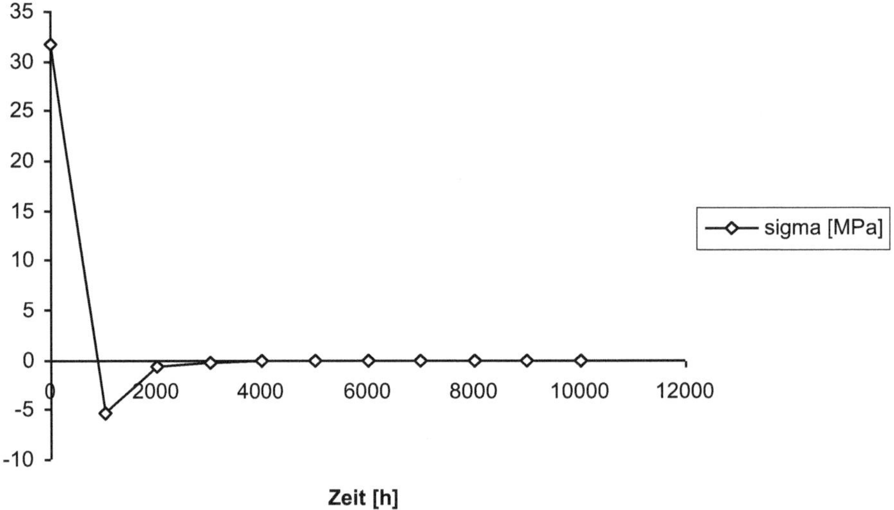

Abb. 7.10 Relaxation: Spannungsverlauf bei expliziter Integration und $\Delta t = 1000$

Bei $\Delta t = 1000$ ist das erste Kriechdehnungsinkrement so groß, dass es größer als die elastische Dehnung ist (Abb. 7.10) und deshalb das Vorzeichen der Spannung umkehrt. Dieses Ergebnis ist unsinnig, weil bei der Relaxation die Spannung höchstens vollständig abgebaut werden kann.

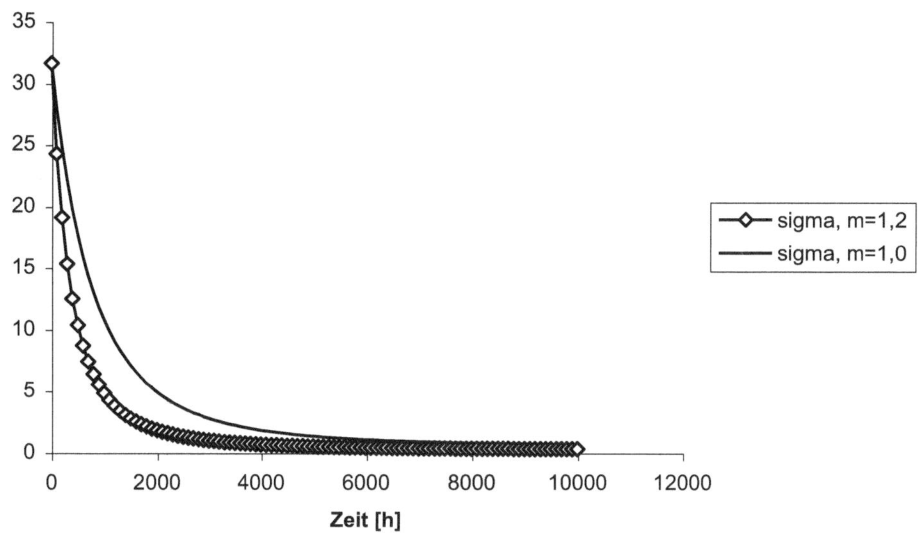

Abb. 7.11 Relaxation bei $m = 1, 2$: Spannungsverlauf bei expliziter Integration und $\Delta t = 100$

▷ Für explizite Integrationsverfahren ist es typisch, dass die Ergebnisse stark vom Zeitschritt beeinflusst werden und auch ein instabiles Verhalten auftreten kann, wenn der Zeitschritt zu groß wird.

Für $m \neq 1$ muss algorithmisch nichts geändert werden. Da der Einfluss der Spannung aber durch einen Exponenten > 1 erhöht wird, ergeben sich anfänglich größere Spannungsveränderungen, während sie später kleiner werden. Die Relaxationskurve ist dadurch stärker gekrümmt (Abb. 7.11).

7.2.4 Variabler Zeitschritt

Betrachtet man den zeitlichen Verlauf, so ist anzunehmen, dass die Zeitschritte zu Beginn zunächst relativ klein sein müssten, dann aber kontinuierlich vergrößert werden könnten. In ANSYS wird dies bei der impliziten Zeitintegration vom Konvergenzverhalten abhängig gemacht, bei der expliziten ist der Maßstab das Kriechverhältnis (*creep ratio*):

$$r_{cr} = \frac{\Delta \varepsilon_{cr}}{\varepsilon_{el}} < r_{cr}^{Soll} \tag{7.17}$$

also das Verhältnis von Kriechdehnungsinkrement zur elastischen Dehnung. Die Voreinstellung für r_{cr}^{Soll} ist 0,1. Da die Kriechdehnung zu Lasten der elastischen Dehnung geht,

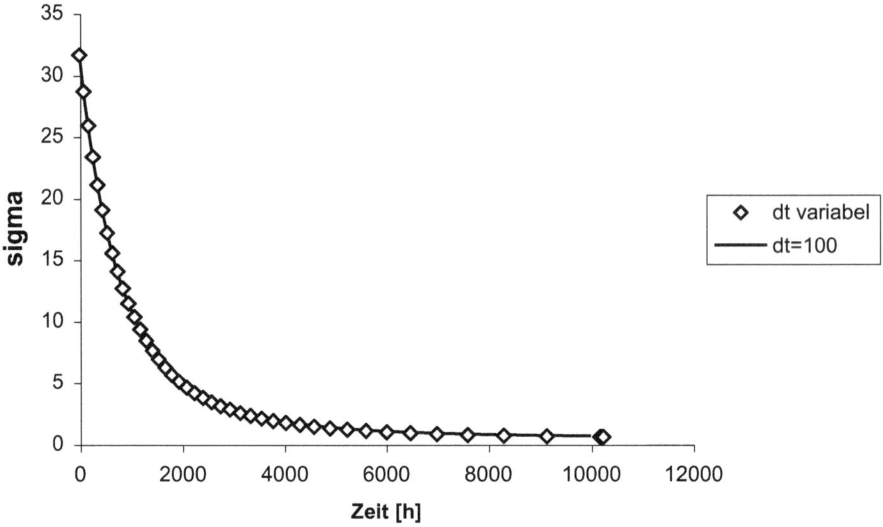

Abb. 7.12 Euler-vorwärts-Verfahren mit an $r_{\mathrm{cr}}^{\mathrm{soll}} = 0{,}1$ angepasstem Zeitschritt ($m = 1$) im Vergleich zu $\Delta t = 100 = \mathrm{const.}$

bedeutet das, dass sich die Spannung im Inkrement um bis zu 10 % ändern könnte, obwohl sie ja für die Bestimmung der Kriechgeschwindigkeit als konstant angenommen wird.

Ist $r_{\mathrm{cr}} > r_{\mathrm{cr}}^{\mathrm{Soll}}$ wird der Zeitschritt halbiert, ggf. mehrfach. Ist $r_{\mathrm{cr}} < r_{\mathrm{cr}}^{\mathrm{Soll}}$, wird der Zeitschritt für das nächste Inkrement zu

$$\Delta t_{i+1} = \Delta t_i \frac{r_{\mathrm{cr}}^{\mathrm{Soll}}}{r_{\mathrm{cr}}} \tag{7.18}$$

gesetzt, was bewirkt, dass das Kriechverhältnis bei konstanter Kriechgeschwindigkeit gerade den gewünschten Wert annähme.

Ein so gesteuertes Euler-vorwärts-Verfahren, das mit $\Delta t_1 = 80\,\mathrm{h}$ beginnt, ergibt mit 40 variablen statt 100 festen Zeitschritten einen Abb. 7.9 vergleichbaren Verlauf (Abb. 7.12) und spart damit erhebliche Rechenzeit ein, vorwiegend im Bereich des flacheren Verlaufs (größerer Abstand der Wertepaare).

Fazit: Die explizite Zeitintegration ist relativ einfach umzusetzen, die zur Sicherung der Stabilität erforderlichen, teilweise sehr kleinen Zeitschritte können aber ein Effektivitätsproblem darstellen.

Bei der expliziten Zeitintegration hat Kriechen keinen Einfluss auf die Gesamtsteifigkeitsmatrix.

7.2.5 Implizite Zeitintegration

Bei der impliziten Zeitintegration werden in die Gleichung zur Bestimmung der Inkremente nicht nur die bekannten Größen einbezogen, sondern auch solche, die bis zu einen

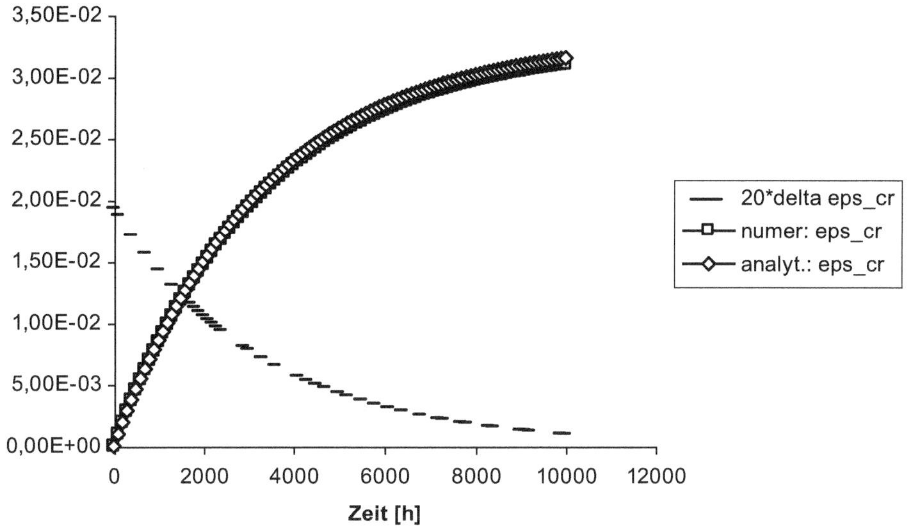

Abb. 7.13 Klassisches Kriechen: Dehnungsverlauf bei Euler-rückwärts-Verfahren

Zeitschritt weiter voran gelten. Die sind aber anfänglich nicht bekannt, sodass sie durch Auflösen impliziter Gleichungen, im allgemeinen Fall iterativ, ermittelt werden müssen.

Ein implizites Verfahren ist das Euler-rückwärts-Verfahren. Es wird angenommen, dass die das Inkrement der gesuchten Größe, hier der Kriechdehnung, bestimmenden Einflusswerte, hier die Spannung, konstant den Wert am Ende des Zeitschritts annehmen. Die sind gleichzeitig auch gesuchte Größen.

Das Euler-rückwärts-Verfahren lässt sich auf den hinteren Differenzenquotienten für $t + \Delta t$ (!) zurückführen.

$$\dot{\varepsilon}(t + \Delta t) = \frac{\overbrace{\varepsilon(t + \Delta t) - \varepsilon(t)}^{\Delta\varepsilon_{\mathrm{cr}}}}{\Delta t} \tag{7.19}$$

Die Grundformel für das Kriechproblem lautet damit:

$$\Delta\varepsilon_{\mathrm{cr}} = \dot{\varepsilon}(t + \Delta t)\Delta t \tag{7.20}$$

$$\varepsilon_{\mathrm{cr}}(t + \Delta t) = \varepsilon_{\mathrm{cr}}(t) + \Delta\varepsilon_{\mathrm{cr}} \tag{7.21}$$

Darin ist im Beispiel

$$\dot{\varepsilon}_{\mathrm{cr}}(t + \Delta t) = A\sigma(t + \Delta t)^{m} n e^{-n(t+\Delta t)} \tag{7.22}$$

Für den Fall **klassischen Kriechens** ist die Spannung über die Zeit konstant. Gl. (7.22) stellt damit keine Schwierigkeit dar und der bei der expliziten Integration verwandte Algorithmus kann ansonsten auch hier Anwendung finden. Abb. 7.13 zeigt, dass das implizite Verfahren gute Übereinstimmung mit der analytischen Lösung ergibt, bei leicht geringeren

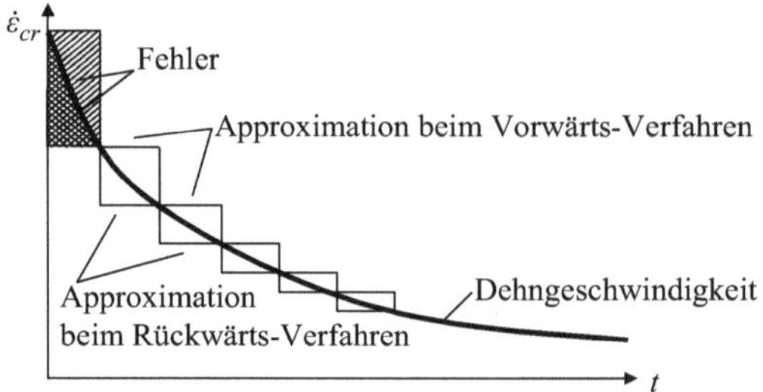

Abb. 7.14 Approximationsfehler beim Euler-vorwärts- und -rückwärts-Verfahren

Werten, die sich daraus ergeben, dass die sich verringernde Kriechgeschwindigkeit mit dem niedrigen Wert vom Ende über den ganzen Zeitschritt angesetzt wird (Abb. 7.14).

Für die Relaxation ist das Problem schwieriger. Die Spannung in (7.22) am Ende des Inkrementes ist

$$\sigma(t + \Delta t) = E\varepsilon_{\text{el}} = E(\varepsilon_0 - \varepsilon_{\text{cr}}(t + \Delta t)) = E(\varepsilon_0 - \varepsilon_{\text{cr}}(t) - \Delta\varepsilon_{\text{cr}}) \qquad (7.23)$$

Eingesetzt in (7.22) ergibt sich das Dehnungsinkrement zu

$$\Delta\varepsilon_{\text{cr}} = \dot{\varepsilon}_{\text{cr}}(t + \Delta t) \cdot \Delta t = A\left[E(\varepsilon_0 - \varepsilon_{\text{cr}}(t) - \Delta\varepsilon_{\text{cr}})\right]^m n e^{-n(t+\Delta t)} \Delta t \qquad (7.24)$$

Für $m = 1$ kann nach $\Delta\varepsilon_{\text{cr}}$ aufgelöst werden:

$$\begin{aligned}
\Delta\varepsilon_{\text{cr}} &= \underbrace{AEne^{-n(t+\Delta t)}\Delta t}_{=:\,D}\,(\varepsilon_0 - \varepsilon_{\text{cr}}(t) - \Delta\varepsilon_{\text{cr}}) \\
&= D\,(\varepsilon_0 - \varepsilon_{\text{cr}}(t)) - D\Delta\varepsilon_{\text{cr}} \\
(1 + D)\,\Delta\varepsilon_{\text{cr}} &= D\,(\varepsilon_0 - \varepsilon_{\text{cr}}(t)) \\
\Delta\varepsilon_{\text{cr}} &= \frac{D}{1 + D}\,(\varepsilon_0 - \varepsilon_{\text{cr}}(t))
\end{aligned} \qquad (7.25)$$

Mit $\Delta t = 100$ erhält man den Spannungsverlauf über der Zeit aus Abb. 7.15. Auch mit $\Delta t = 1000$ ergibt sich im Gegensatz zur expliziten Integration ein qualitativ richtiger Verlauf (ebenfalls Abb. 7.15).

▶　　Merkmal der impliziten Integration ist die Stabilität des Verfahrens auch bei größeren Zeitschritten.

Die Ergebnisse hängen auch hier vom Zeitschritt ab. Eine deutliche Überlegenheit des impliziten Verfahrens ist hier, von der größeren Stabilität abgesehen, noch nicht zu erkennen.

Der allgemeine Algorithmus beim Euler-rückwärts-Verfahren für Kriechen ist Alg. 7.3 (Nummerierung der Schritte wie beim expliziten Verfahren).

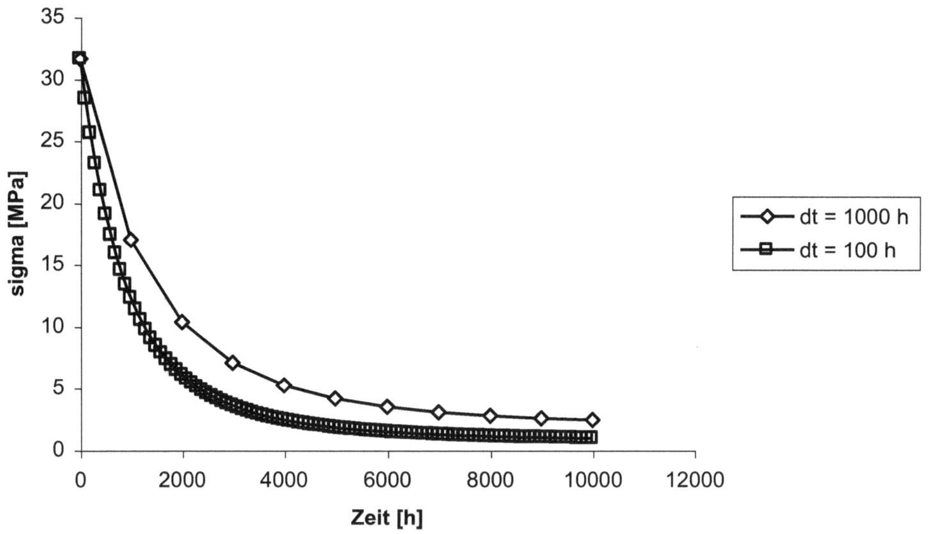

Abb. 7.15 Relaxation: Spannungsverlauf bei impliziter Integration und $\Delta t = 1000$ bzw. 100

Alg. 7.3

1) $\sigma = E\varepsilon_{\mathrm{el}}$

2) in 3) enthalten

3) Löse $\Delta\varepsilon_{\mathrm{cr}} = \dot{\varepsilon}_{\mathrm{cr}}(\sigma(\Delta\varepsilon_{\mathrm{cr}}), t + \Delta t)\,\Delta t$ nach $\Delta\varepsilon_{\mathrm{cr}}$ auf

4) $\varepsilon_{\mathrm{cr}}(t + \Delta t) = \varepsilon_{\mathrm{cr}}(t) + \Delta\varepsilon_{\mathrm{cr}}$

5) $\varepsilon_{\mathrm{el}} = \varepsilon_{\mathrm{tot}} - \varepsilon_{\mathrm{cr}}\quad t \Leftarrow t + \Delta t$, weiter mit 1)

Für $m \neq 1$ wird Schritt 3) schwieriger. Hier hilft nur ein iteratives Vorgehen. Gl. (7.24) kann in eine Nullstellenaufgabe mit einer Unbekannten ($\Delta\varepsilon_{\mathrm{cr}}$) überführt werden:

$$f(\Delta\varepsilon_{\mathrm{cr}}) = \Delta\varepsilon_{\mathrm{cr}} - A\left[E\left(\varepsilon_0 - \varepsilon_{\mathrm{cr}}(t) - \Delta\varepsilon_{\mathrm{cr}}\right)\right] n e^{-n(t+\Delta t)}\Delta t = 0 \qquad (7.26)$$

Zu deren Behandlung gibt es verschiedene Verfahren. Eines davon, das sich auch mehrdimensional erweitern lässt, ist das Newton-Verfahren mit der Iterationsvorschrift

$$\Delta\varepsilon_{\mathrm{cr}}^{(i+1)} = \Delta\varepsilon_{\mathrm{cr}}^{(i)} - \frac{f\left(\Delta\varepsilon_{\mathrm{cr}}^{(i)}\right)}{f'\left(\Delta\varepsilon_{\mathrm{cr}}^{(i)}\right)} \qquad (7.27)$$

Die Ableitung lautet in diesem Fall:

$$\begin{aligned}
f'(\Delta\varepsilon_{\mathrm{cr}}) &= 1 - (-E)Am\left[E\left(\varepsilon_0 - \varepsilon_{\mathrm{cr}}(t) - \Delta\varepsilon_{\mathrm{cr}}\right)\right]^{m-1} n e^{-n(t+\Delta t)}\Delta t \\
&= 1 + AmE^m\left[E\left(\varepsilon_0 - \varepsilon_{\mathrm{cr}}(t) - \Delta\varepsilon_{\mathrm{cr}}\right)\right]^{m-1} n e^{-n(t+\Delta t)}\Delta t
\end{aligned} \qquad (7.28)$$

Tab. 7.1 Iterationsverlauf zur Berechnung des ersten Dehnungsinkrementes mit dem Newtonverfahren

f	f'	$\Delta\varepsilon_{cr}$
$-1{,}9271087\mathrm{E}{-}03$	$1{,}2707710\mathrm{E}{+}00$	$1{,}5164878\mathrm{E}{-}03$
$-7{,}6670431\mathrm{E}{-}06$	$1{,}2603890\mathrm{E}{+}00$	$1{,}5225709\mathrm{E}{-}03$
$-1{,}3720874\mathrm{E}{-}10$	$1{,}2603439\mathrm{E}{+}00$	$1{,}5225710\mathrm{E}{-}03$

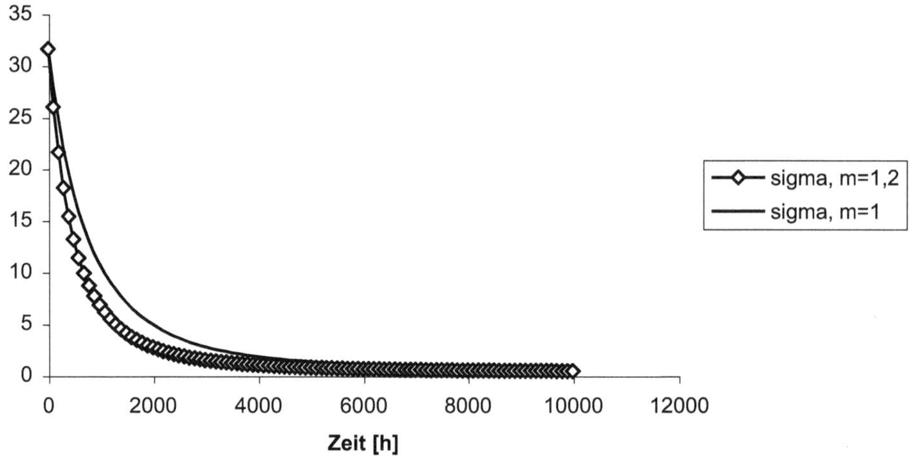

Abb. 7.16 Relaxation bei $m = 1{,}2$: Spannungsverlauf bei impliziter Integration und $\Delta t = 100\,\mathrm{h}$

Als Startwert für $\Delta\varepsilon_{cr}$ wird 0 gewählt. Damit erhält man für die Berechnung des ersten Inkrementes mit dem Newton-Verfahren den Iterationsverlauf aus Tab. 7.1. Nach 3 Iterationen ist der Wert der Funktion f, der Null werden soll, bereits um 7 Zehnerpotenzen gefallen. Das Dehnungsinkrement wird nur noch in der 8. geltenden Ziffer verändert. Der so berechnete Verlauf der Spannung (Abb. 7.16) ist dem explizit ermittelten sehr ähnlich. Hier ergibt allerdings ein Zeitschritt von 500 h explizit noch ein unsinniges Ergebnis, ist also instabil, darunter ist die Genauigkeit (Abb. 7.17) ähnlich, wie auch schon bei $m = 1$ beobachtet.

7.2.6 Zusammenfassung Kriechbeispiel

Verfahren der impliziten Zeitintegration sind teilweise erheblich aufwändiger, was den einzelnen Zeitschritt angeht. Sie bleiben aber für größere Zeitschritte stabil. Ein Genauigkeitsvorteil bei kleineren Zeitschritten konnte bei diesem Kriechproblem noch nicht gezeigt werden.

Wegen des zeitlichen Abklingens überschätzt das Euler-vorwärts-Verfahren die Kriechdehnung, während das Euler-rückwärts-Verfahren sie unterschätzt.

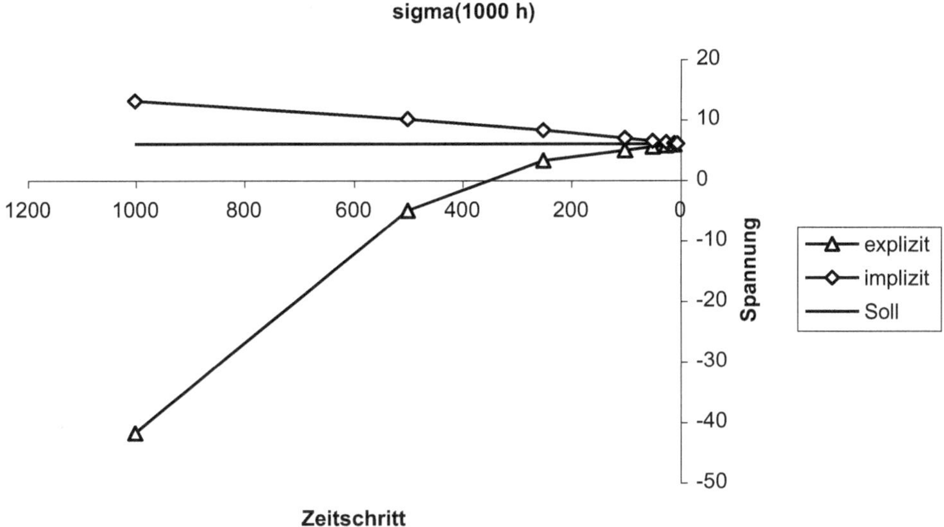

Abb. 7.17 Spannung für 1000 h bei $m = 1,2$, abhängig vom Zeitschritt, implizit und explizit

In einem FEM-Programm wird, auch wenn die Belastung eine Kraftgröße ist, die Gesamtdehnung an die Materialroutine übergeben, aus der dann Kriech- und elastische Dehnungen sowie Spannungen berechnet werden. Die Vorgehensweise ist daher immer wie bei den obigen Beispielen für Relaxation.

7.2.7   Zusammenwirken mit anderen Materialnichtlinearitäten

Tritt außer dem Kriechen noch anderes nichtlineares Materialverhalten auf, ist zu berücksichtigen, dass nun beide Effekte gleichzeitig Einfluss auf den Dehnungszustand haben, also von einander abhängen. Bei einem impliziten Verfahren muss das bei der Auflösung der Materialgleichungen nach dem Kriechdehnungsinkrement berücksichtigt werden, was bei einer Vielzahl von möglichen Kombinationen in einem größeren Programmsystem mindestens einen hohen organisatorischen Aufwand, teilweise auch einen unverhältnismäßigen Programmieraufwand im Einzelfall bedeutet.

Bei expliziter Zeitintegration für das Kriechen kann zuerst die andere Materialgleichung, z. B. für Plastizität erfüllt, d. h. ausiteriert, werden, anschließend wird die Spannung für die Bestimmung der Kriechgeschwindigkeit als konstant angenommen. Daher beeinflusst explizites Kriechen auch nicht die Tangentenmatrix. Kombinationen sind so viel einfacher. Man muss aber die Nachteile der expliziten Verfahren in Kauf nehmen.

7.3 Allgemeine Form für lokale und globale Iteration beim impliziten Kriechen

Um eine allgemeine Schnittstelle für die schnelle Programmierung von Kriechgesetzen zur Verfügung stellen zu können, ist es erforderlich, die lokale Iteration und die Bestimmung der Tangente möglichst allgemein zu formulieren.

7.3.1 Bestimmung des Dehnungsinkrementes (lokale Iteration)

Allgemein lässt sich das Kriechdehnungsinkrement als

$$\Delta\varepsilon^{\mathrm{cr}} = \dot{\varepsilon}^{\mathrm{cr}}\left(\sigma, \varepsilon^{\mathrm{cr}}, t, T\right)\Delta t \tag{7.29}$$

schreiben. Ferner gilt für die Spannung:

$$\sigma = E\left(\varepsilon^{\mathrm{tot}} - \varepsilon^{\mathrm{cr}}\right) = E\left(\varepsilon^{\mathrm{tot}} - \varepsilon_0^{\mathrm{cr}} - \Delta\varepsilon^{\mathrm{cr}}\right) \tag{7.30}$$

In der lokalen Newton-Iteration wird die Nullstelle der Funktion

$$f\left(\Delta\varepsilon^{\mathrm{cr}}\right) = \Delta\varepsilon^{\mathrm{cr}} - \dot{\varepsilon}^{\mathrm{cr}}\left(\sigma, \varepsilon^{\mathrm{cr}}, t, T\right)\Delta t \tag{7.31}$$

bestimmt. In impliziten Verfahren ist $\varepsilon^{\mathrm{cr}}$ von $\Delta\varepsilon^{\mathrm{cr}}$ abhängig:

$$\varepsilon^{\mathrm{cr}} = \varepsilon_0^{\mathrm{cr}} + \Delta\varepsilon^{\mathrm{cr}} \tag{7.32}$$

Die Ableitung nach $\Delta\varepsilon^{\mathrm{cr}}$ ist gleich der nach $\varepsilon^{\mathrm{cr}}$. Folglich ist

$$\frac{\partial}{\partial\Delta\varepsilon^{\mathrm{cr}}}f(\Delta\varepsilon^{\mathrm{cr}}) = 1 - \left(\frac{\partial\dot{\varepsilon}^{\mathrm{cr}}}{\partial\sigma}\frac{\partial\sigma}{\partial\Delta\varepsilon^{\mathrm{cr}}} + \frac{\partial\dot{\varepsilon}^{\mathrm{cr}}}{\partial\varepsilon^{\mathrm{cr}}}\right)\Delta t \tag{7.33}$$

Zeit, Zeitschritt und Temperatur sind in diesem Zusammenhang nicht variabel. Wegen (7.30) gilt:

$$\frac{\partial\sigma}{\partial\Delta\varepsilon^{\mathrm{cr}}} = -E \tag{7.34}$$

und damit

$$\frac{\partial}{\partial\Delta\varepsilon^{\mathrm{cr}}}f(\Delta\varepsilon^{\mathrm{cr}}) = 1 - \left(-E\frac{\partial\dot{\varepsilon}^{\mathrm{cr}}}{\partial\sigma} + \frac{\partial\dot{\varepsilon}^{\mathrm{cr}}}{\partial\varepsilon^{\mathrm{cr}}}\right)\Delta t \tag{7.35}$$

Die lokale Iteration kann also durchgeführt werden, wenn die Grundformel für $\Delta\varepsilon^{\mathrm{cr}}$ und die Ableitung der Kriechgeschwindigkeit sowohl nach der Spannung als auch nach der Kriechdehnung bekannt ist, und zwar jeweils in Abhängigkeit von der aktuellen Kriechdehnung, d. h. der aus dem letzten Iterationsschritt.

7.3.2 Konsistente Tangente

Um die konsistente Tangente herleiten zu können, müssen die Formeln, die zur Berechnung der Spannungen führen, zusammengetragen werden. Zunächst bleibt es bei der eindimensionalen Darstellung.

Dem Programmteil wird die Gesamtdehnung ε_{tot} und die Kriechdehnung

$$\varepsilon^{\text{cr}}(t_n) = \varepsilon_0^{\text{cr}} \tag{7.36}$$

aus dem letzten Zeitschritt (Geschichtsvariable, engl. *history* oder *state variable*) übergeben. Ferner sind die elastischen Konstanten, eindimensional der Elastizitätsmodul E, bekannt. Ebenso bekannt sind der Zeitschritt und die Temperatur.

Die Spannungsberechnung für den neuen Zeitschritt ist abgeschlossen und hat eine neue Kriechdehnung zum Zeitpunkt t_{n+1} ergeben. Die Frage stellt sich jetzt, wie sich die Spannung in Abhängigkeit von der Gesamtdehnung ε^{tot}, die im nächsten Iterationsschritt vom aufrufenden Programm angegeben wird, ändert. Sie wird zunächst über das Hooke'sche Gesetz berechnet:

$$\sigma = E \varepsilon^{\text{el}} \tag{7.37}$$

Die elastische Dehnung ergibt sich als Differenz aus gesamter und Kriechdehnung:

$$\sigma = E \left(\varepsilon^{\text{tot}} - \varepsilon^{\text{cr}} \right) \tag{7.38}$$

Die Kriechdehnung ergibt sich als letzte Kriechdehnung plus Inkrement, dieses wiederum als Kriechgeschwindigkeit mal Zeitschritt:

$$\sigma = E \left(\varepsilon^{\text{tot}} - \varepsilon_0^{\text{cr}} - \dot{\varepsilon}^{\text{cr}} \Delta t \right) \tag{7.39}$$

Die Kriechgeschwindigkeit ist nach (7.1) eine Funktion verschiedener Größen:

$$\sigma = E \left(\varepsilon^{\text{tot}} - \varepsilon_n^{\text{cr}} - \dot{\varepsilon}^{\text{cr}} \left(\sigma, T, \varepsilon, t \right) \Delta t \right) \tag{7.40}$$

Für ε kommt die gesamte oder nur die Kriechdehnung in Frage.

Wir wählen zunächst die Gesamtdehnung:

$$\sigma = E \left(\varepsilon^{\text{tot}} - \varepsilon_0^{\text{cr}} - \dot{\varepsilon}^{\text{cr}} \left(\sigma, T, \varepsilon^{\text{tot}}, t \right) \Delta t \right) \tag{7.41}$$

Nun wird das vollständige Differenzial der Spannungen gebildet. Dabei muss abgeleitet werden, was sich durch eine Variation der Gesamtdehnung ändert. Dabei werden die Spannung und die Gesamtdehnung als unabhängige Variable betrachtet:

$$d\sigma = E \left(d\varepsilon^{\text{tot}} - \frac{\partial \dot{\varepsilon}^{\text{cr}}}{\partial \sigma} \Delta t \, d\sigma - \frac{\partial \dot{\varepsilon}^{\text{cr}}}{\partial \varepsilon^{\text{tot}}} \Delta t \, d\varepsilon^{\text{tot}} \right) \tag{7.42}$$

Man beachte, dass Temperatur und Zeit hier als Konstante anzusehen sind. Nun kann aufgelöst werden:

$$d\sigma = E\left(1 - \frac{\partial \dot{\varepsilon}^{cr}}{\partial \varepsilon^{tot}}\Delta t\right) d\varepsilon^{tot} - E\frac{\partial \dot{\varepsilon}^{cr}}{\partial \sigma}\Delta t\, d\sigma \tag{7.43}$$

$$d\sigma + E\frac{\partial \dot{\varepsilon}^{cr}}{\partial \sigma}\Delta t\, d\sigma = E\left(1 - \frac{\partial \dot{\varepsilon}^{cr}}{\partial \varepsilon^{tot}}\Delta t\right) d\varepsilon^{tot} \tag{7.44}$$

$$\left(1 + \frac{\partial \dot{\varepsilon}^{cr}}{\partial \sigma}\Delta t\right) d\sigma = E\left(1 - \frac{\partial \dot{\varepsilon}^{cr}}{\partial \varepsilon^{tot}}\Delta t\right) d\varepsilon^{tot} \tag{7.45}$$

$$d\sigma = \left(1 + \frac{\partial \dot{\varepsilon}^{cr}}{\partial \sigma}\Delta t\right)^{-1} E\left(1 - \frac{\partial \dot{\varepsilon}^{cr}}{\partial \varepsilon^{tot}}\Delta t\right) d\varepsilon^{tot} \tag{7.46}$$

sodass sich die Tangente als

$$\boxed{\frac{d\sigma}{d\varepsilon^{tot}} = \left(1 + E\frac{\partial \dot{\varepsilon}^{cr}}{\partial \sigma}\Delta t\right)^{-1} E\left(1 - \frac{\partial \dot{\varepsilon}^{cr}}{\partial \varepsilon^{tot}}\Delta t\right)} \tag{7.47}$$

ergibt.

Schwieriger ist es, wenn die Kriechgeschwindigkeit von der Kriechdehnung abhängt. Ausgangspunkt ist wieder (7.38) mit dem Differenzial:

$$d\sigma = E\left(d\varepsilon^{tot} - d\varepsilon^{cr}\right) \tag{7.48}$$

Nun wird $d\varepsilon^{cr}$ aus der Kriechgleichung bestimmt. Die Ableitung des (endlichen) Inkrements gemäß (7.29) ist gleich der Ableitung der Funktion, hier der Kriechdehnung, selbst:

$$d\Delta\varepsilon^{cr} = d\varepsilon^{cr} = \frac{\partial \dot{\varepsilon}^{cr}}{\partial \sigma}\Delta t\, d\sigma + \frac{\partial \dot{\varepsilon}^{cr}}{\partial \varepsilon^{cr}}\Delta t\, d\varepsilon^{cr} \tag{7.49}$$

Dies lässt sich nach $d\varepsilon^{cr}$ auflösen:

$$\left(1 - \frac{\partial \dot{\varepsilon}^{cr}}{\partial \sigma}\Delta t\right) d\varepsilon^{cr} = \frac{\partial \dot{\varepsilon}^{cr}}{\partial \sigma}\Delta t\, d\sigma \tag{7.50}$$

$$d\varepsilon^{cr} = \left(1 - \frac{\partial \dot{\varepsilon}^{cr}}{\partial \sigma}\Delta t\right)^{-1} \frac{\partial \dot{\varepsilon}^{cr}}{\partial \sigma}\Delta t\, d\sigma \tag{7.51}$$

und in (7.48) einsetzen:

$$d\sigma = E\, d\varepsilon^{tot} - E\left(1 - \frac{\partial \dot{\varepsilon}^{cr}}{\partial \varepsilon^{cr}}\Delta t\right)^{-1} \frac{\partial \dot{\varepsilon}^{cr}}{\partial \sigma}\Delta t\, d\sigma \tag{7.52}$$

sodass schließlich nach $d\sigma$ aufgelöst werden kann:

$$\left[1 + E\left(1 - \frac{\partial \dot{\varepsilon}^{cr}}{\partial \varepsilon^{cr}}\Delta t\right)^{-1} \frac{\partial \dot{\varepsilon}^{cr}}{\partial \sigma}\Delta t\right] d\sigma = E\, d\varepsilon^{tot} \tag{7.53}$$

und man die Tangente erhält als

$$\frac{d\sigma}{d\varepsilon^{\text{tot}}} = \left[1 + E \left(1 - \frac{\partial \dot{\varepsilon}^{\text{cr}}}{\partial \varepsilon^{\text{cr}}} \Delta t \right)^{-1} \frac{\partial \dot{\varepsilon}^{\text{cr}}}{\partial \sigma} \Delta t \right]^{-1} E \qquad (7.54)$$

Auch für die Bestimmung der konsistenten Tangente genügen, wie schon für die lokale Iteration, die Ableitungen der Kriechgeschwindigkeit nach der Spannung und die nach der Zeit.

Die zusätzlichen Überlegungen, die für den dreidimensionalen Zustand nötig sind, entsprechen im Wesentlichen denen bei Plastizität (Abschn. 8.3), anstelle von (8.4) gilt dann

$$\Delta \boldsymbol{\varepsilon}^{\text{cr}} = \Delta \varepsilon^{\text{cr}}_{\text{1d}} \frac{\partial Q}{\partial \boldsymbol{\sigma}} \qquad (7.55)$$

$$\boldsymbol{\sigma} = \mathbf{E} \left(\boldsymbol{\varepsilon}^{\text{tot}} - \boldsymbol{\varepsilon}^{\text{cr}}(t_n) - \Delta \boldsymbol{\varepsilon}^{\text{cr}} \right) \qquad (7.56)$$

7.4 Kommentierter FORTRAN-Code

Auf der Basis der o. g. allgemeinen Formeln ist auch das Benutzer-Unterprogramm USERCREEP in ANSYS organisiert, hier als Beispiel für das Gesetz

$$\dot{\varepsilon}_{\text{cr}} = C_1 \sigma^{C_2} \varepsilon_{\text{cr}}^{C_3} e^{-\frac{C_4}{T}} \qquad (7.57)$$

das allerdings in der Form

$$\dot{\varepsilon}_{\text{cr}} = e^{\ln C_1 + C_2 \ln \sigma + C_3 \ln \varepsilon_{\text{cr}} - \frac{C_4}{T}} \qquad (7.58)$$

verarbeitet wurde. Für das Verständnis der Formeln ist noch nützlich zu wissen, dass gilt:

$$\sigma^{C_2-1} = \sigma^{C_2}/\sigma \qquad (7.59)$$

$$\frac{\partial \dot{\varepsilon}_{\text{cr}}}{\partial \sigma} \Delta t = C_1 C_2 \sigma^{C_2-1} \varepsilon_{\text{cr}}^{C_3} e^{-\frac{C_4}{T}} = C_2 \underbrace{C_1 \sigma^{C_2} \varepsilon_{\text{cr}}^{C_3} e^{-\frac{C_4}{T}} \Delta t}_{\Delta \varepsilon^{\text{cr}}} /\sigma = C_2 \Delta \varepsilon^{\text{cr}}/\sigma \qquad (7.60)$$

$$\frac{\partial \dot{\varepsilon}_{\text{cr}}}{\partial \sigma} \Delta t = C_1 \sigma^{C_2} C_3 \varepsilon_{\text{cr}}^{C_3-1} e^{-\frac{C_4}{T}} = C_3 \underbrace{C_1 \sigma^{C_2} \varepsilon_{\text{cr}}^{C_3} e^{-\frac{C_4}{T}} \Delta t}_{\Delta \varepsilon^{\text{cr}}} /\varepsilon_{\text{cr}} = C_3 \Delta \varepsilon^{\text{cr}}/\varepsilon^{\text{cr}} \qquad (7.61)$$

```fortran
      SUBROUTINE usercreep (impflg, ldstep , isubst, matId , elemId,
     &                      kDInPt, kLayer , kSecPt, nstatv, nprop ,
     &                      prop   , time   , dtime , temp  , dtemp ,
     &                      toffst, Ustatev, creqv, pres   , seqv  ,
     &                      delcr , dcrda)
C***************************************************************************
```

```
c     *** primary function ***
c           Define creep laws
c              Demonstrate how to implement usercreep subroutine
```

in: integer, dp: double precision; sc: scalar, ar: array; i:input, o:output

```
c       nstatv (in ,sc   ,i)         Number of state variables
c       nprop  (in ,sc   ,i)         size of mat properties array
c          This model corresponds to primary creep function (7.58)
c       prop  (dp  ,ar(*),i)         mat properties array
c                                    at temperature temp.
c       time                         Current time
c       dtime                        Current time increment
c       temp                         Current temperature
c       dtemp                        Current temperature increment
c       toffst (dp ,sc,   i)         temperature offset from absolute zero
c       seqv   (dp ,sc , i)          equivalent effective stress
```

ist die aus dem dreidimensionalen Zustand ermittelte Vergleichsspannung, die an die Stelle der eindimensionalen Spannung σ tritt.

```
c       creqv  (dp ,sc , i)          equivalent effective creep strain
```

ist die aus dem dreidimensionalen Zustand ermittelte Vergleichs-Kriechdehnung, die an die Stelle der eindimensionalen Kriechdehnung $\varepsilon_0^{\mathrm{cr}}$ tritt.

```
c
c       input output arguments
c       ======================
c       Ustatev (dp,ar(*), i/o)         user defined internal state
c                                       variables at time 't' / 't+dt'.
c                           This array will be passed in containing the
c                           values of these variables at start of the
c                           time increment. They must be updated in this
c                           subroutine to their values at the end of
c                           time increment, if any of these internal
c                           state variables are associated with the
c                           creep behavior.
```

Obige Bemerkung (*Dieses Feld wird mit den Werten vom Beginn des Zeitschrittes übergeben. Sie müssen auf ihre Werte am Ende des Zeitschrittes angepasst werden, ...*) gilt für alle Geschichts- oder State-Variablen, also alle nötigen Werte, die nicht reproduziert werden können, sondern von der Belastungsgeschichte abhängen. Dazu gehört auch die

Kriechdehnung. Während der äußeren Iteration werden sie immer wieder zurückgesetzt, bis Konvergenz vorliegt.

```
c       output arguments
c       =================
c       delcr (dp, sc   , o)        incremental creep strain
c       dcrda (dp, ar(*), o)        output array
c                                   derivative of incremental creep strain
c                                   dcrda(1) - to effective stress
c                                   dcrda(2) - to creep strain
```

bedeutet $\dfrac{\partial \dot\varepsilon^{\mathrm{cr}}}{\partial \sigma}\Delta t$; $\dfrac{\partial \dot\varepsilon^{\mathrm{cr}}}{\partial \varepsilon^{\mathrm{cr}}}\Delta t$

```
c *** add temperature off set
        t       = temp + toffst
```

Offset auf absolute Temperatur nötig für Arrhenius-Ansatz $e^{-\frac{b}{T}}$

```
c *** Primary creep function
c         delcr := c1 * seqv ^ n * creqv ^ m * exp (-b/T) * dtime
        c1      = prop(1)
        c2      = prop(2)
        c3      = prop(3)
        c4      = prop(4)
        delcr = (exp(log(c1) + c2 * log(seqv) +
      &          c3 * log(creqv) - con1 )) * dtime
```

Auch das Euler-rückwärts-Verfahren wird außerhalb der Routine durchgeführt, weil dafür nur die Ableitungen nach der Kriechdehnung und der Spannung benötigt werden. creqv enthält also den Wert aus dem letzten Iterationsschritt:

$$\varepsilon^{\mathrm{cr}}_{\mathrm{eqv},j} = \varepsilon^{\mathrm{cr}}_{\mathrm{eqv},j-1} + \Delta\varepsilon^{\mathrm{cr}}_{j-1} \quad j: \text{Schritt der inneren Iteration}$$

```
c *** derivitive of incremental creep strain to effective stress
        dcrda(1)= c2 * delcr / seqv
c *** derivitive of incremental creep strain to effective creep
c       strain
        dcrda(2)= c3 * delcr / creqv
        return
        end
```

7.5 Beispiele für implizite Zeitintegration

7.5.1 Beispiel mit direkter Zeitabhängigkeit

Die obigen Formeln werden auf das Beispiel aus Abschn. 7.2.2 angewandt. Die Kriechgeschwindigkeit ist als

$$\dot{\varepsilon}_{\mathrm{cr}} = A\sigma^{m} n e^{-nt} \tag{7.62}$$

definiert. Da diese Funktion direkt zeitabhängig ist, kommt Gleichung

$$\boxed{\frac{d\sigma}{d\varepsilon^{\mathrm{tot}}} = \left(1 + E\frac{\partial\dot{\varepsilon}^{\mathrm{cr}}}{\partial\sigma}\Delta t\right)^{-1} E \left(1 - \frac{\partial\dot{\varepsilon}^{\mathrm{cr}}}{\partial\varepsilon^{\mathrm{tot}}}\Delta t\right)} \tag{7.47}$$

zur Anwendung. Die Ableitung nach der Gesamtdehnung ist null. Also verbleibt

$$\frac{\partial\dot{\varepsilon}^{\mathrm{cr}}}{\partial\sigma} = A m\sigma^{m-1} n e^{-nt} \tag{7.63}$$

und damit

$$\frac{d\sigma}{d\varepsilon^{\mathrm{tot}}} = \left(1 + E A m\sigma^{m-1} n e^{-nt}\Delta t\right)^{-1} E \tag{7.64}$$

Berechnet werden soll der Fall, dass $\sigma_0 = 31{,}6\,\mathrm{MPa} = \mathrm{const.}$ ist. Erschien der Fall in Abschn. 7.2.5 noch als der einfachere, so ist hier zu beachten, dass bei der üblichen Verschiebungsmethode der Finiten Elemente die

- Verschiebungen die primären Variablen sind,
- aus denen die Gesamtdehnungen berechnet werden.
  Diese und nicht die Spannungen werden an die Materialroutine übergeben.
- Daraus werden die Spannungen berechnet,
- daraus die inneren Kräfte.
  Diese müssen mit den äußeren Kräften im Gleichgewicht stehen.

Hier können wir uns Verschiebungen und Kräfte sparen. An die Stelle der äußeren Last tritt die gegebene Spannung $\sigma_0 =: \sigma_{\mathrm{ext}}$. Anstelle der Verschiebung muss die passende Gesamtdehnung $\varepsilon^{\mathrm{tot}}$ bestimmt werden.

Da die Spannung aus der Dehnung bestimmt wird, ist wie bei der Relaxation in Abschn. 7.2.5 vorzugehen.

Folgendes ist zu tun:

1. Zu Beginn des ersten Zeitschritts ist die Materialtangente gleich dem Elastizitätsmodul E, die (innere) Spannung 0, folglich $\varepsilon_0^{\mathrm{tot}} = \sigma_{\mathrm{ext}}/E$ und $t_0 = 0$
2. Wir starten mit $\varepsilon_{i-1}^{\mathrm{tot}}$ aus 1. bzw. 7. und $\varepsilon^{\mathrm{cr}}$ aus dem vorigen Zeitschritt (t_0) die erste äußere Iteration ($i = 1$). Die Zeit am Ende ist $t_0 + \Delta t$.
3. Es wird eine innere Iteration (mit Index j) durchgeführt mit $\Delta\varepsilon_0^{\mathrm{cr}} = 0$ und

a. $\sigma = E\left(\varepsilon^{\mathrm{tot}}_{i-1} - \varepsilon^{\mathrm{cr}}(t_0) - \Delta\varepsilon^{\mathrm{cr}}_{j-1}\right)$

b. $f(\Delta\varepsilon^{\mathrm{cr}}) = \Delta\varepsilon^{\mathrm{cr}}_{(j-1)} - A\sigma^m n e^{-n(t_0+\Delta t)}\Delta t = 0$

c. $f'(\Delta\varepsilon^{\mathrm{cr}}) = 1 + E\dfrac{\partial\dot\varepsilon^{\mathrm{cr}}}{\partial\sigma}\Delta t = 1 + EAm\sigma^{m-1} n e^{-n(t_0+\Delta t)}\Delta t$

   bestimmt und

d. $\Delta\varepsilon^{\mathrm{cr}}_{(j)} = \Delta\varepsilon^{\mathrm{cr}}_{(j-1)} - \dfrac{f(\Delta\varepsilon^{\mathrm{cr}}_{(j-1)})}{f'(\Delta\varepsilon^{\mathrm{cr}}_{(j-1)})}$

   berechnet, bis Konvergenz eintritt $\to \Delta\varepsilon^{\mathrm{cr}}$.

4. Dann wird

   a. $\varepsilon^{\mathrm{cr}}_i = \varepsilon^{\mathrm{cr}}(t_0) + \Delta\varepsilon^{\mathrm{cr}}$

   b. $\varepsilon^{\mathrm{el}} = \varepsilon^{\mathrm{tot}}_{i-1} - \varepsilon^{\mathrm{cr}}_i$

   c. $\sigma_i = E\varepsilon^{\mathrm{el}}$ und

   d. $\dfrac{d\sigma}{d\varepsilon^{\mathrm{tot}}} = \left(1 + E\dfrac{\partial\dot\varepsilon^{\mathrm{cr}}}{\partial\sigma}\right)^{-1} E = \left(1 + EAm\sigma^{m-1} n e^{-n(t_0+\Delta t)}\Delta t\right)^{-1} E$

   berechnet.

5. Es wird $\dfrac{d\sigma}{d\varepsilon^{\mathrm{tot}}}\Delta\varepsilon^{\mathrm{tot}} = \sigma_{\mathrm{ext}} - \sigma_i$ gelöst und damit $\Delta\varepsilon^{\mathrm{tot}}$ bestimmt.

6. Schließlich wird $\varepsilon^{\mathrm{tot}}_i = \varepsilon^{\mathrm{tot}}_{i-1} + \Delta\varepsilon^{\mathrm{tot}}$ berechnet.

7. i wird um 1 erhöht und Schritt 3 bis 6 wird wiederholt, bis Konvergenz in der äußeren Iteration eintritt $\to \varepsilon^{\mathrm{tot}}(t_0 + \Delta t)$.

8. t_0 wird um Δt erhöht, weiter mit 2.

Tab. 7.2 zeigt von links nach rechts beispielhaft den Verlauf der inneren Iteration (Index j) in verschiedenen Iterationsschritten der äußeren Iteration (Index i von oben nach unten). Die quadratische Konvergenz des Newton-Verfahrens ist in f, jeweils von rechts nach links, also über die Schritte j, zu erkennen.

Für den äußeren Iterationsschritt $i = 1$ liefert die innere Iteration

$$p = \frac{\log\left(1{,}372\cdot 10^{-10}\big/ 7{,}667\cdot 10^{-6}\right)}{\log\left(7{,}667\cdot 10^{-6}\big/ 1{,}927\cdot 10^{-3}\right)} = 1{,}978 \approx 2 \tag{7.65}$$

also annähernd quadratische Konvergenz.

Tab. 7.3 zeigt den Verlauf der äußeren Iteration (Index i) für drei Zeitschritte.

Im ersten Zeitschritt von 0 auf 100 h ist der Startwert für die Gesamtdehnung, die Kriechdehnung und die elastische Dehnung 0, sodass auch die (innere) Spannung 0 ergibt. Damit erhält man zwischen der äußeren und der berechneten Spannung das maximale Ungleichgewicht. Als Ableitung der Spannung nach der Dehnung ergibt sich der Elastizitätsmodul. Die Konvergenz ist gut in der Spannung zu erkennen. In dem Maße, wie sich die Spannung 31,6 MPa annähert, geht die Differenz zur äußeren Spannung gegen Null. Die Konvergenzordnung ist am besten beim Inkrement der Gesamtdehnung $\Delta\varepsilon^{\mathrm{tot}}$ abzulesen. Es stellt sich quadratische Konvergenz ein, wie sie im Newton-Raphson-Verfahren erwartet wird.

Tab. 7.2 Kriechbeispiel, innere Iteration

i	$j = 1$			$j = 2$			$j = 3$	
	$\Delta\varepsilon_{\mathrm{cr}}^{(j-1)}$	f	f'	$\Delta\varepsilon_{\mathrm{cr}}^{(j-1)}$	f	f'	$\Delta\varepsilon_{\mathrm{cr}}^{(j-1)}$	f
1	0	−1,927E-03	1,2707710	1,52E-03	−7,667E-06	1,2603890	1,52E-03	−1,372E-10
2	0	−2,458E-03	1,2819728	1,92E-03	−1,044E-05	1,2707824	1,93E-03	−2,139E-10
3	0	−2,460E-03	1,2820167	1,92E-03	−1,045E-05	1,2708231	1,93E-03	−2,143E-10

Tab. 7.3 Kriechbeispiel, äußere Iteration, $\sigma_{\text{ext}} = 31{,}6\,\text{MPa}$

		konvergiert						
i	t	$\Delta\varepsilon^{\text{cr}}_{\infty}$	$\varepsilon^{\text{cr}}_{\infty}$	ε^{el}	σ	$\dfrac{d\sigma}{d\varepsilon^{\text{tot}}}$	$\Delta\varepsilon^{\text{tot}}$	$\varepsilon^{\text{tot}}_{i}$
1	100			0,00E+00	00,0000	3700,0	8,54E-03	8,54E-03
2		1,52E-03	1,52E-03	7,02E-03	25,9665	2935,7	1,92E-03	1,05E-02
3		1,93E-03	1,93E-03	8,53E-03	31,5763	2911,7	8,15E-06	1,05E-02
4		1,93E-03	1,93E-03	8,54E-03	31,6000	2911,6	1,30E-10	1,05E-02
1	200	1,49E-03	3,41E-03	7,06E-03	26,1045	2953,1	1,86E-03	1,23E-02
2		1,87E-03	3,79E-03	8,53E-03	31,5780	2930,2	7,50E-06	1,23E-02
3		1,87E-03	3,80E-03	8,54E-03	31,6000	2930,1	1,09E-10	1,23E-02
1	300	1,45E-03	5,25E-03	7,09E-03	26,2299	2970,3	1,81E-03	1,41E-02
2		1,81E-03	5,61E-03	8,54E-03	31,5796	2948,3	6,93E-06	1,42E-02
3		1,81E-03	5,61E-03	8,54E-03	31,6000	2948,2	9,12E-11	1,42E-02

7.5.2 Beispiel mit indirekter Zeitabhängigkeit

Für die Kriechgleichung

$$\dot{\varepsilon}_{\text{cr}} = C_1 \sigma^{C_2} \varepsilon_{\text{cr}}^{C_3} \tag{7.66}$$

werden zunächst Parameter so bestimmt, dass sich für $t_1 = 100\,\text{h}$ und $t_2 = 1000\,\text{h}$ eine Übereinstimmung von Kriechdehnung und -geschwindigkeit mit dem Beispiel aus Abschn. 7.5.1 ergibt. Es soll also gelten:

$$\dot{\varepsilon}_{\text{cr}} = A\sigma^{m} n e^{-nt} \quad \text{und} \quad \varepsilon_{\text{cr}} = A\sigma^{m}(1 - e^{-nt}) \tag{7.67}$$

Da die Abhängigkeit der Kriechgeschwindigkeit von der Spannung gleichartig beschrieben wird, gilt $C_2 = m$. Eingesetzt in (7.66) für die beiden Zeitpunkte:

$$A n e^{-nt_1} = C_1 \left[A\sigma^{m}\left(1 - e^{-nt_1}\right) \right]^{C_3} \tag{7.68}$$

$$A n e^{-nt_2} = C_1 \left[A\sigma^{m}\left(1 - e^{-nt_2}\right) \right]^{C_3} \tag{7.69}$$

(7.68) geteilt durch (7.69):

$$e^{-n(t_1 - t_2)} = \left[\frac{1 - e^{-nt_1}}{1 - e^{-nt_2}}\right]^{C_3} \quad \Big| \ \ln(\dots) \tag{7.70}$$

$$-n(t_1 - t_2) = C_3 \ln\left[\frac{1 - e^{-nt_1}}{1 - e^{-nt_2}}\right] \tag{7.71}$$

$$C_3 = \frac{-n(t_1 - t_2)}{\ln\left[\dfrac{1 - e^{-nt_1}}{1 - e^{-nt_2}}\right]} = \frac{-3 \cdot 10^{-4} \cdot (100 - 1000)}{\ln\left[\dfrac{1 - e^{-3\cdot 10^{-4}\cdot 100}}{1 - e^{-3\cdot 10^{-4}\cdot 1000}}\right]} = -0{,}1244 \tag{7.72}$$

(7.68) nach C_1 aufgelöst:

$$C_1 = \frac{An\,e^{-nt_1}}{\left[A\sigma^m\left(1-e^{-nt_1}\right)\right]^{C_3}} = \frac{1{,}05\cdot 10^{-3}\cdot 3\cdot 10^{-4}\cdot e^{-3\cdot 10^{-4}\cdot 100}}{\left[1{,}05\cdot 10^{-3}\cdot 31{,}6\cdot\left(1-e^{-3\cdot 10^{-4}\cdot 100}\right)\right]^{-0{,}1244}} \qquad (7.73)$$

$$C_1 = 1{,}407\cdot 10^{-7}$$

Aufgabe

Bestimmen Sie die nötigen Terme für die innere und äußere Iteration, nämlich f, f' und $d\sigma/d\varepsilon^{\text{tot}}$!

Lösung

Für die innere Iteration

$$\Delta\varepsilon_{\text{cr}} = \dot\varepsilon_{\text{cr}}\Delta t = C_1\sigma^{C_2}\varepsilon_{\text{cr}}^{C_3}\Delta t$$

$$\Delta\varepsilon_{\text{cr}} = C_1\sigma^{C_2}\left(\varepsilon_{\text{cr}}(t_0) + \Delta\varepsilon_{\text{cr}}\right)^{C_3}\Delta t$$

$$\sigma = E\varepsilon^{\text{el}} = E\left(\varepsilon_{i-1}^{\text{tot}} - \varepsilon_{\text{cr}}(t_0) - \Delta\varepsilon_{\text{cr}}^{(j-1)}\right)$$

$$f(\Delta\varepsilon_{\text{cr}}) = \Delta\varepsilon_{\text{cr}}^{(j-1)} - C_1\left[E\left(\varepsilon_{i-1}^{\text{tot}} - \varepsilon_{\text{cr}}(t_0) - \Delta\varepsilon_{\text{cr}}^{(j-1)}\right)\right]^{C_2}\left(\varepsilon_{\text{cr}}(t_0) + \Delta\varepsilon_{\text{cr}}^{(j-1)}\right)^{C_3}\Delta t$$

$$\begin{aligned}
f'(\Delta\varepsilon_{\text{cr}}) = {}& 1 - C_1\left[E\left(\varepsilon_{i-1}^{\text{tot}} - \varepsilon_{\text{cr}}(t_0) - \Delta\varepsilon_{\text{cr}}^{(j-1)}\right)\right]^{C_2} C_3\left(\varepsilon_{\text{cr}}(t_0) + \Delta\varepsilon_{\text{cr}}^{(j-1)}\right)^{C_3-1}\Delta t \\
& + C_1 C_2 E^{C_2}\left(\varepsilon_{i-1}^{\text{tot}} - \varepsilon_{\text{cr}}(t_0) - \Delta\varepsilon_{\text{cr}}^{(j-1)}\right)^{C_2-1}\left(\varepsilon_{\text{cr}}(t_0) + \Delta\varepsilon_{\text{cr}}^{(j-1)}\right)^{C_3}\Delta t
\end{aligned}$$

Für die äußere Iteration

$$\frac{\partial\dot\varepsilon_{\text{cr}}}{\partial\varepsilon_{\text{cr}}} = C_1\sigma^{C_2}C_3\varepsilon_{\text{cr}}^{C_3-1}$$

$$\frac{\partial\dot\varepsilon_{\text{cr}}}{\partial\sigma} = C_1 C_2\sigma^{C_2-1}\varepsilon_{\text{cr}}^{C_3}$$

$$\frac{d\sigma}{d\varepsilon^{\text{tot}}} = \left(1 + E\left(1 - C_1\sigma^{C_2}C_3\varepsilon_{\text{cr}}^{C_3-1}\Delta t\right)^{-1}C_1 C_2\sigma^{C_2-1}\varepsilon_{\text{cr}}^{C_3}\Delta t\right)^{-1}E$$

8.1 Grundbegriffe eindimensionalen Verhaltens

Bei duktilen Materialien wie dem Stahl, an dem diese Theorie entwickelt wurde, geht man davon aus, dass bis zum Erreichen einer bestimmten Spannung, der Fließspannung σ_F oder σ_y (von engl. *yield* – Fließen), linear elastisches Verhalten vorliegt, das durch das Hooke'sche Gesetz und damit durch den Elastizitätsmodul E (engl. *Young's modulus*) und die Querkontraktionszahl ν (engl. *Poisson's ratio*) beschrieben wird. Dies gilt streng genommen nur für Werkstoffe mit ausgeprägter Fließgrenze (engl. *yield strength*) wie in Abb. 8.1. Der ebenfalls in Abb. 8.1 dargestellte Spitzenwert vor dem Übergang in den ideal-elastischen Bereich wird nicht abgebildet.

Bei nicht ausgeprägter Fließgrenze gilt die lineare Elastizität nur bis zur Proportionalitätsgrenze σ_p. Trotzdem wird als Ersatzfließgrenze gern eine Spannung genommen, bei der ein kleiner, definierter Anteil plastische, also nicht selbstreversible Dehnung auftritt, üblicherweise die 0,2-%-Dehngrenze R_{p02} (Abb. 8.2a). Folgt man dem in der FEM-Simulation, so wird der elastische Bereich bis dahin verlängert (Abb. 8.3) und die Fließkurve entsprechend angepasst.

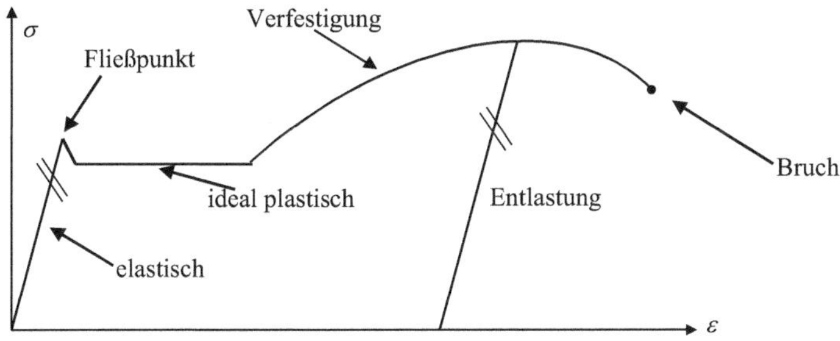

Abb. 8.1 Eindimensionales Verhalten duktiler Materialien

© Springer Fachmedien Wiesbaden 2016

W. Rust, *Nichtlineare Finite-Elemente-Berechnungen*, DOI 10.1007/978-3-658-13378-8_8

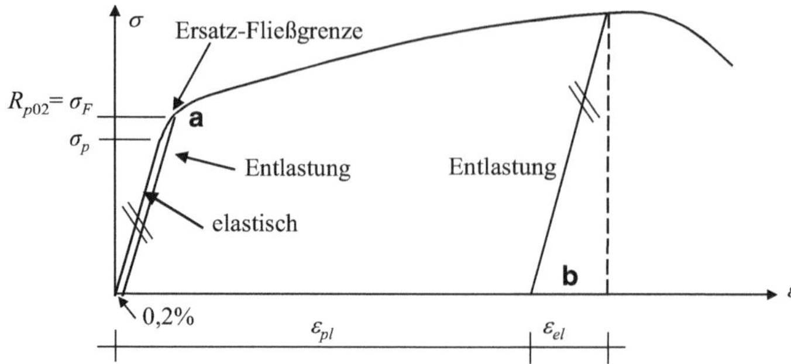

Abb. 8.2 (a) Materialverhalten bei nicht ausgeprägter Fließgrenze (*links*), (b) Aufspaltung der gesamten Dehnung in elastische und plastische

Abb. 8.3 Idealisierung bei Annahme einer Ersatzfließgrenze

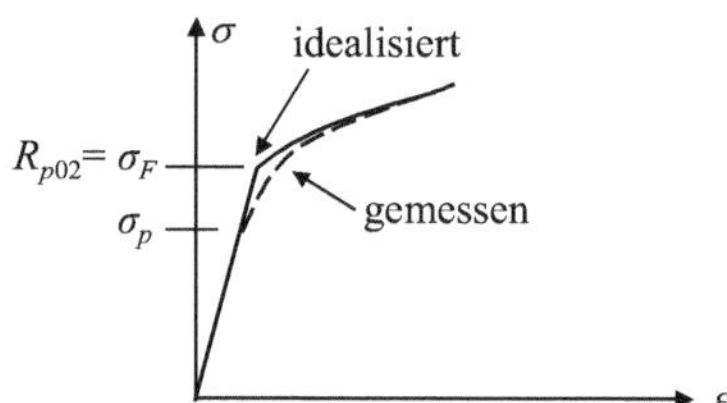

Für weitere Betrachtungen wird die Gesamtdehnung in den plastischen, also bleibenden, und den elastischen Anteil, der bei Entlastung zurückgeht, aufgespalten (Abb. 8.2b):

$$\varepsilon_{\text{tot}} = \varepsilon_{\text{el}} + \varepsilon_{\text{pl}} \qquad \text{bzw.} \tag{8.1}$$

$$\boldsymbol{\varepsilon}_{\text{tot}} = \boldsymbol{\varepsilon}_{\text{el}} + \boldsymbol{\varepsilon}_{\text{pl}} \qquad \text{im Mehrdimensionalen} \tag{8.2}$$

Aus den elastischen Dehnungen werden die Spannungen berechnet:

$$\sigma = E\varepsilon^{\text{el}} \qquad \text{bzw.} \qquad \boldsymbol{\sigma} = \mathbf{E}\,(E, \nu)\,\boldsymbol{\varepsilon}^{\text{el}} \tag{8.3}$$

wobei **E** die Elastizitätsmatrix darstellt.

8.2 Bausteine einer mehrdimensionalen Elasto-Plastizitätstheorie

Zu einer Elasto-Plastizitätstheorie im Mehrdimensionalen gehören:

- die Fließbedingung (*yield condition*) $F\,(\boldsymbol{\sigma}, \sigma_F) \leq 0$
  Sie gibt an, wann bei einem mehrdimensionalen Spannungszustand Fließen eintritt, indem sie den mehrachsigen Spannungszustand mit dem einachsigen – typischerweise über eine Vergleichsspannung σ_{eqv} – vergleicht und der aktuellen Fließgrenze gegenübergestellt.
  Ist $F < 0$ liegt   elastisches Verhalten vor,
  ist $F = 0$ Plasti(fi)zieren.
  $F > 0$, d. h. ein Spannungszustand oberhalb der Fließgrenze ist nicht zulässig.

- das Fließgesetz oder die Fließregel (*flow rule*)
  Sie gibt an, wie sich die plastische Dehnung unter einem Spannungszustand entwickeln wird, d. h. wie die Komponenten des plastischen Dehnungsinkrements von den Spannungskomponenten abhängen.
- die Verfestigungsregel (*hardening rule*)
  Sie gibt an, wie im Mehrdimensionalen die aktuelle Fließgrenze von Verfestigungsparametern, z. B. Dehnungen, abhängt.

8.3 Fließregeln

Die Fließregel wird beschrieben über das plastische Potential Q. Die Aufteilung der plastischen Dehnungsinkremente in Komponenten, d. h. die verschiedenen Richtungen, richtet sich nach der Ableitung von Q nach den Spannungen:

$$\Delta \varepsilon_{ij}^{\mathrm{pl}} = \lambda \frac{\partial Q\,(\sigma)}{\partial \sigma_{ij}} \quad \text{oder} \quad \Delta \varepsilon^{\mathrm{pl}} = \lambda \frac{\partial Q\,(\sigma)}{\partial \sigma} \tag{8.4}$$

Dabei ist λ der plastische Multiplikator, eine interne Größe, die es im Laufe der Erfüllung des Stoffgesetzes zu bestimmen gilt. In Standardfällen gibt er die Länge des plastischen Dehnungsinkrementes an, das auch zur Vergleichsdehnung summiert werden kann. Das ist aber nicht zwingend. (8.4) ist auch als Normalenregel bekannt. Der Vorgang kann als Projektion auf das plastische Potential dargestellt werden (Abb. 8.4).

Es gilt als Bedingung, dass das plastische Potential konvex sein muss (Drucker-Postulat). Anderenfalls könnte es passieren, dass die durch (8.4) beschriebene Projektion nicht eindeutig ist.

Eine besondere Form ist die **assoziierte Fließregel** (*associated flow rule*). Hier spielt die Fließbedingung F die Rolle des plastischen Potentials:

$$\Delta \varepsilon_{ij}^{\mathrm{pl}} = \lambda \frac{\partial F\,(\sigma)}{\partial \sigma_{ij}} \tag{8.5}$$

Es wird noch gezeigt werden, dass dies sowohl numerisch hilfreich als auch oft physikalisch sinnvoll ist.

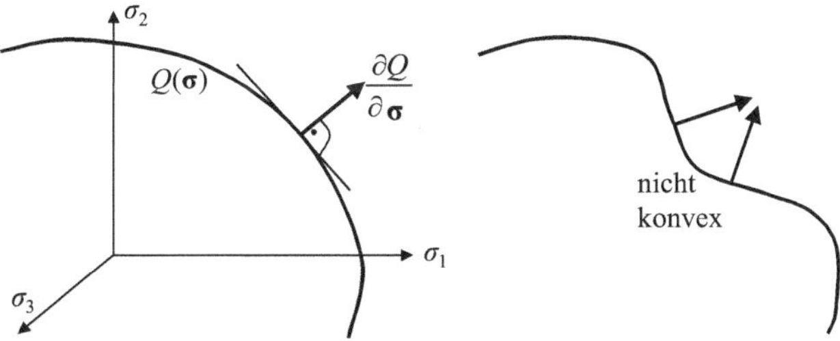

Abb. 8.4 Projektion auf das plastische Potential

8.4 Klassische Fließbedingungen

8.4.1 Gestaltänderungsenergie-Hypothese (nach von Mises)

Die Gestaltänderungsenergie-Hypothese als Grundlage für eine Fließbedingung ist mit dem Namen von Mises oder auch Huber, von Mises und Hencky verknüpft. Sie besagt:

▶ Fließen tritt bei mehrdimensionaler Beanspruchung ein, wenn die *Gestalt-änderungsarbeit* gleich derjenigen bei Eintritt des Fließens unter einachsiger Beanspruchung ist.

Dabei wird die Formänderungsarbeit in die Volumenänderungsarbeit und die Gestaltänderungsarbeit aufgespalten. Dies ist eine für Metalle wegen ihrer Kompaktheit, die keine dauerhafte Volumenänderung zulässt, gut zutreffende Hypothese. Sie lässt sich auch damit erklären, dass es bei plastischen Verformungen in Metallen zu Versetzungen, zum Abgleiten der Kristalle aneinander kommt, was einer Schubdeformation und damit Gestaltänderung entspricht.

Das Ergebnis der Überlegungen ist die Fließbedingung, die, in Invarianten ausgedrückt,

$$F = \sqrt{3J_2} - \sigma_{\mathrm{F}} = 0 \tag{8.6}$$

lautet. In Hauptspannungen erhält man:

$$\sigma_{\mathrm{eqv}} = \sqrt{\frac{1}{2}\left[(\sigma_1 - \sigma_2)^2 + (\sigma_2 - \sigma_3)^2 + (\sigma_3 - \sigma_1)^2\right]} \leq \sigma_{\mathrm{F}} \tag{8.7}$$

Im Hauptspannungsraum (s. Abschn. 5.4.3) lässt sich die Fließbedingung in Form der *Fließfläche* darstellen, die alle Spannungszustände verbindet, bei denen Fließen eintritt. Die Von-Mises-Fließfläche ist ein Zylinder, dessen Rotationsachse die hydrostatische Achse ist (Abb. 8.5), weil senkrecht dazu der gestaltändernde Anteil gemessen wird. Der Eintritt des Fließens ist also völlig unabhängig vom hydrostatischen Anteil.

Die Von-Mises-Fließbedingung lässt sich auch in Spannungskomponenten eines beliebigen Koordinatensystems ausdrücken:

$$\sigma_{\mathrm{eqv}} = \sqrt{\frac{1}{2}\left[(\sigma_1 - \sigma_2)^2 + (\sigma_2 - \sigma_3)^2 + (\sigma_3 - \sigma_1)^2 + 6\tau_{xy}^2 + 6\tau_{yz}^2 + 6\tau_{xz}^2\right]} \tag{8.8}$$

Dies ist für die Praxis sehr vorteilhaft, wie man noch sehen wird.

Im ebenen Spannungszustand lautet die Bedingung:

$$\sigma_{\mathrm{eqv}} = \sqrt{\sigma_x^2 + \sigma_y^2 - \sigma_x\sigma_y + 3\tau_{xy}^2} \tag{8.9}$$

Stellt man diesen Zustand in der σ_1-σ_2-Fläche dar (Abb. 8.6), erhält man eine Ellipse. Man erkennt sehr schön, dass einzelne Spannungskomponenten oberhalb der Fließgrenze (*gestrichelt*) möglich sind, wenn sie mit der entsprechenden anderen kombiniert werden.

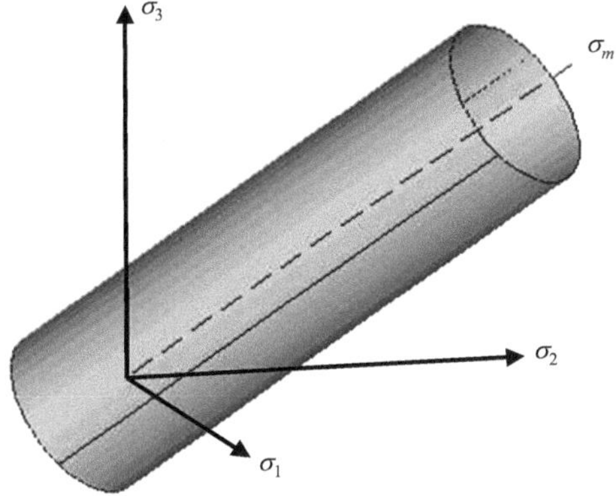

Abb. 8.5 Von-Mises-Fließfläche im Hauptspannungsraum

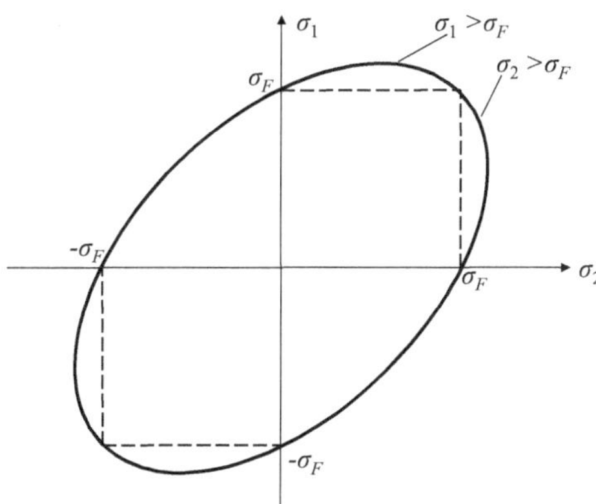

Abb. 8.6 Von-Mises-Fließfläche im ebenen Spannungszustand

Die Von-Mises-Bedingung zählt zu den **Ein-Parameter-Modellen**, weil sie nur von einer Invarianten abhängig ist.

Die assoziierte Fließregel (8.5) führt zu einer Ausrichtung des plastischen Dehnungsinkrementes auf die Raumdiagonale und ruft damit einen rein deviatorischen Zustand hervor. Das bedeutet, dass keine plastischen Volumenänderungen entstehen. Das ist physikalisch sinnvoll, wenn man die Plastizität auf Versetzungen zurückführt und auch berücksichtigt, dass ein allseitiger Druck, der am ehesten eine Volumenänderung hervorbringen könnte, keinen Einfluss auf den Eintritt des Fließens hat.

8.4.2 Schubspannungs-Hypothese (Tresca)

Die Schubspannungs-Hypothese nach Tresca besagt:

▶ Fließen tritt ein, wenn die maximale Schubspannung einen kritischen Wert τ_F erreicht.

Abb. 8.7 Hauptschubspannung im Mohr'schen Spannungskreis

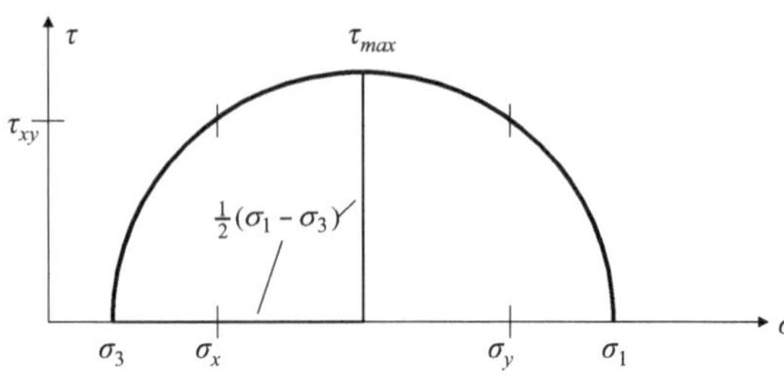

Abb. 8.8 Tresca-Bedingung im Hauptspannungsraum

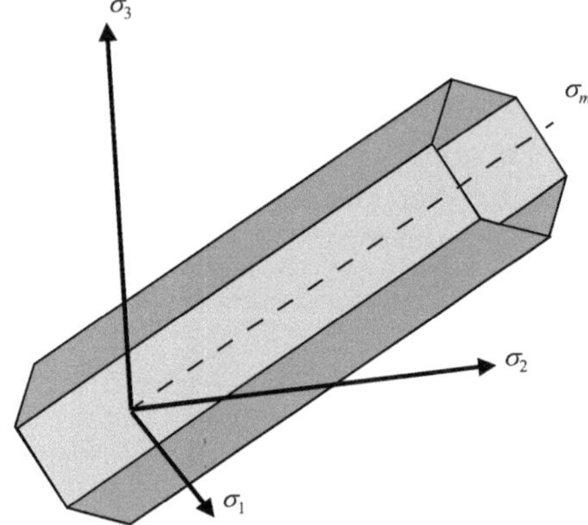

Die maximale Schubspannung an einem Punkt ist die Hauptschubspannung, die sich, wie man im Mohr'schen Spannungskreis (Abb. 8.7) sehen kann, als

$$\tau_{\mathrm{max}} = \frac{1}{2}(\sigma_1 - \sigma_3) \leq \tau_{\mathrm{F}} \tag{8.10}$$

ergibt.

Um eine Gegenüberstellung mit der einachsigen Fließgrenze zu ermöglichen, wird gern der doppelte Wert genommen:

$$F(\sigma) = (\sigma_1 - \sigma_3) - \sigma_{\mathrm{F}} \leq 0 \tag{8.11}$$

In Invarianten:

$$F(\boldsymbol{\sigma}) = \sqrt{J_2}\, 2\cos\theta - \sigma_{\mathrm{F}} \leq 0 \tag{8.12}$$

Die Tresca-Hypothese zählt zu den Ein-Parameter-Modellen, obwohl auch die dritte Invariante enthalten ist, die aber nur eine untergeordnete Bedeutung hat. Im Hauptspannungsraum ist die Tresca-Bedingung ein Prisma mit einem regelmäßigen Sechseck als Grundfläche (Abb. 8.8).

Auch die Tresca-Bedingung ist vom hydrostatischen Anteil unabhängig. Deshalb lassen sich die Eigenschaften beim Blick längs der Raumdiagonalen, also direkt auf die Deviatorebene und damit in der Deviatorebene darstellen (Abb. 8.9). Diese Perspektive ergibt eine Isometrie des Hauptspannungsraumes. Die Achsen schneiden sich unter 120°.

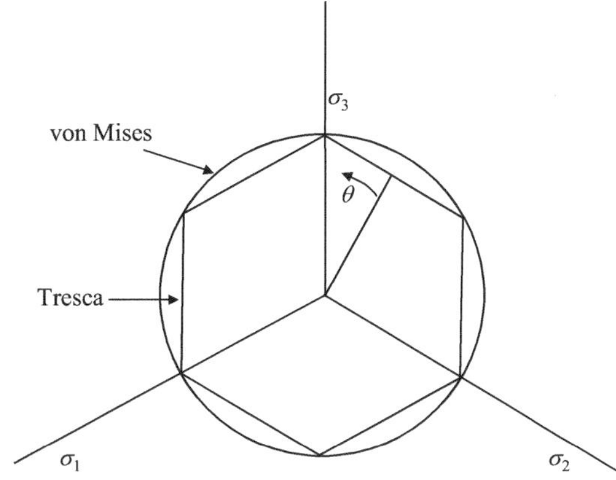

Abb. 8.9 Tresca- und Von-Mises-Hypothese in der Deviatorebene

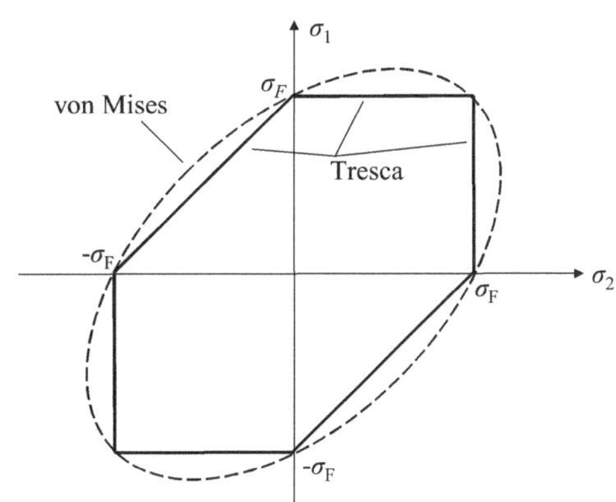

Abb. 8.10 Tresca- und Von-Mises-Bedingung für den ebenen Spannungszustand

Während hier die Von-Mises-Bedingung ein Kreis ist, ergibt die Tresca-Bedingung ein regelmäßiges Sechseck. Der von zwei Ecken und dem Bild der Raumdiagonale gebildete Winkel beträgt 60°. Von der Winkelhalbierende wird die Invariante θ gemessen, die nur zwischen $-30°$ und $30°$ liegen kann. An den Grenzen ist $2\cos\theta = \sqrt{3}$, sodass sich Tresca- und Von-Mises-Fließfläche berühren. Die Darstellung für den ebenen Spannungszustand zeigt Abb. 8.10.

Die Tresca-Hypothese ist nicht direkt eine Fließhypothese; sie kennzeichnet vielmehr die Gefahr eines Gleitbruchs. Dem geht allerdings die Ausbildung eines lokalen plastischen Scherbandes voraus, sodass die Verbindung zur Plastizität gegeben ist. Man bräuchte also eine Tresca-Fließbedingung nur, wenn man nach Eintritt eines Bruches weiterrechnen muss. Es gibt allerdings Ansätze mit der Tresca-Fließbedingung im Bereich der niederzyklischen Ermüdung zu rechnen, bei der bis zu einer bestimmten Grenze kumulierte plastische Dehnungen auftreten, damit nicht zwischenzeitlich Spannungszustände auftreten, die zwar nach von Mises, nicht aber nach Tresca zulässig sind. Das Tresca-Kriterium soll dabei für die Beurteilung der Rissbildungsgefahr verwendet werden, sodass bei Nutzung der Von-Mises-Fließbedingung für die Plastizität ein Widerspruch auftreten könnte.

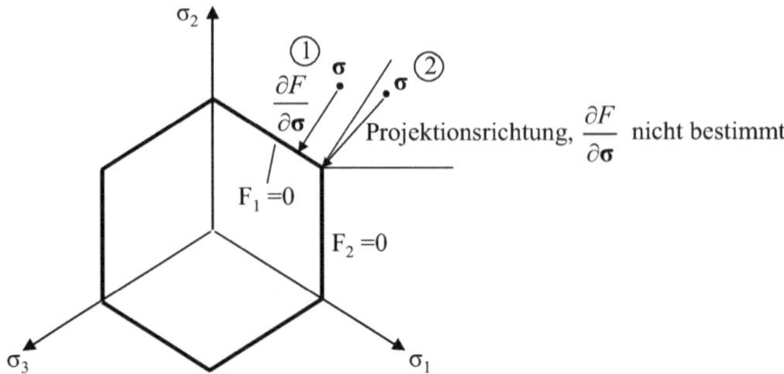

Abb. 8.11 Problem bei nicht differenzierbarer Fließfläche und assoziierter Fließregel

Bei Verwendung einer assoziierten Fließregel tritt das Problem auf, dass die Fließfläche an den Knicken nicht differenzierbar ist. Man muss also, wenn ein Spannungszustand nicht mehr senkrecht über einer ebenen Fläche liegt, wie es für den mit 2 bezeichneten Spannungszustand im Gegensatz zu Zustand 1 der Fall ist, die Projektionsrichtung anderweitig so bestimmen, dass ein Knick getroffen wird (Abb. 8.11).

Aus diesem Grunde gibt es auch den Ansatz, statt der exakten Tresca-Bedingung eine modifizierte Von-Mises-Bedingung mit höheren Exponenten zu verwenden:

$$F = \left\{ \frac{1}{2} \left[(\sigma_1 - \sigma_2)^m + (\sigma_2 - \sigma_3)^m + (\sigma_3 - \sigma_1)^m \right] \right\}^{\frac{1}{m}} - \sigma_F = 0 \qquad (8.13)$$

wobei m gerade ist. Die Tresca-Bedingung ergibt sich für $m \to \infty$. $m = 2$, aber auch $m = 4$ ergeben die Von-Mises-Bedingung, erst darüber hinaus erfolgt eine Abplattung der Fließfläche. Ein Pendant zur Komponentendarstellung (8.8) gibt es leider nicht. Es muss also in Hauptspannungen gerechnet werden.

Eine Alternative ist, jeden Abschnitt für sich als Fließfläche zu betrachten und im nicht differenzierbaren Bereich zwei Bedingungen F_1 und F_2 (s. Abb. 8.11) zu erfüllen:

$$F_1 = 0 \wedge F_2 = 0 \qquad (8.14)$$

und die plastischen Dehnungsinkremente folgendermaßen zu berechnen:

$$\Delta \varepsilon^{\text{pl}} = \lambda_1 \frac{\partial F_1}{\partial \sigma} + \lambda_2 \frac{\partial F_2}{\partial \sigma} \qquad (8.15)$$

8.4.3 Mohr-Coulomb-Bedingung

Die Mohr-Coulomb-Bedingung stammt aus der Bodenmechanik und ist für granulare Materialien (Böden, Pulver) anwendbar. Sie kennzeichnet das Ausbilden einer Gleitfuge.

Ähnlich wie bei der Tresca-Bedingung bildet sich ein lokales Scherband aus, jedoch ist die Scherfestigkeit hier von der Normalspannung abhängig. Es tritt nämlich innere

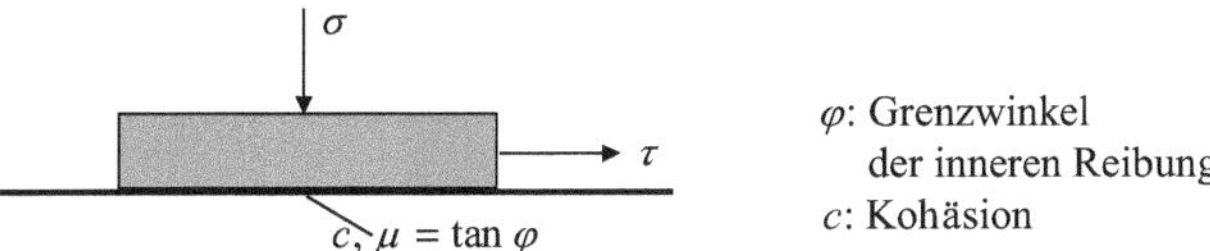

Abb. 8.12 Grundzusammenhang der Mohr-Coulomb-Bedingung

Abb. 8.13 Mohr-Coulomb-Versagensfläche

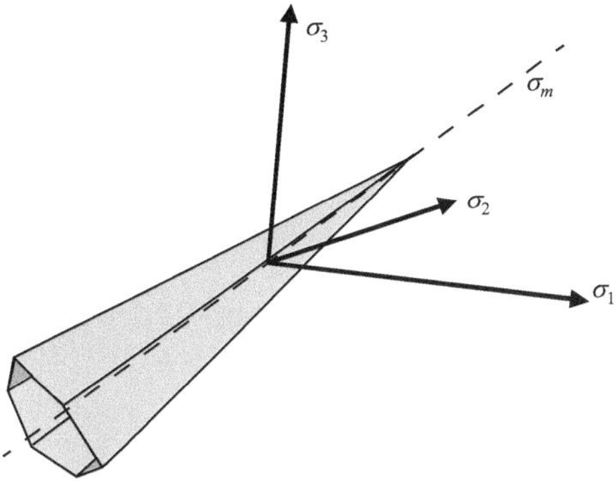

Reibung auf. Die eindimensionale Bestimmungsgleichung lautet:

$$\tau \leq c + \sigma \tan \varphi \tag{8.16}$$

Dabei ist c die Kohäsion und φ der Grenzwinkel der inneren Reibung (Abb. 8.12).

Die Mohr-Coulomb-Bedingung gehört zu den Zwei-Parameter-Modellen, weil das Versagen auch durch die erste Invariante, also durch den hydrostatischen Druck mitbestimmt wird:

$$F = \frac{I_1}{3} \sin \varphi + \sqrt{J_2} \left(\cos \theta - \frac{1}{\sqrt{3}} \sin \theta \sin \varphi \right) - c \cos \varphi = 0 \tag{8.17}$$

wobei θ wieder der Winkel ist, der sich aus den Invarianten ergibt. Der erste Term kennzeichnet die Abhängigkeit vom hydrostatischen Anteil, der zweite ist dem Tresca-Kriterium ähnlich. Geht der Grenzwinkel φ gegen null, geht F in die Tresca-Bedingung über. Das ist vielleicht der Grund für die Schreibweise in (8.17). Dividiert man durch $\cos \varphi$ und ersetzt ein Drittel von I_1 durch den negativen hydrostatischen Druck p, erhält man:

$$F = \sqrt{J_2} \left(\frac{\cos \theta}{\cos \varphi} - \frac{1}{\sqrt{3}} \sin \theta \tan \varphi \right) - (p \tan \varphi + c) = 0 \tag{8.18}$$

Das bedeutet J_2-Plastizität mit einer Fließgrenze, die vom Druck und der Kohäsion abhängt.

Mehrdimensional ist die Fließfläche eine Pyramide mit sechseckiger Grundfläche, wobei sich zwei Winkel abwechseln (Abb. 8.13). Die Spitze der Pyramide liegt typischerweise im Zugbereich. Allseitigen Zug kann das Material nur in geringem, allseitigen Druck

Abb. 8.14 Mohr-Coulomb-Versagensfläche im ebenen Spannungszustand

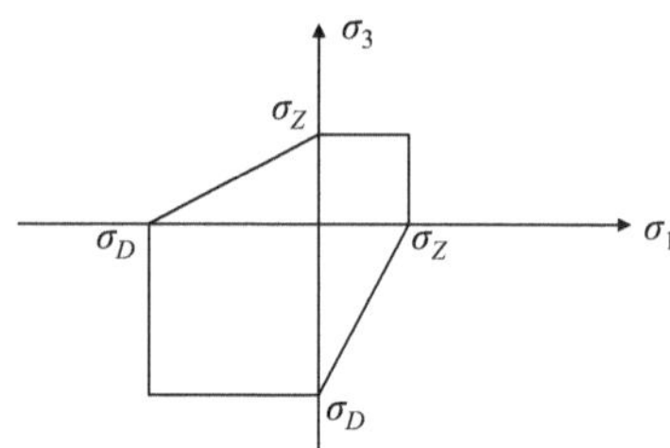

aber in hohem Maße aufnehmen. Wie man in Abb. 8.14 sehen kann, darf keine Spannungskomponente größer als die Zugfestigkeit σ_Z oder kleiner als die Druckfestigkeit σ_D sein.

8.4.4 Drucker-Prager-Bedingung

Die Drucker-Prager-Bedingung stellt eine aus numerischen Gründen vereinfachte Mohr-Coulomb-Bedingung dar. Die Fließfläche ist ein Kegel und damit außer an der Spitze überall differenzierbar.

Die Fließbedingung lautet in Invarianten:

$$F = \sqrt{J_2} + \beta I_1 - \tau_F \leq 0 \tag{8.19}$$

Das lässt sich mit den anschaulicheren Größen umformen zu

$$F = \frac{1}{\sqrt{3}}\sigma_{\text{eqv}}^{\text{v. Mises}} + 3\beta\sigma_m - \tau_F \leq 0 \tag{8.20}$$

Zwischen der Kohäsion c und dem Grenzwinkel φ der inneren Reibung sowie β und τ_F besteht folgender Zusammenhang:

$$\sin\varphi = \frac{3\sqrt{3}\beta}{2 + \sqrt{3}\beta} \tag{8.21a}$$

$$c = \frac{\tau_F\sqrt{3}\,(3 - \sin\varphi)}{6\cos\varphi} \tag{8.21b}$$

Für c gibt es unterschiedliche Formeln, je nachdem, ob der Drucker-Prager-Kegel die Mohr-Coulomb-Fläche umschreibt, dieser einbeschrieben ist oder dazwischen liegt („Kompromisskegel").

Mit dem Drucker-Prager-Modell hat man ein Gesetz, das zwischen Zug- und Druckverhalten unterscheidet. Dazu lassen sich die Parameter aus der Zugfestigkeit σ_Z und der Druckfestigkeit σ_D errechnen:

$$\beta = \frac{\sigma_D - \sigma_Z}{\sqrt{3}\,(\sigma_D + \sigma_Z)} \tag{8.22a}$$

$$\tau_F = \frac{2\sigma_D\sigma_Z}{\sqrt{3}\,(\sigma_D + \sigma_Z)} \tag{8.22b}$$

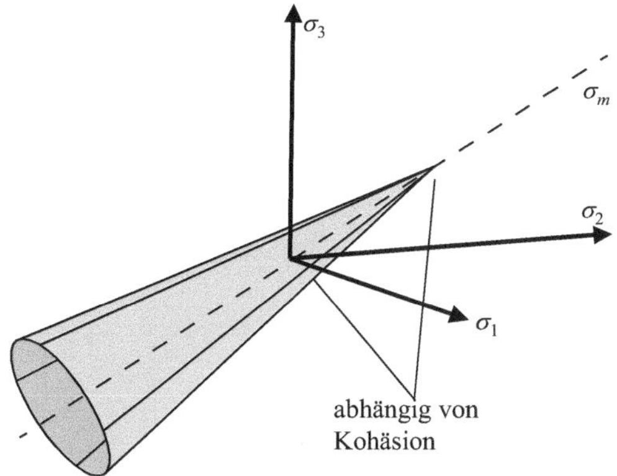

Abb. 8.15 Drucker-Prager-Fließfläche

Ein Beispiel für eine nicht-assoziierte Fließregel kann bei diesem Gesetz sein, dass anstelle des Grenzwinkels φ wie in F für Q der Volumendilatanzwinkel φ_{dil} verwendet wird.

Anstelle von (8.20) kann die Fließbedingung auch als

$$F = \sigma_{\mathrm{eqv}}^{\mathrm{v.\,Mises}} + \beta\sigma_{\mathrm{m}} - \sigma_{\mathrm{F}} \leq 0 \qquad (8.23)$$

geschrieben werden und liegt damit näher an der Von-Mises-Fließbedingung (8.6)/(8.7). Die Umrechnungsformeln (8.21) und (8.22) müssen dann natürlich angepasst werden. Ferner gibt es Ansätze, statt der linearen Beziehung zwischen der Vergleichsspannung nach von Mises und dem hydrostatischen Anteil eine nichtlineare zu verwenden, die an der „Spitze" differenzierbar ist.

8.5 Verfestigungsregeln

8.5.1 Einachsige Spannungs-Dehnungs-Beziehungen

Plastisches Materialverhalten ist normalerweise nicht durchgehend ideal plastisch. Es tritt meist, manchmal erst nach einer gewissen Dehnung, Verfestigung auf (Abb. 8.16). Auch Entfestigung sollte betrachtet werden, erfordert aber zusätzliche Bemerkungen (s. u.). Als

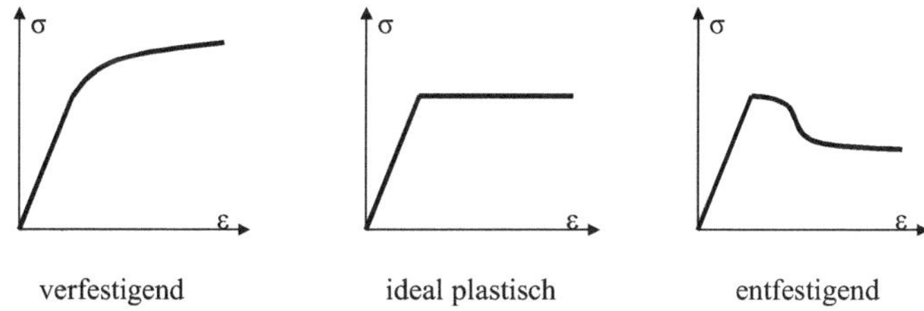

Abb. 8.16 Ver- oder Entfestigungscharakteristik

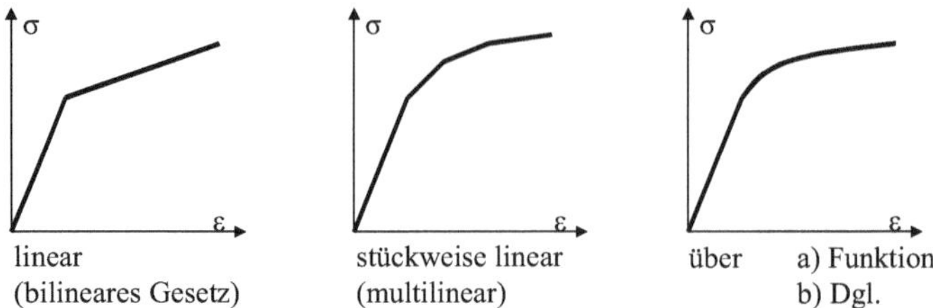

Abb. 8.17 Eindimensionale Beschreibung der Verfestigung

Spannungs-Dehnungs-Linien werden solche aus einachsigen Versuchen erwartet. Weil die Fläche unter der Kurve die verrichtete (Elementar-)Arbeit darstellt, heißen die Bilder auch Arbeits-Diagramme.

Es sei hier darauf hingewiesen, dass bei großen Dehnungen die Charakteristik maßgeblich vom verwendeten Dehnungsmaß abhängt. Eine Fließkurve, die in Ingenieurdehnungen ε_{ing} und -spannungen σ_{ing} eine abfallende Tendenz zeigt, kann bei logarithmischen Dehnungen ε_{log} (Dehnungszuwächse bezogen auf die aktuelle Länge) und „wahren" (Cauchy-)Spannungen σ_{wahr} (Kräfte geteilt durch aktuelle Fläche) immer noch ansteigen, was in der Umrechnung

$$\varepsilon_{\text{log}} = \ln\left(1 + \varepsilon_{\text{ing}}\right)$$
$$\sigma_{\text{wahr}} = \sigma_{\text{ing}}\left(1 + \varepsilon_{\text{ing}}\right)$$

zum Ausdruck kommt (s. Abschn. 2.6).

Die Verwendung von **Entfestigung** hat gewöhnlich Lokalisierungseffekte, also örtlich konzentrierte große plastische Dehnungen zur Folge, die wiederum dazu führen, dass die Lösung extrem netzabhängig wird. Außerdem muss gefragt werden, ob bei entfestigendem Material ein konstanter E-Modul für die Beschreibung der Entlastung geeignet ist oder ob man nicht Schädigung miteinbeziehen muss. Im Falle von Versuchen mit Kunststoffen kann es durch das Plastifizieren zu einer signifikanten Erwärmung kommen, die die Festigkeit herabsetzt. Das führt zu einer Pseudo-Entfestigung, die eher thermische Entfestigung bedeutet. Das ist ein Grund für eine Zeitabhängigkeit. Darüber hinaus gibt es Dehnratenabhängigkeit. Auch hier kann es zu abfallenden Spannungs-Dehnungs-Kurven kommen.

Die Verfestigung kann auf verschiedene Arten mathematisch formuliert werden, wie Abb. 8.17 zeigt. Die einfachste Form ist die lineare Verfestigung, die durch die Steigung der Verfestigungsgeraden, den Tangentenmodul E_{T}, definiert wird. Insgesamt erhält man zusammen mit der elastischen Geraden einen bilinearen Verlauf der Spannungs-Dehnungs-Linie.

Bei der linearen Verfestigung wird in der Beziehung zwischen Spannung und *Ge-samt*dehnung der Tangentenmodul E_{T} verwendet, während im Zusammenhang zwischen Spannung und *plastischer* Dehnung der Verfestigungsmodul (*hardening modulus*) H gilt.

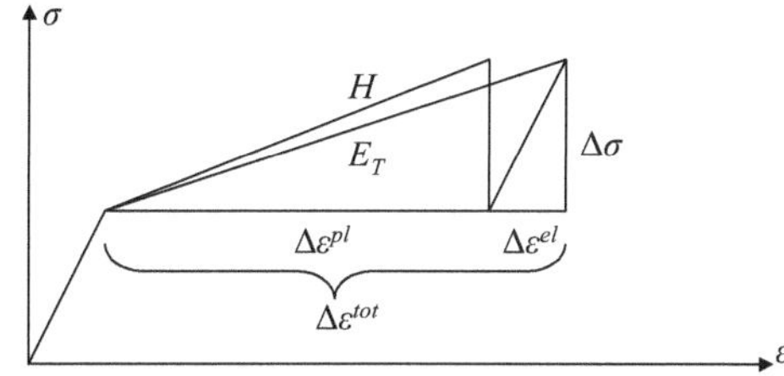

Abb. 8.18 Tangenten- und Verfestigungsmodul

In Abb. 8.18 ist der Tangentenmodul

$$E_\mathrm{T} = \frac{\Delta\sigma}{\Delta\varepsilon^\mathrm{tot}} \tag{8.24}$$

während der Verfestigungsmodul sich zu

$$H = \frac{\Delta\sigma}{\Delta\varepsilon^\mathrm{pl}} = \frac{\Delta\sigma}{\Delta\varepsilon^\mathrm{tot} - \Delta\varepsilon^\mathrm{el}} = \frac{\Delta\sigma}{\Delta\varepsilon^\mathrm{tot} - \frac{\Delta\sigma}{E}} = \frac{1}{\frac{\Delta\varepsilon^\mathrm{tot}}{\Delta\sigma} - \frac{1}{E}} = \frac{1}{\frac{1}{E_\mathrm{T}} - \frac{1}{E}} = \frac{1}{\frac{E - E_\mathrm{T}}{E E_\mathrm{T}}} \tag{8.25}$$

$$H = \frac{E E_\mathrm{T}}{E - E_\mathrm{T}} \tag{8.26}$$

ergibt.

Bei Anwendern beliebt ist die stückweise lineare (*piecewise linear*) Verfestigung (auch *multilineare* genannt), bei der direkt aus Messungen hervorgegangene Wertepaare eingegeben werden können.

Glatte Verläufe lassen sich durch Funktionen wie

$$\sigma_\mathrm{F} = k\varepsilon^n \quad \text{für} \quad \sigma_\mathrm{F} > \sigma_\mathrm{F0} \qquad \text{(Potenzfunktion)} \tag{8.27}$$

$$\varepsilon = \frac{\sigma}{E} + K\left(\frac{\sigma}{E}\right)^n \qquad \text{(Ramberg-Osgood-Modell)} \tag{8.28}$$

oder Differenzialgleichungen wie

$$\begin{aligned}\sigma_\mathrm{F} &= \sigma_\mathrm{F0} + \alpha \\ \dot\alpha &= (C - \gamma\alpha)\,\dot\varepsilon^\mathrm{pl}\end{aligned} \qquad \text{(Armstrong-Frederik-Modell, 1d-Form)} \tag{8.29}$$

beschreiben, jedoch erfordern sie eine vorherige Bestimmung der oft wenig anschaulichen Eingabeparameter, die dann doch die Messkurve nur ungenau wiedergeben.

8.5.2 Mehrdimensionales Verfestigungsverhalten

Es ist noch zu klären, wie das eindimensional ermittelte Verfestigungsverhalten im Mehrdimensionalen berücksichtigt wird und wie sich das Material bei Ent- und Wiederbelastung verhält. Zwei Grundmodelle werden dabei verwandt, die isotrope und die kinematische Verfestigung.

8.5.2.1 Isotrope Verfestigung

Bei der isotropen Verfestigung geht man davon aus, dass die Verfestigung, durch welche Beanspruchung sie auch hervorgerufen wurde, nach allen Richtungen gleichmäßig wirkt. Beschrieben wird das durch eine Aufweitung der Fließfläche (Abb. 8.19). Da deren Durchmesser nur von der Fließgrenze abhängt, wird nur diese skalare Größe verändert, und zwar in Abhängigkeit von einer plastischen Vergleichsdehnung, die bei der isotropen Verfestigung typischerweise nach dem Prinzip der Arbeitsverfestigung (*work hardening*) definiert wird:

Die Arbeit der Spannungskomponenten längs der plastischen Dehnungskomponenten soll gleich der Arbeit der Vergleichsspannung längs der plastischen Vergleichsdehnung sein:

$$\sigma_\mathrm{V}\, d\,\varepsilon^\mathrm{pl}_\mathrm{eqv} = \sum \sigma_{ij}\, d\,\varepsilon^\mathrm{pl}_{ij} \tag{8.30}$$

Da gewöhnlich inkrementell, d. h. in Lastschritten, gerechnet wird, wird auch die plastische Vergleichsdehnung inkrementell ermittelt:

$$\Delta\varepsilon^\mathrm{pl}_\mathrm{eqv} = \frac{1}{\sigma_\mathrm{V}} \sum \sigma_{ij}\, \Delta\varepsilon^\mathrm{pl}_{ij} \tag{8.31}$$

Dem gegenüber steht die so genannte Verzerrungsverfestigung, die besagt, dass die Fließspannung allein von den plastischen Verzerrungen abhängig ist. Die Transformation vom mehr- zum einachsigen Dehnungszustand erfolgt über effektive Verzerrungen, ausgedrückt durch die zweite Tensorinvariante.

Für die Von-Mises-Vergleichsspannung mit assoziierter Fließregel erhält man nach beiden Prinzipien

$$\Delta\varepsilon^\mathrm{pl}_\mathrm{eqv} = \sqrt{\frac{2}{3} \sum_{ij} \left(\Delta\varepsilon^\mathrm{pl}_{ij}\right)^2} \tag{8.32}$$

Der Zuwachs der Vergleichsdehnung muss im einachsigen *Spannungs*zustand, der einen dreiachsigen *Dehnungs*zustand nach sich zieht, vom Betrag dem Zuwachs der Dehnungskomponente in Lastrichtung entsprechen. So ist bei Volumenkonstanz der plastischen Dehnung und Belastung in 1-Richtung

$$\Delta\varepsilon^\mathrm{pl}_{22} = \Delta\varepsilon^\mathrm{pl}_{33} = -\frac{1}{2}\Delta\varepsilon^\mathrm{pl}_{11} \tag{8.33}$$

und somit

$$\Delta\varepsilon^\mathrm{pl}_\mathrm{eqv} = \sqrt{\frac{2}{3}\left[1^2 + \left(\frac{1}{2}\right)^2 + \left(\frac{1}{2}\right)^2\right]\left(\Delta\varepsilon^\mathrm{pl}_{11}\right)^2} = \Delta\varepsilon^\mathrm{pl}_{11} \tag{8.34}$$

Die Inkremente werden über die Lastschritte zur **kumulierten plastischen Vergleichsdehnung** aufsummiert:

$$\varepsilon^\mathrm{pl}_\mathrm{eqv} = \sum_\mathrm{Inkr} \Delta\varepsilon^\mathrm{pl}_\mathrm{eqv} \tag{8.35}$$

Die plastische Vergleichsdehnung kann nur zunehmen, auch bei Richtungswechseln.

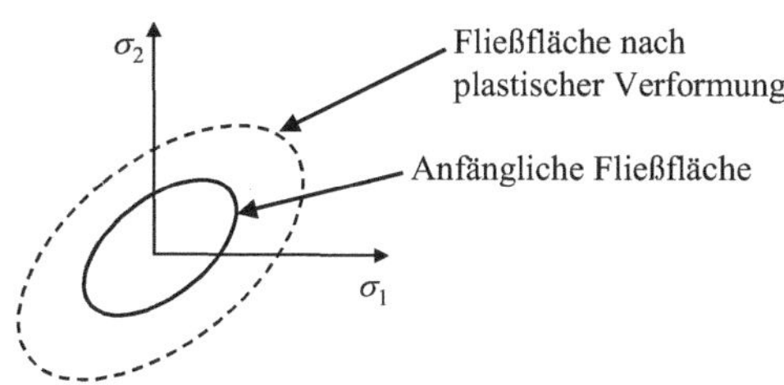

Abb. 8.19 Aufweitung der Fließfläche bei isotroper Verfestigung

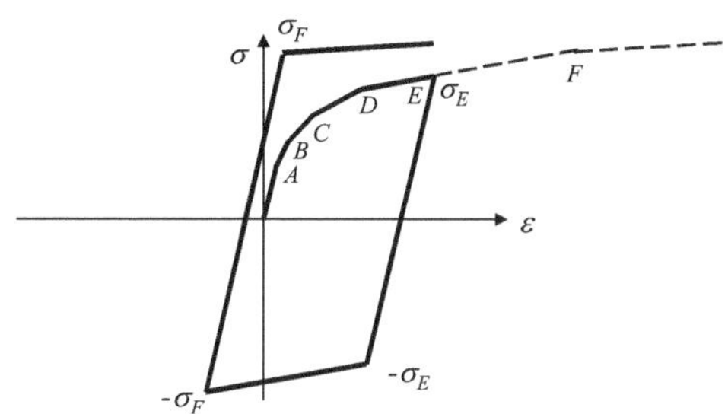

Abb. 8.20 Gegenläufige Belastung bei isotroper Plastizität

Die Formel für die kumulierte plastische Vergleichsdehnung (8.32) gilt für alle neun Tensorkomponenten. Bei Verwendung von sechs Komponenten in der Ingenieurnotation muss entsprechend

$$\Delta\varepsilon_{\text{eqv}}^{\text{pl}} = \sqrt{\frac{2}{3}\left(\varepsilon_{11}^2 + \varepsilon_{22}^2 + \varepsilon_{33}^2 + \varepsilon_{12}^2 + \varepsilon_{21}^2 + \varepsilon_{23}^2 + \varepsilon_{32}^2 + \varepsilon_{13}^2 + \varepsilon_{31}^2\right)} \tag{8.36}$$

$$= \sqrt{\frac{2}{3}\left(\varepsilon_{11}^2 + \varepsilon_{22}^2 + \varepsilon_{33}^2 + 2\left(\frac{1}{2}\gamma_{12}\right)^2 + 2\left(\frac{1}{2}\gamma_{23}\right)^2 + 2\left(\frac{1}{2}\gamma_{13}\right)^2\right)}$$

$$\Delta\varepsilon_{\text{eqv}}^{\text{pl}} = \sqrt{\frac{2}{3}\left(\varepsilon_{11}^2 + \varepsilon_{22}^2 + \varepsilon_{33}^2 + \frac{1}{2}\left(\gamma_{12}^2 + \gamma_{23}^2 + \gamma_{13}^2\right)\right)} \tag{8.37}$$

berechnet werden.

Die Fließbedingung lautet bei isotroper Verfestigung:

$$F\left(\boldsymbol{\sigma}, \varepsilon_{\text{eqv}}^{\text{pl}}\right) = \sigma_{\text{V}}\left(\boldsymbol{\sigma}\right) - \sigma_{\text{F}}\left(\varepsilon_{\text{eqv}}^{\text{pl}}\right) \tag{8.38}$$

Das Entlastungs- und Wiederbelastungsverhalten lässt sich folgendermaßen charakterisieren: Da die Fließfläche aufgeweitet wird, tritt bei gegenläufiger Belastung nach einer plastischen Beanspruchung Fließen erst ein, wenn auch in der anderen Richtung die neue Fließgrenze erreicht wurde. Eindimensional erhält man die Spannungs-Dehnungs-Beziehung aus Abb. 8.20. Bei gegenläufiger Belastung wird die Fließkurve (gestrichelt) bei der aktuellen kumulierten plastischen Vergleichsdehnung fortgesetzt.

So verhalten sich Metalle normalerweise nicht, sodass isotrope Verfestigung allein sich nicht für zyklische Beanspruchungen eignet. Allerdings kann sie für zyklische Belastungen eine Ergänzung zur kinematischen Verfestigung darstellen, mit der die Veränderung des Verhaltens mit zunehmender Zyklenzahl beschrieben wird.

Die isotrope Verfestigung ist für einsinnige Belastungen aber gut genug und hat den Vorteil, dass sie numerische einfach zu realisieren ist. Das hat zur Folge, dass sie für beliebige Arten von Verfestigungskurven formuliert werden kann, z. B. auch für eine tabellierte Kurve mit beliebig vielen Stützstellen.

8.5.2.2 Kinematische Verfestigung

Bei der kinematischen Verfestigung geht man davon aus, dass der Durchmesser der Fließfläche konstant bleibt, deren Lage aber der Dehnungskinematik folgt. Im Hauptspannungsraum (Abb. 8.21) wird dies beschrieben durch die so genannten „back stresses" α. *Rückspannungen* als Übersetzung ist wenig gebräuchlich.

Diese Verschiebung hat zur Folge, dass bei gegenläufiger Belastung Fließen früher als bei dem jungfräulichen Material auftritt. Die Fließbedingung wird als

$$F\,(\sigma,\alpha) = \sigma_{\mathrm{eqv}}\,(\sigma - \alpha) - \sigma_{\mathrm{F}} \qquad\qquad (8.39)$$

formuliert.

Mit der kinematischen Verfestigung ist auch ein Erholungseffekt verbunden, der als Bauschinger-Effekt bezeichnet wird. Wird bei zyklischer Beanspruchung der elastische Bereich durchschritten, folgt die Spannungs-Dehnungs-Beziehung wieder der Steigung vom Anfang der Fließkurve. Idealisiert wird das als Masing-Verhalten. Hier wird angenommen, dass der Bereich der Fließkurve, der bereits einmal abgefahren wurde, bei der gegenläufigen Belastung sowohl für die Dehnung als auch für die Spannung auf die doppelte Größe gestreckt wird (Abb. 8.22). Bei einer stückweise linearen Kurve bedeutet das, dass eine Steigung der ursprünglichen Fließkurve bei gegenläufiger Belastung doppelt so weit gilt.

Eine plastische Vergleichsdehnung wird bei der kinematischen Verfestigung nicht benötigt.

Im räumlichen Spannungszustand gibt es mehrere Möglichkeiten, wie sich α entwickelt. Die gebräuchlichste ist die nach Prager. Danach ist die Veränderung von α proportional zur Veränderung der plastischen Dehnung. Der Proportionalitätsfaktor ist die Ableitung der Vergleichsspannung nach der plastischen Vergleichsdehnung, also der

Abb. 8.21 Verschiebung der Fließfläche und „back stresses" bei kinematischer Verfestigung

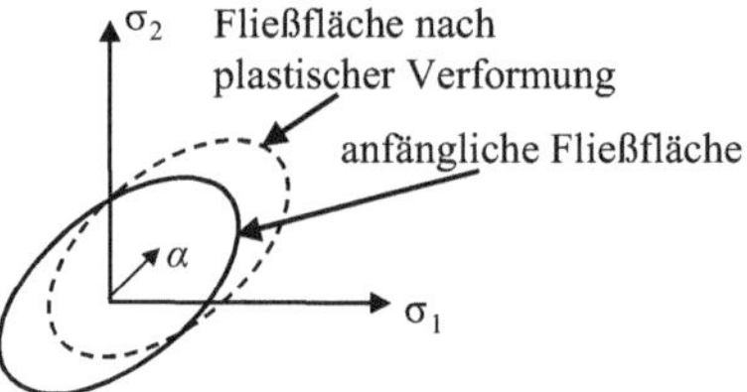

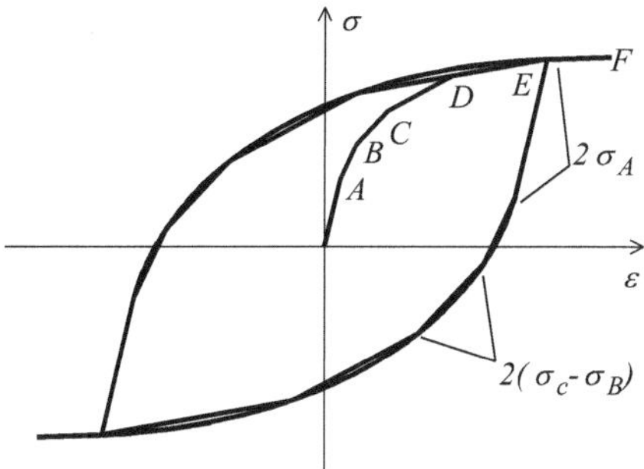

Abb. 8.22 Idealisiertes Arbeitsdiagramm nach Masing

aktuelle Verfestigungsmodul H:

$$d\boldsymbol{\alpha} = C_\sigma \frac{d\sigma_F}{d\varepsilon_{eqv}^{pl}} d\boldsymbol{\varepsilon}^{pl} = C_\sigma H\left(\varepsilon_{eqv}^{pl}\right) d\boldsymbol{\varepsilon}^{pl} \tag{8.40}$$

C_σ ergibt sich aus der Tatsache, dass ein einachsiger Spannungszustand einen dreiachsigen (plastischen) Dehnungszustand und damit auch ein dreiachsiges $\boldsymbol{\alpha}$ hervorruft. Die Vergleichsspannung dieses Zustandes soll aber wieder die einachsig ermittelte Verfestigung ergeben. Der Faktor lässt sich als Kehrwert des Quadrates der Ableitung von F nach σ errechnen und ist bei der Von-Mises-Bedingung im Eindimensionalen 1 und im Mehrdimensionalen 2/3 (s. Gl. (8.69) ff.).

Wegen der Fließregel, aus der $d\boldsymbol{\varepsilon}^{pl}$ hervorgeht, ist $d\boldsymbol{\alpha}$ damit auch proportional zur Ableitung der Fließbedingung F nach den Spannungskomponenten σ (oder, bei nicht-assoziierter Fließregel, zur Ableitung des plastischen Potentials Q). $d\boldsymbol{\alpha}$ steht damit senkrecht auf der Fließfläche bzw. auf einer Äquipotenzialfläche von Q.

Gl. (8.40) gilt nur für die Tensorschreibweise. In der Ingenieurnotation mit den doppelten Schubverzerrungen müssen die Schubanteile von $\boldsymbol{\alpha}$ mit $\frac{1}{2}$ multipliziert werden. Um dies einheitlich darstellen zu können, wird eine Matrix $\mathbf{M}$ eingeführt, die

$$\mathbf{M} = \begin{bmatrix} C_\sigma & & & & & \\ & C_\sigma & & & \mathbf{0} & \\ & & C_\sigma & & & \\ & & & \frac{1}{2}C_\sigma & & \\ & \mathbf{0} & & & \frac{1}{2}C_\sigma & \\ & & & & & \frac{1}{2}C_\sigma \end{bmatrix} \tag{8.41}$$

für die Ingenieurnotation und

$$\mathbf{M} = C_\sigma \mathbf{I} \tag{8.42}$$

für die Tensornotation ist.

Abb. 8.23 Kombinierte kinematische und isotrope Verfestigung

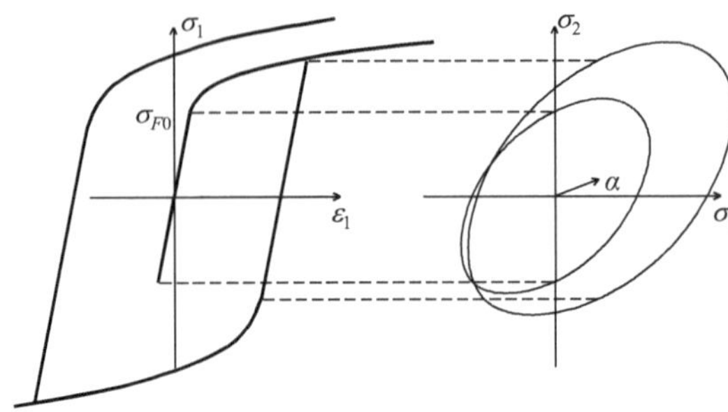

Die *back stresses* entwickeln sich dann gemäß

$$d\boldsymbol{\alpha} = \frac{d\sigma_\mathrm{F}}{d\varepsilon_\mathrm{eqv}^\mathrm{pl}}\mathbf{M}d\boldsymbol{\varepsilon}^\mathrm{pl} = H\left(\varepsilon_\mathrm{eqv}^\mathrm{pl}\right)\mathbf{M}d\boldsymbol{\varepsilon}^\mathrm{pl} \tag{8.43}$$

Außerdem gilt:

$$\left(\frac{\partial F}{\partial\left(\boldsymbol{\sigma}-\boldsymbol{\alpha}\right)}\right)^{T}\mathbf{M}\frac{\partial F}{\partial\left(\boldsymbol{\sigma}-\boldsymbol{\alpha}\right)} = 1 \tag{8.44}$$

8.5.2.3 Kombinierte isotrope und kinematische Verfestigung

Grundsätzlich kann isotrope und kinematische Verfestigung kombiniert werden, die dann sowohl eine Aufweitung als auch eine Verschiebung der Fließfläche beinhaltet (Abb. 8.23). Dies ist insbesondere sinnvoll, wenn bei zyklischen Beanspruchungen, die im Wesentlichen mit kinematischer Verfestigung beschrieben werden, die Veränderung des Verhaltens mit zunehmender Zyklenzahl berücksichtigt werden soll.

Die Fließbedingung lautet dann:

$$F\left(\boldsymbol{\sigma},\boldsymbol{\alpha}\right) = \sigma_\mathrm{eqv}\left(\boldsymbol{\sigma}-\boldsymbol{\alpha}\right) - \sigma_\mathrm{F}\left(\varepsilon_\mathrm{eqv}^\mathrm{pl}\right) = 0 \tag{8.45}$$

Zur Bestimmung des isotropen und kinematischen Verfestigungsanteils aus Versuchen benötigt man die Spannungs-Dehnungs-Linie einer mehrfachen zyklischen Belastung.

8.6 Erfüllung der Stoffgleichungen in der FEM, lokale Iteration

8.6.1 Allgemeine Darstellung

Die Ausführungen gelten weitgehend allgemein für die kombinierte isotrope und kinematische Verfestigung. Dabei gibt es für beide Anteile je einen infinitesimalen Verfestigungsmodul, nämlich H_iso und H_kin, die Ableitung des jeweiligen eindimensionalen Verfestigungsanteils nach der plastischen Dehnung, die zusammen die Ableitung H der Messkurve ergeben:

$$\frac{\partial\sigma_\mathrm{F,kin}}{\partial\varepsilon_\mathrm{1d}^\mathrm{pl}} + \frac{\partial\sigma_\mathrm{F,iso}}{\partial\varepsilon_\mathrm{1d}^\mathrm{pl}} = H_\mathrm{iso} + H_\mathrm{kin} = H \tag{8.46}$$

Die allgemeine Form der Fließbedingung ist als (8.45) gegeben.

Das Programm errechnet, zuallererst auf der Basis rein elastischen Verhaltens, die Verschiebungen und dann für jeden Integrationspunkt die Gesamtdehnungen. Der Zuwachs wird zunächst als elastisch betrachtet (elastischer Prädiktorschritt). Die aktuelle elastische Dehnung ist also zuerst

$$\boldsymbol{\varepsilon}^{\mathrm{el,\,tr}} = \boldsymbol{\varepsilon}^{\mathrm{tot}} - \boldsymbol{\varepsilon}_0^{\mathrm{pl}} \tag{8.47}$$

wobei der Index 0 den Anfang des betrachteten Inkrementes, also die letzte Lösung bezeichnet. Der Index tr steht für „trial". Aus der elastischen Dehnung wird die so genannte Trialspannung

$$\boldsymbol{\sigma}^{\mathrm{tr}} = \mathbf{E}\boldsymbol{\varepsilon}^{\mathrm{el,\,tr}} \tag{8.48}$$

errechnet. Ist $F < 0$ liegt sie innerhalb der Fließfläche und damit im elastischen Bereich. Die Trialspannungen können direkt an das rufende Programm zurückgegeben werden.

Ist $F > 0$, ist der Spannungszustand nicht zulässig und muss auf die Fließfläche projiziert werden. Es gilt die Fließregel

$$\Delta\boldsymbol{\varepsilon}^{\mathrm{pl}} = \lambda \frac{\partial Q\,(\boldsymbol{\sigma} - \boldsymbol{\alpha})}{\partial\,(\boldsymbol{\sigma} - \boldsymbol{\alpha})} \tag{8.49}$$

Nun ändern sich $\boldsymbol{\sigma}$ und $\boldsymbol{\alpha}$ während eines Last- bzw. Dehnungsinkrementes. Es ist üblich mit den Annahmen des Euler-rückwärts-Verfahrens zu arbeiten, d. h. den Zustand am Ende als konstant für das Inkrement anzunehmen.

Der plastische Multiplikator λ ist zu bestimmen. Wenn die Gesamtdehnung konstant bleibt, ist das Inkrement der elastischen Dehnung

$$\Delta\boldsymbol{\varepsilon}^{\mathrm{el}} = -\Delta\boldsymbol{\varepsilon}^{\mathrm{pl}} \tag{8.50}$$

und damit die Spannung

$$\boldsymbol{\sigma} = \boldsymbol{\sigma}^{\mathrm{tr}} - \lambda\mathbf{E}\frac{\partial Q}{\partial\,(\boldsymbol{\sigma} - \boldsymbol{\alpha})} \tag{8.51}$$

Für die *back stresses* gilt außerdem:

$$\boldsymbol{\alpha} = \mathbf{M}\mathbf{f}_\alpha\left(\boldsymbol{\varepsilon}^{\mathrm{pl}}\right) = \mathbf{M}\mathbf{f}_\alpha\left(\boldsymbol{\varepsilon}_0^{\mathrm{pl}} + \Delta\boldsymbol{\varepsilon}^{\mathrm{pl}}\right) = \mathbf{M}\mathbf{f}_\alpha\left(\boldsymbol{\varepsilon}_0^{\mathrm{pl}} + \lambda\frac{\partial Q}{\partial\,(\boldsymbol{\sigma} - \boldsymbol{\alpha})}\right) \tag{8.52}$$

mit $\mathbf{M}$ nach (8.41) bzw. (8.42), während $\mathbf{f}_\alpha$ für eine allgemeine kinematische Verfestigungsfunktion steht, die sich von $\boldsymbol{\alpha}$ nur durch die in $\mathbf{M}$ enthaltenen Vorfaktoren unterscheidet. Setzt man wie in (8.40) an, mit dem Inhalt, dass die einzelnen Komponenten von $\boldsymbol{\alpha}$ in gleicher Weise von der zugeordneten plastischen Dehnungskomponente abhängen, dann gilt:

$$\frac{\partial\mathbf{f}_\alpha}{\partial\boldsymbol{\varepsilon}^{\mathrm{pl}}} = H_{\mathrm{kin}}\mathbf{I} \tag{8.53}$$

Nun müssen diese Gleichungen und die Fließbedingung F gleichzeitig erfüllt werden. Unter Umständen ist es möglich, beide so in die Fließbedingung einzusetzen, dass alle

Abhängigkeiten von λ berücksichtigt sind, und dann (numerisch) nach λ aufzulösen. Das kann aber recht kompliziert werden und ist allgemein nicht zweckmäßig. Besser ist es, die Gleichungen simultan mit einem Newton-Verfahren zu erfüllen. Dazu muss die rechte Seite null sein, was bei F schon der Fall ist. (8.52) wird von (8.51) abgezogen und das Ergebnis so umgeformt, dass auch hier die rechte Seite null wird. Aus der Berechnung von $\sigma - \alpha$ entsteht die Spannungsfunktion

$$\mathbf{G}\left(\sigma - \alpha, \lambda\right) := \left(\sigma - \alpha\right) - \sigma^{\mathrm{tr}} + \lambda \mathbf{E} \frac{\partial Q}{\partial\left(\sigma - \alpha\right)} + \mathbf{M} f_\alpha \left(\varepsilon_0^{\mathrm{pl}} + \lambda \frac{\partial Q}{\partial\left(\sigma - \alpha\right)}\right) = \mathbf{0} \quad (8.54)$$

Die Iteration wird nun simultan für F und $\mathbf{G}$ als Funktionen von $\left(\sigma - \alpha\right)$ und λ nach der Newton-Raphson-Vorschrift

$$\begin{bmatrix} \dfrac{\partial \mathbf{G}}{\partial\left(\sigma - \alpha\right)} & \dfrac{\partial \mathbf{G}}{\partial \lambda} \\[2mm] \dfrac{\partial F}{\partial\left(\sigma - \alpha\right)} & \dfrac{\partial F}{\partial \lambda} \end{bmatrix} \begin{bmatrix} \Delta\left(\sigma - \alpha\right) \\[2mm] \Delta\lambda \end{bmatrix} = \begin{bmatrix} -\mathbf{G} \\[2mm] -F \end{bmatrix} \quad (8.55)$$

$$\begin{bmatrix} \sigma - \alpha \\[2mm] \lambda \end{bmatrix}_{i+1} = \begin{bmatrix} \sigma - \alpha \\[2mm] \lambda \end{bmatrix}_{i} + \begin{bmatrix} \Delta\left(\sigma - \alpha\right) \\[2mm] \Delta\lambda \end{bmatrix} \quad (8.56)$$

durchgeführt. Wohlgemerkt, $\left(\sigma - \alpha\right)$ wird hier als *eine* unabhängige Größe (allerdings mit Komponenten) betrachtet. Dabei ist

$$\frac{\partial \mathbf{G}}{\partial\left(\sigma - \alpha\right)} = \mathbf{I} + \lambda \mathbf{E} \frac{\partial^2 Q}{\partial\left(\sigma - \alpha\right)^2} + \lambda \mathbf{M} \frac{\partial \mathbf{f}_\alpha}{\partial \varepsilon^{\mathrm{pl}}} \frac{\partial^2 Q}{\partial\left(\sigma - \alpha\right)^2} \quad (8.57)$$

und mit (8.53)

$$\frac{\partial \mathbf{G}}{\partial\left(\sigma - \alpha\right)} = \mathbf{I} + \lambda \left(\mathbf{E} + H_{\mathrm{kin}}\mathbf{M}\right) \frac{\partial^2 Q}{\partial\left(\sigma - \alpha\right)^2} \quad (8.58)$$

während man für die Ableitung nach λ erhält:

$$\frac{\partial \mathbf{G}}{\partial \lambda} = \left(\mathbf{E} + H_{\mathrm{kin}}\mathbf{M}\right) \frac{\partial Q}{\partial\left(\sigma - \alpha\right)} \quad (8.59)$$

Am Anfang ist $\lambda = 0$ und sind σ und α gleich ihren Anfangswerten, sodass auch $\mathbf{G} = \mathbf{0}$ und

$$\frac{\partial \mathbf{G}}{\partial\left(\sigma - \alpha\right)} = \mathbf{I} \quad (8.60)$$

wird. Die erste Zeile von (8.55) kann dann nach

$$\Delta\left(\sigma - \alpha\right) = -\left[\left(\mathbf{E} + H_{\mathrm{kin}}\mathbf{M}\right) \frac{\partial Q}{\partial\left(\sigma - \alpha\right)}\right] \Delta\lambda \quad (8.61)$$

aufgelöst werden. Setzt man dies in die zweite Zeile ein, kann man schließlich nach

$$\Delta\lambda = \frac{F}{\left(\dfrac{\partial F}{\partial(\boldsymbol{\sigma}-\boldsymbol{\alpha})}\right)^{T}(\mathbf{E}+H_{\text{kin}}\mathbf{M})\dfrac{\partial Q}{\partial(\boldsymbol{\sigma}-\boldsymbol{\alpha})}-\dfrac{\partial F}{\partial\lambda}} \tag{8.62}$$

auflösen, sodass man im ersten Iterationsschritt λ direkt berechnen kann. In den weiteren Iterationsschritten muss dann bei n Spannungskomponenten das $(n+1)$-dimensionale lineare Gleichungssystem (8.55) gelöst werden.

$\partial F/\partial\lambda$ enthält bei dieser Darstellung nur den isotropen Anteil, während das kinematische Pendant dazu in H_{kin} steckt.

8.6.2 Beispiel lineare Verfestigung

Als Beispiel wird die Von-Mises-Fließbedingung, die assoziierte Fließregel sowie die kombinierte isotrope und kinematische *lineare* Verfestigung ausgeführt.

Im Falle der assoziierten Fließregel $F = Q$ kann (8.62) noch umgeformt und unter Benutzung von (8.44) vereinfacht werden zu:

$$\Delta\lambda = \frac{F}{\left(\dfrac{\partial F}{\partial(\boldsymbol{\sigma}-\boldsymbol{\alpha})}\right)^{T}\mathbf{E}\dfrac{\partial F}{\partial(\boldsymbol{\sigma}-\boldsymbol{\alpha})} + H_{\text{kin}}\underbrace{\left(\dfrac{\partial F}{\partial(\boldsymbol{\sigma}-\boldsymbol{\alpha})}\right)^{T}\mathbf{M}\dfrac{\partial F}{\partial(\boldsymbol{\sigma}-\boldsymbol{\alpha})}}_{1} - \dfrac{\partial F}{\partial\lambda}} \tag{8.63}$$

Die Ableitung von F nach dem plastischen Multiplikator λ ist

$$\frac{\partial F}{\partial\lambda} = \frac{\partial F}{\partial\varepsilon_{\text{eqv}}^{\text{pl}}}\frac{\partial\varepsilon_{\text{eqv}}^{\text{pl}}}{\partial\lambda} = \frac{\partial F}{\partial\varepsilon_{\text{eqv}}^{\text{pl}}} = -\frac{\partial\sigma_{\text{F}}}{\partial\varepsilon_{\text{eqv}}^{\text{pl}}} = -H_{\text{iso}} \tag{8.64}$$

Der zweite Schritt beinhaltet mit $\Delta\varepsilon_{\text{eq}}^{\text{pl}} = \lambda$ die Tatsache, dass in diesem Fall wegen der Definition des Vergleichsdehnungsinkrementes dieses dem plastischen Multiplikator λ entspricht. Mit beidem lässt sich (8.62) vereinfachen zu

$$\Delta\lambda = \frac{F}{\left(\dfrac{\partial F}{\partial(\boldsymbol{\sigma}-\boldsymbol{\alpha})}\right)^{T}\mathbf{E}\dfrac{\partial F}{\partial(\boldsymbol{\sigma}-\boldsymbol{\alpha})} + \underbrace{H_{\text{kin}}+H_{\text{iso}}}_{H}} \tag{8.65}$$

Die Von-Mises-Fließbedingung lautet:

$$F = \underbrace{\sqrt{\frac{1}{2}\left[(\sigma_1-\sigma_2)^2 + (\sigma_2-\sigma_3)^2 + (\sigma_3-\sigma_1)^2 + 6\tau_{xy}^2 + 6\tau_{yz}^2 + 6\tau_{xz}^2\right]}}_{\sigma_{\text{eqv}}} - \sigma_{\text{F}} = 0$$

$$\tag{8.66}$$

Die Ableitung nach den Spannungskomponenten ist die Ableitung der Vergleichsspannung. Dabei ist zu berücksichtigen, dass die Ableitung der Wurzel wieder die Wurzel und damit die Vergleichsspannung enthält, jetzt im Nenner:

$$
\frac{\partial F}{\partial \boldsymbol{\sigma}} = \frac{\partial \sigma_{\text{eqv}}}{\partial \boldsymbol{\sigma}} = \frac{1}{2\sqrt{(\cdots)}}
\begin{bmatrix}
\sigma_x - \sigma_y - (\sigma_z - \sigma_x) \\
\sigma_y - \sigma_z - (\sigma_x - \sigma_y) \\
\sigma_z - \sigma_x - (\sigma_y - \sigma_z) \\
6\tau_{xy} \\
6\tau_{yz} \\
6\tau_{xz}
\end{bmatrix}
= \frac{1}{\sigma_{\text{eqv}}}
\begin{bmatrix}
\sigma_x - \frac{1}{2}\sigma_y - \frac{1}{2}\sigma_z \\
\sigma_y - \frac{1}{2}\sigma_z - \frac{1}{2}\sigma_x \\
\sigma_z - \frac{1}{2}\sigma_x - \frac{1}{2}\sigma_y \\
3\tau_{xy} \\
3\tau_{yz} \\
3\tau_{xz}
\end{bmatrix}
\tag{8.67}
$$

Nach Ausklammern der Spannungskomponenten:

$$
\frac{\partial F}{\partial \boldsymbol{\sigma}} = \frac{1}{\sigma_{\text{eqv}}}
\underbrace{\begin{bmatrix}
1 & -\frac{1}{2} & -\frac{1}{2} & & & \\
-\frac{1}{2} & 1 & -\frac{1}{2} & & \mathbf{0} & \\
-\frac{1}{2} & -\frac{1}{2} & 1 & & & \\
& & & 3 & & \\
& \mathbf{0} & & & 3 & \\
& & & & & 3
\end{bmatrix}}_{=:\,\mathbf{L}}
\begin{bmatrix}
\sigma_x \\
\sigma_y \\
\sigma_z \\
\tau_{xy} \\
\tau_{yz} \\
\tau_{xz}
\end{bmatrix}
= \frac{\mathbf{L}\boldsymbol{\sigma}}{\sigma_{\text{eqv}}}
\tag{8.68}
$$

Bei einem einachsigen Spannungszustand σ_x ist

$$
\frac{\partial F}{\partial \boldsymbol{\sigma}} = \frac{1}{\sigma_x}
\begin{bmatrix}
\sigma_x \\
-\frac{1}{2}\sigma_x \\
-\frac{1}{2}\sigma_x \\
\mathbf{0}
\end{bmatrix}
=
\begin{bmatrix}
1 \\
-\frac{1}{2} \\
-\frac{1}{2} \\
\mathbf{0}
\end{bmatrix}
\tag{8.69}
$$

Damit wird

$$
\left(\frac{\partial F}{\partial \boldsymbol{\sigma}}\right)^{T} \frac{\partial F}{\partial \boldsymbol{\sigma}} = 1^2 + \left(-\frac{1}{2}\right)^2 + \left(-\frac{1}{2}\right)^2 = \frac{3}{2}
\tag{8.70}
$$

und

$$
C_\sigma = \frac{1}{\frac{3}{2}} = \frac{2}{3}
\tag{8.71}
$$

Für eine Schubkomponente allein erhält man

$$\frac{\partial F}{\partial \boldsymbol{\sigma}} = \frac{1}{\sqrt{3}\tau_{xz}} \begin{bmatrix} \mathbf{0} \\ 3\tau_{xz} \end{bmatrix} = \begin{bmatrix} \mathbf{0} \\ \sqrt{3} \end{bmatrix} \tag{8.72}$$

und

$$\left(\frac{\partial F}{\partial \boldsymbol{\sigma}}\right)^T \frac{\partial F}{\partial \boldsymbol{\sigma}} = \left(\sqrt{3}\right)^2 = 3 \tag{8.73}$$

Der Kehrwert ist $\frac{1}{2}\,C_\sigma$. Somit ist die Matrix $\mathbf{M}$ nach (8.41) bestimmt.

Bei der assoziierten Fließregel geht Q in F über. Deren zweite Ableitung ergibt sich nach der Quotientenregel zu

$$\frac{\partial^2 F}{\partial \boldsymbol{\sigma}^2} = \frac{1}{\sigma_{\text{eqv}}^2}\left(\mathbf{L}\sigma_{\text{eqv}} - \mathbf{L}\boldsymbol{\sigma}\left(\frac{\partial \sigma_{\text{eqv}}}{\partial \boldsymbol{\sigma}}\right)^T\right) = \frac{1}{\sigma_{\text{eqv}}}\left(\mathbf{L} - \underbrace{\frac{1}{\sigma_{\text{eqv}}}\mathbf{L}\boldsymbol{\sigma}}_{\dfrac{\partial F}{\partial \boldsymbol{\sigma}}}\underbrace{\left(\frac{\partial \sigma_{\text{eqv}}}{\partial \boldsymbol{\sigma}}\right)^T}_{\dfrac{\partial F}{\partial \boldsymbol{\sigma}}}\right) \tag{8.74}$$

$$\boxed{\frac{\partial^2 F}{\partial \boldsymbol{\sigma}^2} = \frac{1}{\sigma_{\text{eqv}}}\left(\mathbf{L} - \frac{\partial F}{\partial \boldsymbol{\sigma}}\left(\frac{\partial F}{\partial \boldsymbol{\sigma}}\right)^T\right)} \tag{8.75}$$

mit $\mathbf{L}$ nach (8.68)

Bei der kinematischen Verfestigung tritt an die Stelle jeder Komponente von $\boldsymbol{\sigma}$ in der Vergleichsspannung eine von $\boldsymbol{\sigma} - \boldsymbol{\alpha}$.

Damit ist $\dfrac{\partial \mathbf{G}}{\partial (\boldsymbol{\sigma} - \boldsymbol{\alpha})}$ bestimmt.

Bei linearer Verfestigung stellt (8.65) schon die endgültige Lösung für λ dar, sodass nicht mehr iteriert werden muss.

8.7　Konsistente Tangente

8.7.1　Allgemeine Darstellung

Gesucht ist wieder die Ableitung der Spannungen nach den Gesamtdehnungen. Die Entwicklungsgleichung kann nicht mehr für $\boldsymbol{\sigma} - \boldsymbol{\alpha}$, sondern muss für $\boldsymbol{\sigma}$ angeschrieben werden.

Bei Plastizität mit kinematischer und isotroper Verfestigung lautet die Fließbedingung:

$$F = \sigma_{\text{eq}}(\boldsymbol{\sigma} - \boldsymbol{\alpha}) - \sigma_{\text{F}}\left(\varepsilon_{\text{eqv}}^{\text{pl}}\right) = 0 \tag{8.76}$$

Bei der Fließregel

$$\Delta \boldsymbol{\varepsilon}^{\mathrm{pl}} = \lambda \frac{\partial Q}{\partial \left(\boldsymbol{\sigma} - \boldsymbol{\alpha} \right)} \tag{8.77}$$

und der Annahme, dass das plastische Dehnungsinkrement von den zunächst als elastisch betrachteten *Trial*dehnungen abgezogen wird, ergibt sich die Spannung am Ende eines Inkrementes im Euler-rückwärts-Verfahren zu

$$\boldsymbol{\sigma} = \mathbf{E} \left(\boldsymbol{\varepsilon}^{\mathrm{tot}} - \boldsymbol{\varepsilon}^{\mathrm{pl},0} \right) - \lambda \mathbf{E} \frac{\partial Q}{\partial \left(\boldsymbol{\sigma} - \boldsymbol{\alpha} \right)} \tag{8.78}$$

In diesem Zusammenhang sind $\boldsymbol{\sigma}$, $\boldsymbol{\varepsilon}^{\mathrm{tot}}$ und λ die unabhängigen Variablen, während $\boldsymbol{\alpha}$ als abhängig betrachtet wird. Das totale Differenzial der Spannungen ist dann

$$d\boldsymbol{\sigma} = \mathbf{E} d\boldsymbol{\varepsilon}^{\mathrm{tot}} - \mathbf{E} \frac{\partial Q}{\partial \left(\boldsymbol{\sigma} - \boldsymbol{\alpha} \right)} d\lambda - \lambda \mathbf{E} \frac{\partial^2 Q}{\partial \left(\boldsymbol{\sigma} - \boldsymbol{\alpha} \right) \partial \boldsymbol{\sigma}} d\boldsymbol{\sigma} \tag{8.79}$$

nach Umordnung:

$$\left(\mathbf{I} + \lambda \mathbf{E} \frac{\partial^2 Q}{\partial \left(\boldsymbol{\sigma} - \boldsymbol{\alpha} \right) \partial \boldsymbol{\sigma}} \right) d\boldsymbol{\sigma} = \mathbf{E} \left(d\boldsymbol{\varepsilon}^{\mathrm{tot}} - \frac{\partial Q}{\partial \left(\boldsymbol{\sigma} - \boldsymbol{\alpha} \right)} d\lambda \right) \tag{8.80}$$

und weiter, indem der Term mit $d\lambda$ auf die linke Seite gebracht wird:

$$\left(\mathbf{I} + \lambda \mathbf{E} \frac{\partial^2 Q}{\partial \left(\boldsymbol{\sigma} - \boldsymbol{\alpha} \right) \partial \boldsymbol{\sigma}} \right) d\boldsymbol{\sigma} + \mathbf{E} \frac{\partial Q}{\partial \left(\boldsymbol{\sigma} - \boldsymbol{\alpha} \right)} d\lambda = \mathbf{E} d\boldsymbol{\varepsilon}^{\mathrm{tot}} \tag{8.81}$$

Darin ist

$$\frac{\partial^2 Q}{\partial \left(\boldsymbol{\sigma} - \boldsymbol{\alpha} \right) \partial \boldsymbol{\sigma}} = \frac{\partial^2 Q}{\partial \left(\boldsymbol{\sigma} - \boldsymbol{\alpha} \right) \partial \left(\boldsymbol{\sigma} - \boldsymbol{\alpha} \right)} \frac{\partial \left(\boldsymbol{\sigma} - \boldsymbol{\alpha} \right)}{\partial \boldsymbol{\sigma}} \tag{8.82}$$

Da $\boldsymbol{\alpha}$ von $(\boldsymbol{\sigma} - \boldsymbol{\alpha})$ und damit von $\boldsymbol{\sigma}$ abhängig ist, gilt nicht zwangsläufig

$$\frac{\partial^2 Q}{\partial \left(\boldsymbol{\sigma} - \boldsymbol{\alpha} \right) \partial \boldsymbol{\sigma}} = \frac{\partial^2 Q}{\partial \left(\boldsymbol{\sigma} - \boldsymbol{\alpha} \right)^2} \tag{8.83}$$

kann aber in gängigen Fällen angenommen werden. Ableiten von (8.52) führt in einigen Schritten auf

$$\frac{\partial^2 Q}{\partial \left(\boldsymbol{\sigma} - \boldsymbol{\alpha} \right) \partial \boldsymbol{\sigma}} = \left(\mathbf{I} + \lambda H_{\mathrm{kin}} \frac{\partial^2 Q}{\partial \left(\boldsymbol{\sigma} - \boldsymbol{\alpha} \right)^2} \mathbf{M} \right)^{-1} \frac{\partial^2 Q}{\partial \left(\boldsymbol{\sigma} - \boldsymbol{\alpha} \right)^2} \tag{8.84}$$

Im Folgenden wird die Gültigkeit von (8.83) vorausgesetzt bzw. offen gelassen.

Das totale Differenzial der Fließbedingung muss null sein:

$$dF = \frac{\partial \sigma_{\mathrm{eq}}\left(\sigma - \alpha\right)}{\partial \left(\sigma - \alpha\right)} \underbrace{\frac{\partial \left(\sigma - \alpha\right)}{\partial \sigma}}_{\mathbf{I}} d\sigma + \frac{\partial \sigma_{\mathrm{eq}}\left(\sigma - \alpha\right)}{\partial \left(\sigma - \alpha\right)} \underbrace{\frac{\partial \left(\sigma - \alpha\right)}{\partial \alpha}}_{-\mathbf{I}} \underbrace{\frac{\partial \alpha}{\partial \varepsilon^{\mathrm{pl}}}}_{H_{\mathrm{kin}}\mathbf{M}} \frac{\partial \varepsilon^{\mathrm{pl}}}{\partial \lambda} d\lambda$$
$$- \underbrace{\frac{\partial \sigma_{\mathrm{F}}\left(\varepsilon_{\mathrm{eq}}^{\mathrm{pl}}\right)}{\partial \varepsilon_{\mathrm{eq}}^{\mathrm{pl}}}}_{H_{\mathrm{iso}}} \frac{\partial \varepsilon_{\mathrm{eq}}^{\mathrm{pl}}}{\partial \lambda} d\lambda = 0 \tag{8.85}$$

In der klassischen Plastizität ist λ oft die Länge des plastischen Dehnungsinkrementes, sodass

$$\frac{\partial \varepsilon_{\mathrm{eq}}^{\mathrm{pl}}}{\partial \lambda} = 1 \tag{8.86}$$

gilt. Das Differenzial wird dann zu

$$\left(\frac{\partial F}{\partial \left(\sigma - \alpha\right)}\right)^{T} d\sigma - \left(\frac{\partial F}{\partial \left(\sigma - \alpha\right)}\right)^{T} H_{\mathrm{kin}}\mathbf{M}\frac{\partial Q}{\partial \left(\sigma - \alpha\right)} d\lambda - H_{\mathrm{iso}} d\lambda = 0 \tag{8.87}$$

nach Umordnung

$$\left(\frac{\partial F}{\partial \left(\sigma - \alpha\right)}\right)^{T} d\sigma - \underbrace{\left[H_{\mathrm{kin}}\left(\frac{\partial F}{\partial \left(\sigma - \alpha\right)}\right)^{T} \mathbf{M}\frac{\partial Q}{\partial \left(\sigma - \alpha\right)} + \frac{\partial \sigma_{\mathrm{F}}\left(\varepsilon_{\mathrm{eq}}^{\mathrm{pl}}\right)}{\partial \varepsilon_{\mathrm{eq}}^{\mathrm{pl}}} \right]}_{\partial F/\partial \lambda} d\lambda = 0 \tag{8.88}$$

Anders als in dem beschriebenen Verfahren der lokalen Iteration von $\sigma - \alpha$ enthält $\partial F/\partial \lambda$ auch einen kinematischen Anteil, weil hier α eine abhängige Variable ist und nur σ und λ unabhängig sind.

Zusammen mit (8.81) ergibt (8.88) ein Gleichungssystem, dessen rechte Seite nur linear von $d\varepsilon^{\mathrm{tot}}$ abhängt:

$$\begin{array}{cc|c} d\sigma & d\lambda & d\varepsilon^{\mathrm{tot}} \\ \hline \mathbf{I} + \lambda\mathbf{E}\dfrac{\partial^{2} Q}{\partial \left(\sigma - \alpha\right)\partial \sigma} & \mathbf{E}\dfrac{\partial Q}{\partial \left(\sigma - \alpha\right)} & \mathbf{E} \\ \left(\dfrac{\partial F}{\partial \left(\sigma - \alpha\right)}\right)^{T} & \dfrac{\partial F}{\partial \lambda} & \mathbf{0} \end{array} \tag{8.89}$$

Bei sechs Komponenten der Spannungen und Dehnungen ist ein 7×7-Gleichungssystem mit sechs rechten Seiten zu lösen. Das kann wegen der linearen Abhängigkeit von $d\varepsilon^{\mathrm{tot}}$

rein numerisch geschehen. Die sechs Ergebnisvektoren sind dann

$$\begin{bmatrix} \dfrac{d\boldsymbol{\sigma}}{d\boldsymbol{\varepsilon}^{\mathrm{tot}}} \\[2ex] \dfrac{d\lambda}{d\boldsymbol{\varepsilon}^{\mathrm{tot}}} \end{bmatrix} \tag{8.90}$$

Der obere Term stellt die gesuchte Tangente dar. Bei der Gültigkeit von (8.83), der assoziierten Fließregel ($Q = F$) und der Multiplikation der ersten Zeile mit $\mathbf{E}^{-1}$ erhält man

$$\begin{array}{cc|c} d\boldsymbol{\sigma} & d\lambda & d\boldsymbol{\varepsilon}^{\mathrm{tot}} \\ \hline \mathbf{E}^{-1} + \lambda \dfrac{\partial^2 F}{\partial(\boldsymbol{\sigma}-\boldsymbol{\alpha})^2} & \dfrac{\partial F}{\partial(\boldsymbol{\sigma}-\boldsymbol{\alpha})} & \mathbf{I} \\[3ex] \left(\dfrac{\partial F}{\partial(\boldsymbol{\sigma}-\boldsymbol{\alpha})}\right)^T & \dfrac{\partial F}{\partial \lambda} & \mathbf{0} \end{array} \tag{8.91}$$

und damit eine symmetrische Systemmatrix und auch eine symmetrische Tangente.

Diese Vorgehensweise ist algorithmisch einfacher und nicht rechenaufwändiger als der folgende Weg, den man öfter in der Literatur findet und der deshalb hier der Vollständigkeit halber auch angegeben wird. (8.80) lässt sich nach $d\boldsymbol{\sigma}$ auflösen zu

$$\begin{aligned} d\boldsymbol{\sigma} &= \underbrace{\left(\mathbf{I} + \lambda \mathbf{E}\frac{\partial^2 Q}{\partial(\boldsymbol{\sigma}-\boldsymbol{\alpha})\,\partial\boldsymbol{\sigma}}\right)^{-1}\mathbf{E}}_{\mathbf{D}^*}\left(d\boldsymbol{\varepsilon}^{\mathrm{tot}} - \frac{\partial Q}{\partial(\boldsymbol{\sigma}-\boldsymbol{\alpha})}d\lambda\right) \\[2ex] &= \mathbf{D}^*\left(d\boldsymbol{\varepsilon}^{\mathrm{tot}} - \frac{\partial Q}{\partial(\boldsymbol{\sigma}-\boldsymbol{\alpha})}d\lambda\right) \end{aligned} \tag{8.92}$$

$\mathbf{D}^*$ heißt tangentialer Materialmodul und ist symmetrisch, wenn (8.83) gilt.

Nun wird $d\boldsymbol{\sigma}$ in (8.88) eingesetzt:

$$\left(\frac{\partial F}{\partial(\boldsymbol{\sigma}-\boldsymbol{\alpha})}\right)^T \mathbf{D}^*\left(d\boldsymbol{\varepsilon}^{\mathrm{tot}} - \frac{\partial Q}{\partial(\boldsymbol{\sigma}-\boldsymbol{\alpha})}d\lambda\right) + \frac{\partial F}{\partial\lambda}d\lambda = 0 \tag{8.93}$$

nach den Differenzialen umgeordnet:

$$\left(\frac{\partial F}{\partial(\boldsymbol{\sigma}-\boldsymbol{\alpha})}\right)^T \mathbf{D}^* d\boldsymbol{\varepsilon}^{\mathrm{tot}} - \underbrace{\left[\left(\frac{\partial F}{\partial(\boldsymbol{\sigma}-\boldsymbol{\alpha})}\right)^T \mathbf{D}^*\frac{\partial Q}{\partial(\boldsymbol{\sigma}-\boldsymbol{\alpha})} - \frac{\partial F}{\partial\lambda}\right]}_{\text{skalar}} d\lambda = 0 \tag{8.94}$$

nach $d\lambda$ aufgelöst:

$$d\lambda = \frac{\left(\dfrac{\partial F}{\partial(\boldsymbol{\sigma}-\boldsymbol{\alpha})}\right)^T \mathbf{D}^*}{\left[\left(\dfrac{\partial F}{\partial(\boldsymbol{\sigma}-\boldsymbol{\alpha})}\right)^T \mathbf{D}^*\dfrac{\partial Q}{\partial(\boldsymbol{\sigma}-\boldsymbol{\alpha})} - \dfrac{\partial F}{\partial\lambda}\right]} d\boldsymbol{\varepsilon}^{\mathrm{tot}} \tag{8.95}$$

eingesetzt in (8.92) und durch $d\,\boldsymbol{\varepsilon}^{\mathrm{tot}}$ geteilt:

$$\mathbf{D}^{\mathrm{Tan}} = \frac{d\boldsymbol{\sigma}}{d\boldsymbol{\varepsilon}^{\mathrm{tot}}} = \mathbf{D}^* - \frac{\mathbf{D}^* \dfrac{\partial Q}{\partial\,(\boldsymbol{\sigma}-\boldsymbol{\alpha})} \left(\dfrac{\partial F}{\partial\,(\boldsymbol{\sigma}-\boldsymbol{\alpha})}\right)^{T} \mathbf{D}^*}{\left[\left(\dfrac{\partial F}{\partial\,(\boldsymbol{\sigma}-\boldsymbol{\alpha})}\right)^{T} \mathbf{D}^* \dfrac{\partial Q}{\partial\,(\boldsymbol{\sigma}-\boldsymbol{\alpha})} - \dfrac{\partial F}{\partial\lambda}\right]} \tag{8.96}$$

ergibt die gesuchte Ableitung der Gesamtspannungen nach den Gesamtdehnungen, die konsistente Materialtangente.

Man erkennt, dass die Tangentenmatrix nur dann symmetrisch wird, wenn $F = Q$ ist, also die assoziierte Fließregel gilt. Das ist allerdings numerisch sinnvoll, weil die Symmetrie Rechenzeit bei der Gleichungslösung spart. Bei der Anwendung eines FE-Programms und Nutzung eines Gesetzes mit nicht-assoziierter Fließregel muss geprüft werden, ob der Löser automatisch auf unsymmetrisch umgestellt wird oder ein Anwender-Eingriff erforderlich ist. Anderenfalls würde nicht die echte Tangente benutzt, sondern nur eine symmetrisierte Näherung.

8.7.2 Beispiel lineare Verfestigung

Bei Von-Mises-Fließbedingung, assoziierter Fließregel sowie kombinierter isotroper und kinematischer *linearer* Verfestigung gilt:

$$\boldsymbol{\alpha} = H_{\mathrm{kin}}\mathbf{M}\boldsymbol{\varepsilon}^{\mathrm{pl}} \tag{8.97}$$

$$\sigma_{\mathrm{F}} = \sigma_{\mathrm{F0}} + H_{\mathrm{iso}}\varepsilon_{\mathrm{eqv}}^{\mathrm{pl}}, \tag{8.98}$$

Damit wird in (8.88)

$$\frac{\partial F}{\partial\lambda} = -\left[H_{\mathrm{kin}} + H_{\mathrm{iso}}\right] = -H \tag{8.99}$$

was den negativen Verfestigungsmodul darstellt, unabhängig davon, welchen Anteil die kinematische und welchen die isotrope Verfestigung darstellt. Die Ableitungen der Fließbedingung hängen von der Größe von $\boldsymbol{\alpha}$ ab, die Terme der Tangentenmatrix enthalten aber nicht direkt die Aufteilung der Verfestigung.

8.8 Beispielprogrammierung in USERPL von ANSYS

In der benutzerprogrammierbaren Subroutine USERPL in ANSYS ist als Beispiel die lineare kinematische Verfestigung bei Von-Mises-Fließbedingung und assoziierter Fließregel in FORTRAN ausprogrammiert. Hier wird gezeigt, welche Formeln sich dort wiederfinden.

Mit dem Problem der Tensor- bzw. Ingenieurnotation (letztere wird benutzt) wird dort anders umgegangen, und zwar durch die Einführung der Shift-Dehnung $\boldsymbol{\varepsilon}^{\mathrm{shift}}$.

Die plastischen Dehnungen sind deviatorisch (gestaltändernd). Daher kann man Normalspannungsänderungen infolge dieser Dehnungen sowohl als

$$\Delta\sigma_{ii} = -2G\Delta\varepsilon_{ii}^{\mathrm{pl}} \quad \text{als auch als} \quad \Delta\sigma_{ii} = -\sum_{j} E_{ij}\Delta\varepsilon_{jj}^{\mathrm{pl}} \tag{8.100}$$

berechnen. Für Schubspannungen enthält die Elastizitätsmatrix $\mathbf{E}$ nur G auf der Hauptdiagonalen. Berechnet man nun $\boldsymbol{\alpha}$ für alle Komponenten als

$$\boldsymbol{\alpha} = \frac{2}{3}H_{\mathrm{kin}}\boldsymbol{\varepsilon}^{\mathrm{pl}} \tag{8.101}$$

teilt durch $2G$ und nimmt mit $\mathbf{E}$ mal, wird automatisch für Schub (8.97) berücksichtigt.

Deshalb wird in BKIN die Shift-Dehnung wie folgt ausgerechnet:

$$\Delta\boldsymbol{\varepsilon}^{\mathrm{shift}} = \frac{1}{2G}\frac{2}{3}H\Delta\boldsymbol{\varepsilon}^{\mathrm{pl}} \tag{8.102}$$

wobei wegen $2G = \dfrac{E}{(1+\nu)}$ daraus

$$\Delta\boldsymbol{\varepsilon}^{\mathrm{shift}} = \frac{2(1+\nu)}{3E}H\Delta\boldsymbol{\varepsilon}^{\mathrm{pl}} \tag{8.103}$$

wird. Die Shift-Dehnungen werden aufsummiert und anschließend als Geschichtsvariable (*state variable*) gespeichert. Durch Multiplikation mit der Elastizitätsmatrix erhält man

$$\mathbf{E}\left(\boldsymbol{\varepsilon}^{\mathrm{el}} - \boldsymbol{\varepsilon}^{\mathrm{shift}}\right) = \boldsymbol{\sigma} - \boldsymbol{\alpha} \tag{8.104}$$

USERPL erhält vom rufenden Programm die Gesamtdehnungen

epel   wie elastisch, weil sie anfänglich als elastisch gelten,

und die Geschichtsvariablen (State-Variablen)

eppl   plastische Dehnungen und
statev   frei verfügbare Variablen, hier die Shift-Dehnung *epshft*, sowie
e E-Modul
nu   Querkontraktionszahl
proptb   Werkstoffparameter für das nichtlineare Verhalten, hier σ_{F} und E_{T}.

Zum Verständnis sollte man noch einige Service-Subroutinen kennen:

vzero   initialisiert ein Array mit 0
vmove   kopiert ein Array (meist Vektor) in ein anderes
vamb   zieht zwei Arrays voneinander ab und schreibt das Ergebnis in ein drittes
vamb1   zieht zwei Arrays voneinander ab und schreibt das Ergebnis in das erste

vapb   addiert zwei Arrays und schreibt das Ergebnis in ein drittes
vapb1   addiert zwei Arrays und schreibt das Ergebnis in das erste
vapcb1   multipliziert das zweite Array mit einer Konstanten und addiert es zu dem ersten,
           wo auch das Ergebnis gespeichert wird
vmult   multipliziert ein Array mit einer Konstanten und schreibt das Ergebnis in ein
           anderes Array
vmult1   multipliziert ein Array mit einer Konstanten und überschreibt das ursprüngliche
           Array mit dem Ergebnis
vdot   bildet das Skalarprodukt zweier Vektoren
maxv   multipliziert eine Matrix mit einem Vektor
maxv1   multipliziert eine Matrix mit einem Vektor und überschreibt diesen damit
matsym   füllt eine Matrix, deren unteres Dreieck belegt ist, symmetrisch auf
maxb   multipliziert eine Matrix mit einer anderen

Im Folgenden sind nun Formeln und Programmierung einander gegenübergestellt.

```
c --- initialize the tangent matrix for no plasticity
      n2 = ncomp*ncomp
      call vmove (d(1,1),dt(1,1), n2)
```

Tritt keine Plastizität auf, wird die Elastizitätsmatrix Tangentenmatrix.

```
      h = e*et/(e - et)
```

entspricht (8.26) $H = \dfrac{E E_\mathrm{T}}{E - E_\mathrm{T}}$

```
c     --- the 1st state variable column is for the shift strain
c         (the center of the yield surface)
      call vmove (statev(1,6),epshft(1),ncomp)
```

überträgt die gespeicherte Geschichtsvariable *statev* auf *epshft* ($\varepsilon^{\mathrm{shift}}$).

```
c --- calculate the trial stress after subtracting off
c     the yield surface shift
      call vamb (epel(1),epshft(1),ep(1),ncomp)
      call maxv (d(1,1),ep(1),sigtr(1), ncomp,ncomp)
```

berechnet $\mathbf{E}\left(\varepsilon^{\mathrm{el,\,tr}} - \varepsilon^{\mathrm{shift}}\right) = \sigma^{\mathrm{tr}} - \alpha_0$

```
      seqtr = (sigtr(1)-sigtr(2))**2 + (sigtr(2)-sigtr(3))**2 +
    x         (sigtr(3)-sigtr(1))**2 + 6.0d0*sigtr(4)**2
      if (ncomp.eq.6) seqtr = seqtr +
    x      6.0d0*(sigtr(5)**2 + sigtr(6)**2)
      seqtr = sqrt (0.5d0*seqtr)
```

berechnet die Vergleichsspannung nach von Mises der Trialspannungen minus *back stresses* nach (8.8) räumlich und in der Ebene.

```
c            --- check for yielding
         con = seqtr/sigy - 1.0d0
```

Wenn die Vergleichsspannung über der Fließgrenze liegt, ist *con* > 0. Damit liegt Elastizität vor und der Programmteil für Plastizität wird übersprungen.

```
         if(con.lt.eps) goto 999
c --- get the derivative of the yield function
         con = (sigtr(1)-sigtr(2))**2 + (sigtr(2)-sigtr(3))**2 +
     x         (sigtr(3)-sigtr(1))**2 + 6.0d0*sigtr(4)**2
         dfds(1) = sigtr(1) - 0.5d0*(sigtr(2) + sigtr(3))
         dfds(2) = sigtr(2) - 0.5d0*(sigtr(1) + sigtr(3))
         dfds(3) = sigtr(3) - 0.5d0*(sigtr(1) + sigtr(2))
         dfds(4) = 3.0d0*sigtr(4)
           if (ncomp.eq.6) then
              con = con + 6.0d0*(sigtr(5)**2 + sigtr(6)**2)
              dfds(5) = 3.0d0*sigtr(5)
              dfds(6) = 3.0d0*sigtr(6)
           endif
         con = sqrt (0.5d0*con)
         call vmult1 (dfds(1),ncomp,1.0d0/con)
```

berechnet die Ableitung der Fließbedingung nach den Spannungskomponenten nach

$$\frac{\partial F}{\partial \boldsymbol{\sigma}} = \frac{1}{\sigma_{\mathrm{eqv}}} \begin{bmatrix} \sigma_x - \frac{1}{2}\sigma_y - \frac{1}{2}\sigma_z \\ \sigma_y - \frac{1}{2}\sigma_z - \frac{1}{2}\sigma_x \\ \sigma_z - \frac{1}{2}\sigma_x - \frac{1}{2}\sigma_y \\ 3\tau_{xy} \\ 3\tau_{yz} \\ 3\tau_{xz} \end{bmatrix} \tag{8.67}$$

wobei *con* σ_{eqv} enthält.

```
c --- compute the plastic constant lambda
         call maxv (d(1,1),dfds(1),vect(1), ncomp,ncomp)
         con = h + vdot(vect(1),dfds(1),ncomp)
         dlamb = (seqtr - sigy)/con
```

berechnet den plastischen Multiplikator λ nach

$$\Delta\lambda = \frac{F}{\left(\dfrac{\partial F}{\partial\,(\sigma-\alpha)}\right)^{T}\mathbf{E}\,\dfrac{\partial F}{\partial\,(\sigma-\alpha)} + \underbrace{H_{\mathrm{kin}} + H_{\mathrm{iso}}}_{H}} \tag{8.65}$$

wobei man $F = \sigma_{\mathrm{eqv}} - \sigma_{\mathrm{F}}$ berücksichtigen muss. Der Index y steht für englisch *yield –* fließen.

```
c --- calculate the strain increment
      call vmult (dfds(1),deppl(1), ncomp,dlamb)
```

entspricht der assoziierten Fließregel (8.5).

```
c --- update strains
      call vamb1 (epel(1),deppl(1),ncomp)
```

macht von (8.50) $\Delta\varepsilon^{\mathrm{el}} = -\Delta\varepsilon^{\mathrm{pl}}$ Gebrauch.

```
      call vapb1 (eppl(1),deppl(1),ncomp)
```

datiert die plastische Dehnung auf

```
      con = 2.0d0*h*(1.0d0 + nu)/(3.0d0*e)
      call vapcb1 (epshft(1),deppl(1), ncomp,con)
      call vmove (epshft(1),statev(1,6),ncomp)
```

passt die Shift-Dehnung nach (8.103) $\Delta\varepsilon^{\mathrm{shift}} = \dfrac{2\,(1+\nu)}{3E}\,H\,\Delta\varepsilon^{\mathrm{pl}}$ an und speichert sie als State-Variable.

```
c --- update the accumulated plastic strain
      depeq = dlamb
      epeq = epeq + depeq
```

datiert die kumulierte plastische Vergleichsdehnung auf.

Die Spannungsberechnung erfolgt außerhalb von USERPL auf der Basis der aktuellen elastischen Dehnungen.

Anschließend wird die Materialtangente berechnet:

```
c       --- do not form with exactly h=0
          if (h.lt.1.0d-9*e) h = 1.0d-9*e
```

spielt nur eine Rolle bei Elementen mit *extra displacement shapes*, kann aber die Konvergenz bei Entfestigung verschlechtern.

```
c         --- form the effective material modulus
c             --- deff = (i + dlamb*d*b)-1*d; b = (m - n*nt)/sigy
              con = dlamb/sigy
              call vzero (b(1,1),36)
c             --- set up m first
              b(1,1) = 1.0d0
              b(2,2) = 1.0d0
              b(3,3) = 1.0d0
              b(4,4) = 3.0d0
              if (ncomp.eq.6) then
                 b(5,5) = 3.0d0
                 b(6,6) = 3.0d0
              endif
              b(2,1) = -0.5d0
              b(3,2) = -0.5d0
              b(3,1) = -0.5d0
              call vmult1 (b(1,1),36,con)
```

$$
\text{belegt } \mathbf{B} = \frac{\lambda}{\sigma_{\text{eqv}}}
\begin{bmatrix}
1 & & & & & \\
-\dfrac{1}{2} & 1 & & & & \\
-\dfrac{1}{2} & -\dfrac{1}{2} & 1 & & & \\
& & & 3 & & \\
& \mathbf{0} & & & 3 & \\
& & & & & 3
\end{bmatrix}
$$

```
c ---          add in n*nt term
              call maat (dfds(1),b(1,1), 6,ncomp, -con)
              call matsym (b(1,1),6,ncomp)
```

berechnet mit (8.75)

$$
\lambda \frac{\partial^2 F}{\partial \boldsymbol{\sigma}\, \partial \boldsymbol{\sigma}^T} = \mathbf{B} - \frac{\lambda}{\sigma_{\text{eqv}}} \frac{\partial F}{\partial \boldsymbol{\sigma}} \left(\frac{\partial F}{\partial \boldsymbol{\sigma}} \right)^T
$$

durch Benutzung der Subroutine *maat*.

```
              call maxb (d(1,1),b(1,1),c(1,1), ncomp,6,6,
                         ncomp,ncomp,ncomp)
              c(1,1) = c(1,1) + 1.0d0
              c(2,2) = c(2,2) + 1.0d0
              c(3,3) = c(3,3) + 1.0d0
              c(4,4) = c(4,4) + 1.0d0
```

```
      if (ncomp.eq.6) then
         c(5,5) = c(5,5) + 1.0d0
         c(6,6) = c(6,6) + 1.0d0
      endif
```

bildet $\left(\mathbf{I} + \lambda \mathbf{E} \dfrac{\partial^2 Q}{\partial\,(\sigma - \alpha)\,\partial\sigma} \right)$.

```
      i = symeqn (c(1,1),6,ncomp,-ncomp)
      call maxb (c(1,ncomp+1),d(1,1),dt(1,1),  6,ncomp,ncomp,
   x            ncomp,ncomp,ncomp)
```

bildet davon die Inverse und multipliziert sie mit der Elastizitätsmatrix zum tangentialen Materialmodul $\mathbf{D}^*$ gemäß (8.92).

```
c     --- calculate the consistent tangent modulus
      call maxv (dt(1,1),dfds(1),vect(1),  ncomp,ncomp)
      con = 1.0d0/(h + vdot(dfds(1),vect(1),ncomp))
      call maat (vect(1),dt(1,1),  ncomp,ncomp,  -con)
      call matsym (dt(1,1),ncomp,ncomp)
```

bildet schließlich die Tangente nach

$$\mathbf{D}^{\mathrm{Tan}} = \frac{d\sigma}{d\varepsilon^{\mathrm{tot}}} = \mathbf{D}^* - \frac{\mathbf{D}^* \dfrac{\partial Q}{\partial\,(\sigma - \alpha)} \left(\dfrac{\partial F}{\partial\,(\sigma - \alpha)} \right)^{T} \mathbf{D}^*}{\left[\left(\dfrac{\partial F}{\partial\,(\sigma - \alpha)} \right)^{T} \mathbf{D}^* \dfrac{\partial Q}{\partial\,(\sigma - \alpha)} - \dfrac{\partial F}{\partial\lambda} \right]} \tag{8.96}$$

wobei hier $F = Q$ gilt.

8.9   Modelle für kinematische Verfestigung

Kinematische Verfestigung im Mehrdimensionalen zu beschreiben, ist wegen der Kombination aus Verschiebung der Fließfläche mit den plastischen Dehnungen und dem Masing-Verhalten nicht trivial. Der Fall der linearen Verfestigung (bilineares Verhalten) wurde schon beschrieben. Darüber hinausgehende Modelle sind recht komplex.

8.9.1   Besseling-Modell (Overlay-Modell)

Die Idee des Besseling-Modells besteht darin, das Kontinuum gedanklich in Teilvolumina (sublayers) mit jeweils unterschiedlichem elastisch-ideal-plastischen Verhalten zu unterteilen. Jedes Teilvolumen i hat einen eigenen Elastizitätsmodul E_i und eine eigene

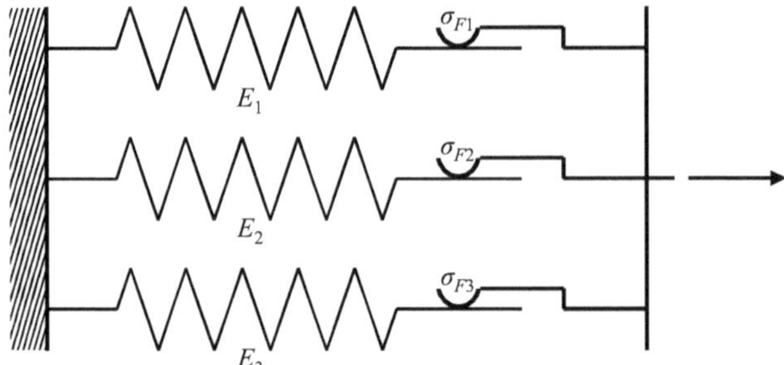

Abb. 8.24 Besseling-Modell, eindimensional

Abb. 8.25 Verhalten des
Besseling-Modells

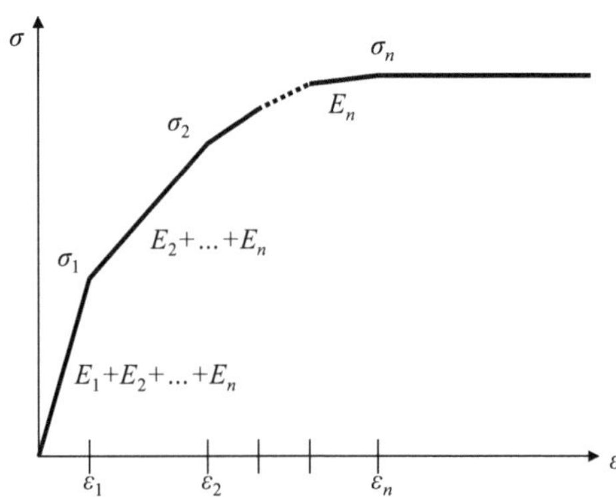

Fließgrenze σ_{Fi}. Eindimensional lässt sich dieses Modell als eine Parallelschaltung von Systemen aus Feder und Reibelement in Reihe deuten (Abb. 8.24).

Daran kann man schon erkennen, wie das Modell den stückweise linearen Verlauf und den Masing-Effekt abbildet.

Solange noch in keinem Prandtl-Element die maximale Reibkraft (entspricht Fließgrenze) erreicht ist, wächst in allen Elementen die Kraft (d. h. Spannung) linear mit der Verformung (d. h. Dehnung) an. Der Gesamt-E-Modul ergibt sich als die Summe der Teil-E-Moduln aller Federn (Abb. 8.25).

Wird die erste Fließgrenze erreicht, bleibt die Kraft/Spannung in dem betroffenen System konstant. Die elastische Dehnung der Feder nimmt nicht mehr zu, sodass sie nicht mehr zur Steigung der Spannungs-Dehnungs-Linie beiträgt, die dadurch flacher wird. Dafür kommt es aber zu einer Verschiebung im Reibelement, was einer plastischen Dehnung entspricht. Das kann sich fortsetzen, bis alle Reibelemente ins Gleiten gekommen sind.

Wird nun entlastet und im weiteren Verlauf gegenläufig belastet, lässt die Spannung zunächst in allen Federn nach, sodass die Steigung der Entlastungsgeraden der Anfangssteigung, also dem Gesamt-E-Modul, entspricht.

Das erste Element gerät wieder ins Gleiten, wenn es vollständig entlastet *und* in anderer Richtung bis zur ersten Fließgrenze belastet worden ist. Das erklärt, warum ab dem ersten

Lastwechsel immer die zweifache Spannungsdifferenz bis zum Knick in der Spannungs-Dehnungs-Linie zurückgelegt wird, wie es das Masing-Verhalten vorsieht.

Das resultierende Verhalten setzt sich aus der gewichteten Summe über die elasto-plastische Antwort der Teilvolumina zusammen, wobei sich die Wichtungsfaktoren t_i im Wesentlichen aus der jeweiligen Änderung des Tangentenmoduls errechnen.

Es gibt grundsätzlich zwei Möglichkeiten, die Modellparameter zu beschreiben. Die folgende Form ist geeignet, das Besseling-Modell auch aus übereinanderliegenden Elementen (mit gleichen Knoten) mit unterschiedlichem elasto-plastischem Materialverhalten aufzubauen.

Eindimensional lassen sich die Parameter folgendermaßen ableiten:
Die letzte Steigung entspricht E_n.

$$\Rightarrow E_n = \frac{\sigma_n - \sigma_{n-1}}{\varepsilon_n - \varepsilon_{n-1}} \tag{8.105}$$

Die vorletzte Steigung ist die Summe aus E_{n-1} und E_n.

$$\Rightarrow E_{n-1} = \frac{\sigma_{n-1} - \sigma_{n-2}}{\varepsilon_{n-1} - \varepsilon_{n-2}} - E_n \tag{8.106}$$

Definiert man nun die E-Moduln über die Wichtungsfaktoren:

$$E_i = E \cdot t_i \tag{8.107}$$

ergibt sich

$$t_i = \frac{1}{E} \frac{\sigma_{n-1} - \sigma_{n-2}}{\varepsilon_{n-1} - \varepsilon_{n-2}} - \sum_{j=i+1}^{n} t_j \tag{8.108}$$

Die Fließspannung $\sigma_{\mathrm{F}i}$ muss nun mit dem E-Modul E_i bei der Dehnung erreicht werden, bei der sich mit dem Gesamt-E-Modul E die Stützstelle σ_i (s. Abb. 8.25) einstellt:

$$\frac{\sigma_{\mathrm{F}i}}{E_i} = \frac{\sigma_i}{E} \quad \Longleftrightarrow \quad \sigma_{\mathrm{F}i} = \frac{E_i}{E}\sigma_i \tag{8.109}$$

$$\sigma_{\mathrm{F}i} = t_i \sigma_i \tag{8.110}$$

Mehrdimensional muss noch beachtet werden, dass sich wegen des Unterschiedes in der Querkontraktion zwischen elastischem und plastischem Verhalten Zwängungen zwischen den Subvolumina ergeben, sodass zur Abbildung einer Fließkurve im Dreidimensionalen und im Ebenen Verzerrungs-Zustand zu setzen ist:

$$t_i = \frac{\sigma_i - \sigma_{i-1}}{G\left[3\left(\varepsilon_i - \varepsilon_{i-1}\right) - (1-2\nu)\frac{\sigma_i - \sigma_{i-1}}{E}\right]} - \sum_{j=i+1}^{n} t_j \tag{8.111}$$

$$\sigma_{\mathrm{F}i} = G\left[3\varepsilon_i - (1-2\nu)\frac{\sigma_i}{E}\right] t_i \tag{8.112}$$

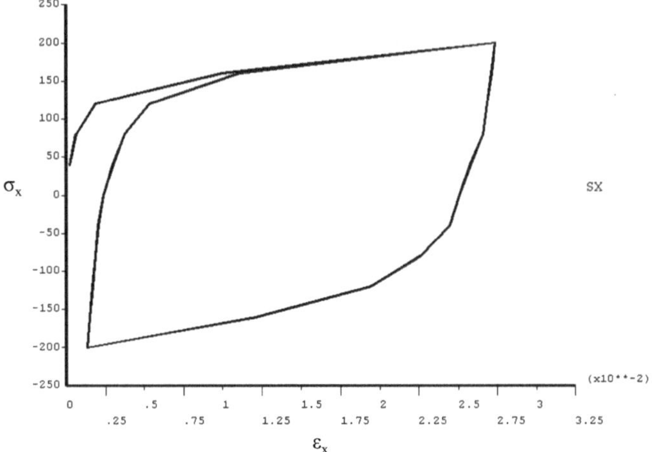

Abb. 8.26 Spannungs-Dehnungs-Linie mit ausmodelliertem Besseling-Modell

Jedes Element bekommt für sich elastische und plastische Dehnungen. Für jede Komponente des Gesamtmodells, sowohl für elastische, plastische als auch Gesamtdehnungen, gilt:

$$\varepsilon_{kl} = \sum_{i=1}^{n} t_i \varepsilon_{kl}^{(i)} \tag{8.113}$$

während sich die Spannungen als Summe

$$\sigma_{kl} = \sum_{i=1}^{n} \sigma_{kl}^{(i)} \tag{8.114}$$

ergeben.

Damit ließ sich tatsächlich mit 5 übereinander liegenden Volumenelementen die Fließkurve und die zyklische Spannungs-Dehnungs-Linie aus Abb. 8.26 bei einer einachsigen Beanspruchung berechnen.

Das folgende Beispiel, dessen System und Fließkurve in Abb. 8.27 dargestellt sind, zeigt das Verhalten eines Zugstabes, dessen Materialverhalten mit dem Besseling-Modell beschrieben wird, unter einer Folge von Be- und Entlastungen. Dabei ist das Masing-Verhalten zu erkennen. Die Belastung wird erst auf 80 % der Maximalbelastung gesetzt, dann wird sie auf 10 % verringert, auf 90 % erhöht, auf −10 % gebracht und schließlich auf 100 % gesteigert.

Bei der Erstbelastung folgt die Spannung der Fließkurve (Abb. 8.28). Die anschließende Entlastung bleibt im elastischen Bereich, sodass die Wiederbelastung auf derselben Kurve erfolgt, bis die ursprüngliche Fließkurve wiedergefunden wird und ihr bis zur vorgegebenen Spannung gefolgt wird. Bei der nächsten Entlastung ist der Spannungsun-

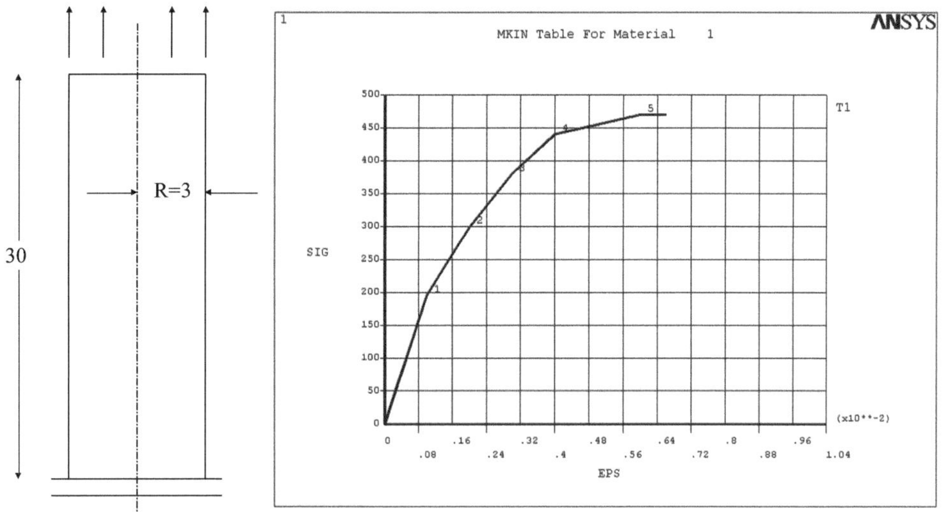

Abb. 8.27 Zugstab und Fließkurve

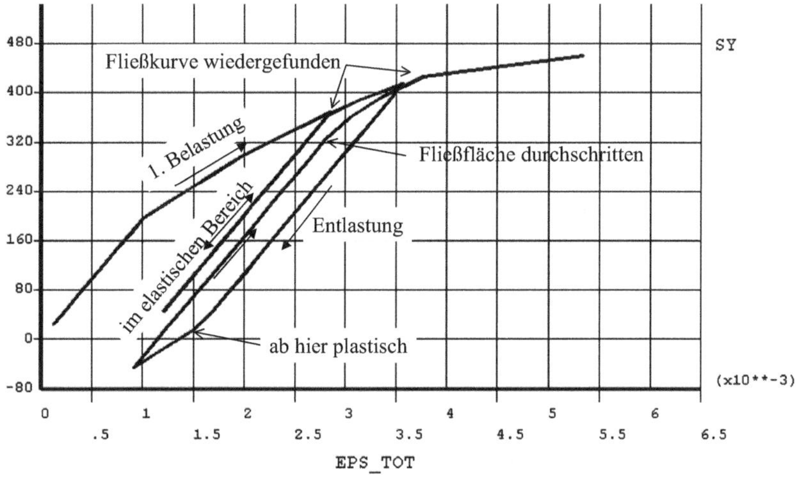

Abb. 8.28 Spannungs-Dehnungs-Verhalten bei einer Folge von Be- und Entlastungen im Besseling-Modell

terschied so groß, dass Plastifizieren in der Gegenrichtung auftritt. Dementsprechend tritt auch bei der folgenden Belastung plastisches Verhalten auf, bevor die Fließkurve wieder erreicht wird.

8.9.2 Armstrong-Frederik- bzw. Chaboche-Modell

Das Modell benutzt die Von-Mises-Fließbedingung. Die aktuelle Fließgrenze ergibt sich aus der Anfangsfließgrenze σ_{F0} und der isotropen Verfestigung R:

$$\sigma_F = \sigma_{F0} + R \tag{8.115}$$

Die *backstresses* $\boldsymbol{\alpha}$ und die isotrope Verfestigung R folgen den Entwicklungsgleichungen

$$\dot{\boldsymbol{\alpha}}_i = \frac{2}{3} C_i \dot{\boldsymbol{\varepsilon}}^{\mathrm{pl}} - \gamma_i \boldsymbol{\alpha}_i \dot{\varepsilon}^{\mathrm{pl}}_{\mathrm{eqv}} \quad \text{(Tensorschreibweise)} \tag{8.116}$$

oder

$$\dot{\boldsymbol{\alpha}}_i = C_i \mathbf{M} \dot{\boldsymbol{\varepsilon}}^{\mathrm{pl}} - \gamma_i \boldsymbol{\alpha}_i \dot{\varepsilon}^{\mathrm{pl}}_{\mathrm{eqv}} \quad \text{(allgemeine Schreibweise)} \tag{8.117}$$

mit $\mathbf{M}$ aus (8.41) bzw. (8.42) und

$$\dot{R}_i = b_i \left(Q_i - R_i \right) \dot{\varepsilon}^{\mathrm{pl}}_{\mathrm{eqv}} \tag{8.118}$$

Hier bedeutet der Punkt die Ableitung nach der Zeit t, obwohl hier keine Zeitabhängigkeit vorliegt. Es ist aber eine gern benutzte Darstellung für Zuwächse $\Delta\boldsymbol{\alpha}_i$ bzw. ΔR_i, die man erhält wenn man in einem Last- bzw. Zeitschritt über dt integriert.

Beide Verfestigungsanteile können aus n_{kin} bzw. n_{iso} Beiträgen zusammengesetzt sein:

$$\boldsymbol{\alpha} = \sum_{i=1}^{n_{\mathrm{kin}}} \boldsymbol{\alpha}_i + \sum_{i=1}^{n_{\mathrm{iso}}} R_i \tag{8.119}$$

Beide Entwicklungsgleichungen sind Differenzialgleichungen, die unter bestimmten Umständen analytisch gelöst werden können. Für (8.118) ist das allgemein möglich, weil die kumulierte plastische Dehnung monoton steigt:

$$R_i = Q_i \left(1 - e^{-b_i \varepsilon^{\mathrm{pl}}_{\mathrm{eqv}}} \right) \tag{8.120}$$

Diese Form entspricht dem NLISO-Modell in ANSYS. R muss nicht als Geschichtsvariable gespeichert werden, $\varepsilon^{\mathrm{pl}}_{\mathrm{eqv}}$ genügt.

Auch für $\boldsymbol{\alpha}$ ist eine Lösung der Dgl. möglich, wenn man berücksichtigt, dass die Ableitung $\partial F / \partial (\boldsymbol{\sigma} - \boldsymbol{\alpha})$ im Lastinkrement konstant ist. Dann wird aus (8.117)

$$\frac{d\boldsymbol{\alpha}_i}{dt} = \left(C_i \mathbf{M} \frac{\partial F}{\partial (\boldsymbol{\sigma} - \boldsymbol{\alpha})} - \gamma_i \boldsymbol{\alpha}_i \right) \frac{d\varepsilon^{\mathrm{pl}}_{\mathrm{eq}}}{dt} \quad \text{oder} \quad \frac{d\boldsymbol{\alpha}_i}{d\varepsilon^{\mathrm{pl}}_{\mathrm{eq}}} = C_i \mathbf{M} \frac{\partial F}{\partial (\boldsymbol{\sigma} - \boldsymbol{\alpha})} - \gamma_i \boldsymbol{\alpha}_i \tag{8.121}$$

Das ist eine Differenzialgleichung 1. Ordnung für $\boldsymbol{\alpha}_i$ mit der Anfangsbedingung

$$\boldsymbol{\alpha}_i \left(\varepsilon^{\mathrm{pl}}_{\mathrm{eq},0} \right) = \boldsymbol{\alpha}_{i,0} \tag{8.122}$$

wobei der Index 0 die Werte am Anfang des Inkrementes darstellt.

Die Lösung lautet:

$$\alpha_i = \alpha_{i,0} + \left(\frac{C_i}{\gamma_i} \mathbf{M} \frac{\partial F}{\partial (\sigma - \alpha)} - \alpha_{i,0} \right) \left(1 - e^{-\gamma \underbrace{\left(\varepsilon^{\mathrm{pl}}_{\mathrm{eq}} - \varepsilon^{\mathrm{pl}}_{\mathrm{eq},0} \right)}_{\lambda}} \right) \tag{8.123}$$

Eindimensional lautet (8.117)

$$\dot{\alpha}_i = C_i \dot{\varepsilon}^{\mathrm{pl}} - \gamma_i \alpha_i \dot{\varepsilon}^{\mathrm{pl}} = (C_i - \gamma_i \alpha_i)\, \dot{\varepsilon}^{\mathrm{pl}} \tag{8.124}$$

und (8.123) für die Erstbelastung, startend bei $\varepsilon^{\mathrm{pl}}_0 = 0$ und $\alpha_{i,0} = 0$

$$\alpha_i = \frac{C_i}{\gamma_i} \left(1 - e^{-\gamma_i \varepsilon^{\mathrm{pl}}} \right) \tag{8.125}$$

Aus (8.124) lässt sich erkennen, dass

- die Anfangssteigung im $\sigma - \varepsilon^{\mathrm{pl}}$-Diagramm C_i beträgt.

Beide Gleichungen ergeben, dass

- C_i / γ_i den Maximalwert (Sättigungswert) des jeweiligen kinematischen Verfestigungsanteils darstellt,
- während (8.120) erkennen lässt, dass die maximale isotrope Verfestigung Q_i beträgt.

Für die **lokale Iteration** (8.55) ist

$$\frac{\partial F}{\partial \lambda} = -\sum_i \frac{\partial R_i}{\partial \lambda} = -\sum_i Q_i b_i e^{-b_i \left(\varepsilon^{\mathrm{pl}}_{\mathrm{eq},0} + \lambda \right)} = -H_{\mathrm{iso}} \tag{8.126}$$

Für (8.57) wird die Ableitung von α nach $(\sigma - \alpha)$ benötigt. Bedenkt man, dass λ eine unabhängige Variable ist, erhält man aus (8.123):

$$\frac{\partial \alpha_i}{\partial (\sigma - \alpha)} = \frac{C_i}{\gamma_i} \mathbf{M} \left(1 - e^{-\gamma \lambda} \right) \frac{\partial^2 F}{\partial (\sigma - \alpha)^2}$$

Vergleicht man diesen Term mit (8.57), erkennt man, dass dort noch ein Faktor λ vorkommt. Also wird erweitert:

$$\frac{\partial \alpha_i}{\partial (\sigma - \alpha)} = \lambda \frac{1}{\lambda} \frac{C_i}{\gamma_i} \left(1 - e^{-\gamma \lambda} \right) \mathbf{M} \frac{\partial^2 F}{\partial (\sigma - \alpha)^2}$$

Durch Vergleich mit (8.58) erhält man:

$$H_{\mathrm{kin}} = \frac{C_i}{\gamma_i}\frac{1}{\lambda}\left(1 - e^{-\gamma\lambda}\right) \tag{8.127}$$

Zum gleichen Ergebnis kommt man, wenn man die Fließbedingung nach

$$\frac{\partial F}{\partial(\boldsymbol{\sigma} - \boldsymbol{\alpha})} = \frac{1}{\lambda}\Delta\boldsymbol{\varepsilon}^{\mathrm{pl}} \tag{8.128}$$

auflöst, in (8.123) einsetzt und dann nach $(\Delta)\boldsymbol{\varepsilon}^{\mathrm{pl}}$ ableitet, wie in (8.57) vorgesehen.

Bevorzugt man statt der analytischen Lösung (8.123) das Euler-rückwärts-Verfahren (s. Abschn. 7.2.5), so wird aus (8.116) durch Multiplikation mit einem Zeitschritt Δt

$$\Delta\boldsymbol{\alpha}_i = C_i\mathbf{M}\Delta\boldsymbol{\varepsilon}^{\mathrm{pl}} - \gamma_i\left(\boldsymbol{\alpha}_{i0} + \Delta\boldsymbol{\alpha}_i\right)\Delta\varepsilon_{\mathrm{eq}}^{\mathrm{pl}} \tag{8.129}$$

$$\Delta\boldsymbol{\alpha}_i\left(1 + \gamma_i\Delta\varepsilon_{\mathrm{eq}}^{\mathrm{pl}}\right) = \frac{2}{3}C_i\Delta\boldsymbol{\varepsilon}^{\mathrm{pl}} - \gamma_i\boldsymbol{\alpha}_{i0}\Delta\varepsilon_{\mathrm{eq}}^{\mathrm{pl}} \tag{8.130}$$

$$\Delta\boldsymbol{\alpha}_i = \frac{C_i\mathbf{M}\Delta\boldsymbol{\varepsilon}^{\mathrm{pl}} - \gamma_i\boldsymbol{\alpha}_{i0}\Delta\varepsilon_{\mathrm{eq}}^{\mathrm{pl}}}{1 + \gamma_i\Delta\varepsilon_{\mathrm{eq}}^{\mathrm{pl}}} \tag{8.131}$$

Solange $\Delta\varepsilon_{\mathrm{eq}}^{\mathrm{pl}}$ dem plastischen Multiplikator λ entspricht, der als unabhängige Variable behandelt wird, ist

$$\frac{\partial\boldsymbol{\alpha}_i}{\partial\boldsymbol{\varepsilon}^{\mathrm{pl}}} = \frac{\partial\Delta\boldsymbol{\alpha}_i}{\partial\Delta\boldsymbol{\varepsilon}^{\mathrm{pl}}} = \frac{C_i\mathbf{M}}{1 + \gamma_i\Delta\varepsilon_{\mathrm{eq}}^{\mathrm{pl}}} \quad \text{und damit} \quad H_{\mathrm{kin}} = \frac{C_i}{1 + \gamma_i\Delta\varepsilon_{\mathrm{eq}}^{\mathrm{pl}}} \tag{8.132}$$

H_{kin} und H_{iso} sind auch die wesentlichen modellspezifischen Beiträge zur Materialtangente.

8.10　Einspielen (Shakedown) und Ratcheting

8.10.1　Begriffe

Bei zyklischer Beanspruchung, die in beiden Richtungen zu plastischen Dehnungen führt (s. Abb. 8.29), kann es dazu kommen, dass sich die Hysterese mit jedem Zyklus in eine bestimmte Richtung verschiebt. Kommt dieser Vorgang nach einer Anzahl von Zyklen zum Stillstand, spricht man vom „Einspielen" (engl. *Shakedown*, s. Abb. 8.30). Dabei unterscheidet man noch zwei Fälle:

Ist beim Stillstand auch die Hysterese verschwunden, d. h. gibt es keine plastischen Dehnungen mehr, spricht man vom elastischen Einspielen, sonst vom plastischen.

Verschiebt sich die Hysterese immer weiter, speziell um einen bestimmten Betrag je Zyklus, spricht man vom Ratcheting (nach engl. *ratchet wheel* – Klinkenrad, etwa beim Uhrwerk, s. Abb. 8.31). Darin steckt auch das deutsche Wort Ratsche.

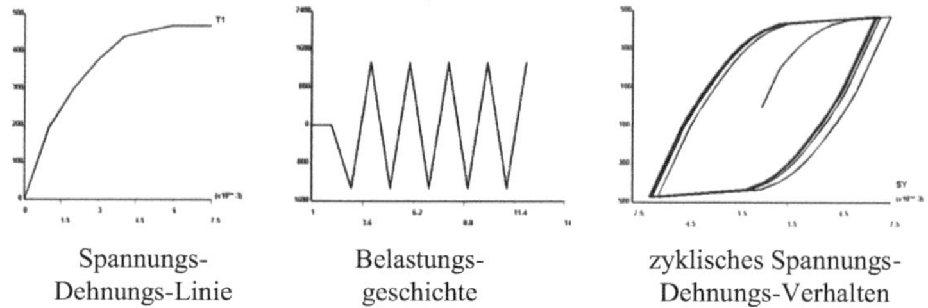

Abb. 8.29 Materialverhalten bei zyklischer Belastung

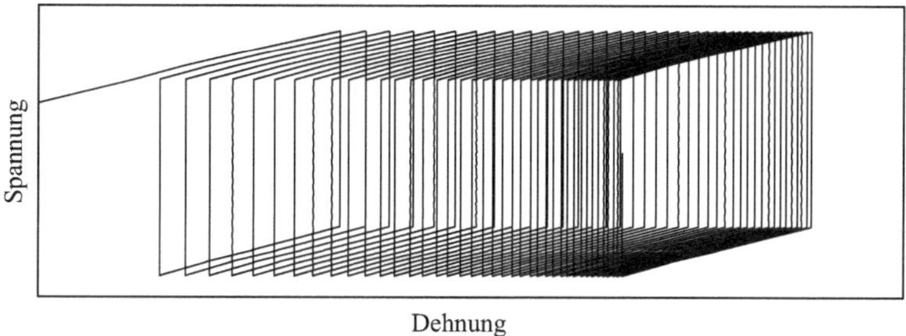

Abb. 8.30 Spannungs-Dehnungs-Verhalten bei Tendenz zum plastischen Einspielen

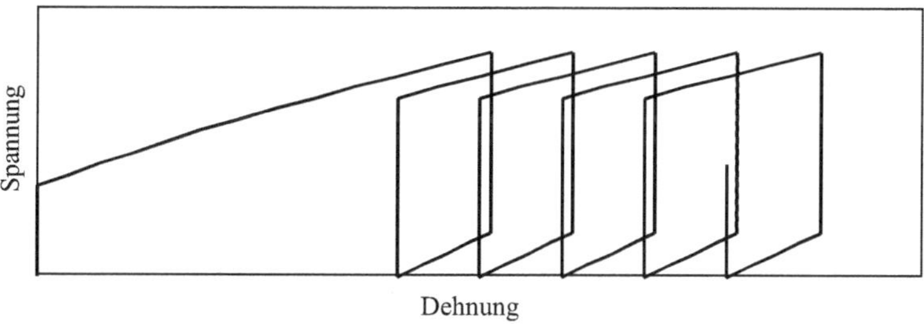

Abb. 8.31 Spannungs-Dehnungs-Verhalten bei Ratcheting

8.10.2 Melan-Theorem

Das Melan-Theorem besagt, dass elastisches Einspielen eintritt, wenn man den verschiedenen Spannungszuständen, die während der einzelnen Belastungsphasen auftreten, einen Eigenspannungszustand überlagern kann, sodass in keiner Phase mehr Plastifizieren auftritt. Das ist gleichbedeutend mit einer Verschiebung der Fließfläche so, dass sie alle auftretenden Spannungszustände eines Punktes einhüllt.

Bei einer proportionalen Belastung ist das dadurch zu erfüllen, dass die Schwingbreite der Spannungen nicht mehr als $2\sigma_{F0}$ (σ_{F0} – Anfangsfließspannung), also nicht mehr als den Durchmesser der Fließfläche, beträgt.

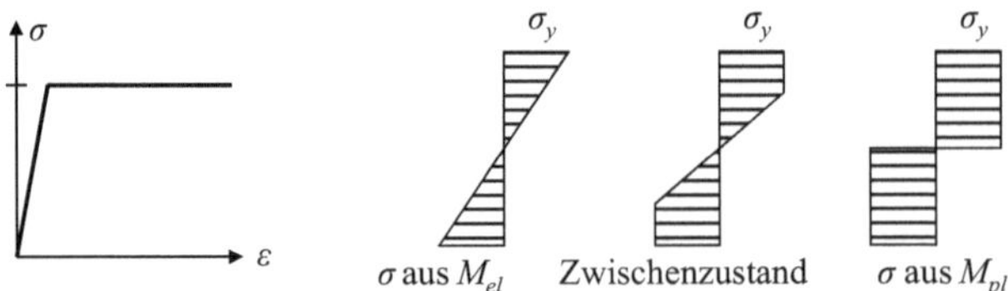

Abb. 8.32 Spannungen bei elastischem Grenzmoment, im Zwischenzustand und beim vollplastischen Moment

Im Beispiel eines Biegebalkens, der in fünf Halbzyklen belastet wird, wobei bei der Erstbelastung in jedem Fall das vollplastische Moment M_{pl} aufgebracht wird, kann dies gezeigt werden. Vollplastisches Moment bedeutet, dass bereits so viel plastische Dehnung auftritt, dass alle Fähigkeit zur plastischen Umlagerung aufgebraucht ist und bei einer höheren Belastung kein Gleichgewicht mehr möglich ist (Abb. 8.32). Beim Balken unter reiner Momentenbeanspruchung ist das

$$M_{\mathrm{pl}} = 2S_{\mathrm{y}}\sigma_{\mathrm{F}} \tag{8.133}$$

mit S_{y} – statisches Moment oder Flächenmoment 1. Ordnung. Das elastische Grenzmoment

$$M_{\mathrm{el}} = W_{\mathrm{y}}\sigma_{\mathrm{F}} \tag{8.134}$$

mit W_{y} – Widerstandmoment, ist dasjenige, bei dem gerade in der Randfaser die Fließgrenze σ_{F} erreicht wird, also gerade noch kein plastisches Fließen auftritt. Beim Rechteckquerschnitt beträgt $M_{\mathrm{pl}} = 1{,}5M_{\mathrm{el}}$.

In Abb. 8.33 beträgt die anschließend aufgebrachte Wechselbeanspruchung das Zweifache des vollplastischen Momentes M_{pl}. Daraus ergibt sich in jedem Halbzyklus ein plastisches Dehnungsinkrement, das vom Betrage her gleich ist. Es liegt plastisches Einspielen vor.

In Abb. 8.34 beträgt diese Schwingbreite nur noch das 2,2fache des elastischen Grenzmomentes M_{el}. Nach dem ersten Halbzyklus stellt sich noch etwas Rückplastizieren ein, aber deutlich weniger als bei der Erstbelastung.

Bei der Schwingbreite $2M_{\mathrm{el}}$ schließlich tritt gerade kein weiteres Plastizieren ein (Abb. 8.35). Hier liegt sofortiges elastisches Einspielen, passend zum Melan-Theorem vor. In keinem der Fälle kam es zum Ratcheting, bei dem man zwei Fälle bzw. Ursachen unterscheidet, die im Folgenden untersucht werden.

8.10.3　Struktur-Ratcheting

Struktur-Ratcheting tritt typischerweise auf, wenn eine konstante Belastung von einer zyklischen überlagert wird, speziell bei der Überlagerung von konstanter Längsbelastung mit

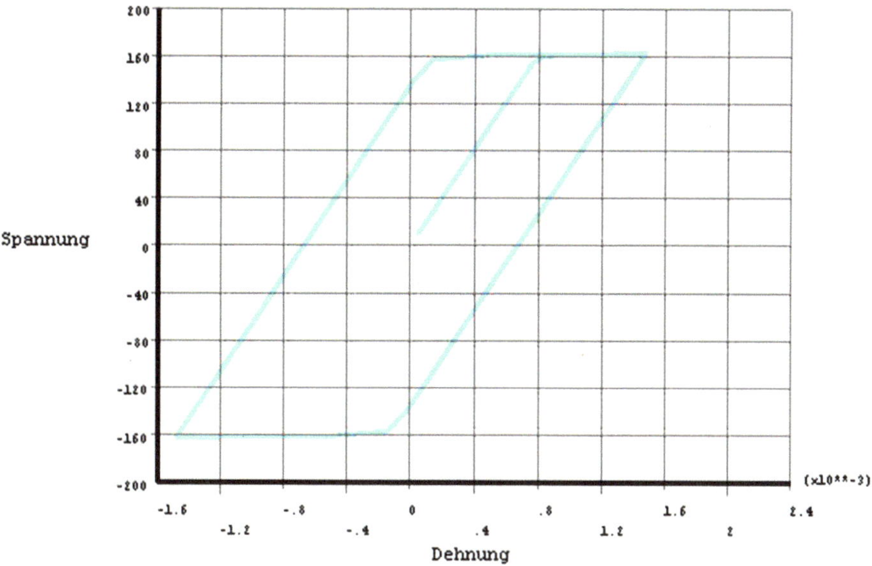

Abb. 8.33 Balkenbiegung, Schwingbreite $2M_{\text{plastisch}}$

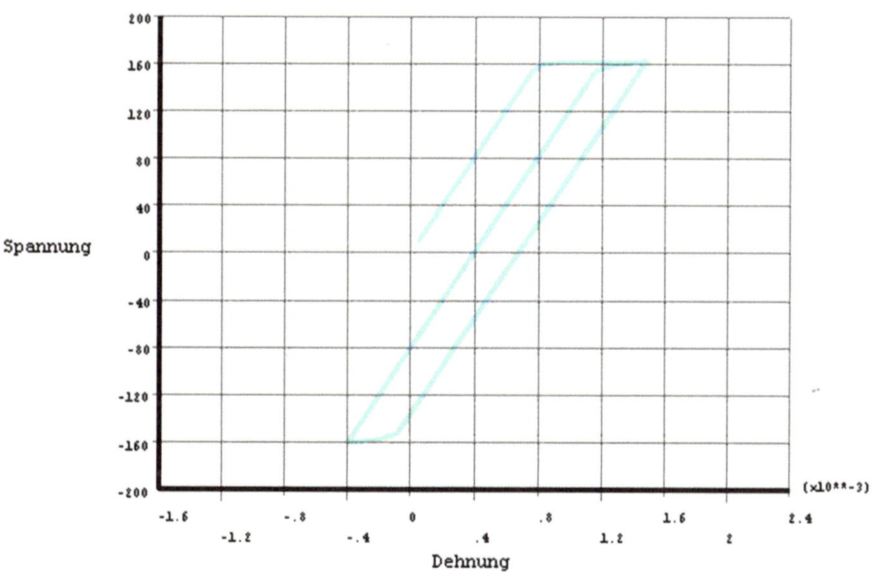

Abb. 8.34 Balkenbiegung, Schwingbreite $2{,}2M_{\text{el}}$

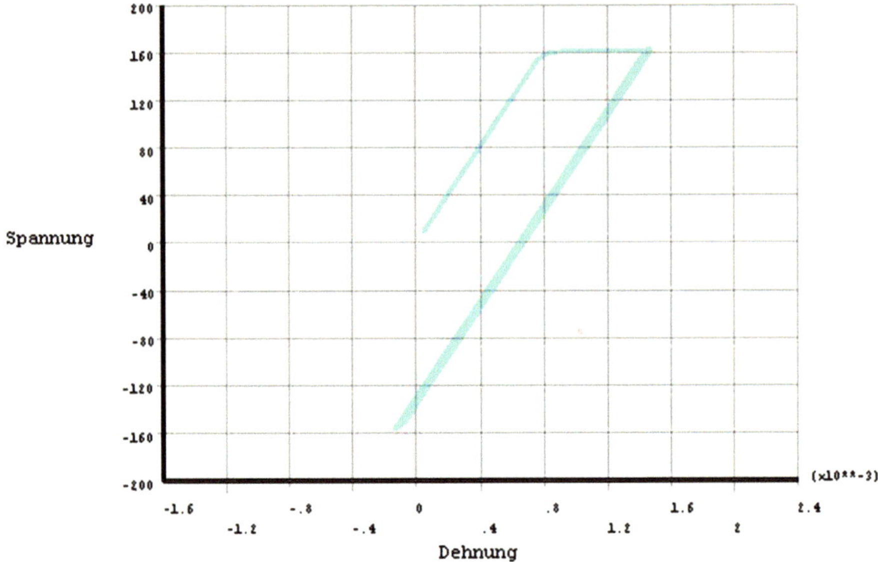

Abb. 8.35　Balkenbiegung, Schwingbreite $2M_{\text{elastisch}}$

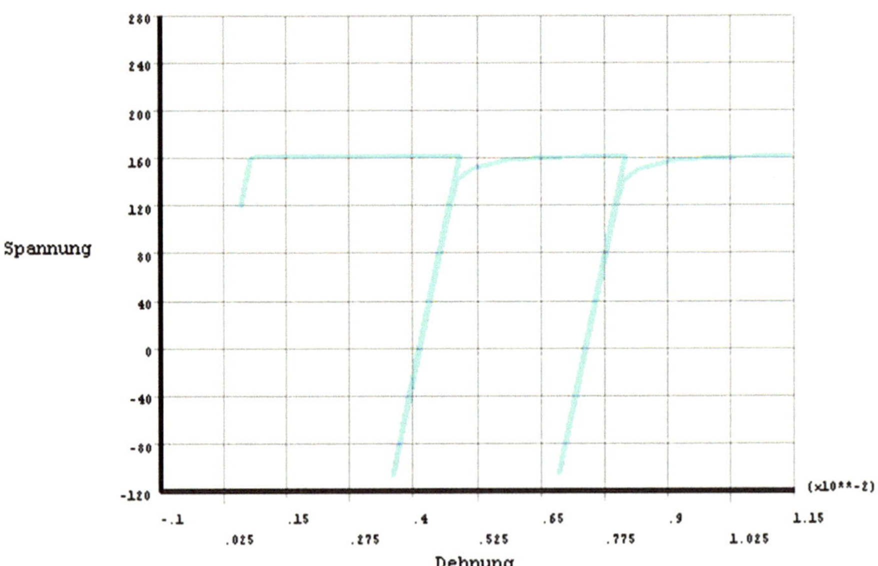

Abb. 8.36　Struktur-Ratcheting, ein Element am Rand

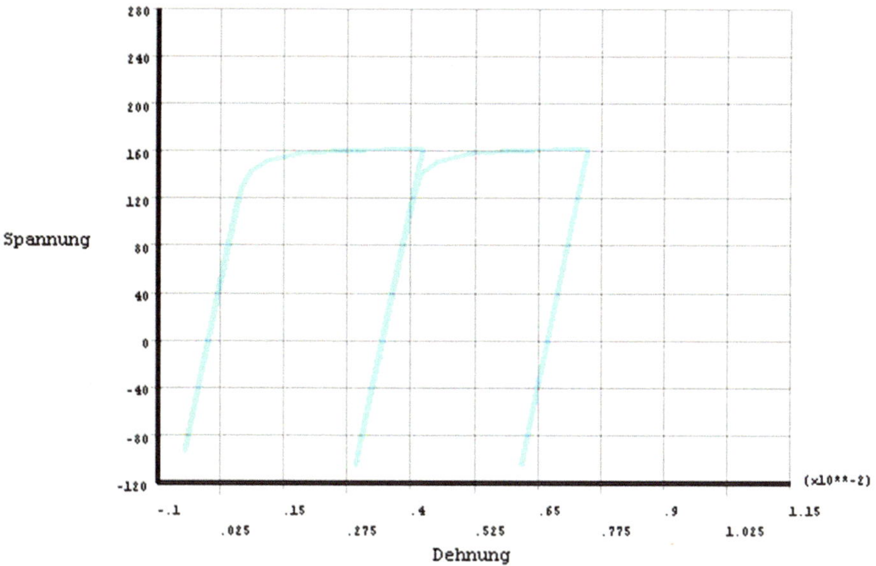

Abb. 8.37 Struktur-Ratcheting, ein Element am gegenüber liegenden Rand

wechselndem Moment. Dabei wird auf der stärker beanspruchten Seite die Fließgrenze überschritten. Bei Entlastung entsteht ein Eigenspannungszustand, aufgrund dessen beim entgegengesetzten Moment jetzt auf der zweiten Seite Plastizieren auftritt, auf der ersten aber keine plastische Rückverformung. Dies wiederholt sich, bis an einer Stelle die Bruchdehnung erreicht wird. Das oben Geschilderte ist nur ein Szenario für Strukturratcheting. Eine umfassende Darstellung findet man in [7].

Im Beispiel, das Abb. 8.36 zugrunde liegt, wird der besagte Biegebalken bis auf $\frac{3}{4}$ der Fließspannung durch eine permanente Längskraft belastet. Anschließend wird ein Moment aufgebracht, das das System bis kurz vor das Versagen belastet. Dies wird je Halbzyklus wiederholt, jedoch wechselt das Vorzeichen. Für einen ausgewählten Punkt ergibt sich eine Zunahme der Dehnung mit jedem Zyklus, obwohl in der einen Belastungsrichtung keine Plastizität auftritt. Dies ist nur durch das Zusammenwirken in der Struktur zu erklären (deshalb Struktur-Ratcheting). Der gegenüber liegende Rand zeigt die Plastizierungen zeitlich versetzt (Abb. 8.37). Dadurch wird jeweils der Eigenspannungszustand verändert.

Was im System geschieht, zeigt die Darstellung der Verteilung über die Höhe, und zwar in Abb. 8.38 die Verteilung der Spannung. Sie erreicht nach der ersten Momentaufbringung in weiten Bereichen die Fließspannung, bei Wegnahme des Momentes ist sie nicht mehr konstant, weil sich Eigenspannungen einstellen. Beim gegenläufigen Belasten stellt sich etwa die umgekehrte Verteilung ein, ebenso bei erneuter Wegnahme usw.

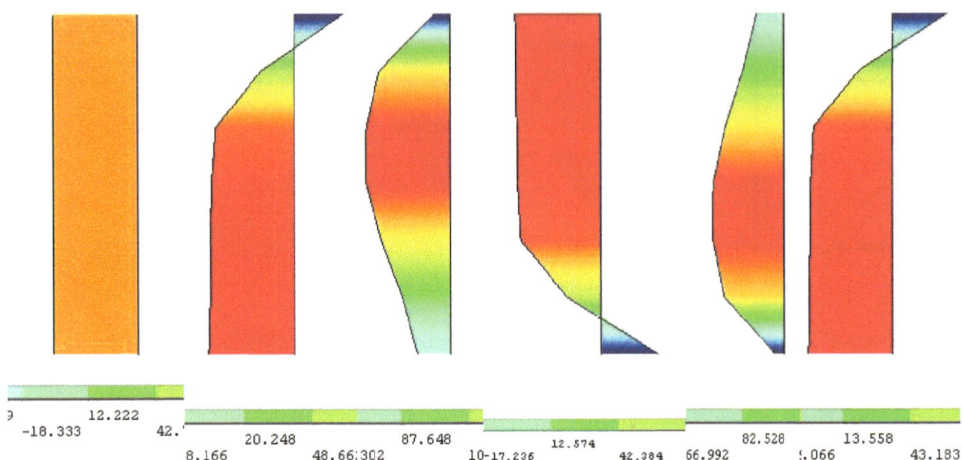

Abb. 8.38 Spannungsverteilung über die Höhe beim Struktur-Ratcheting, konstante Kraft, M pos., $M = 0$, M neg., $M = 0$, M pos.

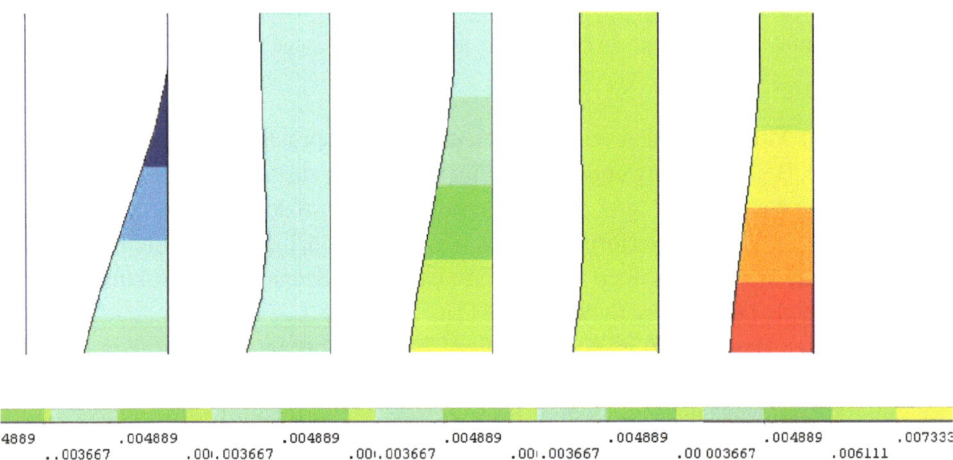

Abb. 8.39 Verteilung der plastischen Dehnung über die Höhe beim Struktur-Ratcheting, konstante Kraft, M pos., M neg., M pos., M neg., M pos.

Bei der plastischen Dehnung (Abb. 8.39) sieht man mit dem einen Halbzyklus eine zur einen Seite anwachsende Verteilung, mit dem nächsten ein Ausgleich hin zu einer fast konstanten Verteilung, dann folgt wieder Anwachsen, dann Ausgleich. Dabei nimmt aber der Maximalwert mit jedem Zyklus zu – Ratcheting.

Struktur-Ratcheting kann mit jedem plastischen Materialgesetz für kinematische Verfestigung und auch – wie hier – mit idealer Plastizität dargestellt werden.

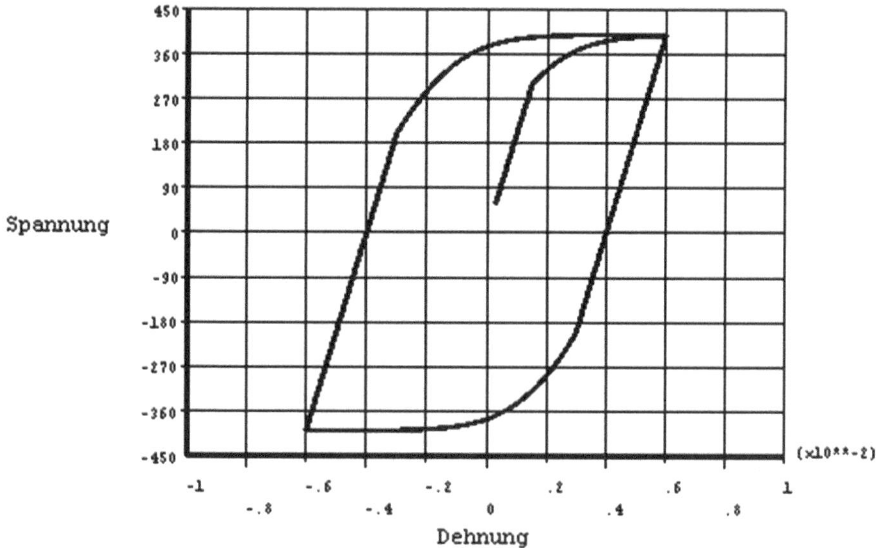

Abb. 8.40 Chaboche-Modell, Dehnungsvorgabe

8.10.4 Material-Ratcheting

Beim Material-Ratcheting tritt der zuvor gezeigte Effekt, die stetige Zunahme der plastischen Dehnungen, allein aufgrund der Materialeigenschaften ein. Es kann also auch bei einachsiger Belastung gezeigt werden und wird vor allem bei höheren Temperaturen beobachtet. Das Auftreten ist abhängig von der Mittelspannung der wechselnden Beanspruchung. Nur wenn diese ungleich null ist, stellt sich der Effekt ein. Ihr Betrag beeinflusst die Größe des jeweiligen Zuwachses, das Vorzeichen die Richtung.

Material-Ratcheting lässt sich mit der linearen kinematischen Verfestigung und dem Besseling-Modell nicht beschreiben, wohl aber mit dem Chaboche-Modell, jedenfalls prinzipiell. Grund dafür ist, dass das Chaboche-Modell nicht exakt das Masing-Verhalten abbildet. Bei der plastischen Erstbelastung ist die Anfangssteigung der $\sigma - \varepsilon^{\mathrm{pl}}$-Kurve C, bei der gegenläufigen Belastung $C + \gamma\alpha$. Da die Verfestigung maximal $C\gamma$ betragen kann, ist die maximale Anfangssteigung $2C$. Das hat zur Folge, dass auch bei Mittelspannung null das Ende des ersten Halbzyklus' nicht wieder getroffen wird. Bei dem Beispiel der dehnungsgesteuerten Berechnung aus Abb. 8.40 wirkt sich das kaum aus; die Maximalspannung beträgt nach dem ersten Halbzyklus 398, nach dem dritten 399 MPa. Bei der spannungsgesteuerten Berechnung (Abb. 8.41) differieren zwar die Maximaldehnungen zwischen dem ersten und dritten Halbzyklus so gut wie nicht, dafür aber erheblich zwischen Zug und Druck, nämlich 0,50 % und −0,26 %, sodass sich zwar eine geschlossene Hysterese ergibt, deren Zentrum aber trotz gegengleicher Spannungen nicht der Koordinatenursprung ist.

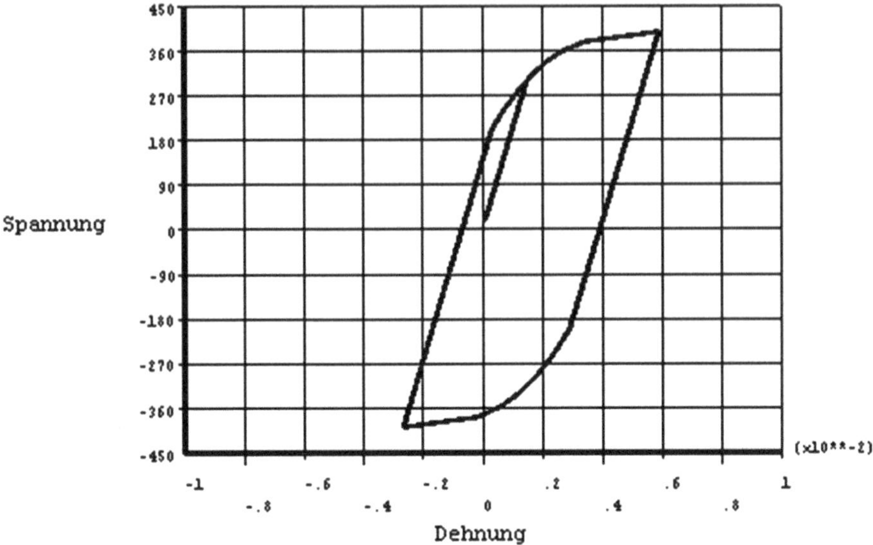

Abb. 8.41 Chaboche-Modell, Spannungsvorgabe, Mittelspannung 0

Ist nun die Mittelspannung ungleich null, sind die Verfestigungen α nach beiden Richtungen von unterschiedlichem Betrag, sodass sich generell keine geschlossenen Hysteresen ergeben. Vielmehr kommt es zu ausgeprägtem Ratcheting. Im Beispiel aus Abb. 8.42 beträgt die Zugspannung 398, die Druckspannung 350 MPa, die Mittelspannung mithin (nur) 24 MPa.

Das Chaboche-Modell kann Material-Ratcheting zwar darstellen, aber in einem viel höheren Maße, als es im Versuch beobachtet wird. Eine gewisse Abhilfe schafft es, zusätzlich lineare Verfestigung zu definieren, was gleichbedeutend mit einem weiteren Chaboche-Anteil, aber mit $\gamma = 0$ ist. Für Abb. 8.43 und 8.44 ist dies durchgeführt. Der erste, der eigentliche Chaboche-Anteil ist dabei so modifiziert, dass am Ende des ersten Halbzyklus' der gleiche Dehnungswert wie bei nur einem Parametersatz (C_1, γ_1) erreicht wird. Die Kurve wird dadurch flacher.

Das Ergebnis der zyklischen Berechnung ist, dass die Zunahme der plastischen Dehnung zurück geht, und zwar sowohl, was die Differenz zwischen dem ersten und dritten Halbzyklus angeht, als auch, was die Tendenz betrifft. Durch die Modifikation kommt es zum plastischen Einspielen. Je größer der Anteil der linearen Verfestigung an der Erhöhung der Fließspannung ist, desto schneller ist der Einspielvorgang abgeschlossen.

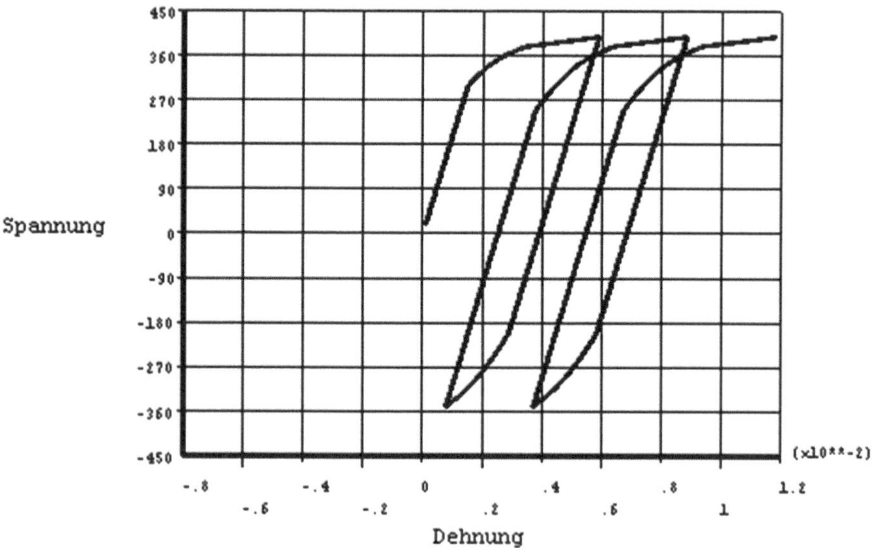

Abb. 8.42 Chaboche-Modell, Spannungsvorgabe, Mittelspannung 24 MPa

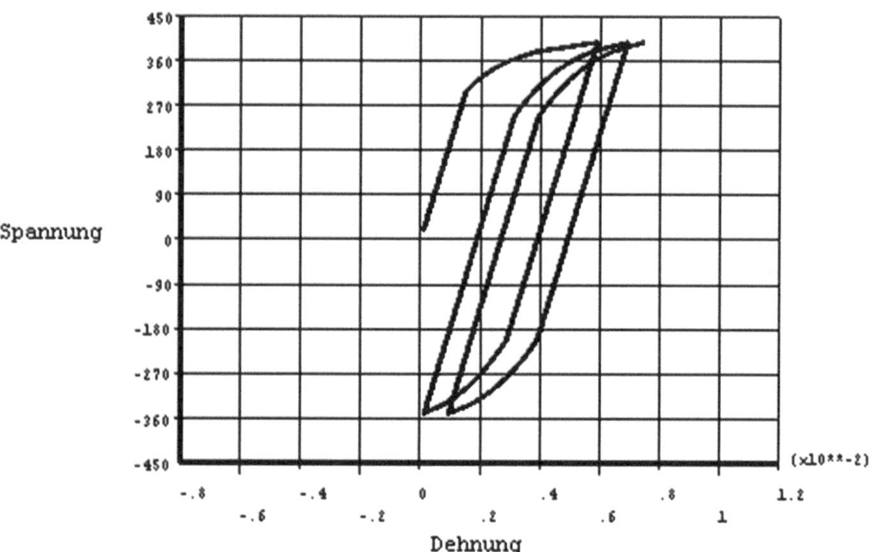

Abb. 8.43 Chaboche-Modell plus lineare Verfestigung, $C_2 = 5000\,\text{MPa}$

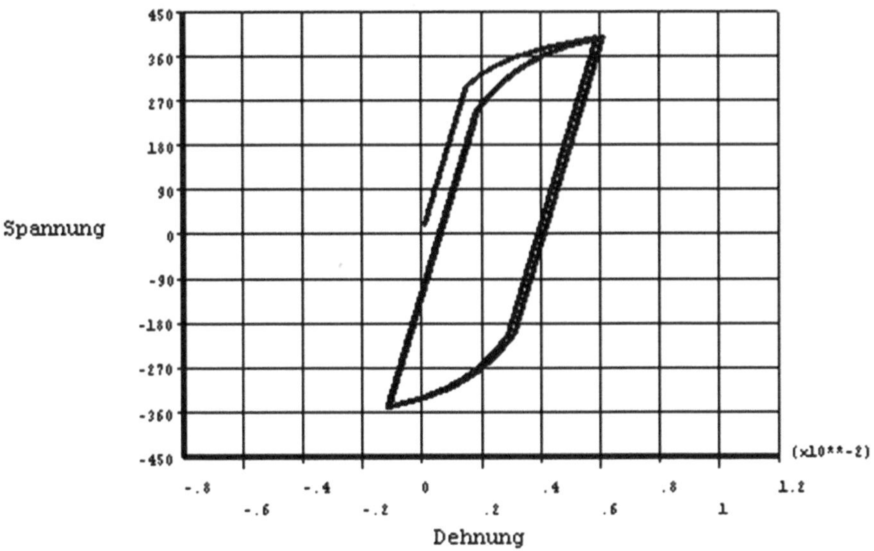

Abb. 8.44 Chaboche-Modell plus lineare Verfestigung, $C_2 = 10.000\,\text{MPa}$

Eine weitere Verbesserung stellt das Ohno-Wang-Modell dar. In der einfachsten Form und im Eindimensionalen lautet die bestimmende Gleichung:

$$\dot{\alpha}_i = C_i \dot{\varepsilon}^{\text{pl}} - \gamma_i \alpha_i \left\langle 1 - \frac{\alpha_{\text{start},\,i}}{|\alpha_i|} \right\rangle |\dot{\varepsilon}^{\text{pl}}| \tag{8.135}$$

wobei $\langle x \rangle$ Macaulay-Klammern mit $\langle x \rangle = \begin{cases} x & \text{für} \quad x > 0 \\ 0 & \text{sonst} \end{cases}$ sind.

Das bedeutet, dass so ein Anteil i lineare Verfestigung bewirkt, bis die *Backstresses* α_i dem Betrag nach einen Schwellenwert $\alpha_{\text{Start},\,i}$ überschreiten, und klingt dann ab. (8.135) kann daher auch als

$$\dot{\alpha}_i = \begin{cases} C_i \dot{\varepsilon}^{\text{pl}} & \text{für} \quad |\alpha_i| \leq \alpha_{\text{start},\,i} \\ C_i \dot{\varepsilon}^{\text{pl}} - \gamma_i \alpha_i \left(1 - \frac{\alpha_{\text{start},\,i}}{|\alpha_i|} \right) |\dot{\varepsilon}^{\text{pl}}| & \text{für} \quad |\alpha_i| > \alpha_{\text{start},\,i} \end{cases} \tag{8.136}$$

geschrieben werden.

Addiert man mehrere solche Anteile i mit unterschiedlichen $\alpha_{\text{Start},\,i}$ (und deutlich größeren γ_i als beim Chaboche-Modell) erhält man eine stückweise lineare Verfestigungskurve, die jeweils zwischen $\alpha_{\text{Start},\,i}$ und $\alpha_{\text{Start},\,i} + C_i/\gamma_i$ ausgerundet abknickt (Abb. 8.45). In dem oberhalb von $\alpha_{\text{Start},\,i}$ aktiven Term steckt die Fähigkeit zum Ratcheting, und zwar mit kleineren Beträgen als beim Chaboche-Modell, sodass eine Anpassung an Versucherergebnisse möglich ist.

Abb. 8.45 Ohno-Wang-
Modell

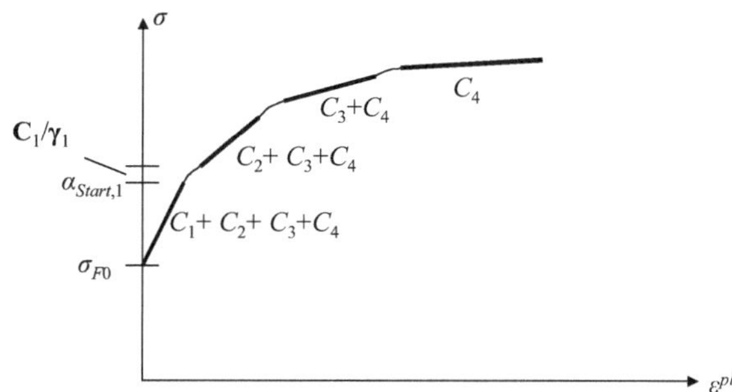

8.10.5   Thermisches Ratcheting

Thermisches Ratcheting kann entstehen, wenn sich die Temperatur und die Belastung synchron ändern. Dies wird typischerweise dadurch hervorgerufen, dass eine Wärmeausdehnung behindert wird. Dann müssen thermische Dehnungen durch mechanische kompensiert werden, wobei letztere Spannungen hervorrufen.

Da Zug- und Druckbelastung bei verschiedenen Temperaturen und damit unterschiedlichen Materialeigenschaften stattfinden, ergibt der gleiche Betrag der Spannung einen unterschiedlichen Betrag der Dehnungen, wie es auch bei isothermer Belastung mit unterschiedlichen Spannungen der Fall ist. Deshalb führt bei den Zyklen mit veränderlicher Temperatur und Spannung die Mittelspannung 0 zum Ratcheting (Abb. 8.46), während es eine Mittelspannung ungleich 0 gibt, bei der stabile Zyklen auftreten (Abb. 8.47).

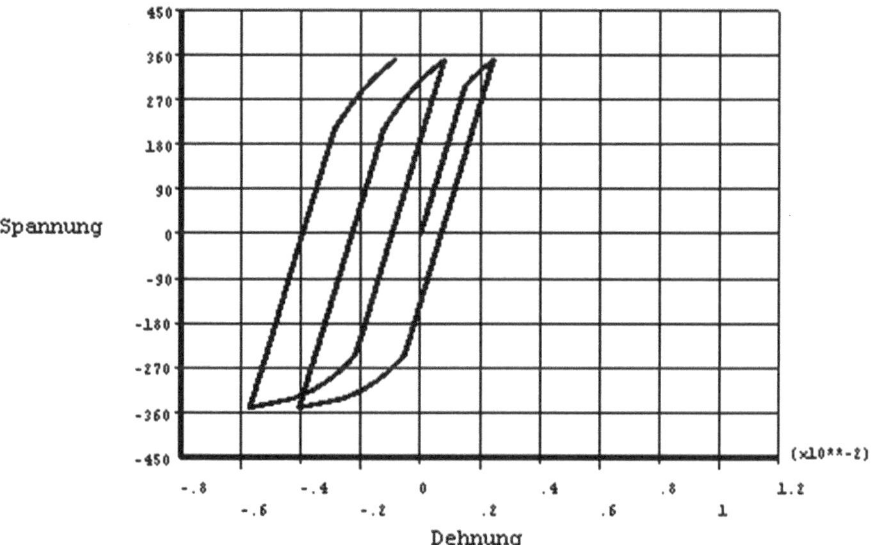

Abb. 8.46 Thermisch-mechanische Belastungszyklen, Mittelspannung 0

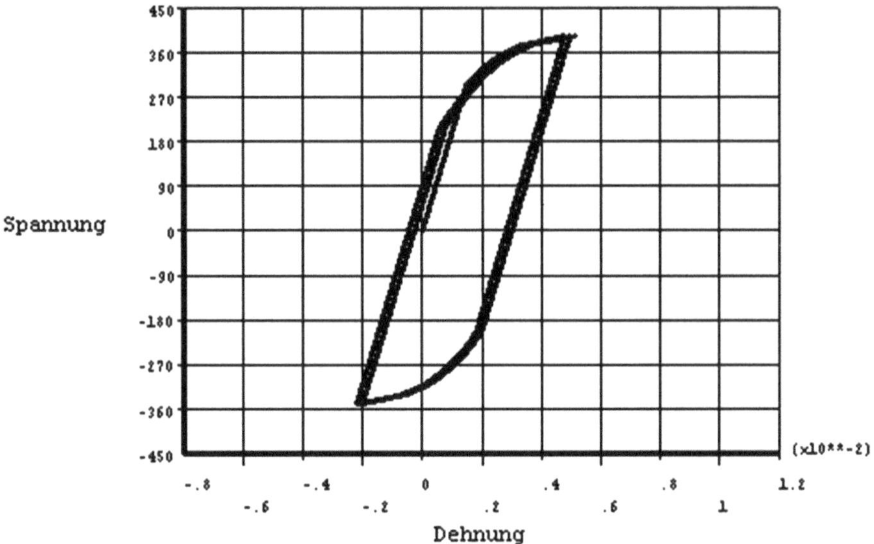

Abb. 8.47 Thermisch-mechanische Belastungszyklen, Mittelspannung 22 MPa

8.10.6 Numerisches Ratcheting bei Temperaturzyklen

Lineare kinematische Verfestigung kann entweder durch

$$\boldsymbol{\alpha} = H_{\mathrm{kin}}\mathbf{M}\boldsymbol{\varepsilon}^{\mathrm{pl}} \tag{8.137}$$

oder durch

$$\dot{\boldsymbol{\alpha}} = H_{\mathrm{kin}}\mathbf{M}\dot{\boldsymbol{\varepsilon}}^{\mathrm{pl}} \tag{8.138}$$

also in der Ratenformulierung, beschrieben werden. Ändert sich jedoch die Temperatur, bleibt die Verfestigung $\boldsymbol{\alpha}$ bei Formulierung (8.138) konstant, was nicht wahrscheinlich ist, da es sich dabei um eine Spannungsgröße handelt. Die Folge ist Ratcheting, hier die Veränderung der Dehnung nach jedem Zyklus (Abb. 8.48). Bei Formulierung (8.137) stellen sich stabile Zyklen ein (Abb. 8.49), sodass die Spannungs-Dehnungs-Linien vom zweiten Halbzyklus an deckungsgleich bleiben. Hier ist die **Verfestigung unabhängig von der Temperaturgeschichte**.

Will man von diesem Prinzip abweichen, kann man der Ratenformulierung einen Temperaturterm addieren:

$$\dot{\boldsymbol{\alpha}} = H_{\mathrm{kin}}\dot{\boldsymbol{\varepsilon}}^{\mathrm{pl}} + \frac{\partial \boldsymbol{\alpha}}{\partial T}\dot{T} \tag{8.139}$$

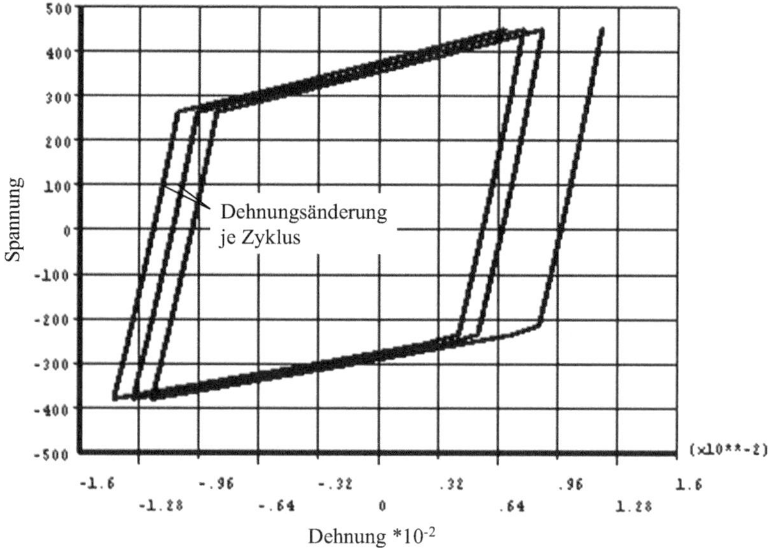

Abb. 8.48 Thermische Zyklen bei linearer kinematischer Verfestigung, Ratenformulierung (8.138)

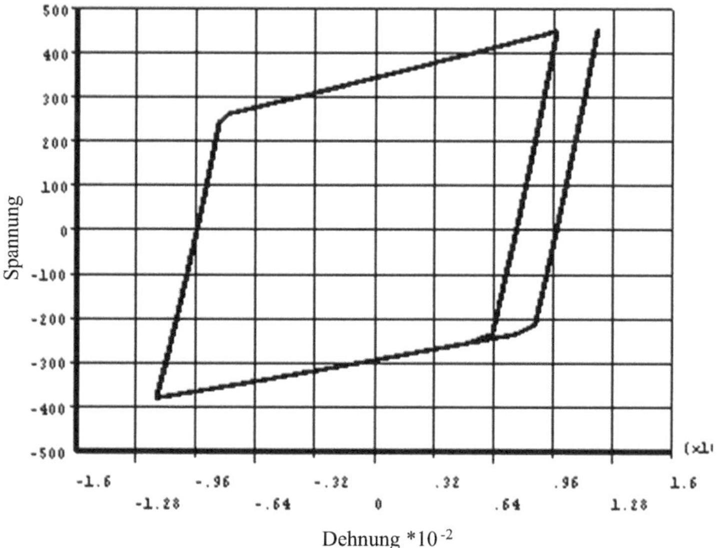

Abb. 8.49 Thermische Zyklen bei linearer kinematischer Verfestigung, Formulierung (8.137)

Für die Abhängigkeit der *Backstresses* von der Temperatur muss man dann eine Gesetzmäßigkeit formulieren können. Setzt man

$$\frac{\partial \boldsymbol{\alpha}}{\partial T} = \frac{\partial H_{\text{kin}}}{\partial T} \boldsymbol{\varepsilon}^{\text{pl}} \tag{8.140}$$

erhält man den gleichen Effekt wie mit (8.137).

Beim Chaboche-Modell erzielt man die wesentliche Wirkung durch Definition von

$$\boldsymbol{\alpha}_i^* := \frac{\boldsymbol{\alpha}_i}{C_i} \tag{8.141}$$

Dann wird aus der Rate

$$\dot{\boldsymbol{\alpha}}_i^* = \frac{\dot{\boldsymbol{\alpha}}_i}{C_i} = \mathbf{M}\dot{\boldsymbol{\varepsilon}}^{\text{pl}} - \gamma_i \frac{\boldsymbol{\alpha}_i}{C_i}\dot{\varepsilon}_{\text{eq}}^{\text{pl}} = \frac{2}{3}\dot{\boldsymbol{\varepsilon}}^{\text{pl}} - \gamma_i \boldsymbol{\alpha}_i^* \dot{\varepsilon}_{\text{eq}}^{\text{pl}} \tag{8.142}$$

d. h. man kann $\boldsymbol{\alpha}^*$ als Geschichtsvariable mitführen und vor der Benutzung mit dem aktuellen C_i (zur aktuellen Temperatur) multiplizieren. Echte Unabhängigkeit von der Temperaturgeschichte bewirkt das aber nur, wenn γ_i unabhängig von T ist.

Beim Besseling-Modell werden die plastischen **Dehnungen** der Subvolumina gespeichert. Da sich im Allgemeinen bei einer Temperaturänderung die Wichtungsfaktoren ändern, stimmt danach die gespeicherte gesamte plastische Dehnung nicht mehr mit der gewichteten Summe überein. Dies führt auch zu Ratcheting und kann nach einigen Zyklen Nichtkonvergenz und damit Abbruch der Berechnung bewirken. Es gibt zwei Methoden, die Übereinstimmung zu Beginn eines neuen Inkrementes wieder herzustellen [19]. Beide führen zu stabilen Zyklen (Abb. 8.50). Bei der ersten Möglichkeit wird zu Beginn eines Lastinkrementes die Gesamtdehnung modifiziert. Dabei können Temperaturänderungen

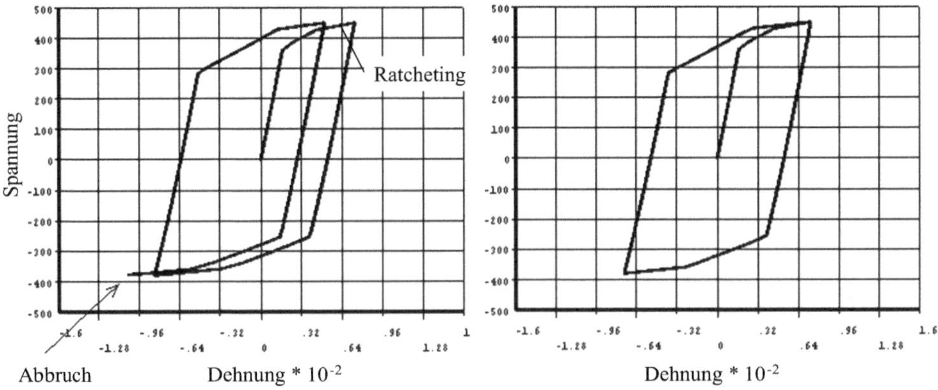

Abb. 8.50 Temperaturzyklen beim Besseling-Modell, Grundform und modifizierte Form

aber zu Dehnungsänderungen führen, auch wenn keine Laständerung vorliegt.

$$\boldsymbol{\varepsilon}^*_{\text{tot}} = \boldsymbol{\varepsilon}_{\text{tot}} - \boldsymbol{\varepsilon}^{\text{pl}} + \sum_{i=1}^{n_{\text{Sub}}} t_i \boldsymbol{\varepsilon}^{\text{pl}}_i \qquad (8.143)$$

Bei der zweiten Möglichkeit werden die gespeicherten plastischen Dehnungen der Sub-volumina i skaliert, sodass ihre gewichtete Summe danach wieder die gesamte plastische Dehnung ergibt, und zwar entweder für jede Komponente jk (8.144a), was die Gefahr birgt, dass zufällig ein Nenner nahe bei 0 auftritt, oder für die plastische Vergleichsdehnung (8.144b):

$$\varepsilon^{\text{pl}*}_{jk,i} = \varepsilon^{\text{pl}}_{jk,i} \frac{\varepsilon^{\text{pl}}_{jk}}{\sum\limits_{i=1}^{n_{\text{Sub}}} t_i \varepsilon^{\text{pl}}_{jk,i}} \qquad (8.144a)$$

$$\varepsilon^{\text{pl}*}_{jk,i} = \varepsilon^{\text{pl}}_{jk,i} \frac{\varepsilon^{\text{pl}}_{\text{eqv}}\left(\varepsilon^{\text{pl}}_{jk}\right)}{\varepsilon^{\text{pl}}_{\text{eqv}}\left(\sum\limits_{i=1}^{n_{\text{Sub}}} t_i \varepsilon^{\text{pl}}_{jk,i}\right)} \qquad (8.144b)$$

9.1 Was bedeutet Kontakt?

Wir unterscheiden die folgenden Fälle:

1. Ein Körper nähert sich einer starren Fläche und wird von dieser aufgehalten. Wird mehr Kraft aufgebracht, wird der Körper von (oder an) dem Hindernis deformiert.
2. Zwei Körper nähern sich einander und deformieren sich gegenseitig nach der Berührung.
3. Verschiedene Regionen desselben Körpers berühren sich (Selbstkontakt).
4. Zwei Starrkörper berühren sich. Das ist eigentlich ein Widerspruch, denn ein Körper wird normalerweise als starr bezeichnet, wenn er deutlich steifer ist als ein anderer oder aus anderen Gründen die Deformation keine Rolle spielt. Dennoch gibt es Programme, bei denen man für die Durchdringung zweier Starrkörper Kraft-Eindringungs-Charakteristiken vorgeben kann.

Diese Situationen haben gemeinsam, dass die Berührzone nicht im Vorhinein bekannt ist. Anderenfalls sollte kein Kontakt modelliert werden. Situation 1 könnte durch Randbedingungen modelliert werden, 2 und 3 durch gemeinsame Knoten oder Koppelgleichungen.

Klebekontakt (*bonded contact*), bei dem sich die Kontaktelemente nicht öffnen können, wird gern allerdings auch eingesetzt, um verschieden vernetzte Bauteile ohne gemeinsame Knoten aneinander zu binden und stellt insofern eine Ausnahme zu obiger Regel dar. Dies geschieht häufig bei der Übernahme der Geometrie aus einem CAD-System und ist solange zulässig, wie dieser Übergang nicht im Mittelpunkt des Berechnungsinteresses steht.

© Springer Fachmedien Wiesbaden 2016
W. Rust, *Nichtlineare Finite-Elemente-Berechnungen*, DOI 10.1007/978-3-658-13378-8_9

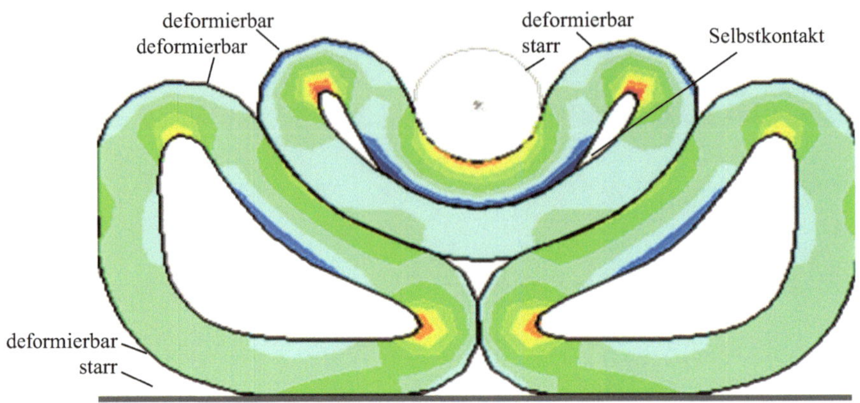

Abb. 9.1 Kontaktsituationen

Abb. 9.1 zeigt die Situationen 1 bis 3 in einem System.

Die obige Definition des Standardkontaktes betrifft die Bewegung und Kräfte senkrecht zu den Kontaktflächen. Eine Bewegung in tangentialer Richtung ist weiterhin möglich, wobei Reibung auftreten kann, oder kann getrennt unterdrückt werden.

9.2 Modellierung von Kontakt

Für die nachfolgenden Betrachtungen ist es nicht notwendig zwischen den drei Situationen zu unterscheiden. Kontakt wird durch Elemente modelliert, die die Kontaktgeometrie beschreiben und die Kontaktkräfte auf die zugehörigen Knoten aufbringen. Das heißt nicht immer, dass der Nutzer selbst solche Elemente definieren muss. Einige Programme bestimmen die Kontaktflächen automatisch oder nach allgemeineren Nutzer-Eingaben.

9.2.1 Punkt-zu-Punkt- bzw. Knoten-zu-Knoten-Kontakt

Knoten-zu-Knoten-Kontakt ist veraltet und wird hier nur der Vollständigkeit halber erwähnt. Zwei Knoten werden durch ein Element getrennt, wobei die unterdrückte gegenseitige Bewegungskomponente durch eine Kontaktebene beschrieben wird (Abb. 9.2). Deren Normale wird entweder durch den Abstandsvektor der Knoten oder durch Benutzereingaben bestimmt.

Abb. 9.2 Knoten-zu-Knoten-Kontakt

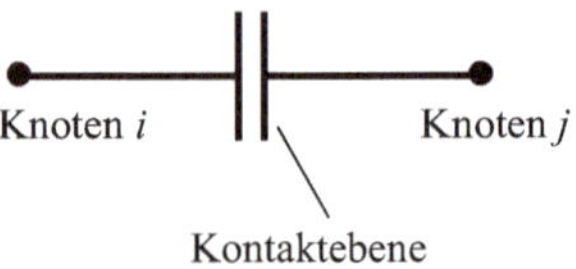

Das sind Nachteile:

- Es ist kaum möglich, die Normalenrichtung aus der Oberfläche zu bestimmen.
- Exzentrizitäten der Knoten, die zu Momenten führen, werden nicht berücksichtigt.
- Das bedeutet, die Knoten müssen nahezu aufeinander liegen und die tangentiale Bewegung muss klein bleiben.

Der einzige Vorteil ist die leichte Implementierbarkeit.

9.2.2 Knoten-zu-Oberfläche-Kontakt

Beim Knoten-zu-Oberfläche-Kontakt wird ein Knoten von Oberfläche 2 auf Kontakt mit einem Segment von Oberfläche 1 abgeprüft. Je nach Implementierung können die Knoten i, j und k in Abb. 9.3 ein oder zwei Elemente formen. Das ist eine Frage der Definition und programmabhängig, hat aber keinen Einfluss auf die Berechnungen, die erfolgen, nachdem Kontakt festgestellt wurde.

Oberfläche 1, die die Flächeninformation liefert, heißt Master- oder Target-Seite, Oberfläche 2, von der der Knoten stammt, heißt Slave- oder Contact-Seite, je nach Programm.

Der jeweils betrachtete Ausschnitt der Master-Fläche ist definiert und begrenzt durch ein Segment, das sich im Falle deformierbarer Körper auf gewöhnlichen Finiten Elementen befindet, im Falle von starren Oberflächen gesondert definiert wird. Knoten k kann an einem beliebigen Punkt des Segmentes berühren und auf der Oberfläche gleiten. Die Verteilung der Kontaktkraft auf die Elementknoten wird aus der Berührposition errechnet und folgt der Bewegung des Slave-Knotens.

Prinzipiell müssen alle Knoten von Oberfläche 2 auf Kontakt mit bzw. Eindringung in alle Segmente von Oberfläche 1 geprüft werden. Damit die Zahl der Operationen nicht ausufert, sind spezielle Suchstrategien erforderlich (Abschn. 11.1).

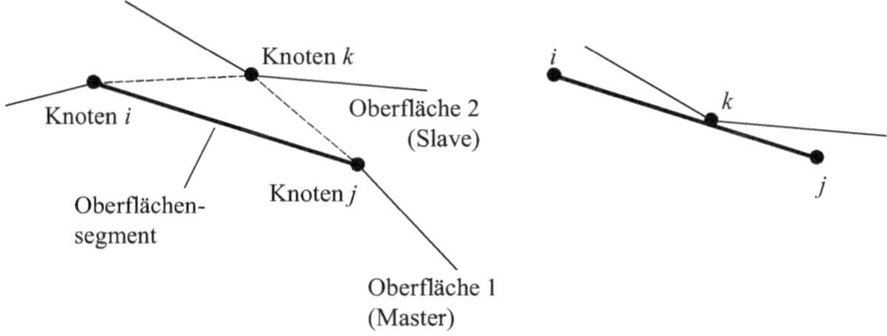

Abb. 9.3 Knoten-zu-Oberfläche-Element

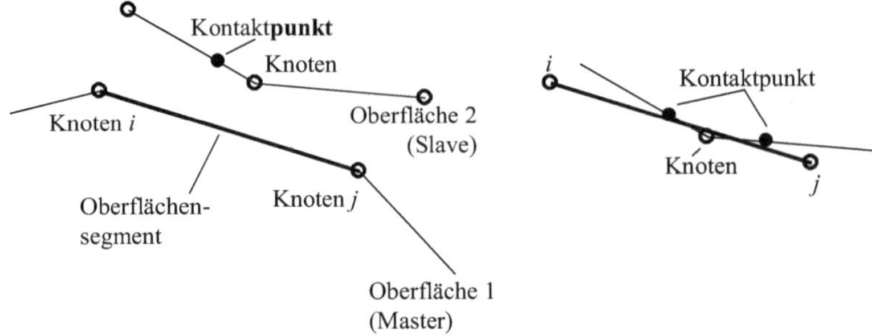

Abb. 9.4 Punkt-zu-Oberfläche-Kontakt

9.2.3 Punkt-zu-Oberfläche-Kontakt

Es können nicht nur Knoten, sondern auch andere Punkte der Slave-Oberfläche (besonders Integrationspunkte, s. Abb. 9.4) benutzt werden, um Eindringungen zu kontrollieren und Kontaktkräfte bzw. -spannungen aufzubringen. Der größte Vorteil ist, dass dieses Konzept auch für Elemente mit Mittenknoten (quadratischer Ansatz) geeignet ist (s. Abschn. 10.2).

9.2.4 Oberfläche-zu-Oberfläche-Kontakt

Es ist möglich, den kürzesten Abstand zweier Oberflächen, die durch Funktionen, FE-Formfunktionen oder andere, beschrieben sind (Abb. 9.5), zu bestimmen und daraus eine Kontaktbedingung zu formulieren und Kontaktkräfte zu berechnen. Für deformierbare Körper ist das in allgemeiner Form zu kompliziert, weil eine variable Kontaktzone auftritt. Deshalb findet man diese Methode vor allem für den Kontakt zweier Starrkörper. Dann muss eine spezielle Kraft-Eindringungs-Charakteristik vorgegeben werden, die zuvor experimentell oder durch feine Berechnungsmodelle ermittelt wurde. Die Starrkörper sind dann vereinfachte Repräsentanten zweier an sich deformierbarer Teile.

In der Dokumentation kommerzieller FE-Programme können Kontaktarten danach bezeichnet sein, was der Benutzer zur Definition beschreiben muss. So sind „surface-to-surface contact elements" in ANSYS vom Typ Punkt-zu-Oberfläche, während „*CONTACT_SURFACE_TO_SURFACE" in LS-DYNA vom Type Knoten-zu-Oberfläche ist.

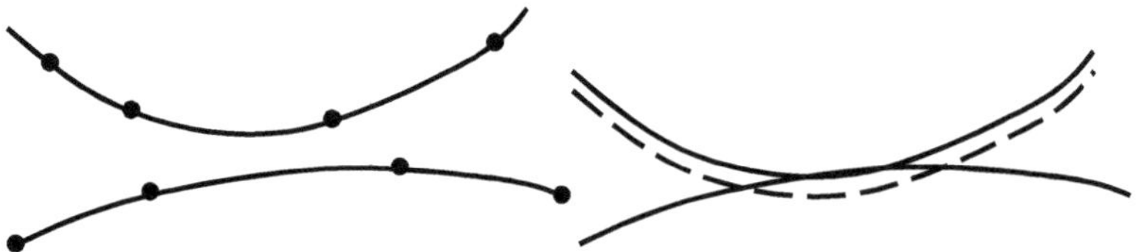

Abb. 9.5 Oberfläche-zu Oberfläche-Kontakt

Andere Programme geben an, keine Kontaktelemente zu benötigen, aber auch diese verwenden intern Segmente und Knoten oder andere Punkte auf den Finiten Elementen zur Kontaktbehandlung.

9.3 Kontakt-Richtungen

Für die Beschreibung von Kontakt ist immer die aktuelle verformte Konfiguration maßgebend, deren Koordinaten sich aus Ausgangskoordinaten plus Verschiebungen ergeben.

Bei Kontakt spielt stets die Normale zur Oberfläche eine Rolle. Nachdem ein Kontaktfeststellungspunkt eine Oberfläche berührt hat, sind folgende Effekte möglich:

- Die Bewegung dieses Punktes senkrecht zur Oberfläche wird aufgehalten und eine entsprechende Kraft, die Kontaktkraft, die dann auch senkrecht zur Oberfläche wirkt, wird bestimmt.
- Der Punkt kann auf der Oberfläche gleiten. Dies führt zu Reibkräften, solange Reibung definiert ist.

Details hierzu finden sich in Abschn. 11.2.1.

9.4 Erfüllung der Kontaktbedingung

In diesem Abschnitt betrachten wir zuerst folgendes ganz einfaches Modellproblem:

Eine Feder mit der Steifigkeit k wird durch eine Kraft F belastet. In einer Entfernung Δx befindet sich ein starres Hindernis (Abb. 9.6). Ohne dieses lautet die Beziehung zwischen der Kraft und der Verschiebung u des freien Knotens:

$$ku = F \tag{9.1}$$

Dies gilt, solange der Abstand g (*gap*) größer oder gleich null ist:

$$g = \Delta x - u \geq 0 \tag{9.2}$$

Abb. 9.6 Kontakt-Modellproblem

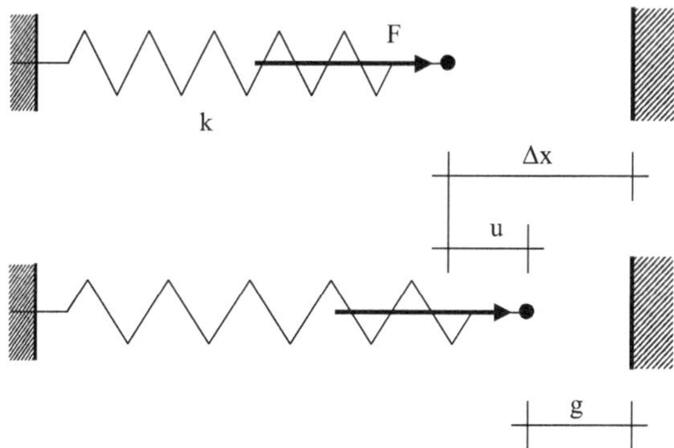

Das ist eine Ungleichung. Solange sie erfüllt ist, ist nichts weiter zu unternehmen. Wenn aber das nicht weiter beschränkte System zu $g < 0$ führt, muss die Gültigkeit der Gleichung

$$g = 0 \qquad (9.3)$$

erzwungen werden. Für mehrere mögliche Kontaktpunkte führt das zu einem aktiven Satz solcher Nebenbedingungen („active set"-Strategie). Diese können auf verschiedene Weise erfüllt werden.

Nur eine Berührung tritt gerade ein, wenn $u = \Delta x$ und damit $F = k\Delta x$ gilt. Geht F darüber hinaus, tritt Kontakt ein und die erwartete Kontaktkraft ist

$$F_{\mathrm{c}} = k\Delta x - F \qquad (9.4)$$

Sie ist als Druckkraft negativ.

9.4.1 Direkte Einführung der Nebenbedingung

Die Bedingung $g = 0$ bedeutet

$$u = \Delta x \qquad (9.5)$$

Ein Zwang ruft eine Reaktionskraft, hier die Kontaktkraft, hervor, die auf der rechten Seite zusammen mit der äußeren Last bilanziert werden muss:

$$ku = F_{\mathrm{c}} + F \qquad (9.6)$$

Wird nun an dieser Stelle (9.5) eingeführt, ergibt sich:

$$k\Delta x = F_{\mathrm{c}} + F \qquad (9.7)$$
$$\Leftrightarrow k\Delta x - F = F_{\mathrm{c}} \qquad (9.8)$$

wie gewünscht.

9.4.2 Penalty-Methode

Die Penalty- hat wie die nachfolgende Lagrange-Multiplikator-Methode ihren Namen aus dem Kontext der mathematischen Optimierung. Bekanntermaßen herrscht statisches Gleichgewicht, wenn das Minimum der potenziellen Energie erreicht ist. Solange der Kontakt offen ist, ist die potenzielle Energie des Testsystems

$$W = \frac{1}{2}ku^2 - uF \to \text{Min.} \qquad (9.9)$$

Wenn die Kontaktbedingung verletzt ist, wird ein Term addiert, der die Energie erhöht. Weil sie sich damit vom Minimum weg bewegt, wird dieser Term als Strafe (Penalty) für die Verletzung betrachtet. Das Optimierungsproblem lautet nun:

$$W = \frac{1}{2}ku^2 - uF + \frac{1}{2}\varepsilon g^2(u) \to \text{Min.} \tag{9.10}$$

worin ε der Penalty-Parameter ist, dessen Bedeutung unten erläutert wird. Im Moment ist es einfach eine positive Zahl. Das Minimum wird erreicht, wenn

$$\frac{\partial W}{\partial u} = \frac{\partial}{\partial u}\left[\frac{1}{2}ku^2 - uF + \frac{1}{2}\varepsilon(\Delta x - u)^2\right] = 0 \tag{9.11}$$

$$ku - F - \varepsilon(\Delta x - u) = 0$$

$$ku - F - \varepsilon\Delta x + \varepsilon u = 0$$

$$(k + \varepsilon)u = F + \varepsilon\Delta x$$

$$u = \frac{F + \varepsilon\Delta x}{k + \varepsilon} \tag{9.12}$$

Wenn $g < 0$ ist, also Eindringung vorliegt, dann ist

$$F > k\Delta x \tag{9.13}$$

Im Folgenden wird der Einfluss von ε für den Fall

$$F = 1.5k\Delta x \tag{9.14}$$

Dann ist

$$u = \frac{1.5k\Delta x + \varepsilon\Delta x}{k + \varepsilon} = \frac{1.5k + \varepsilon}{k + \varepsilon}\Delta x \tag{9.15}$$

Für $\varepsilon \ll k$ gilt:

$$u \to 1.5\Delta x \tag{9.16}$$

d. h. das Hindernis hat keinen Einfluss.

Für $\varepsilon \gg k$ gilt:

$$u \to \Delta x \tag{9.17}$$

Die Kontaktbedingung wird nur vollständig erfüllt, wenn der Penalty-Parameter gegen Unendlich strebt, was aus numerischen Gründen aber seine Grenzen findet.

Das bedeutet, dass es eine verbleibende Eindringung von

$$g = \left(1 - \frac{1.5k + \varepsilon}{k + \varepsilon}\right)\Delta x \tag{9.18}$$

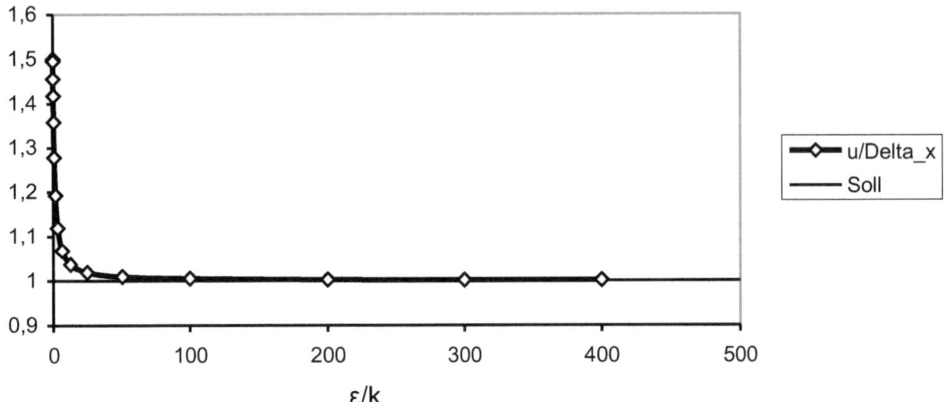

Abb. 9.7 relative Verschiebung über Penalty-Parameter

Abb. 9.8 Penalty-Steifigkeit

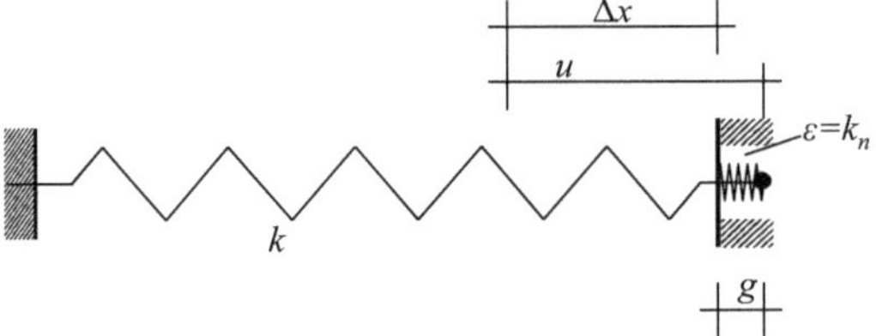

gibt. Die Beziehung zwischen ε und u ist in Abb. 9.7 aufgetragen. Man sieht, dass von ε ungefähr gleich 100 an die Kontaktbedingung nahezu erfüllt ist, d. h. ein technisch hinrei-chender Wert für den Penalty-Parameter kann endlich gewählt werden.

Wenn man bedenkt, dass g eine Länge ist, und den Term

$$\frac{1}{2}\varepsilon g^2 \tag{9.19}$$

mit einer Federenergie vergleicht, sieht man, dass er formal gleich ist. Das heißt, der Pen-alty-Parameter ε kann als eine Federsteifigkeit (s. Abb. 9.8) interpretiert werden und wird daher fortan mit k_n bezeichnet, wobei n für die Normalenrichtung steht.

Die Kontaktkraft ist dann

$$F_c = k_n g\,(u) \tag{9.20}$$

Mit (9.2) und (9.12) wird daraus

$$F_{\mathrm{c}} = k_{\mathrm{n}} \left(\Delta x - u \right) = k_{\mathrm{n}} \left(\Delta x - \frac{F + k_{\mathrm{n}} \Delta x}{k + k_{\mathrm{n}}} \right) \tag{9.21}$$

$$= k_{\mathrm{n}} \Delta x - \frac{k_{\mathrm{n}}}{k + k_{\mathrm{n}}} F - \frac{k_{\mathrm{n}}^2}{k + k_{\mathrm{n}}} \Delta x$$

$$= \left(k_{\mathrm{n}} - \frac{k_{\mathrm{n}}^2}{k + k_{\mathrm{n}}} \right) \Delta x - \frac{k_{\mathrm{n}}}{k + k_{\mathrm{n}}} F$$

$$= \frac{k_{\mathrm{n}} \left(k + k_{\mathrm{n}} \right) - k_{\mathrm{n}}^2}{k + k_{\mathrm{n}}} \Delta x - \frac{k_{\mathrm{n}}}{k + k_{\mathrm{n}}} F$$

$$F_{\mathrm{c}} = \frac{k_{\mathrm{n}} k}{k + k_{\mathrm{n}}} \Delta x - \frac{k_{\mathrm{n}}}{k + k_{\mathrm{n}}} F \tag{9.22}$$

Für $k_{\mathrm{n}} \gg k$ geht die Kontaktkraft gegen den gewünschten Wert aus (9.4).

9.4.3 Lagrange-Multiplikator-Methode

In der Methode der Lagrange'schen Multiplikatoren wird der Term

$$\lambda g \left(u \right) \tag{9.23}$$

statt des Penalty-Terms zu der potenziellen Energie addiert. Die modifizierte Energie ist dann

$$W = \frac{1}{2} k u^2 - u F + \lambda g \left(u \right) \to \text{Min.} \tag{9.24}$$

wobei der Lagrange-Multiplikator λ eine weitere Unbekannte darstellt.

Das Minimum wird erreicht, wenn

$$\frac{\partial W}{\partial u} = k u - F + \lambda \frac{\partial g}{\partial u} = 0$$
$$\wedge \frac{\partial W}{\partial \lambda} = g \left(u \right) = 0 \tag{9.25}$$

$$k u - F - \lambda = 0$$
$$\wedge \Delta x - u = 0 \tag{9.26}$$

Die zweite Gleichung, die Ableitung nach λ, ergibt wieder die Kontaktbedingung und damit

$$u = \Delta x \tag{9.27}$$

Eingesetzt in die erste Gleichung:

$$\lambda = k \Delta x - F \tag{9.28}$$

d. h. **der Lagrange-Multiplikator ist die Kontaktkraft.**

9.4.4 Finite-Elemente-Testproblem

Für die nachfolgenden Betrachtungen benutzen wir das 1d-(Fachwerk-)Stabelement aus Abb. 9.9. Es hat den Elastizitätsmodul E, die Querschnittsfläche A und die Länge l.

Die Elementsteifigkeitsmatrix lautet:

$$\mathbf{K}_i = \frac{EA}{l} \begin{bmatrix} 1 & -1 \\ -1 & 1 \end{bmatrix}$$

und damit die inneren Kräfte

$$\mathbf{f}^{\text{int}} = \mathbf{K} \begin{bmatrix} u_j \\ u_k \end{bmatrix} = \frac{EA}{l} \begin{bmatrix} u_j - u_k \\ u_k - u_j \end{bmatrix}$$

Nun betrachten wir das System aus Abb. 9.10. Es zeigt eine anfängliche Überlappung der Größe Δ.

Die Kontaktbedingung ergibt sich aus den verschobenen Knotenkoordinaten und lautet:

$$g = (x_3 + u_3) - (x_2 + u_2) \geq 0 \tag{9.29}$$

Mit $x_2 - x_3 = \Delta$ also

$$g = -u_2 + u_3 - \Delta \geq 0 \tag{9.30}$$

Ohne Kontakt lautet die Gesamtsteifigkeitsmatrix:

$$\mathbf{K} = \begin{bmatrix} \dfrac{EA}{l_1} & -\dfrac{EA}{l_1} & 0 & 0 \\[2mm] -\dfrac{EA}{l_1} & \dfrac{EA}{l_1} & 0 & 0 \\[2mm] 0 & 0 & \dfrac{EA}{l_2} & -\dfrac{EA}{l_2} \\[2mm] 0 & 0 & -\dfrac{EA}{l_2} & \dfrac{EA}{l_2} \end{bmatrix} \tag{9.31}$$

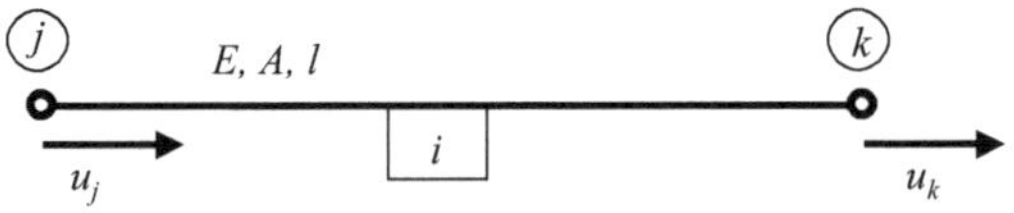

Abb. 9.9 1d-Stabelement

Abb. 9.10 Testproblem überlappender Stabelemente

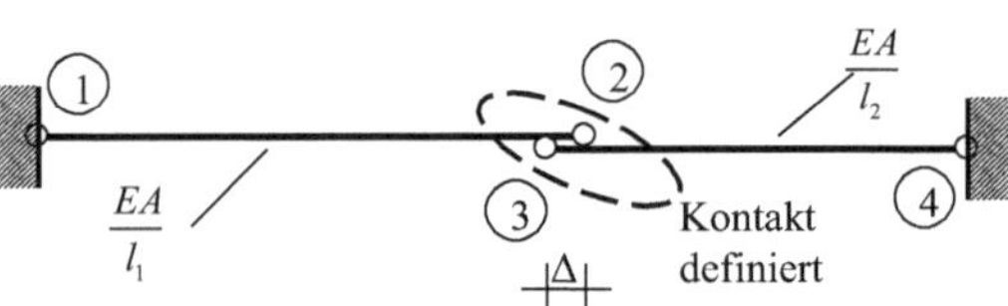

Unter Berücksichtigung der Randbedingungen reduziert sich das Gleichungssystem auf

$$\mathbf{Ku} = \begin{bmatrix} \dfrac{EA}{l_1} & 0 \\ 0 & \dfrac{EA}{l_2} \end{bmatrix} \begin{bmatrix} u_2 \\ u_3 \end{bmatrix} = \begin{bmatrix} 0 \\ 0 \end{bmatrix} \tag{9.32}$$

Die Startwerte für die Verschiebungen sind null. Deshalb wird Kontakt festgestellt mit

$$g\left(\mathbf{u}\right) = -\Delta < 0 \tag{9.33}$$

Im Folgenden werden die verschiedenen Methoden angewandt.

9.4.5 Testbeispiel: Direkte Einführung der Nebenbedingung in das Gleichungssystem (MPC)

Wenn Kontakt festgestellt wird, sind die Kräfte an den Kontaktknoten nicht mehr null wie in (9.32), sondern die Kontaktkräfte F_c, wobei deren Richtung so gewählt ist, dass F_c negativ ist, wenn der Kontakt geschlossen ist (Abb. 9.11).

Im Sinne der FEM sind aber Kräfte nur positiv, wenn sie in Richtung der positiven Koordinate zeigen, am Knoten 3 also negativ.

$$\begin{bmatrix} \dfrac{EA}{l_1} & 0 \\ 0 & \dfrac{EA}{l_2} \end{bmatrix} \begin{bmatrix} u_2 \\ u_3 \end{bmatrix} = \begin{bmatrix} F_c \\ -F_c \end{bmatrix} \tag{9.34}$$

Der Gleichungsteil von (9.30) wird aktiv gesetzt und ergibt eine weitere Beziehung zwischen u_2 und u_3:

$$u_2 = u_3 - \Delta \tag{9.35}$$

Die u_2-Spalte der Matrix wird nun mit diesem Term multipliziert (9.36), was bedeutet, die u_2-Spalte multipliziert mit 1 wird zur u_3-Spalte addiert, während die u_2-Spalte multipliziert mit $-\Delta$ auf die rechte Seite gebracht und damit zum Vektor der äußeren Kräfte hinzugefügt wird.

$$\begin{bmatrix} \dfrac{EA}{l_1} & 0 \\ 0 & \dfrac{EA}{l_2} \end{bmatrix} \begin{bmatrix} u_3 - \Delta \\ u_3 \end{bmatrix} = \begin{bmatrix} F_c \\ -F_c \end{bmatrix} \tag{9.36}$$

$$\begin{bmatrix} \dfrac{EA}{l_1} \\ \dfrac{EA}{l_2} \end{bmatrix} \begin{bmatrix} u_3 \end{bmatrix} = \begin{bmatrix} F_c + \Delta\dfrac{EA}{l_1} \\ -F_c \end{bmatrix} \tag{9.37}$$

Abb. 9.11 Definition der Kontaktkräfte

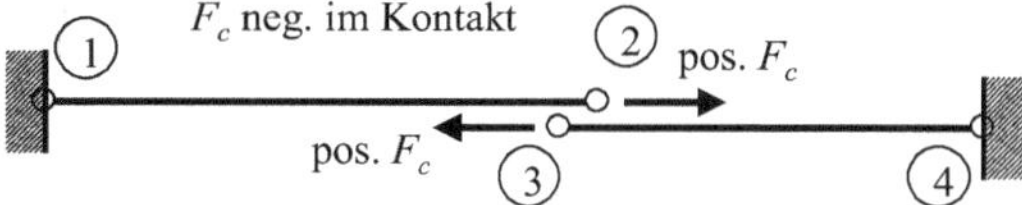

Die zwei Gleichungen bleiben erforderlich, weil mit F_c eine zusätzliche Unbekannte eingefügt wurde. Die zweite Gleichung ergibt die Kontaktkraft

$$F_c = -\frac{EA}{l_2} u_3 \tag{9.38}$$

Durch Addition der beiden Gleichungen von (9.37) erhält man

$$\left[\frac{EA}{l_1} + \frac{EA}{l_2} \right] \left[u_3 \right] = \left[\Delta \frac{EA}{l_1} \right] \tag{9.39}$$

$$\frac{EA\,(l_2 + l_1)}{l_1 l_2} u_3 = \Delta \frac{EA}{l_1} \tag{9.40}$$

$$u_3 = \Delta \frac{EA l_1 l_2}{l_1 EA\,(l_2 + l_1)} = \Delta \frac{l_2}{l_2 + l_1} \tag{9.41}$$

Setzt man das wiederum in (9.38) ein, lautet die Kontaktkraft

$$F_c = -\frac{EA l_2}{l_2\,(l_1 + l_2)} \Delta = -\frac{EA}{l_1 + l_2} \Delta \tag{9.42}$$

(9.41) eingesetzt in (9.35) ergibt die zweite Verschiebung

$$u_2 = \Delta \frac{l_2}{l_1 + l_2} - \Delta = \left(\frac{l_2}{l_1 + l_2} - 1 \right) \Delta = \frac{l_2 - l_1 - l_2}{l_1 + l_2} \Delta \tag{9.43}$$

$$u_2 = -\Delta \frac{l_1}{l_1 + l_2} \tag{9.44}$$

Für einen allgemeineren Algorithmus, der die symmetrische Struktur der Systemmatrix erhält, starten wir wieder bei der potenziellen Energie

$$W = \frac{1}{2}\mathbf{u}^T \mathbf{K} \mathbf{u} - \mathbf{u}^T \mathbf{f} \tag{9.45}$$

Für die Allgemeinheit wird der Verschiebungsvektor $\mathbf{u}$ aufgespalten in

- die Freiheitsgrade (a) die von der Kontaktbedingung nicht betroffen sind,
- diejenigen (c), die betroffen sind, aber im Gleichungssystem verbleiben, und
- diejenigen (b), die eliminiert werden.

Der Vektor $\mathbf{c}$ bedeutet den konstanten Anteil, also $-\Delta$ in dem Beispiel. Die potenzielle Energie lautet dann:

$$W = \frac{1}{2} \begin{bmatrix} \mathbf{u}_a^T & \mathbf{u}_b^T & \mathbf{u}_c^T \end{bmatrix} \begin{bmatrix} \mathbf{K}_{aa} & \mathbf{K}_{ab} & \mathbf{K}_{ac} \\ \mathbf{K}_{ab} & \mathbf{K}_{bb} & \mathbf{K}_{bc} \\ \mathbf{K}_{ac} & \mathbf{K}_{bc} & \mathbf{K}_{cc} \end{bmatrix} \begin{bmatrix} \mathbf{u}_a \\ \mathbf{u}_b \\ \mathbf{u}_c \end{bmatrix} - \begin{bmatrix} \mathbf{u}_a^T & \mathbf{u}_b^T & \mathbf{u}_c^T \end{bmatrix} \begin{bmatrix} \mathbf{f}_a \\ \mathbf{f}_b \\ \mathbf{f}_c \end{bmatrix} \tag{9.46}$$

Mit der Kontaktbedingung

$$\mathbf{u}_b = \mathbf{u}_c + \mathbf{c} \tag{9.47}$$

erhält man dann die Energie zu

$$
W = \frac{1}{2}
\begin{bmatrix} \mathbf{u}_a^T & (\mathbf{u}_c^T + \mathbf{c}^T) & \mathbf{u}_c^T \end{bmatrix}
\begin{bmatrix}
\mathbf{K}_{aa} & \mathbf{K}_{ab} & \mathbf{K}_{ac} \\
\mathbf{K}_{ab} & \mathbf{K}_{bb} & \mathbf{K}_{bc} \\
\mathbf{K}_{ac} & \mathbf{K}_{bc} & \mathbf{K}_{cc}
\end{bmatrix}
\begin{bmatrix}
\mathbf{u}_a \\
(\mathbf{u}_c + \mathbf{c}) \\
\mathbf{u}_c
\end{bmatrix}
$$
$$
- \begin{bmatrix} \mathbf{u}_a^T & (\mathbf{u}_c^T + \mathbf{c}^T) & \mathbf{u}_c^T \end{bmatrix}
\begin{bmatrix}
\mathbf{f}_a \\
\mathbf{f}_b \\
\mathbf{f}_c
\end{bmatrix}
\tag{9.48}
$$

Ausmultipliziert:

$$
\begin{aligned}
W = \frac{1}{2} \big[& \mathbf{u}_a^T \mathbf{K}_{aa} \mathbf{u}_a + \mathbf{u}_a^T \mathbf{K}_{ab} (\mathbf{u}_c + \mathbf{c}) + \mathbf{u}_a^T \mathbf{K}_{ac} \mathbf{u}_c \\
& + (\mathbf{u}_c^T + \mathbf{c}^T) \mathbf{K}_{ab} \mathbf{u}_a + (\mathbf{u}_c^T + \mathbf{c}^T) \mathbf{K}_{bb} (\mathbf{u}_c + \mathbf{c}) + (\mathbf{u}_c^T + \mathbf{c}^T) \mathbf{K}_{bc} \mathbf{u}_c \\
& + \mathbf{u}_c^T \mathbf{K}_{ac} \mathbf{u}_a + \mathbf{u}_c^T \mathbf{K}_{bc} (\mathbf{u}_c + \mathbf{c}) + \mathbf{u}_c^T \mathbf{K}_{cc} \mathbf{u}_c \big] - \mathbf{u}_a^T \mathbf{f}_a - (\mathbf{u}_c^T + \mathbf{c}^T) \mathbf{f}_b - \mathbf{u}_c^T \mathbf{f}_c
\end{aligned}
\tag{9.49}
$$

Nach den verbleibenden Verschiebungen abgeleitet:

$$
\frac{\partial}{\partial \mathbf{u}} W =
\begin{bmatrix}
\dfrac{\partial}{\partial \mathbf{u}_a} W \\[2mm]
\dfrac{\partial}{\partial \mathbf{u}_c} W
\end{bmatrix}
$$
$$
= \frac{1}{2}
\begin{bmatrix}
2\mathbf{K}_{aa} \mathbf{u}_a + \mathbf{K}_{ab} (\mathbf{u}_c + \mathbf{c}) + \mathbf{K}_{ac} \mathbf{u}_c + \mathbf{K}_{ab} (\mathbf{u}_c + \mathbf{c}) + \mathbf{K}_{ac} \mathbf{u}_c \\
\mathbf{K}_{ab} \mathbf{u}_a + \mathbf{K}_{ac} \mathbf{u}_a + \mathbf{K}_{ab} \mathbf{u}_a + 2\mathbf{K}_{bb} (\mathbf{u}_c + \mathbf{c}) + \mathbf{K}_{bc} (2\mathbf{u}_c + \mathbf{c}) + \\
+ \mathbf{K}_{ac} \mathbf{u}_a + \mathbf{K}_{bc} (2\mathbf{u}_c + \mathbf{c}) + 2\mathbf{K}_{cc} \mathbf{u}_c
\end{bmatrix}
$$
$$
- \begin{bmatrix}
\mathbf{f}_a \\
\mathbf{f}_b + \mathbf{f}_c
\end{bmatrix} = \mathbf{0}
\tag{9.50}
$$

Zusammengefasst:

$$
\frac{1}{2}
\begin{bmatrix}
2\mathbf{K}_{aa} \mathbf{u}_a + 2\mathbf{K}_{ab} (\mathbf{u}_c + \mathbf{c}) + 2\mathbf{K}_{ac} \mathbf{u}_c \\
2\mathbf{K}_{ab} \mathbf{u}_a + 2\mathbf{K}_{ac} \mathbf{u}_a + 2\mathbf{K}_{bb} (\mathbf{u}_c + \mathbf{c}) + 2\mathbf{K}_{bc} (2\mathbf{u}_c + \mathbf{c}) + 2\mathbf{K}_{cc} \mathbf{u}_c
\end{bmatrix}
$$
$$
- \begin{bmatrix}
\mathbf{f}_a \\
\mathbf{f}_b + \mathbf{f}_c
\end{bmatrix} = \mathbf{0}
\tag{9.51}
$$

Abb. 9.12 Knoten-zu-
Oberfläche-Element

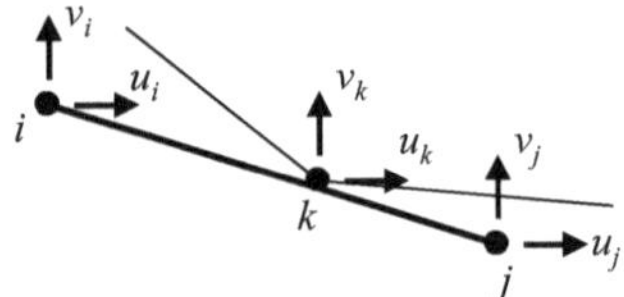

Vorfaktor gekürzt:

$$\begin{bmatrix} \mathbf{K}_{aa}\mathbf{u}_a + \mathbf{K}_{ab}\mathbf{u}_c + \mathbf{K}_{ac}\mathbf{u}_c \\ \mathbf{K}_{ab}\mathbf{u}_a + \mathbf{K}_{ac}\mathbf{u}_a + \mathbf{K}_{bb}\mathbf{u}_c + 2\mathbf{K}_{bc}\mathbf{u}_c + \mathbf{K}_{cc}\mathbf{u}_c \end{bmatrix} + \begin{bmatrix} \mathbf{K}_{ab}\mathbf{c} \\ \mathbf{K}_{bb}\mathbf{c} + \mathbf{K}_{bc}\mathbf{c} \end{bmatrix}$$
$$- \begin{bmatrix} \mathbf{f}_a \\ \mathbf{f}_b + \mathbf{f}_c \end{bmatrix} = \mathbf{0} \tag{9.52}$$

Konstante Terme auf die rechte Seite und verbleibende Unbekannte ausgeklammert:

$$\begin{bmatrix} \mathbf{K}_{aa} & \mathbf{K}_{ab} + \mathbf{K}_{ac} \\ \mathbf{K}_{ab} + \mathbf{K}_{ac} & \mathbf{K}_{bb} + 2\mathbf{K}_{bc} + \mathbf{K}_{cc} \end{bmatrix} \begin{bmatrix} \mathbf{u}_a \\ \mathbf{u}_c \end{bmatrix} = \begin{bmatrix} \mathbf{f}_a \\ \mathbf{f}_b + \mathbf{f}_c \end{bmatrix} - \begin{bmatrix} \mathbf{K}_{ab}\mathbf{c} \\ \mathbf{K}_{bb}\mathbf{c} + \mathbf{K}_{bc}\mathbf{c} \end{bmatrix} \tag{9.53}$$

Nach dieser Herleitung erkennt man, dass die folgenden Schritte zu diesem Ergebnis führen:

Alg. 9.1 – direkte Einbringung für Knoten-zu-Knoten-Kontakt
1) addiere die b-Spalten zu den c-Spalten
2) subtrahiere die b-Spalten mal den Konstanten von der rechten Seite
3) addiere die b-Zeilen zu den c-Zeilen

Aus der b-Zeile wird später die Kontaktkraft bestimmt.

Gl. (9.48) gilt so nur für Knoten-zu-Knoten-Kontakt und wenn die Kontaktnormale parallel zu einer globalen Achse ist.

Im Falle eines Knoten- oder Punkt-zu-Oberfläche-Kontaktes (Abb. 9.12) nimmt die Nebenbedingung die Form einer Koppelgleichung an:

$$x_{0k} + u_k = N_i\,(\xi_c)\,(x_{0i} + u_i) + N_j\,(\xi_c)\,(x_{0j} + u_j) \tag{9.54}$$

umgeordnet, sodass die rechte Seite nur konstante Terme enthält:

$$u_k - N_i\,(\xi_c)\,u_i - N_j\,(\xi_c)\,u_j = N_i\,(\xi_c)\,x_{0i} + N_j\,(\xi_c)\,x_{0j} - x_{0k} \tag{9.55}$$

wobei ξ_c die Einheitskoordinate des Berührpunktes ist. Das heißt, die sich aus der Anfangskoordinate x_0 und Verschiebung u zusammensetzende aktuelle Koordinate des Slave-Knotens wird aus den Masterknoten über den FE-Ansatz interpoliert.

Für die anderen Verschiebungskomponenten gilt Entsprechendes; im Dreidimensionalen gibt es zwei Einheitskoordinaten. Auch schon die Zerlegung der Kontaktnormale in zwei oder drei Richtungen erfordert eine Erweiterung.

In diesen Fällen gibt es noch Wichtungsfaktoren, z. B. für eine b-Komponente:

$$u_b = \sum_i a_i u_{ci} + c \tag{9.56}$$

Dann sind folgende Schritte erforderlich:

Alg. 9.2 – direkte Einbringung für Knoten-zu-Oberfläche-Kontakt
1) addiere die b-Spalte, multipliziert mit dem jeweiligen a_i, zu der jeweiligen c-Spalte
2) subtrahiere die b-Spalte mal der Konstanten von der rechten Seite
3) addiere die b-Zeile, multipliziert mit dem jeweiligen a_i, zu der jeweiligen c-Zeile

Im Testproblem

$$\mathbf{Ku} = \begin{bmatrix} \dfrac{EA}{l_1} & 0 \\ 0 & \dfrac{EA}{l_2} \end{bmatrix} \begin{bmatrix} u_2 \\ u_3 \end{bmatrix} = \begin{bmatrix} 0 \\ 0 \end{bmatrix} \tag{9.57}$$

gibt es keine Freiheitsgrade, die mit dem Index a versehen werden müssten. Die Kontaktbedingung lautet:

$$\underbrace{u_2}_{u_b} = \underbrace{u_3}_{u_c} \underbrace{-\Delta}_{c} \tag{9.58}$$

Schritt 1) addiere die b-Spalten zu den c-Spalten

$$\mathbf{K}' = \begin{bmatrix} \dfrac{EA}{l_1} \\ \dfrac{EA}{l_2} \end{bmatrix} \tag{9.59}$$

Schritt 2) subtrahiere die b-Spalten mal den Konstanten von der rechten Seite

$$\mathbf{f} = \begin{bmatrix} 0 - (-\Delta)\dfrac{EA}{l_1} \\ 0 \end{bmatrix} \tag{9.60}$$

Schritt 3) addiere die b-Zeilen zu den c-Zeilen

$$\left[\frac{EA}{l_1} + \frac{EA}{l_2} \right] \left[u_3 \right] = \left[\frac{EA}{l_1} \Delta \right] \tag{9.61}$$

Das ist das Gleiche wie (9.39) und führt zu (9.41)

$$u_3 = \Delta \frac{l_2}{(l_2 + l_1)}$$

und über die Kontaktbedingung zu (9.44)

$$u_2 = -\Delta \frac{l_1}{(l_1 + l_2)}$$

Eingesetzt in (9.57) ergibt sich

$$\left[\begin{array}{cc} \dfrac{EA}{l_1} & 0 \\ 0 & \dfrac{EA}{l_2} \end{array} \right] \left[\begin{array}{c} -\Delta \dfrac{l_1}{l_1 + l_2} \\ \Delta \dfrac{l_2}{l_1 + l_2} \end{array} \right] = \left[\begin{array}{c} -\Delta \dfrac{EA}{l_1 + l_2} \\ \Delta \dfrac{EA}{l_1 + l_2} \end{array} \right] \tag{9.62}$$

d. h. die rechte Seite ändert sich um die Kontaktkraft.

Die Methode der direkten Einführung der Nebenbedingungen hat wie alle Koppelgleichungen **Einfluss auf den Gleichungslöser.** Das Verfahren kann so gut sein, wie der Löser solche Kopplungen handhaben kann. Weitere Restriktionen werden in Abschn. 10.6 angesprochen.

Diese Methode ist auch als Multi-Point Constraint (MPC) bekannt.

9.4.6 Testbeispiel: Penalty-Verfahren

Ein Federelement mit der Beziehung

$$\mathbf{F}^{\text{int}} = \left[\begin{array}{c} -k_{\text{n}} g \\ k_{\text{n}} g \end{array} \right] = k_{\text{n}} \left[\begin{array}{c} -(-u_2 + u_3 - \Delta) \\ (-u_2 + u_3 - \Delta) \end{array} \right] = k_{\text{n}} \left[\begin{array}{c} u_2 - u_3 \\ -u_2 + u_3 \end{array} \right] - k_{\text{n}} \left[\begin{array}{c} -\Delta \\ \Delta \end{array} \right] \tag{9.63}$$

$$\mathbf{F}^{\text{int}} = k_{\text{n}} \left[\begin{array}{cc} 1 & -1 \\ -1 & 1 \end{array} \right] \left[\begin{array}{c} u_2 \\ u_3 \end{array} \right] - k_{\text{n}} \left[\begin{array}{c} -\Delta \\ \Delta \end{array} \right] \tag{9.64}$$

wird dem FE-Modell hinzugefügt.

Das gesamte Gleichungssystem lautet dann:

$$\begin{bmatrix} \dfrac{EA}{l_1} + k_n & -k_n \\[2mm] -k_n & \dfrac{EA}{l_2} + k_n \end{bmatrix} \begin{bmatrix} u_2 \\ u_3 \end{bmatrix} = \begin{bmatrix} -k_n\Delta \\ k_n\Delta \end{bmatrix} \tag{9.65}$$

Wird im Gauß-Algorithmus die erste Gleichung mit k_n, die zweite mit $\frac{EA}{l_1} + k_n$ multipliziert, führt das auf

$$\left[\left(\frac{EA}{l_2} + k_n\right)\left(\frac{EA}{l_1} + k_n\right) - k_n^2\right] u_3 = -k_n^2\Delta + k_n\left(\frac{EA}{l_1} + k_n\right)\Delta \tag{9.66}$$

$$\left[\frac{EA}{l_2}\frac{EA}{l_1} + \left(\frac{EA}{l_2} + \frac{EA}{l_1}\right) k_n + k_n^2 - k_n^2\right] u_3 = -k_n^2\Delta + k_n\frac{EA}{l_1}\Delta + k_n^2\Delta \tag{9.67}$$

$$\left[\frac{l_1}{l_2}\left(\frac{EA}{l_1}\right)^2 + \left(\frac{l_1}{l_2} + 1\right)\frac{EA}{l_1}k_n\right] u_3 = k_n\frac{EA}{l_1}\Delta \tag{9.68}$$

Vorausgesetzt, dass die Kontaktsteifigkeit zu

$$k_n = \alpha\frac{EA}{l_1} \tag{9.69}$$

gesetzt wird, wobei $\alpha \gg 1$, lautet (9.68):

$$\left[\frac{l_1}{l_2}\left(\frac{EA}{l_1}\right)^2 + \left(\frac{l_1}{l_2} + 1\right)\alpha\left(\frac{EA}{l_1}\right)^2\right] u_3 = \alpha\left(\frac{EA}{l_1}\right)^2\Delta \tag{9.70}$$

Geteilt durch $\left(\dfrac{EA}{l_1}\right)^2$ und aufgelöst nach u_3:

$$u_3 = \frac{\alpha}{\frac{l_1}{l_2} + \frac{l_1}{l_2}\alpha + \alpha}\Delta = \frac{\alpha}{\frac{l_1 + l_1\alpha + l_2\alpha}{l_2}}\Delta \tag{9.71}$$

$$u_3 = \frac{\alpha l_2}{l_1 + l_1\alpha + l_2\alpha}\Delta \tag{9.72}$$

Für $\alpha \gg 1$ ergibt dies

$$u_3 = \frac{l_2}{l_1 + l_2}\Delta \tag{9.73}$$

wie in (9.41). Durch Addition der beiden Zeilen von (9.65) ergibt sich

$$\frac{EA}{l_1}u_2 + \frac{EA}{l_2}u_3 = 0 \tag{9.74}$$

$$u_2 = -\frac{l_1}{l_2}u_3 \tag{9.75}$$

Nach Einsetzen von (9.72):

$$u_2 = \frac{-\alpha l_1}{l_1 + \alpha l_1 + \alpha l_2} \Delta \tag{9.76}$$

Für $\alpha \gg 1$ geht dies gegen

$$u_2 = \frac{-l_1}{l_1 + l_2} \Delta \tag{9.77}$$

Der verbleibende Spalt bzw. die negative Eindringung ist gemäß (9.30)

$$g = \frac{\alpha l_1}{l_1 + \alpha l_1 + \alpha l_2} \Delta + \frac{\alpha l_2}{l_1 + \alpha l_1 + \alpha l_2} \Delta - \Delta \tag{9.78}$$

$$g = \left[\frac{\alpha \left(l_1 + l_2\right)}{l_1 + \alpha \left(l_1 + l_2\right)} - 1 \right] \Delta \tag{9.79}$$

und geht gegen 0 für $\alpha \gg 1$.

Die Kontaktkraft ist

$$F_c = k_n g = \alpha \frac{EA}{l_1} \left[\frac{\alpha \left(l_1 + l_2\right)}{l_1 + \alpha \left(l_1 + l_2\right)} - 1 \right] \Delta = \alpha \frac{EA}{l_1} \left[\frac{\alpha \left(l_1 + l_2\right) - l_1 - \alpha \left(l_1 + l_2\right)}{l_1 + \alpha \left(l_1 + l_2\right)} \right] \Delta$$

$$= \alpha \frac{EA}{l_1} \left[\frac{-l_1}{l_1 + \alpha \left(l_1 + l_2\right)} \right] \Delta \tag{9.80}$$

$$F_c = \frac{-\alpha EA}{l_1 + \alpha \left(l_1 + l_2\right)} \Delta \tag{9.81}$$

was für $\alpha \gg 1$ den gewünschten Wert aus (9.42) annimmt.

▶   In der Penalty-Methode wird die Kontaktbedingung durch ein Federelement eingeführt. Der Gleichungslöser muss nicht modifiziert werden.

9.4.7   Testbeispiel: Methode der Lagrange'schen Multiplikatoren

Der Term

$$W^L = \lambda g\left(\mathbf{u}\right) = \lambda \left(-u_2 + u_3 - \Delta\right) \tag{9.82}$$

wird zu der potenziellen Energie addiert, d. h. die Ableitungen nach den Unbekannten,

$$\frac{\partial W^L}{\partial u_2} = -\lambda, \; \frac{\partial W^L}{\partial u_3} = \lambda, \; \frac{\partial W^L}{\partial \lambda} = -u_2 + u_3 - \Delta \tag{9.83}$$

müssen zum Gleichungssystem hinzugefügt werden.

$$\begin{bmatrix} \dfrac{EA}{l_1} & 0 & -1 \\[2mm] 0 & \dfrac{EA}{l_2} & 1 \\[2mm] -1 & 1 & 0 \end{bmatrix} \begin{bmatrix} u_2 \\ u_3 \\ \lambda \end{bmatrix} = \begin{bmatrix} 0 \\ 0 \\ \Delta \end{bmatrix} \tag{9.84}$$

▶ Die Methode der Lagrange'schen Multiplikatoren vergrößert das Gesamtglei-
chungssystem und erzeugt Nullen auf der Hauptdiagonalen, d. h. die Matrix ist
nicht mehr positiv definit. Man benötigt dazu einen geeigneten Löser.

Addieren der ersten Zeile zur zweiten führt auf

$$\begin{bmatrix} \dfrac{EA}{l_1} & \dfrac{EA}{l_2} & 0 \\ -1 & 1 & 0 \end{bmatrix} \begin{bmatrix} u_2 \\ u_3 \\ \lambda \end{bmatrix} = \begin{bmatrix} 0 \\ \Delta \end{bmatrix} \tag{9.85}$$

Multiplizieren der zweiten Gleichung mit $\frac{EA}{l_1}$ und dann Addieren zur ersten führt auf

$$\begin{bmatrix} 0 & \dfrac{EA}{l_2} + \dfrac{EA}{l_1} & 0 \end{bmatrix} \begin{bmatrix} u_2 \\ u_3 \\ \lambda \end{bmatrix} = \begin{bmatrix} \dfrac{EA}{l_1}\Delta \end{bmatrix} \tag{9.86}$$

Dieser Term kann durch EA geteilt und nach u_3 aufgelöst werden:

$$u_3 = \frac{\dfrac{1}{l_1}\Delta}{\dfrac{1}{l_2} + \dfrac{1}{l_1}} = \frac{\dfrac{1}{l_1}}{\dfrac{l_2 + l_1}{l_1 l_2}}\Delta = \frac{l_1 l_2}{l_1\,(l_2 + l_1)}\Delta \tag{9.87}$$

$$u_3 = \frac{l_2}{l_2 + l_1}\Delta \tag{9.88}$$

Das Ergebnis entspricht dem erwarteten. Die zweite Zeile von (9.84) lautet:

$$\frac{EA}{l_2}u_3 + \lambda = 0$$

$$\lambda = -\frac{EA}{l_2}u_3 = -\frac{EA}{l_2}\frac{l_2}{l_2 + l_1}\Delta = -\frac{EA}{l_1 + l_2}\Delta \tag{9.89}$$

sodass man daraus die Kontaktkraft wie in (9.42) erhält.

9.4.8   Perturbed-Lagrange-Methode

Der Zweck der Perturbed-Lagrange-Methode ist, Null-Hauptdiagonalelemente zu vermeiden, die aus der reinen Lagrange-Methode resultieren. Ein weiterer Term wird zur
potenziellen Energie addiert, zusammen also

$$W^{\mathrm{PL}} = W^{\mathrm{L}} + W^{\mathrm{P}} = \lambda g\,(\mathbf{u}) - \frac{1}{2}\frac{1}{k_{\mathrm{n}}}\lambda^2 \tag{9.90}$$

W^{P} kann als Komplementärenergie der Kontaktkräfte λ in einem Penalty-Verfahren interpretiert werden. Aus $\lambda = k_{\mathrm{n}}g$ folgt $g = \lambda/k_{\mathrm{n}}$. Eingesetzt in die Penalty-(Feder-) Energie $W^{\mathrm{P}} = 1/2\, k_{\mathrm{n}}g^2$, ergibt sich $W^{\mathrm{P}} = 1/2\, \lambda^2/k_{\mathrm{n}}$. Der Abzug dieses Terms macht die Kontaktbedingung weicher.

Die Ableitungen lauten:

$$\frac{\partial W^{\mathrm{P}}}{\partial \lambda} = -\frac{\lambda}{k_{\mathrm{n}}}, \quad \frac{\partial W^{\mathrm{P}}}{\partial \mathbf{u}} = 0 \tag{9.91}$$

Für das Testproblem heißt das:

$$\frac{\partial W^{\mathrm{PL}}}{\partial u_2} = -\lambda, \quad \frac{\partial W^{\mathrm{PL}}}{\partial u_3} = \lambda, \quad \frac{\partial W^{\mathrm{PL}}}{\partial \lambda} = -u_2 + u_3 - \Delta - \frac{\lambda}{k_{\mathrm{n}}} \tag{9.92}$$

und führt auf das Gleichungssystem

$$\begin{bmatrix} \dfrac{EA}{l_1} & 0 & -1 \\ 0 & \dfrac{EA}{l_2} & 1 \\ -1 & 1 & -\dfrac{\mathbf{1}}{\mathbf{k_n}} \end{bmatrix} \begin{bmatrix} u_2 \\ u_3 \\ \lambda \end{bmatrix} = \begin{bmatrix} 0 \\ 0 \\ \Delta \end{bmatrix} \tag{9.93}$$

Dieses unterscheidet sich von demjenigen im Lagrange-Verfahren dadurch, dass nun keine Null mehr auf der Hauptdiagonalen steht (*deshalb hier fett hervorgehoben, keine Matrix*).

Addieren der ersten Gleichung zu der mit $\dfrac{EA}{l_1}$ multiplizierten dritten führt auf

$$\begin{bmatrix} 0 & \dfrac{EA}{l_2} & 1 \\ 0 & \dfrac{EA}{l_1} & -\dfrac{EA}{k_{\mathrm{n}}l_1} - 1 \end{bmatrix} \begin{bmatrix} u_2 \\ u_3 \\ \lambda \end{bmatrix} = \begin{bmatrix} 0 \\ \dfrac{EA}{l_1}\Delta \end{bmatrix} \tag{9.94}$$

Multiplizieren der ersten Gleichung mit $\dfrac{EA}{k_{\mathrm{n}}l_1} + 1$ und Addieren zur dritten ergibt

$$\begin{bmatrix} 0 & \dfrac{EA}{l_2}\left(\dfrac{EA}{k_{\mathrm{n}}l_1} + 1\right) + \dfrac{EA}{l_1} & 0 \end{bmatrix} \begin{bmatrix} u_2 \\ u_3 \\ \lambda \end{bmatrix} = \begin{bmatrix} \dfrac{EA}{l_1}\Delta \end{bmatrix} \tag{9.95}$$

woraus u_3 bestimmt werden kann.

EA kann gekürzt bzw. mit Hilfe von (9.69) eliminiert werden:

$$u_3 = \frac{\dfrac{EA}{l_1}\Delta}{\dfrac{EA}{l_2}\left(\dfrac{EA}{k_n l_1}+1\right)+\dfrac{EA}{l_1}} = \frac{\dfrac{1}{l_1}\Delta}{\dfrac{1}{l_2}\left(\dfrac{1}{\alpha}+1\right)+\dfrac{1}{l_1}} = \frac{1}{l_1\dfrac{l_1\left(\dfrac{1}{\alpha}+1\right)+l_2}{l_1 l_2}}\Delta \qquad (9.96)$$

$$u_3 = \frac{l_2}{l_1\left(\dfrac{1}{\alpha}+1\right)+l_2}\Delta \qquad (9.97)$$

Für $\alpha \to \infty$ ergibt das die exakte Lösung. Nach Einsetzen in die erste Zeile von (9.94) lautet die Kontaktkraft:

$$\lambda = -\frac{EA}{l_2}u_3 = -\frac{EA}{l_1\left(\dfrac{1}{\alpha}+1\right)+l_2}\Delta \qquad (9.98)$$

Wiederum scheint $\alpha \approx 100$, d. h. die Penalty-Steifigkeit ist 100 mal so groß wie die Steifigkeit der angrenzenden Teile, ein geeigneter Wert zu sein. Aus der ersten Zeile von (9.93) erhält man

$$\frac{EA}{l_1}u_2 = \lambda \qquad (9.99)$$

$$u_2 = -\frac{l_1}{l_1\left(\dfrac{1}{\alpha}+1\right)+l_2}\Delta \qquad (9.100)$$

Dann ist der Spalt, die negative Eindringung

$$g = -u_2 + u_3 - \Delta = \frac{l_1+l_2}{l_1\left(\dfrac{1}{\alpha}+1\right)+l_2}\Delta - \Delta = \left(\frac{l_1+l_2}{l_1\left(\dfrac{1}{\alpha}+1\right)+l_2}-1\right)\Delta \qquad (9.101)$$

Für $\alpha \to \infty$ ist die Kontaktbedingung exakt erfüllt, für $\alpha \to 0$ geht die Kontaktkraft gegen Null und die negative Eindringung gegen $-\Delta$. Zumindest in diesem Beispiel ist ein Vorteil gegenüber dem Penalty-Verfahren nicht erkennbar.

Nebenbemerkung:
Das Lagrange-Verfahren wird auch eingesetzt, um bei hyperelastischem Material die Inkompressibilitätsbedingung zu erfüllen. Wenn eine volumetrische Nachgiebigkeit zugelassen wird, geht das Verfahren in die Perturbed-Lagrange-Methode über.

9.4.9 Augmented-Lagrange-Verfahren

Das Augmented-Lagrange-Verfahren ist eine Kombination aus Penalty- und Lagrange-Multiplikator-Verfahren. Der Term, der zur potenziellen Energie addiert wird, ist daher

$$W^{\mathrm{AL}} = \lambda g\left(\mathbf{u}\right) + \frac{1}{2}k_{\mathrm{n}}g^2\left(\mathbf{u}\right) \tag{9.102}$$

Die Ableitungen lauten:

$$\frac{\partial W^{\mathrm{AL}}}{\partial \mathbf{u}} = \lambda\frac{\partial g}{\partial \mathbf{u}} + k_{\mathrm{n}}g\frac{\partial g}{\partial \mathbf{u}} \quad \text{und} \quad \frac{\partial W^{\mathrm{AL}}}{\partial \lambda} = g\left(\mathbf{u}\right) \tag{9.103}$$

Für das Testproblem heißt das:

$$\frac{\partial g}{\partial \mathbf{u}} = \begin{bmatrix} -1 \\ 1 \end{bmatrix} \tag{9.104}$$

$$\frac{\partial W^{\mathrm{AL}}}{\partial \mathbf{u}} = \begin{bmatrix} -\lambda \\ \lambda \end{bmatrix} + k_{\mathrm{n}}\begin{bmatrix} -\left(-u_2 + u_3 - \Delta\right) \\ -u_2 + u_3 - \Delta \end{bmatrix} \tag{9.105}$$

$$= \begin{bmatrix} k_{\mathrm{n}} & -k_{\mathrm{n}} & -1 \\ -k_{\mathrm{n}} & k_{\mathrm{n}} & 1 \end{bmatrix}\begin{bmatrix} u_2 \\ u_3 \\ \lambda \end{bmatrix} - \begin{bmatrix} -k_{\mathrm{n}}\Delta \\ k_{\mathrm{n}}\Delta \end{bmatrix}$$

$$\frac{\partial W^{\mathrm{AL}}}{\partial \lambda} = \begin{bmatrix} -1 & 1 & 0 \end{bmatrix}\begin{bmatrix} u_2 \\ u_3 \\ \lambda \end{bmatrix} - \Delta \tag{9.106}$$

Hinzufügen dieser Terme zum Gleichungssystem ergibt:

$$\begin{bmatrix} \dfrac{EA}{l_1} + k_{\mathrm{n}} & -k_{\mathrm{n}} & -1 \\ -k_{\mathrm{n}} & \dfrac{EA}{l_2} + k_{\mathrm{n}} & 1 \\ -1 & 1 & 0 \end{bmatrix}\begin{bmatrix} u_2 \\ u_3 \\ \lambda \end{bmatrix} = \begin{bmatrix} -k_{\mathrm{n}}\Delta \\ k_{\mathrm{n}}\Delta \\ \Delta \end{bmatrix} \tag{9.107}$$

Es wird im Gauß-Algorithmus gelöst:

$$\begin{bmatrix} \dfrac{EA}{l_1} & \dfrac{EA}{l_2} & 0 \\ -1 & 1 & 0 \end{bmatrix}\begin{bmatrix} u_2 \\ u_3 \\ \lambda \end{bmatrix} = \begin{bmatrix} 0 \\ \Delta \end{bmatrix} \tag{9.108}$$

$$\begin{bmatrix} \dfrac{EA}{l_1} + \dfrac{EA}{l_2} & 0 & 0 \end{bmatrix}\begin{bmatrix} u_2 \\ u_3 \\ \lambda \end{bmatrix} = \begin{bmatrix} -\dfrac{EA}{l_2}\Delta \end{bmatrix} \tag{9.109}$$

$$\left(\frac{EA}{l_1} + \frac{EA}{l_2}\right) u_2 = -\frac{EA}{l_2}\Delta \tag{9.110}$$

$$\frac{EA\,(l_2 + l_1)}{l_1 l_2} u_2 = -\frac{EA}{l_2}\Delta \tag{9.111}$$

$$u_2 = -\frac{l_1}{l_1 + l_2}\Delta \tag{9.112}$$

wie zuvor.

Rückwärtseinsetzen ergibt:

$$-u_2 + u_3 = \Delta$$

$$u_3 = \Delta - \frac{l_1}{l_1 + l_2}\Delta = \frac{l_2}{l_1 + l_2}\Delta \tag{9.113}$$

Aus der ersten Gleichung folgt nun:

$$\left(\frac{EA}{l_1} + k_{\mathrm{n}}\right) u_2 - k_{\mathrm{n}} u_3 - \lambda = -k_{\mathrm{n}}\Delta \tag{9.114}$$

$$-\left(\frac{EA}{l_1} + k_{\mathrm{n}}\right)\frac{l_1}{l_1 + l_2}\Delta - k_{\mathrm{n}}\frac{l_2}{l_1 + l_2}\Delta - \lambda = -k_{\mathrm{n}}\Delta \tag{9.115}$$

$$\lambda = -\frac{EA}{l_1 + l_2}\Delta - k_{\mathrm{n}}\frac{l_1}{l_1 + l_2}\Delta - k_{\mathrm{n}}\frac{l_2}{l_1 + l_2}\Delta + k_{\mathrm{n}}\Delta \tag{9.116}$$

$$\lambda = -\frac{EA}{l_1 + l_2}\Delta \tag{9.117}$$

Hier ist die Lösung vollständig unabhängig von der Penalty-Steifigkeit. Ein Vorteil gegenüber dem reinen Lagrange-Verfahren ist nicht erkennbar. Im Zusammenhang mit Konvergenzbetrachtungen gibt es diesen aber.

Eine spezielle Form der Kombination aus Penalty- und Lagrange-Verfahren stellt der *Uzawa-Algorithmus* dar. Dabei wird

- zunächst eine Kontaktkraft nach dem Penalty-Verfahren bestimmt.
- Diese wird als Startwert λ_0 für den Lagrange-Multiplikator gespeichert.
- Ist danach die Eindringung noch größer als eine gewisse Toleranz, wird eine **zusätzliche** Kontaktkraft berechnet.

Die kombinierte Lagrange- und Penalty-Energie lautet in Anlehnung an (9.102):

$$W^{\mathrm{AL}} = \lambda_i g\,(\mathbf{u}) + \frac{1}{2}k_{\mathrm{n}}g^2\,(\mathbf{u}) \tag{9.118}$$

Allerdings wird λ_i nicht als Unbekannte, sondern nur als Speicher behandelt. Es wird also nur nach $\mathbf{u}$ abgeleitet:

$$\frac{\partial}{\partial \mathbf{u}} W^{\mathrm{AL}} = \lambda_i \frac{\partial g}{\partial \mathbf{u}} + k_{\mathrm{n}}g\frac{\partial g}{\partial \mathbf{u}} = (\lambda_i + k_{\mathrm{n}}g)\frac{\partial g}{\partial \mathbf{u}} \tag{9.119}$$

im Beispiel:

$$(\lambda_i + k_\mathrm{n}g)\frac{\partial g}{\partial \mathbf{u}} = (\lambda_i + k_\mathrm{n}(-u_2 + u_3 - \Delta))\begin{bmatrix} -1 \\ 1 \end{bmatrix} \qquad (9.120)$$

Dies verändert das Gleichungssystem (9.65) auf

$$\begin{bmatrix} \dfrac{EA}{l_1} + k_\mathrm{n} & -k_\mathrm{n} \\ -k_\mathrm{n} & \dfrac{EA}{l_2} + k_\mathrm{n} \end{bmatrix}\begin{bmatrix} u_2 \\ u_3 \end{bmatrix}_{i+1} = \begin{bmatrix} -\lambda_i - k_\mathrm{n}\Delta \\ \lambda_i + k_\mathrm{n}\Delta \end{bmatrix} \qquad (9.121)$$

Dieser Vorgang kann wiederholt werden, bis die Eindringung klein genug ist.

Der Vorteil ist, dass eine kleinere Penalty-Steifigkeit gewählt und doch die Eindringung hinreichend beschränkt werden kann, was zur Konvergenzverbesserung beitragen kann. Allerdings ist hier erhöhter Rechenaufwand zu treiben. Das rentiert sich nur, wenn dieses Verfahren nur auf einen Teil der Kontaktpunkte angewandt werden muss, weil für die übrigen die Eindringung bereits allein mit der Penalty-Steifigkeit klein genug wurde.

Aspekte der Kontaktmodellierung

10

Einige spezielle Aspekte werden hier am Beispiel der Penalty-Methode gezeigt, aber bei den anderen Verfahren treten ähnliche Effekte und Probleme auf.

10.1 Knoten-zu-Oberfläche-Kontakt

Im Knoten-zu-Oberfläche-Kontakt kann Knoten k (Abb. 10.1) das Master-Segment an einer beliebigen Stelle berühren. Wird eine Eindringung festgestellt, wird durch eine der oben beschriebenen Methoden eine Kontaktkraft berechnet und die Eindringung reduziert oder beseitigt. Die Eindringung wird entlang der Normalen (Details s. Abschn. 11.2.1) gemessen. Auf den Slave-Knoten wird die Kontaktkraft direkt aufgebracht, auf der Master-Seite wird die Kraft auf die Knoten des Segmentes verteilt, sodass die Knotenkräfte der Kontaktkraft im Sinne der potenziellen Energie äquivalent sind, wie das bei verteilten Belastungen üblich ist.

Die potenzielle Energie eines Knotenlastvektors $\mathbf{f}^{\text{ext}}$ ist

$$W_{\text{ext}} = -\hat{\mathbf{u}}^{T}\mathbf{f}^{\text{ext}} \tag{10.1}$$

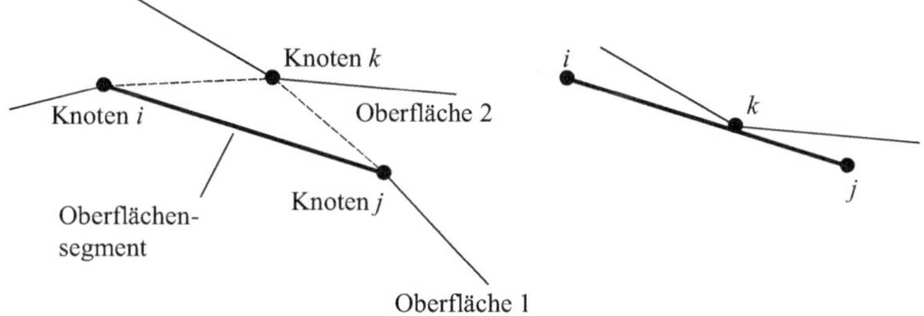

Abb. 10.1 Knoten-zu-Oberfläche-Element

© Springer Fachmedien Wiesbaden 2016

W. Rust, *Nichtlineare Finite-Elemente-Berechnungen*, DOI 10.1007/978-3-658-13378-8_10

Die Energie einer Kontaktkraft

$$\mathbf{F}_c = \begin{bmatrix} F_{cx} \\ F_{cy} \\ F_{cz} \end{bmatrix} \tag{10.2}$$

an einer beliebigen Stelle (ξ, η) im Segment ist

$$W_{\text{ext}} = -\begin{bmatrix} u_x(\xi, \eta) & u_y(\xi, \eta) & u_z(\xi, \eta) \end{bmatrix} \begin{bmatrix} F_{cx} \\ F_{cy} \\ F_{cz} \end{bmatrix} = -\mathbf{u}^T(\xi, \eta)\,\mathbf{F}_c \tag{10.3}$$

Mit dem FE-Ansatz für die Verschiebungen

$$\mathbf{u}^T(\xi, \eta) = \hat{\mathbf{u}}^T \mathbf{N}^T(\xi, \eta) \tag{10.4}$$

ergibt das

$$W_{\text{ext}} = -\hat{\mathbf{u}}^T \mathbf{N}^T(\xi, \eta)\,\mathbf{F}_c \tag{10.5}$$

Dies muss der potenziellen Energie des Knotenlastvektors (10.1) äquivalent sein:

$$-\hat{\mathbf{u}}^T \mathbf{f}^{\text{ext}} = -\hat{\mathbf{u}}^T \mathbf{N}^T(\xi, \eta)\,\mathbf{F}_c \tag{10.6}$$

$$\Rightarrow \mathbf{f}^{\text{ext}} = \mathbf{N}^T(\xi, \eta)\,\mathbf{F}_c \tag{10.7}$$

Beispiel

Für ein lineares Linienelement lauten die Ansatzfunktionen im Bereich $-1 \leq \xi \leq 1$:

$$\mathbf{N}(\xi) = \begin{bmatrix} \dfrac{1}{2}(1-\xi) & \dfrac{1}{2}(1+\xi) \end{bmatrix} \tag{10.8}$$

Für eine Kraft F_c bei $\xi = 0{,}5$, d. h. bei drei Vierteln der Länge, werden die Knotenkräfte

$$\mathbf{f}_c = \begin{bmatrix} \dfrac{1}{4} \\ \dfrac{3}{4} \end{bmatrix} F_c \tag{10.9}$$

Knoten-zu-Oberfläche-Kontakt ist geeignet für lineare Ansatzfunktionen. Eine gleichmäßige Eindringung soll aber zu gleichmäßigem Kontaktdruck führen. Bei Mittenknoten-Elementen und noch höheren Ansätzen erfordert das aber eine bestimmte Verteilung der äquivalenten Knotenkräfte (ebenfalls begründet durch die Gleichheit der potenziellen Energie), z. B. für die Linie mit quadratischen Ansatzfunktionen wie in Abb. 10.2.

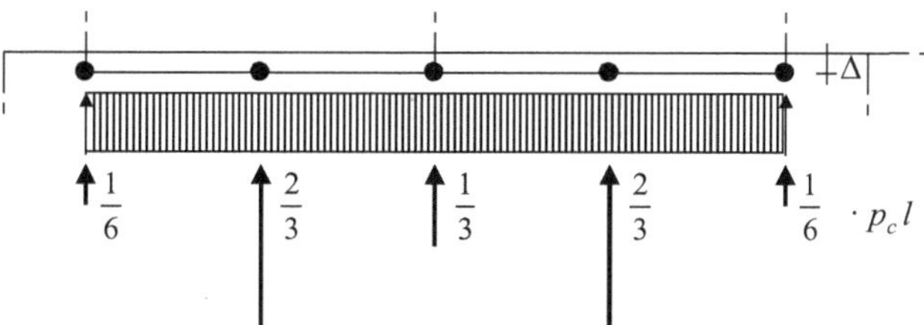

Abb. 10.2 Gewünschte Knotenkraftverteilung für gleichmäßigen Kontaktdruck bei Linienelementen mit Mittenknoten

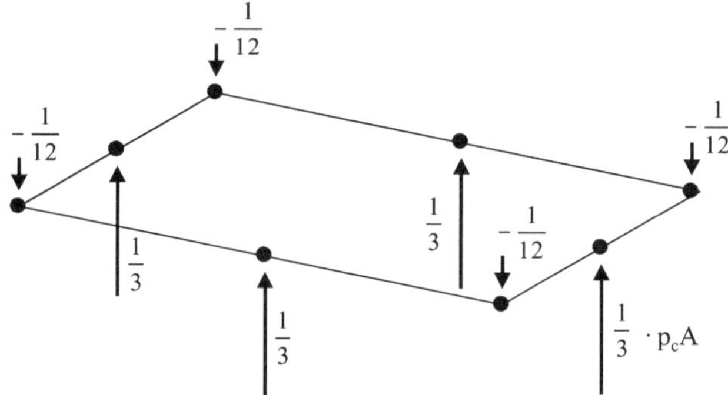

Abb. 10.3 Gewünschte Knotenkraftverteilung für gleichmäßigen Kontaktdruck bei Viereckelementen mit Mittenknoten

Um diese Anforderungen zu erfüllen, wären bei Knotenkontakt unterschiedliche Steifigkeiten für Eck- und Mittenknoten notwendig. Dies ist schwer zu handhaben, insbesondere, wenn man bedenkt, dass die Methode auch funktionieren muss, wenn sich nur ein Teil der Knoten im Kontakt befindet. Für Flächen in 3d wären gar negative Eckkräfte erforderlich (Abb. 10.3), um einen gleichmäßigen Druck wiederzugeben. Das würde negative Steifigkeiten erfordern, die aber für den allgemeinen Fall keinen Sinn ergäben.

Das bedeutet, Knoten-zu-Oberfläche-Kontakt ist für Mittenknotenelemente nicht geeignet. Damit wären Tetraeder, die leicht automatisch erzeugbar, aber bei linearen Ansätzen viel zu steif sind, von Kontaktberechnungen ausgeschlossen.

10.2 Punkt-zu-Oberfläche-Kontakt

10.2.1 Integrationspunkt-Kontakt

Nicht nur Knoten, sondern auch andere Punkte auf der Slave-Oberfläche können benutzt werden, um Eindringungen zu kontrollieren und Kontaktkräfte anzubringen. Wenn Integrationspunkte für eine numerische Integration, z. B. Gaußpunkte, benutzt werden

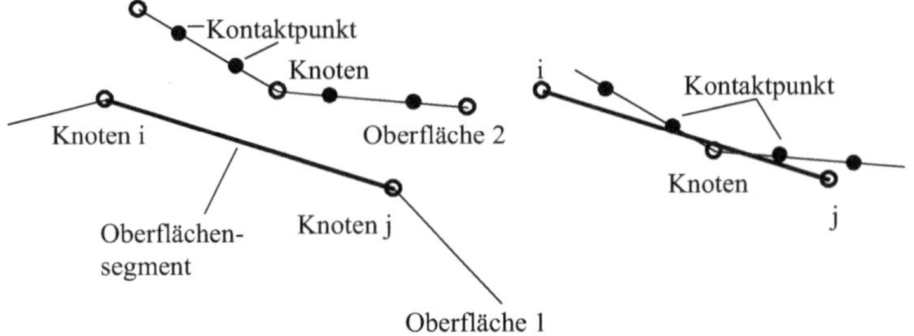

Abb. 10.4 Punkt-zu-Oberfläche-Kontakt

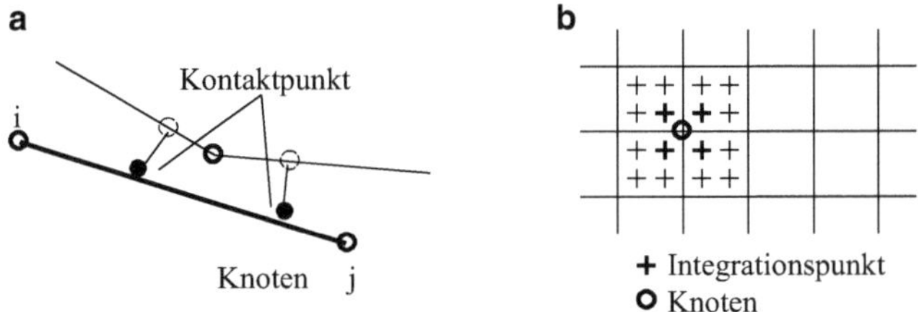

Abb. 10.5 Verschobene Kontaktpunkte (**a**), zur Anzahl von Knoten und Integrationspunkten (**b**)

(Abb. 10.4), können an Stelle von Kräften Spannungen aus der Eindringung berechnet und dann numerisch über die Fläche integriert werden, um Knotenkräfte zu erhalten. Damit ergibt eine gleichmäßige Eindringung bei gleicher Steifigkeit an allen Punkten direkt, wie erforderlich, eine gleichmäßige Kontaktdruckverteilung und die dazu passenden Kontenkräfte.

Die Hauptvorteile sind:

- Dieses Konzept ist für Mittenknotenelemente und beliebige Ansatzordnungen geeignet.
- Der Kontaktpunkt kann von der Finite-Element-Oberfläche in Normalenrichtung verschoben werden (Abb. 10.5a), um eine festgelegte Distanz bei geschlossenem Kontakt zu erhalten oder um Mängel der Kontaktgeometriebeschreibung durch die Diskretisierung auszugleichen.
- Es gibt mehr Kontaktfeststellungspunkte, das bedeutet eine feinere Auflösung der Kontaktoberfläche.

  Auf den ersten Blick gehören zu einem Segment genauso viele Knoten wie Integrationspunkte, letztere sind aber, weil sie im Innern liegen, nur einem Segment zugeordnet, während die Knoten zu mehreren gehören (Abb. 10.5b).

Knotenkräfte aus verteilten Kontaktspannungen p_c werden berechnet als

$$\mathbf{f}_\mathrm{c} = \int_{(A)} \mathbf{N}^T\left(\xi, \eta\right) p_\mathrm{c} dA \qquad (10.10)$$

wobei man der gleichen Idee folgt, die auch zu (10.7) führte. Wenn Integrationspunkte für die Kontaktfeststellung genutzt werden, können die Kontaktspannungen numerisch aufintegriert werden:

$$\mathbf{f}_c = \sum_{ip=1}^{n_{ip}} w_{ip} \mathbf{N}^T \left(\xi_{ip}, \eta_{ip} \right) p_{cip} \det \mathbf{J} \left(\xi_{ip}, \eta_{ip} \right) \tag{10.11}$$

wobei

ip den aktuellen Integrationspunkt

n_{ip} die Anzahl der Integrationspunkte

w_{ip} den Wichtungsfaktor der numerischen Integration

p_{cip} den Kontaktdruck am aktuellen Integrationspunkt

$\det \mathbf{J}$ die Jacobi-Determinante, die den Zusammenhang zwischen der Elementgröße und -form und dem Einheitsquadrat herstellt,

bedeutet. Dies gilt für die Contact- oder Slave-Seite. Die Target- oder Master-Seite wird wie beim Knotenkontakt gemäß (10.7) behandelt, wobei die Kontaktkraft F_c durch den Beitrag eines Integrationspunktes zum Integral über die Fläche,

$$F_{cip} = w_{ip} p_{cip} \det \mathbf{J} \left(\xi_{ip}, \eta_{ip} \right) \tag{10.12}$$

ersetzt wird. Durch Einsetzen in (10.7) erhält man als Beitrag eines Integrationspunktes zu den Master-Knotenkräften

$$\mathbf{f}_c^{\text{master}} = \mathbf{N}_{\text{master}}^T \left(\xi_{\text{cp}}^{\text{master}}, \eta_{\text{cp}}^{\text{master}} \right) w_{ip}^{\text{slave}} p_{cip}^{\text{slave}} \det \mathbf{J} \left(\xi_{ip}^{\text{slave}}, \eta_{ip}^{\text{slave}} \right) \tag{10.13}$$

wobei $\xi_{\text{cp}}^{\text{Master}}$, $\eta_{\text{cp}}^{\text{Master}}$ die Einheitskoordinaten des Kontaktpunktes auf der Master-Oberfläche bedeuten. Deren Bestimmung wird in Abschn. 11.2 behandelt.

Beispiel: ein Gaußpunkt im Kontakt

Für ein dreiknotiges Liniensegment lauten die quadratischen Ansatzfunktionen:

$$\mathbf{N} = \left[\ \left(-\tfrac{1}{2}\xi + \tfrac{1}{2}\xi^2 \right) \ \ \left(1 - \xi^2 \right) \ \ \left(\tfrac{1}{2}\xi + \tfrac{1}{2}\xi^2 \right) \ \right], \quad -1 \le \xi \le 1 \tag{10.14}$$

Die Gaußpunktkoordinaten sind $\xi_{\text{GP}} = \pm\sqrt{3}/3$, die Wichtungsfaktoren in beiden Fällen 1.

Ein bilineares 4-Knoten-Element (oben in Abb. 10.6) wird so positioniert, dass der Kontakt-Gaußpunkt genau über dem Mittenknoten eines quadratischen 8-Knoten-(Serendipity-)Elementes liegt. Die oberen Knoten des oberen Elementes werden nach unten verschoben. Der zweite Gaußpunkt kommt dabei nicht in Kontakt.

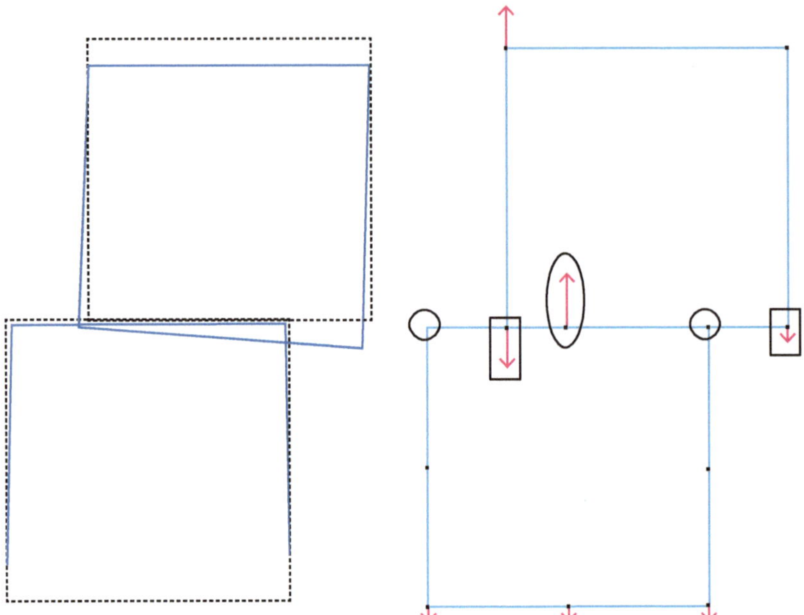

Abb. 10.6 Kontakt-Integrationspunkt über Mittenknoten: überhöhte Verschiebung und Knotenkräfte

Die Stelle, an der der Kontaktpunkt die untere Fläche, die Masterfläche, berührt, hat die Koordinaten $\xi^{\text{master}} = 0$. In Abb. 10.6 sind die Knotenkräfte des quadratischen Elementes durch Ellipsen markiert. Da $N_1 = N_3 = 0$ und $N_2 = 1$ werden, zeigt nur der Mittenknoten eine Kontaktkraft. Die Knotenkräfte am linearen Element sind durch Rechtecke markiert. Sie sind in Abhängigkeit vom Abstand des Kontaktpunktes von den Knoten verteilt. Gemäß (10.7) und (10.8) bedeutet das:

$$\mathbf{N}^{\text{lin}}\left(-\frac{\sqrt{3}}{3}\right) = \left[\; 0{,}7887 \quad 0{,}2113 \;\right] \tag{10.15}$$

Die Kräfte sind in dem durch N_1 und N_2 gegebenen Verhältnis verteilt. Sie ergeben sich in diesem Beispiel zu 2,6144 und 0,7005; die Kraft am Mittenknoten des quadratischen Elementes ist die Summe, 3,3150. In Abb. 10.6 sind statt der Kontaktkräfte die inneren Knotenkräfte gezeigt, die entgegengesetzt gerichtet sind.

Beispiel: gegenüberliegende Segmente

Im zweiten Beispiel (Abb. 10.7) sind die beiden verschiedenartigen Elemente einander direkt gegenüber angeordnet. Nun liegen die Kontaktpunkte für beide Seiten bei $\xi_{\text{GP}} = \pm\sqrt{3}/3$. Für das lineare Element sind die Kontaktkräfte gleich und betragen 2,4390, in Summe also 4,8780. Die quadratischen Ansatzfunktionen ergeben am

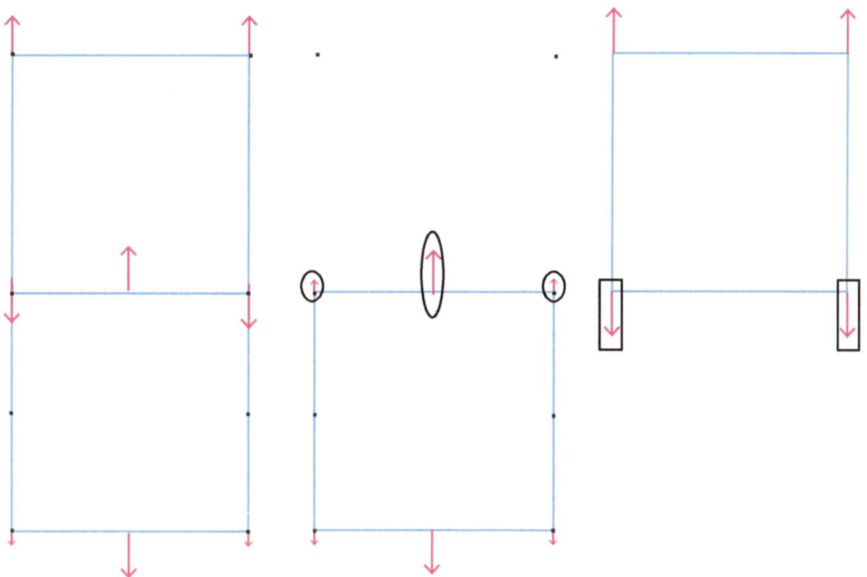

Abb. 10.7 Kontaktkräfte zweier gegenüberliegender 2- und 3-Knoten-Segmente

linken Kontaktpunkt

$$\mathbf{N}^{qu} = \begin{bmatrix} 0{,}4553 & 0{,}6667 & -0{,}1220 \end{bmatrix} \tag{10.16}$$

In diesem Fall beträgt die Jacobi-Determinate $l/2$, mit $l = 2$ also $\det \mathbf{J} = 1$. Der Beitrag des linken Kontaktpunktes zu den Knotenkräften ist demnach

$$\mathbf{f}_{cl}^{qu} = \begin{bmatrix} 0{,}4553 & 0{,}6667 & -0{,}1220 \end{bmatrix} \cdot 2{,}4390 = \begin{bmatrix} 1{,}1105 & 1{,}626 & -0{,}2976 \end{bmatrix} \tag{10.17}$$

Der Beitrag des rechten Kontaktpunktes ist analog

$$\mathbf{f}_{cr}^{qu} = \begin{bmatrix} -0{,}2976 & 1{,}626 & 1{,}1105 \end{bmatrix} \tag{10.18}$$

die Summe dementsprechend

$$\mathbf{f}_{c}^{qu} = \begin{bmatrix} 0{,}8129 & 3{,}252 & 0{,}8129 \end{bmatrix} \tag{10.19}$$

was $1/6$, $2/3$ und $1/6$ der Gesamtkraft ist.

Mit Bedacht muss die Zahl der Integrationspunkte gewählt werden. Für die Integration eines linearen Spannungsverlaufes über eine quadratische Seite genügen $n_{GP} = \frac{p+1}{2} = \frac{3+1}{2} = 2$ Gaußpunkte. Damit ist aber der in Abb. 10.8 gezeigte Mechanismus möglich.

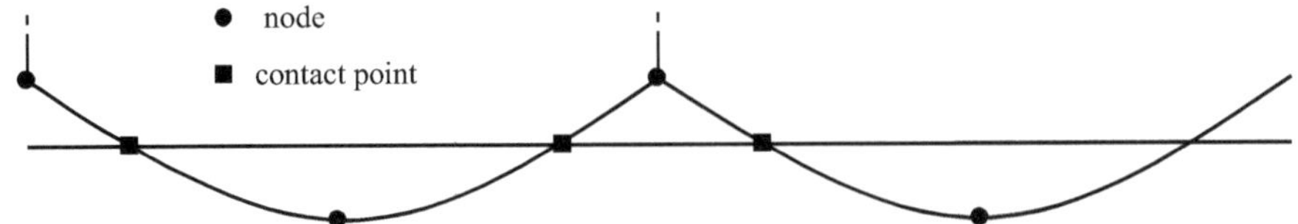

Abb. 10.8 Lagerung einer dreiknotigen Oberfläche auf zwei Kontaktpunkten

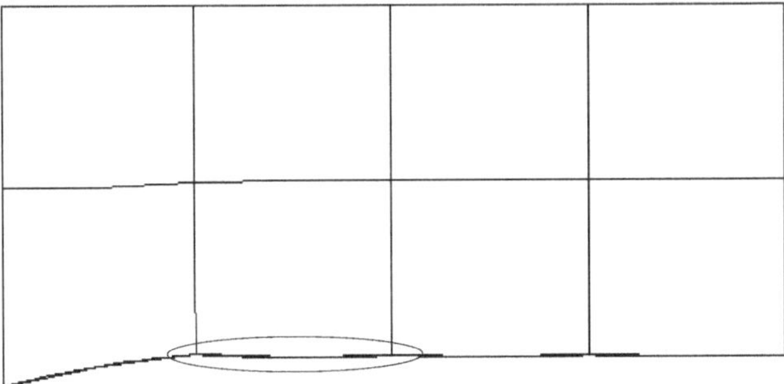

Abb. 10.9 Kontakt mit quadratischen Elementen für Gummi und zwei Kontaktpunkten je Oberfläche, wahre Skalierung

Gewöhnlich ist dieser Effekt wegen der Schubsteifigkeit der beteiligten Körper klein. Im Falle inkompressibler Materialien wie Gummi, umschlossen von steiferen Bereichen, ist das Volumen mehr oder weniger unveränderlich. So liegt eine große Steifigkeit gegen einen flächigen Druck vor, die sehr viel größer ist als die Schubsteifigkeit, die gegen lokale Verformungen wirkt. Dadurch kann der geschilderte Effekt deutlich zu Tage treten. Abb. 10.9 in der wahren Skalierung und Abb. 10.10 dreifach überhöht zeigen die Kontur einer Kontaktoberfläche mit je zwei Gaußpunkten, wobei die linke Elementspalte übersteht und die drei rechten aufliegen.

Die Eindringung der Slave-Seite in das Master-Segment, einmal extrapoliert aus den Eindringungen der Kontaktpunkte, einmal ermittelt aus den Knotenverschiebungen, zeigt Abb. 10.11. Einer der Knoten zeigt eine Öffnung, obwohl die ganze Oberfläche sich in Kontakt befindet.

Die Lösung wären drei Integrationspunkte.

10.2.2   Knoten als Integrationspunkte

ANSYS bietet optional die Verwendung von Knoten anstelle von Gaußpunkten zur Kontaktfeststellung an. Das heißt nun aber nicht, dass das ein Schritt zurück zum Knoten-zu-Oberfläche-Kontakt ist. Vielmehr wird eine Integrationsregel mit äquidistanten Stützstellen, die gerade mit den Knoten zusammenfallen, verwendet. Dies kann die Trapez-, die

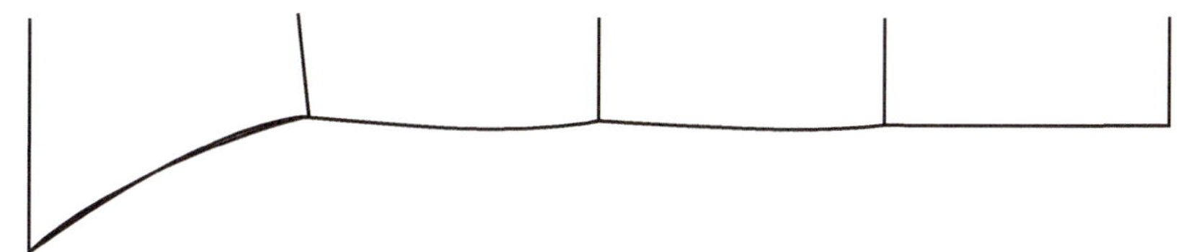

Abb. 10.10 Kontakt mit quadratischen Elementen für Gummi, dreifach überhöht

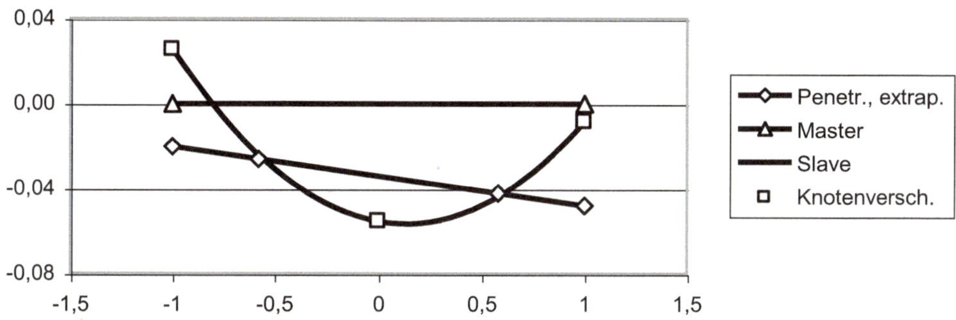

Abb. 10.11 Eindringung in ein Mastersegment, ermittelt aus den Integrationspunkten und den Knotenverschiebungen

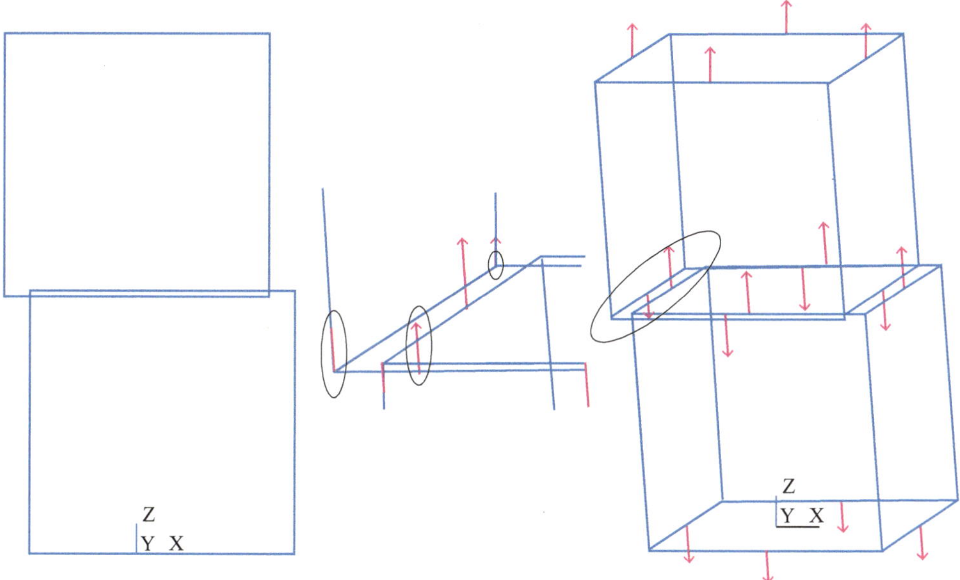

Abb. 10.12 Kräfte an Kontaktknoten, die nicht in Kontakt sind, hervorgerufen durch eine numerische Integration mit Knoten als Stützstellen.

Simpson- oder allgemeiner eine Newton-Cotes-Regel sein. Die Wichtungsfaktoren für die Simpson-Regel sind 1/6, 4/6 und 1/6 und damit geeignet, unter Verwendung von (10.11) die gewünschten Knotenkräfte bei gleichmäßigem Kontaktdruck zu erzeugen.

In Abb. 10.12 wird ein 20-Knoten-Element so verschoben, dass die Knoten einer Kante, die hier als Kontaktpunkte gewählt worden sind, von der Master-Fläche rutschen. Eine Eindringung aufgrund der fehlenden Unterstützung ist sichtbar. Obwohl diese Knoten nicht in Kontakt sind, bekommen sie Knotenkräfte aus der Anwendung der Integrationsregel auf die an den restlichen (Kontakt-)Knoten berechneten Spannungen.

10.3 Mortar-Kontakt

10.3.1 Der Kontakt-Patch-Test

Ein gewöhnlicher Patch-Test soll zeigen, wie gut ein Patch aus verzerrten Elementen eine homogene Dehnungsverteilung abbildet, wenn die Knotenverschiebungen das indizieren. Das System für einen Kontakt-Patch-Test zeigt Abb. 10.13. Da die ganze obere Fläche mit einem gleichmäßigen Druck p belastet ist, wird erwartet, dass sich in allen Teilen eine gleichmäßige Spannung von $\sigma_y = -p$ einstellt.

Dies wird nun mit verschiedenen Kontakttypen mit dem in Abb. 10.14 erkennbaren Netz getestet. Der Parameter x-loc, der in den folgenden Tabellen vorkommt, wird ebenfalls gezeigt. x-loc = 30 bedeutet, dass die beiden Elemente des oberen Körpers die gleiche Größe haben. Tab. 10.1 zeigt die Ergebnisse, die mit Node-to-Surface- und mit Gaußpunkt-Kontakt erzielt werden. Nur bei x-loc = 30 sind Minimum und Maximum der Vertikalspannung gleich, d. h. liegt ein homogener Spannungszustand vor. Bei anderen Aufteilungen gibt es Abweichung von bis zu $-6/+7\,\%$ vom erwarteten Wert.

10.3.2 Projektionsmethode

Der Grund für den Mangel der oben beschriebenen Kontaktformulierungen ist, dass die Kontaktfeststellungspunkte nicht gut oder nicht gleichmäßig genug auf dem Master-Seg-

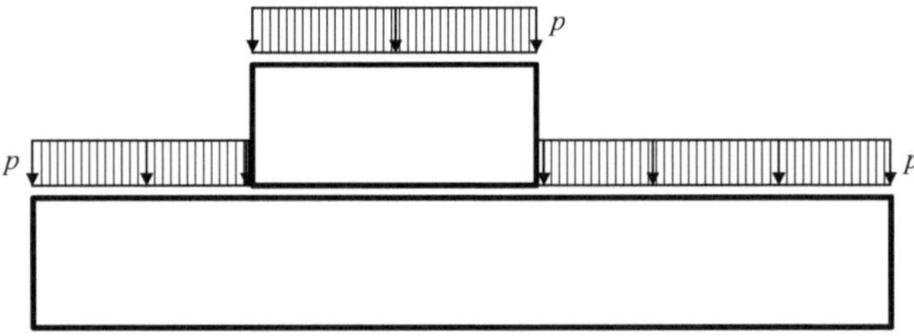

Abb. 10.13 System für den Kontakt-Patch-Test

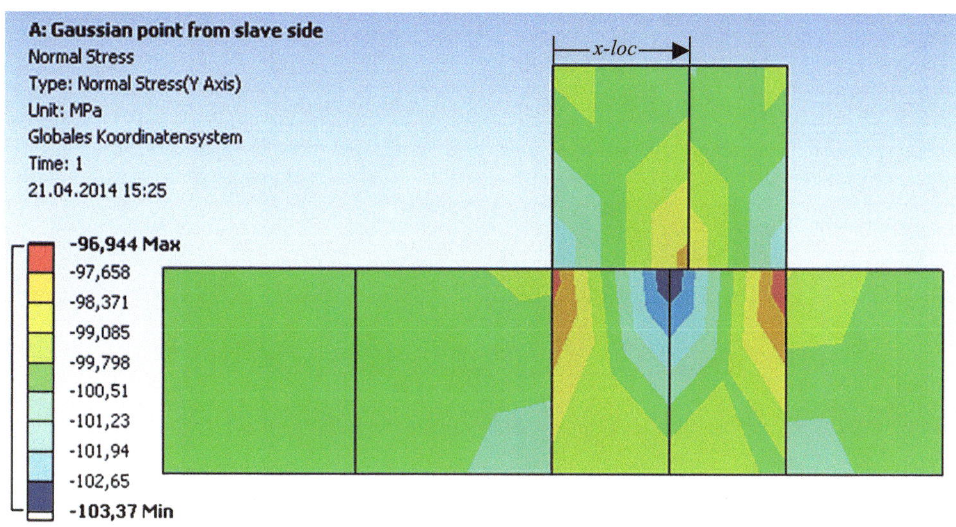

Abb. 10.14 Spannungsverteilung im Kontakt-Patch-Test mit Integrationspunkt-Kontakt ($x\text{-}loc =$ 35)

Tab. 10.1 Node-to-Surface- und Integrationspunkt-Kontakt im Patch-Test

P1 - x-loc	P2 - sigma_min_node	P3 - sigma_max_node	P2 - sigma_min_Gauss	P3 - sigma_max_Gauss
	MPa	MPa	MPa	MPa
30	-100	-100	-100	-100
35	-104,9	-93,749	-103,37	-96,944
40	-105,73	-92,897	-104,35	-96,037
45	-103,7	-97,607	-104,23	-95,906
50	-102,45	-97,28	-103,71	-96,667

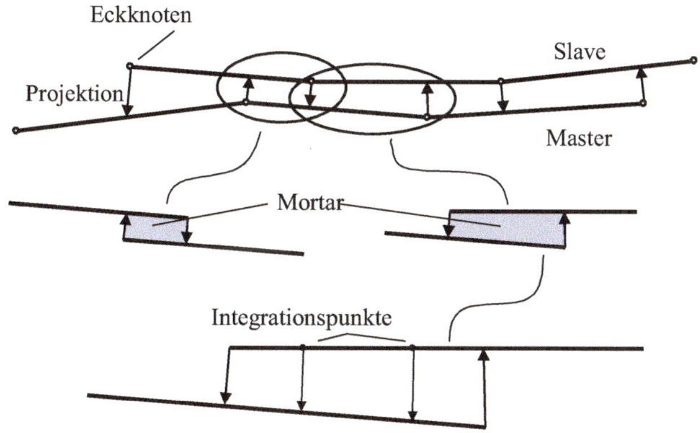

Abb. 10.15 Projektion, Mortar-Bereiche und ihre Integration

Abb. 10.16 Projektions-basiertes Ergebnis des Kontakt-Patch-Tests

ment platziert sind. Das kann dadurch überwunden werden, dass Master- und Slave-Oberfläche in einander entsprechende Sektionen aufgeteilt werden. Deren Ränder werden dadurch bestimmt, dass die Eckknoten der Segmente auf die gegenüber liegende Seite projiziert werden (Abb. 10.15). Eine Seite – zur Vereinfachung wird die Slave-Seite angenommen – bestimmt die Normalen für diese Projektion. Würde man die Slave-Normale für die Knoten der Slave-Seite und die Master-Normale für die Knoten der Master-Seite verwenden, könnten diese sich kreuzen und so zu uneindeutigen oder nicht verwertbaren Resultaten führen.

Die von den Eckknoten ausgehenden Normalen schneiden Master- und Slave-Segmente in Stücke, sodass „Mortar[1]"-(Mörtel)-Bereiche entstehen. Diese können nun wie im Integrationspunkt-Kontakt behandelt werden. Allerdings sind diese Integrationspunkte weder für die Slave- noch die Masterseite Gaußpunkte, sodass die Umrechnung der dort ermittelten Kontaktspannungen in Knotenkräfte so vorgenommen werden muss, wie in (10.13) für die Master-Seite beschrieben. Deshalb betrifft die Unterscheidung zwischen Master und Slave in diesem Verfahren nur die Projektion.

Das Ergebnis des projektionsbasierten Kontakts stellt Abb. 10.16 dar, während Tab. 10.2 den Vergleich mit dem Gaußpunkt-Kontakt zeigt. Durch die Projektion wird der Patch-Test erfüllt.

In 3d sind die Projektion und ihr Ergebnis eine größere Herausforderung. Abb. 10.17 zeigt nur eine der möglichen Situationen: Der Überlappungsbereich von zwei Segmenten, eines von der Slave-, eines von der Master-Seite hat hier acht Ecken, die übliche

---

[1] Dies ist nur eine Erklärung für den Begriff „Mortar", die z. B. in [16] gegeben wird. Eine andere könnte die Vorstellung von einer zusätzlichen (virtuellen) „Mortar"-Ebene sein, auf die projiziert wird. Der Autor möchte nicht Artikeln folgen, die zwischen „Mortar"- und „Non-Mortar"-Seiten anstelle von Master und Slave unterscheiden, weil das die Eigenschaften der Mortar-Methode nicht genügend genau charakterisiert.

Tab. 10.2 Vergleich der Ergebnisse des Kontakt-Patch-Tests zwischen dem Gaußpunkt- und dem projektionsbasierten Kontakt

P4 - x-loc	P2 - sigma_min_Gauss	P3 - sigma_max_Gauss	P6 - sigma_max_proj	P5 - sigma_min_proj
	MPa	MPa	MPa	MPa
30	-100	-100	-100	-100
35	-103,37	-96,944	-100	-100
40	-104,35	-96,037	-100	-100
45	-104,23	-95,906	-100	-100
50	-103,71	-96,667	-100	-100

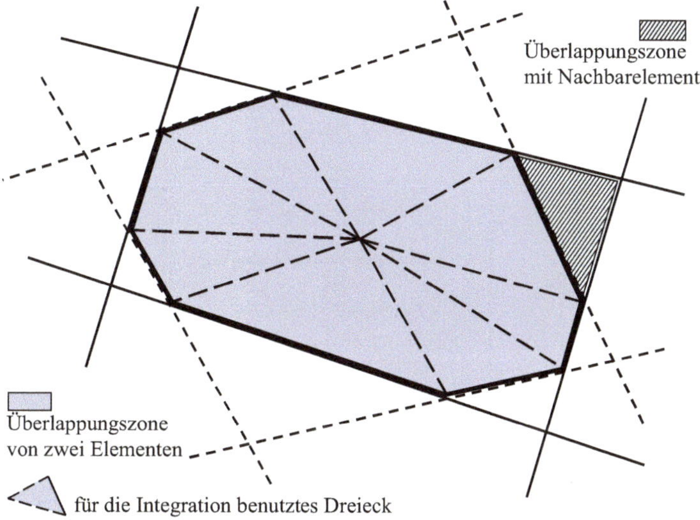

Abb. 10.17 Überlappung eines Master- und eines Slave-Segmentes und ihre Triangulierung

numerische Integration ist aber nur für Drei- und Vierecke definiert. Deshalb muss die Überlappungszone in geeignete Unterregionen unterteilt werden; Dreiecke sind dabei am allgemeinsten.

10.4 Auswahl von Master- und Slave-Seite

Die Master-Seite liefert Informationen über die Oberflächengeometrie. Diese ist kontinuierlich. Die Slave-Seite liefert nur Informationen über die Lage einzelner Punkte. Bei der Festlegung ist zu verhindern, dass es zu nicht feststellbaren Eindringungen kommt. Als Regeln mögen gelten:

1. Die gröber vernetzte Seite wird Master (sonst s. Abb. 10.18).
2. Die überstehende Fläche wird Master (Abb. 10.19)
3. Die konkave, schwächer gekrümmte oder ebene Fläche wird Master
   (sonst s. Abb. 10.20).
4. Die Fläche mit höherer Ansatzordnung für die Geometrie wird Master (Abb. 10.21).
5. Die Fläche mit dem darunter liegenden steiferen Material wird Master.

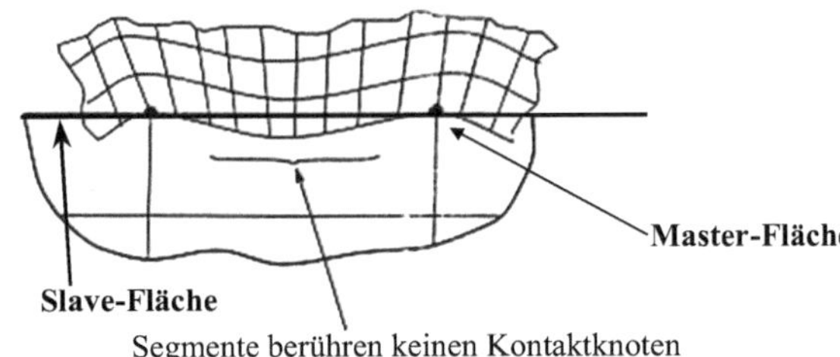

Abb. 10.18 Fehlerhafte Master-Slave-Zuordnung bei ungleicher Vernetzung

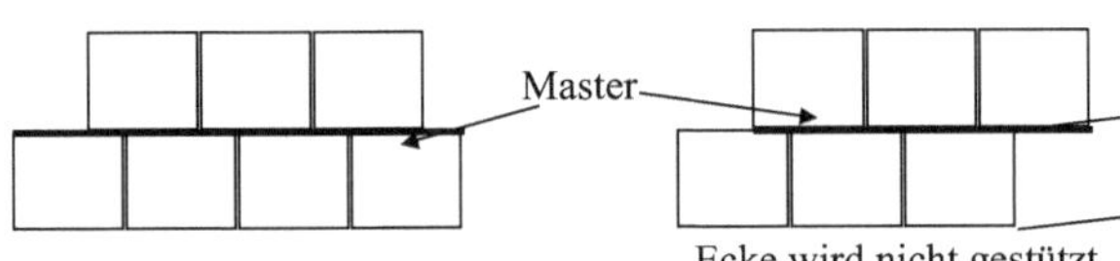

Abb. 10.19 Richtige und fehlerhafte Master-Slave-Zuordnung bei überstehender Fläche

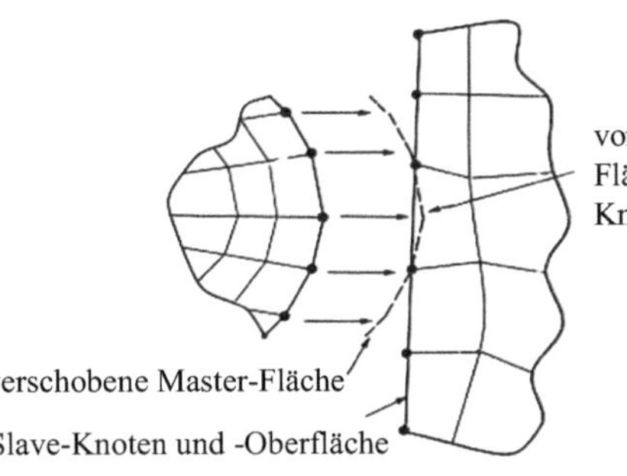

Abb. 10.20 Fehlerhafte Master-Slave-Zuordnung bei plan-konvexem Kontakt

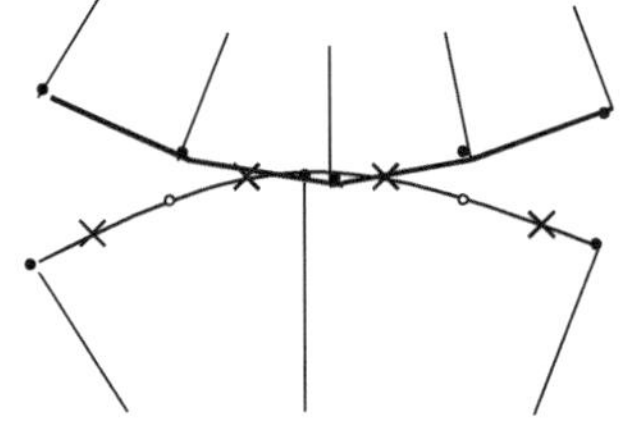

Abb. 10.21 Kontakt mit Elementen höherer Ansatzordnung

Bei Integrationspunkt-Kontakt verliert ein Teil der Regeln wegen der erhöhten Zahl von Feststellungspunkten an Bedeutung. Bei Regel 3) kommt hinzu, dass ein Eindringen eines einzelnen Knotens als unvermeidlich in Kauf genommen wird.

Die Regeln können einander widersprechen. Dann ist **symmetrischer Kontakt** zu empfehlen, d. h. der Kontakt wird ein zweites Mal unter Vertauschung von Master- und Slave-Seite definiert. Die Programme können natürlich auch einen Schalter dafür vorsehen. Dabei kommt es dazu, dass teilweise beide Kontakte an einem Ort geschlossen sind, teilweise aber nur einer. Der Algorithmus muss sicherstellen, dass keine doppelten Kontaktkräfte auftreten, weil das die Spannungsverteilung verfälschen würde.

10.5 Kontakt mit Schalen- und Balkenelementen

10.5.1 Dickenberücksichtigung

Bei Balken wird nur eine Dimension, die Balkenachse, bei Schalen werden die zwei Richtungen der Referenzfläche, die meist die Mittelfläche ist, diskretisiert. Sie haben aber grundsätzlich Abmessungen in drei Richtungen. Bei Balken in 2d muss für den Kontakt die Höhe bzw. der Abstand der Außenkanten von der Achse, bei Schalen die Dicke berücksichtigt werden.

Nicht behandelt werden hier der Kontakt zweier Balken in 3d und der Kontakt von Schalenkanten.

Eine Möglichkeit der Erfassung ist, die beiden in Abb. 10.22 erkennbaren Abstände e_1 und e_2 der Außenkanten von den Referenzfläche zu addieren und zu fordern, dass diese Distanz verbleiben muss, sodass die Kontaktbedingung dann

$$g \geq e_1 + e_2 \tag{10.20}$$

lautet. Alternativ können die Knoten bzw. die Kontaktpunkte in Richtung der jeweiligen – ggf. gemittelten – Normalen verschoben werden, sodass eine virtuelle Kontaktgeometrie entsteht (Abb. 10.23). Besonders naheliegend ist das beim Pseudoelement-Algorithmus (s. Abschn. 11.2.2), weil hier ohnehin virtuelle Knoten erzeugt werden. Die in Normalenrichtung berechneten Kontakt-Knotenkräfte können direkt auf die realen Knoten übertragen werden.

Abb. 10.22 Dickenberücksichtigung im Schalenkontakt

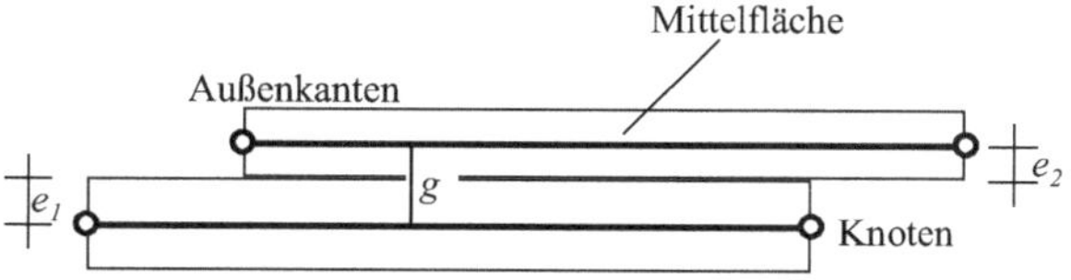

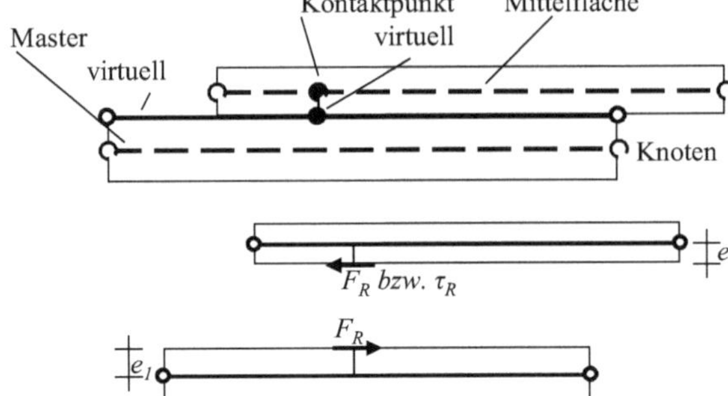

Abb. 10.23 Virtuelle Kontaktgeometrie

Abb. 10.24 Exzentrischer Tangentialkraftangriff

10.5.2 Momente aus Exzentrizitäten

Wird bei Schalen und Balken die Dicke berücksichtigt, greifen die Kräfte an den realen Außenkanten an. Für die Kontaktnormalkraft ist das bedeutungslos. Für die Tangential-, also die Reibkraft bedeutet das jedoch eine Ausmitte e gegenüber der Mittelfläche (Abb. 10.24), die zu einem Moment führt.

Im Falle des Integrationspunkt-Kontaktes handelt es sich um ein verteiltes Moment

$$m = \tau_R e \qquad (10.21)$$

Um dies auf die Knoten zu verteilen, kann bei Schalen wie für (10.10) vorgegangen werden, nur dass die potenzielle Energie mit der Verdrehung berechnet wird, sodass sich

$$\mathbf{f}_R = \int\limits_{(A)} \mathbf{N}^{\varphi T}\,(\xi, \eta)\, m\, dA \qquad (10.22)$$

ergibt. Bei der Bernoulli- oder Kirchhoff-Theorie ergibt sich $\mathbf{N}^\varphi$ als Ableitung des Verschiebungsansatzes, sodass $\mathbf{f}_R$ Knotenkräfte und -momente enthält. Bei der Timoshenko- oder Reissner-Mindlin-Theorie sind die Ansätze für die Verschiebungen und Verdrehungen prinzipiell unabhängig (dies für reduzierte Integration oder „Assumed strain"-Formulierungen in Zweifel zu ziehen, würde hier zu weit führen, s. [23]). Dann ergibt (10.22) nur Knotenmomente.

Bei Knotenkontakt und auf der Masterseite sind diskrete Momente

$$M = F_R e \qquad (10.23)$$

zu berücksichtigen, sodass sich die Knotenlasten zu

$$\mathbf{f}_R = \mathbf{N}^{\varphi T}\,(\xi_{to}, \eta_{to})\, M \qquad (10.24)$$

ergeben, wobei der Index $_{to}$ den Berührpunkt (*touching*) kennzeichnet.

Abb. 10.25 Berücksichtigung des Momentes aus Exzentrizität

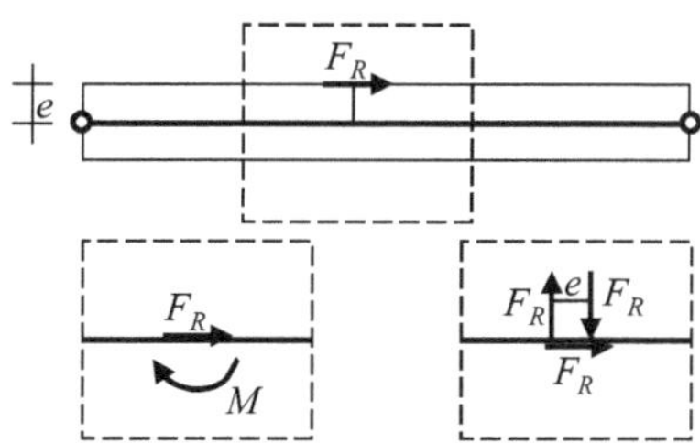

Eine andere Variante, die auch anwendbar ist, wenn Oberflächen von Elementen ohne Drehfreiheitsgrade, z. B. Volumenelemente, eine Ausmitte haben dürfen, etwa um Übermaße vereinfacht einbringen zu können, besteht darin, das Moment in ein Kräftepaar zu verwandeln. Weil das Moment ein freier Vektor ist, kommt es nicht einmal auf die genaue Position an; auch ist die Zusammensetzung von Kraft und Ausmitte wählbar, nur das Produkt muss M aus (10.23) entsprechend. Genau genommen gelten diese Betrachtungen nur am Starrkörper, aber solange das Element keine S-Form beschreiben kann, dürften sich nur marginale Unterschiede ergeben. Es spricht aber nichts dagegen, ein Kräftepaar F_R mit dem Abstand e beiderseits des Angriffspunktes zu positionieren. Die Knotenkräfte ergeben sich dann über die Ansatzfunktionen für die Verschiebungen zu

$$\mathbf{f}_R = \mathbf{N}^{wT}\left(\xi_{to} + \varepsilon, \eta_{to} + \delta\right) F_R - \mathbf{N}^{wT}\left(\xi_{to} - \varepsilon, \eta_{to} - \delta\right) F_R \tag{10.25}$$

ε und δ sind dann aus den Koordinaten der verschobenen Angriffspunkte in Einheitskoordinaten umzurechnen. Alternativ können ε und δ auch vorgegeben werden. Daraus können direkter die realen Angriffspunktkoordinaten als

$$e_x = \mathbf{N}\left(\xi_{to} + \varepsilon, \eta_{to} + \delta\right) \hat{\mathbf{x}} - \mathbf{N}\left(\xi_{to} - \varepsilon, \eta_{to} - \delta\right) \hat{\mathbf{x}}, \qquad e_y, e_z \text{ analog} \tag{10.26}$$

errechnet und nach deren Abstand die Größe des Kräftepaares bestimmt werden.

Grundsätzlich ist es aber auch hier möglich, einen Zusammenhang zwischen den Verschiebungen und der Verdrehung am Berührpunkt herzustellen und dann analog (10.24) vorzugehen. Dabei genügt auch bei großen Drehungen die – in der aktuellen Lage – linearisierte Form, d. h. in mitgedrehten rechtwinkligen Koordinaten wirken in der Normalenrichtung die Knotenkräfte

$$\mathbf{f}_R = \frac{\partial \mathbf{N}}{\partial y} M_x - \frac{\partial \mathbf{N}}{\partial x} M_y = -\frac{\partial \mathbf{N}}{\partial y} F_{Ry} e + \frac{\partial \mathbf{N}}{\partial x} F_{Rx} e \tag{10.27}$$

10.6 Überbestimmtheit durch Kontakt (Overconstraining)

Bei der direkten Einführung der Nebenbedingung in das Gleichungssystem (MPC) und der Methode der Lagrange'schen Multiplikatoren wird die Kontaktbedingung exakt erfüllt. Das birgt jedoch die Gefahr, dass zu viele Bedingungen definiert werden, die einander widersprechen und damit nicht gleichzeitig erfüllt werden können. In einem ersten Kontakt

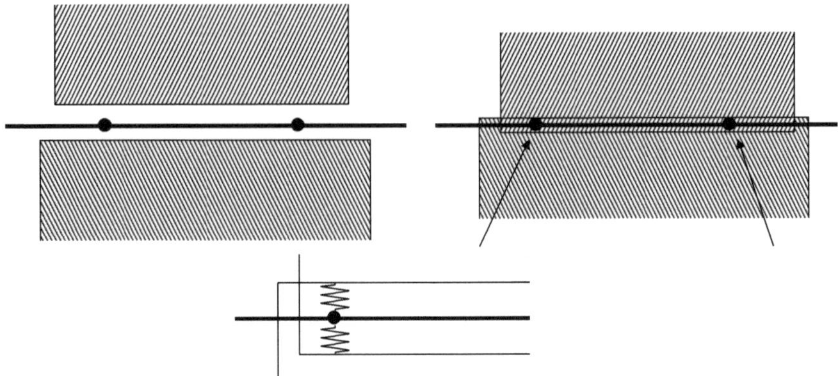

Abb. 10.26 Overconstraining und seine Behandlung im Penalty-Verfahren

wird ein Slave-Knoten an eine Masterfläche gekoppelt. Er darf dann nicht mehr mit einem weiteren Master gekoppelt werden. Genau das wird aber ein weiterer Kontakt desselben Knotens versuchen. Obwohl es in einigen Fällen theoretisch möglich wäre, die Koppelgleichungen so umzusortieren, dass der neue Master Slave zu dem bisherigen Master wird, wird dies in FE-Programmen aus algorithmischen Gründen oft ausgeschlossen. Ein typisches Beispiel ist der Kontakt der Ober- und Unterseite eines Schalenelementes mit zwei verschiedenen Körpern (Abb. 10.26).

Im Penalty-Verfahren werden Federn benutzt, um die Kontaktbedingungen in das System einzuführen. Da damit die Nebenbedingungen nicht exakt erfüllt werden, stellt Overconstraining kein Problem dar. Es sind aber auch hier Situationen denkbar, bei denen Resultate von zweifelhafter Bedeutung erzielt werden oder Konvergenzprobleme auftreten.

10.7　Konvergenz-Erzielung

Wie in Abschn. 9.4 gezeigt wurde, kann die Kontaktbedingung stets sofort erfüllt werden, wenn nur ein Kontaktpunkt existiert. In allen anderen Fällen gilt dies nur, wenn kein Kontaktelement seinen Status von offen nach geschlossen oder umgekehrt ändert. In der Praxis geschieht das häufig wiederholt und führt zu Konvergenzproblemen, weil der Statuswechsel an einem Punkt zu Ungleichgewicht und damit möglicherweise zu einem Statuswechsel an anderer Stelle führt usw.

Deshalb müssen Maßnahmen getroffen werden, um die Anzahl der Statusänderungen während der Iteration möglichst klein zu halten. Ein Weg ist die Wahl geeigneter Toleranzen, ein anderer, die Charakteristik eines Kontaktelementes am Statuswechsel differenzierbar zu machen.

Abb. 10.27 Repräsentativer Block zur Abschätzung der lokalen Steifigkeit. **a** bei gleichen Elementkantenlängen, **b** bei größerer Elementdichte in Dickenrichtung

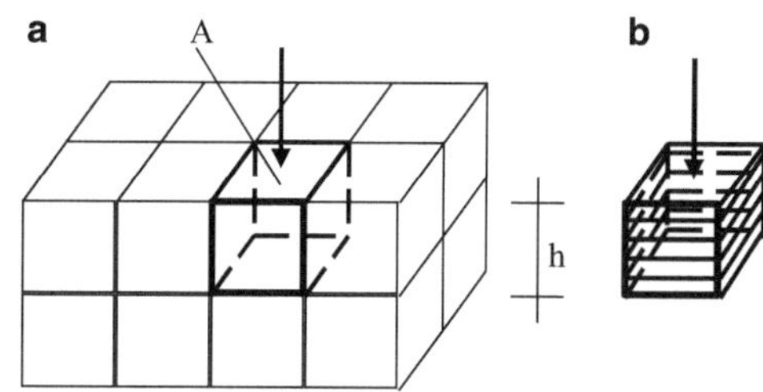

10.7.1 Penalty-Verfahren

Im Penalty-Verfahren muss eine gewisse Eindringung zugelassen werden. Diese hängt von der Kontaktsteifigkeit ab. Um erfolgreich zu sein, muss die Steifigkeit so gewählt werden, dass auf der einen Seite die Anzahl der Statuswechsel während der Iteration klein gehalten wird, was eine große Toleranz und damit eine kleine Steifigkeit erfordert, auf der anderen Seite die Eindringung so klein ist, dass Spannungen und Verschiebungen der angrenzenden Elemente nicht verfälscht werden, was wiederum eine große Steifigkeit erfordert.

Das Ziel ist, die Kontaktsteifigkeit wesentlich größer zu machen als die **Steifigkeit der angrenzenden Systeme**. Diese Systemsteifigkeit kann nur durch Lösen der FE-Gleichungen bestimmt werden, aber auch dann muss man sich vor Augen führen, dass das System sich durch Kontakt oder große Verformungen wesentlich ändern kann. Deshalb ist es nahezu unmöglich, eine für alle Situationen geeignete Steifigkeit automatisch am Beginn des Lösungsprozesses zu bestimmen.

10.7.1.1 Lokale Steifigkeit

Im Falle eher gedrungener Körper, besonders wenn die Deformation durch den Kontakt nur in der Umgebung der Kontaktzone auftritt, kann die Abschätzung einer lokalen Steifigkeit hilfreich sein. Basis ist die Steifigkeit eines Blocks mit der Oberfläche A eines typischen Kontaktelementes und einer gewissen Tiefe h (Abb. 10.27).

Die Federsteifigkeit eines solchen Blockes ist

$$k_\mathrm{n}^* = \frac{EA}{h} \tag{10.28}$$

Die lokale Steifigkeit ändert sich nicht wesentlich, wenn mehr Elemente in Dickenrichtung verwandt werden (Abb. 10.27b). Deshalb sollte h nach den Oberflächenabmessungen gewählt werden, z. B.

$$h = \sqrt{A} \tag{10.29}$$

Die Basissteifigkeit lautet dann:

$$k_\mathrm{n}^* = \frac{Eh^2}{h} = Eh \tag{10.30}$$

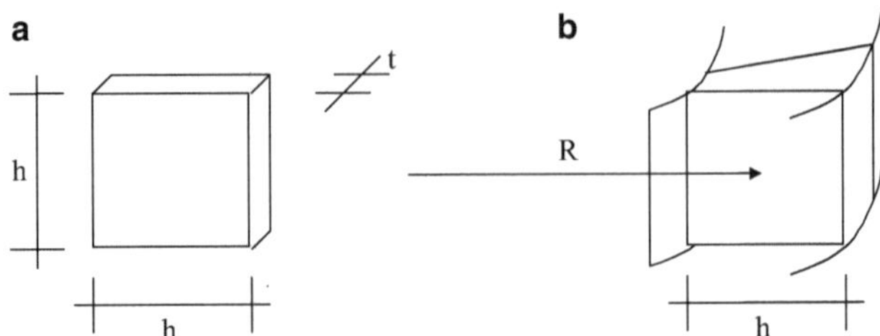

Abb. 10.28 Sonderfälle der Steifigkeitsabschätzung. **a** 2d-System, **b** Rotationssymmetrie

Im Falle einer 2d-Scheibe der Dicke t (Abb. 10.28a) beträgt die Fläche

$$A = ht \tag{10.31}$$

Dadurch wird die Basissteifigkeit

$$k_n^* = \frac{Eht}{h} = Et \tag{10.32}$$

Im Falle von Rotationssymmetrie (Abb. 10.28b) werden Kräfte entweder über den ganzen Umfang oder über 1 rad (Bogenmaß) berechnet. Dadurch ist die Fläche proportional zum Radius R und die Basissteifigkeit wird

$$k_n^* = \frac{Eh \cdot 2\pi R}{h} \sim ER \tag{10.33}$$

ist also vom Radius abhängig. Bei über einen größeren Radiusbereich ausgedehnten rotationssymmetrischen Systemen wäre damit eine veränderliche Steifigkeit wünschenswert, was schwer zu handhaben ist.

Im *Integrationspunkt-Kontakt* wird die Fläche bei der Integration berücksichtigt und die Steifigkeit ist vom Typ Druck durch Länge. In allen Fällen ergibt sich die lokale Basissteifigkeit zu

$$k_n^* = \frac{E}{h} \tag{10.34}$$

Trotzdem, den Erläuterungen zu Abb. 10.27 folgend, sollte h eine charakteristische Länge der Kontakt*oberfläche* sein.

Die Kontaktsteifigkeit k_n soll höher als k_n^* gewählt werden, nämlich um einen Faktor zwischen 1 und 100, um sicherzustellen, dass die Kontaktelemente weniger als die Bauteile deformiert werden. Je größer die erwartete Kontaktzone ist, desto kleiner kann der Skalierungsfaktor gewählt werden. Bei unterschiedlichen steifen Materialien soll die für das weichere Bauteil ermittelte Basissteifigkeit k_n^* verwandt werden.

10.7.1.2 Systemsteifigkeit

Die Abschätzung der lokalen Steifigkeit kann unzureichend sein, wenn die Kontaktkräfte eine globale Verformung hervorrufen. Insbesondere geschieht das bei dünnwandigen oder schlanken Tragwerken wie balken- oder schalenähnlichen Strukturen, und zwar unabhängig vom gewählten Elementtyp.

Die Systemsteifigkeit kann durch die folgende Vorgehensweise bestimmt werden:

Alg. 10.1 Bestimmung der Systemsteifigkeit

- bringe ein Kräftepaar F auf zwei in etwa gegenüberliegende Knoten im Zentrum der erwarteten Kontaktzone auf
- berechne das System
- bestimme die Relativverschiebung Δ
- berechne die Basissteifigkeit $k_\mathrm{n}^* = \dfrac{F}{\Delta}$

Für den Integrationspunkt-Kontakt muss k_n^* entweder durch eine typische Segmentfläche geteilt oder ein Druck p aufgebracht werden, d. h.

$$k_\mathrm{n}^* = \frac{F}{\Delta \cdot A} \quad \text{bzw.} \quad k_\mathrm{n}^* = \frac{p}{\Delta} \tag{10.35}$$

Auch hier muss k_n^* skaliert werden, um die Kontaktsteifigkeit zu erhalten.

Gewöhnlich ist eine lineare Lösung ausreichend. Dann erfordert die Methode nur die Rechenzeit eines einzigen Iterationsschrittes, aber eine gute Steifigkeit kann die Zahl der Iterationen wesentlich verringern.

10.7.1.3 Nichtlineares Materialverhalten

Bei nichtlinearem Material beschreibt der Elastizitätsmodul nur das Verhalten am Anfang, später verändert sich die Steifigkeit, sowohl die lokale als auch die Systemsteifigkeit. Für die Beschränkung der Eindringung wäre nun die Sekantensteifigkeit maßgebend, für die Konvergenz aber die Veränderung der Kräfte mit den Verschiebungen, also die Tangentensteifigkeit. Da beide nicht zusammenfallen, bedeutet das, dass der Bereich, in dem die Kontaktsteifigkeit sinnvoll gewählt werden kann, kleiner wird.

10.7.1.4 Angepasste (adaptive) Steifigkeit

Nur die lokale Abschätzung kann automatisch vom Programm vorab vorgenommen werden, ist aber nicht in allen Fällen ausreichend. Während des Lösungsprozesses wird mehr über die Größenordnung der Kontaktkräfte bekannt, sodass das Programm die Steifigkeit

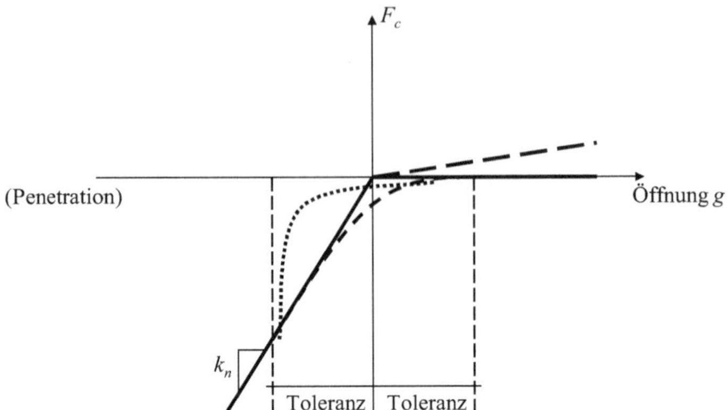

Abb. 10.29 Mögliche Kraft-Eindringungs-Charakteristik eines Penalty-Kontaktelementes: Standard (*durchgehend*), weiche Zugfeder (*grob gestrichelt*), hyperbolisch (*gepunktet*), parabolisch (*gestrichelt*)

so setzen kann, dass die Eindringung innerhalb einer bestimmten Toleranz bleibt. Andererseits kann bei schlechter Konvergenz mit einer Verringerung der Steifigkeit reagiert werden.

10.7.1.5 Differenzierbare Kraft-Eindringungs-Charakteristik

Wie beschrieben beeinflusst die Penalty-Steifigkeit die hinzunehmende Eindringung. Das ändert allerdings nichts an der Tatsache, dass die Kraft-Eindringungs-Charakteristik (Abb. 10.29) eines Kontaktelementes an der Stelle des Statuswechsels einen Knick, eine plötzliche Änderung der Steigung aufweist und daher dort nicht differenzierbar und somit ungeeignet für das Newton-Raphson-Verfahren ist.

Eine weiche Feder im Zugbereich (grob gestrichelt) kann eine gewisse Hilfe sein, ändert aber nichts am Grundproblem.

Die Lösung kann eine differenzierbare Kraft-Eindringungs-Funktion sein, die einen glatten Übergang in die Horizontale bewirkt, wenn sich der Kontakt öffnet.

Eine könnte eine hyperbolische Funktion (gepunktet) sein, aber die ist wegen der Singularität nur auf eine Eindringung innerhalb einer gewissen Toleranz anwendbar.

Eine andere Möglichkeit ist eine Ausrundung durch eine Polynomfunktion (gestrichelt) im Bereich ±tol einer Toleranzzone um die Kontaktöffnung. Sie muss von dritter Ordnung sein, um die folgenden vier Bedingungen zu erfüllen:

- $F_c\,(-\mathrm{tol}) = -k_n \cdot \mathrm{tol}$
- $F_c'\,(-\mathrm{tol}) = k_n$
- $F_c\,(\mathrm{tol}) = 0$
- $F_c'\,(\mathrm{tol}) = 0$

Statt bei größeren Eindringungen mit einem linearen Verlauf fortzufahren, kann die nicht-lineare Funktion weiter benutzt werden, vorausgesetzt, dass kein Wendepunkt auftritt.

Die Ausrundung führt dazu, dass bereits kurz vor dem Berühren eine kleine Druckkraft erzeugt wird. Das bedeutet aber keinen größeren Fehler als eine Eindringung, die im Mittel sogar zurückgeht.

10.7.2 Lagrange-Verfahren und direkte Einbringung (MPC)

10.7.2.1 Toleranzen

In der Methode der Lagrange'schen Multiplikatoren und bei der direkten Einbringung wird die Kontaktbedingung exakt erfüllt. Das bedeutet aber, dass eine geringe Störung durch ein anderes Element den Kontakt öffnen kann, wodurch die Kontaktkraft gelöscht und ein neues Ungleichgewicht erzeugt wird, das eine weitere Iteration nötig macht. Deshalb muss es auch bei diesen Verfahren eine Toleranz geben. Sie kann in der Eindringung liegen, es können aber auch in gewissem Rahmen Zugkräfte akzeptiert werden, bevor ein Kontakt, der einmal geschlossen war, wieder geöffnet wird. Eine Eindringung von null sieht gut aus, wird sie aber durch Zulassung einer Zugkraft erkauft, stellt diese auch einen Fehler dar, nur dass Kontaktzugkräfte gewöhnlich nicht dargestellt werden.

10.7.2.2 Differenzierbare Charakteristik

Die reine Lagrange-Methode und die direkte Einbringung zeigen auch oder gerade den Knick in der Kraft-Eindringungs-Charakteristik. In Zusammenhang mit dem Augmented- und Perturbed-Lagrange-Verfahren kann diese geglättet werden.

10.7.3 Geeignete Vernetzung und Lastaufbringung

Unabhängig von dem Verfahren, die Kontaktkräfte zu berechnen, beruhen weitere Methoden der Konvergenzverbesserung darauf, den Einfluss der Statuswechsel auf das globale Gleichgewicht zu verringern, sodass die Kraft-Verschiebungs-Charakteristik des Gesamtsystems nahezu glatt ist. Ein feineres Netz im Kontaktbereich teilt die Kontaktkräfte in kleinere Portionen auf. Damit kann durch kleinere Schrittweiten ein langsames Ausbreiten der Kontaktzone und damit eine Konvergenzverbesserung erreicht werden.

10.8 Reibung

Bisher wurde nur die Kontaktnormalkraft bzw. -spannung betrachtet. Reibung behindert die Bewegung in tangentialer Richtung und ist von der Normalkraft abhängig. Am bekanntesten ist das Coulomb'sche Reibgesetz

$$F_{\mathrm{R}} \le -\mu F_{\mathrm{c}} \tag{10.36}$$

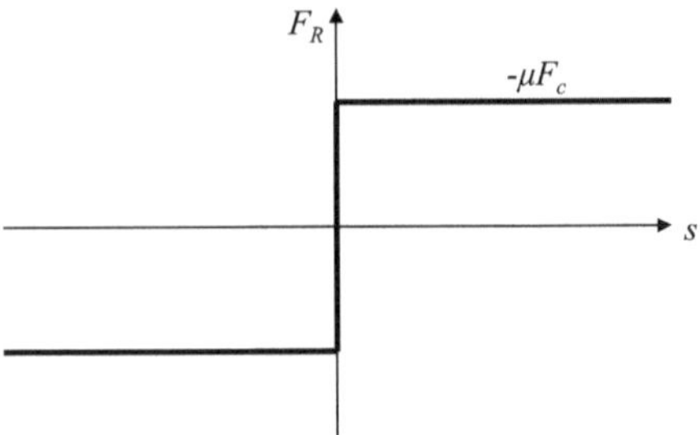

Abb. 10.30 Kontaktcharakteristik in tangentialer Richtung bei Reibung

wobei μ der von beiden Oberflächen abhängige Reibkoeffizient und

F_R der Betrag der Reibkraft ist.

Das Minuszeichen ergibt sich daraus, dass eine Kontaktdruckkraft hier negativ angesetzt wurde. Durch das Reibgesetz wird die Tangentialkraft begrenzt; solange die vorhandene Kraft kleiner ist, liegt Haftung vor.

Bei der direkten Einbringung der Kontaktbedingungen in das Gleichungssystem wird zunächst angenommen, dass Haftung vorliegt, der Kontaktpunkt also auch in tangentialer Richtung an das Mastersegment gebunden ist. Daraus ergibt sich eine Koppelgleichung. Nach Lösen des Gleichungssystems kann aus dieser die Tangentialkraft berechnet werden. Ist sie größer als die maximale Reibkraft, wird diese angesetzt und die Koppelgleichung entfernt.

Ähnlich verhält es sich beim Lagrange-Verfahren. Als Nebenbedingung gilt, dass der Reibweg s null sein muss. Dies wird mit einem zusätzlichen Lagrange-Multiplikator λ_R, der als Tangentialkraft zu interpretieren ist, erzwungen. Bei Überschreiten der maximalen Reibkraft wird wie zuvor verfahren.

Die Tücke liegt darin, dass die Reibkraft der potenziellen Tangentialbewegung entgegenwirken muss. Kommt es also durch Einflüsse anderer Bereiche des Modells zu einer Umkehrung der Bewegungsrichtung, kehrt sich auch die Reibkraft um, was eine sprunghafte Änderung bedeutet (Abb. 10.30) und eine massive Störung des Gleichgewichts und damit ein Konvergenzproblem hervorrufen kann. Gl. (10.36) ist eine Ungleichung, deren Schranke sich aus einer weiteren Ungleichung, nämlich der Kontaktbedingung ergibt. Dadurch macht Reibung die Erzielung von Konvergenz eher schwieriger. Hier müssen entsprechende Toleranzen vorgegeben werden.

Beim Penalty-Verfahren wird auch die Haftbedingung durch eine Feder, hier eine tangential wirkende, realisiert. Wiederum wird ein Weg, hier ein Gleitweg, benötigt, um die Tangentialkraft hervorzurufen. Sie ist ebenfalls durch die maximale Reibkraft begrenzt (Abb. 10.31).

Bei der Bestimmung der Steifigkeit in Normalenrichtung hilft eine physikalische Vorstellung. Für die tangentiale Steifigkeit wäre dies, dass vor dem Gleiten die verzahnten Oberflächenrauigkeiten deformiert werden. Tatsächlich muss aber aus Konvergenzgrün-

Abb. 10.31 Kontaktcharakteristik in tangentialer Richtung im Penalty-Verfahren bei Reibung

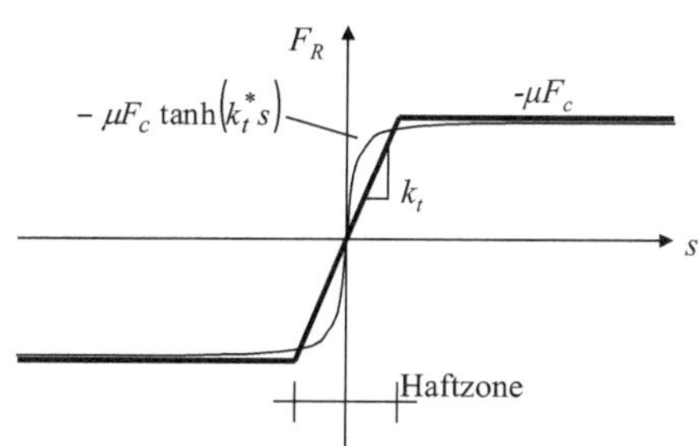

den ein deutlich größerer Weg bis zum Erreichen der maximalen Kraft zugelassen werden. Die tangentiale Steifigkeit k_t ist eher kleiner als die Normalsteifigkeit zu wählen. Trotzdem verbleibt ein nicht differenzierbarer Knick in der Charakteristik. Hier kann eine Ausrundung Abhilfe schaffen. Dazu bietet sich die Tangens-hyperbolicus-Funktion an. Der Form-Parameter k_t^*, der die Anfangssteigung bestimmt, kann deutlich höher als k_t gewählt werden und trotzdem bleiben Schrittweitenverkleinerung und Newton-Verfahren gute Möglichkeiten zur Erzielung einer konvergierten Lösung.

Kontaktfeststellung

Neben der Erzielung von Konvergenz ist der kritischste Punkt bei der Programmierung eines Kontaktalgorithmus' eine effektive Kontaktsuche. Viel Erfahrung wird benötigt, um alle möglichen Fälle abzudecken. Nicht alles ist veröffentlicht. Darum können hier nur Grundgedanken aufgezeigt werden.

Wie in der Einleitung erwähnt, wird Kontakt durch elementähnliche Gebilde ermittelt: Elemente, Segmente usw., die z. T. nur temporär betrachtet und gespeichert werden.

Für *Knoten-zu-Knoten-Kontakt* sind alle Kontaktpaare definiert. Die Projektion des Abstandsvektors auf die Normale zur Gleitebene ergibt Eindringung oder Klaffung. Kontaktfeststellung ist hier kein Problem.

11.1 Suchstrategien

Für Knoten-zu-Oberfläche- und Punkt-zu-Oberfläche-Kontakt mit beliebigen Relativverschiebungen ist eine schnelle Kontaktsuche eine Herausforderung. Wenn zwei Oberflächen (nur) je 1000 Knoten oder Elemente aufweisen, ergeben sich schon eine Million mögliche Kontaktpaare.

11.1.1 Bucket Sort

Für den *Bucket Sort* (man könnte „Päckchensortierung" sagen, *bucket* heißt etwa Eimer oder (Bagger-)Schaufel) wird der Raum um ein Modell in eine Anzahl von Quadern zerlegt (Abb. 11.1), die je Richtung die gleiche Länge haben oder deren Länge sich nach einer umkehrbaren Funktion richtet, sodass zu jedem Knoten oder Punkt aus den aktuellen Koordinaten (einschließlich der Verschiebungen) berechnet werden kann, in welchem Quader er sich befindet.

© Springer Fachmedien Wiesbaden 2016

W. Rust, *Nichtlineare Finite-Elemente-Berechnungen*, DOI 10.1007/978-3-658-13378-8_11

Abb. 11.1 Bucket Sort

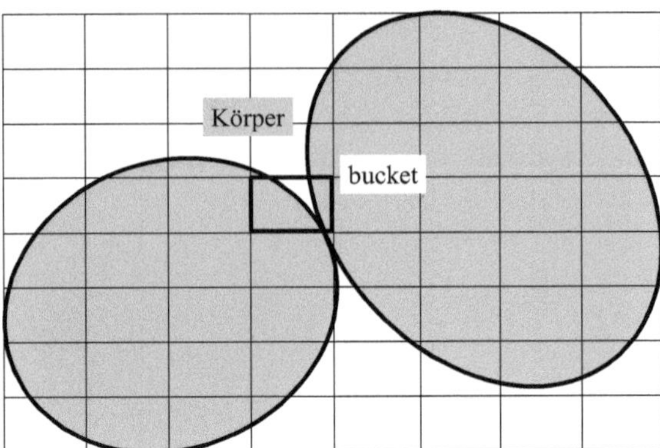

Abb. 11.2 Nachbarn in einem
bucket sort

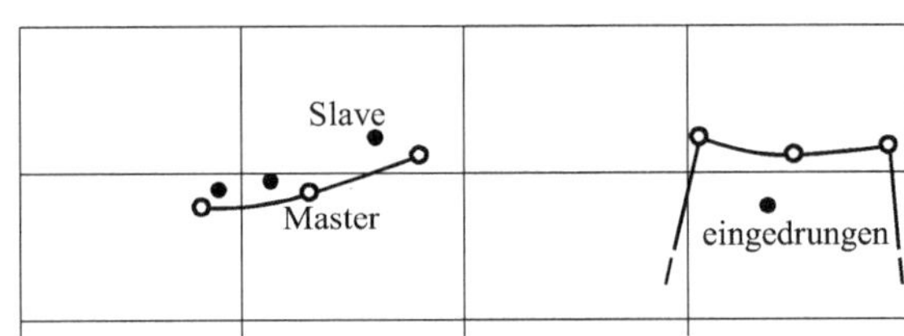

Auf den ersten Blick scheint es, als könne ein Master-Segment nur in Kontakt mit Knoten oder Punkten sein, die sich in demselben Quader befinden wie einer ihrer Knoten. Das reduziert die Zahl der möglichen Kontaktpaare deutlich. Weil ein Knoten eine wesentliche Eindringung haben kann, bevor diese durch Kontaktkräfte reduziert wird, müssen auch Nachbarquader in Betracht gezogen werden (Abb. 11.2).

Die Quadergröße ergibt sich aus den Gesamtabmessungen des Modells und den darin befindlichen Knoten. Große Master-Segmente, die diese Referenzgröße deutlich überschreiten, werden mit Zwischenpunkten versehen.

11.1.2　Pinball-Algorithmus

Ein Kontaktpunkt kann nicht auf einer Master-Fläche liegen, wenn sein Abstand zu dessen Mittelpunkt größer ist als die Hälfte des größeren Durchmessers (Abb. 11.3a). Ein Abstand – hier genügte zunächst auch das Abstandsquadrat – kann relativ schnell berechnet werden. Alle Punkte im Raum, die in dieser Distanz liegen, bilden eine Kugel, den so genannten Pinball.

Berücksichtigt man, dass auch eine wesentliche Eindringung vorliegen kann, muss der Radius größer gewählt werden (Abb. 11.3b).

Ein Kontaktpunkt außerhalb des Pinballs wird als weit entfernt betrachtet; weitere Berechnungen werden nicht durchgeführt. Das bedeutet auch, dass eine große Eindringung in einen Körper, aber außerhalb des Pinballs seiner Oberflächensegmente nicht festgestellt wird.

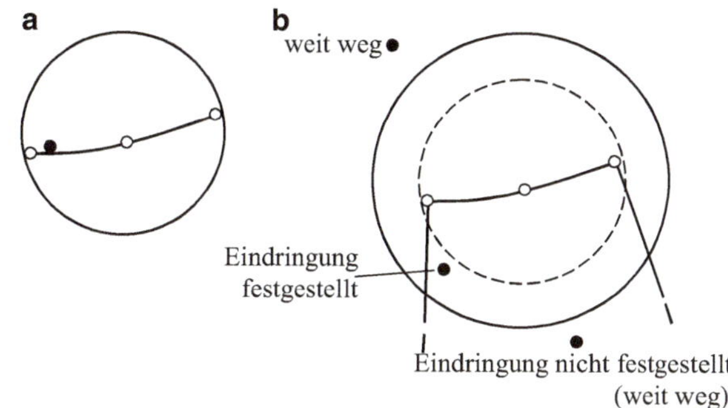

Abb. 11.3 Der Pinball. **a** eng um das Mastersegment, **b** mit erweitertem Radius

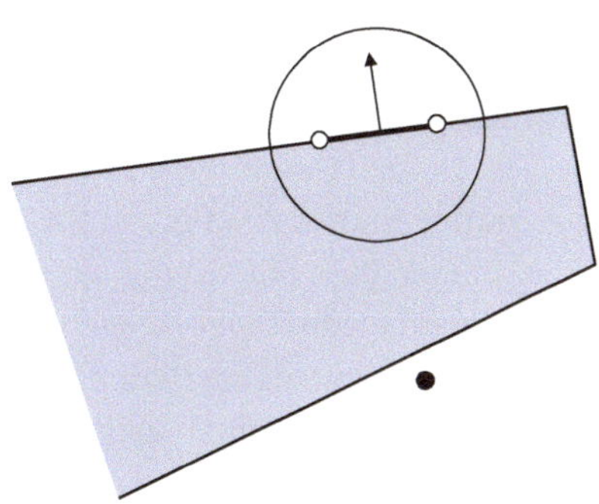

Abb. 11.4 Vermeidung von falschen Kontaktfeststellungen durch den Pinball-Algorithmus

Auf der anderen Seite ist es notwendig, Punkte außerhalb des gegenüberliegenden Randes eines Körpers davon auszuschließen, als in Kontakt befindlich betrachtet zu werden (Abb. 11.4).

Für den Pinball-Algorithmus ist es notwendig, den Abstand zu jedem potenziellen Kontaktpartner zu berechnen, was eine enorme Anzahl an Operationen bedeuten kann. Deshalb kann die Kombination mit dem *Bucket sort* nützlich sein. Wenn möglich, sollte der Benutzer mit der Kontaktdefinition dem Programm mitteilen, welche Oberflächen gegenseitig in Kontakt kommen können und welche nicht.

Ein anderer Typ des Pinball-Algorithmus' hat den Slave-Knoten oder Kontaktpunkt zum Mittelpunkt (Abb. 11.5). Master-Segmente werden als weit entfernt liegend

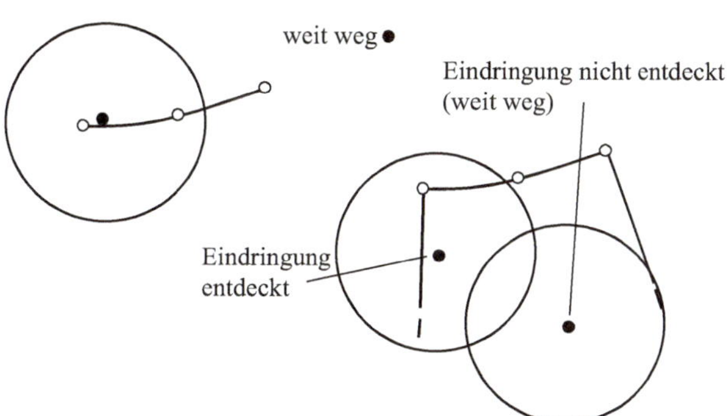

Abb. 11.5 Kontaktpunkt-orientierter Pinball-Algorithmus

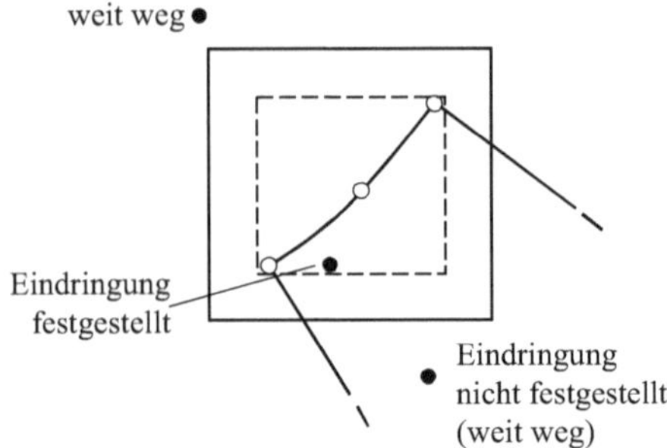

Abb. 11.6 Rechteck- anstelle Pinball-Algorithmus

betrachtet, wenn keiner ihrer Knoten im Pinball liegt. Für besonders große Segmente würden aber auch hier Zwischenknoten benötigt.

Der Pinball-Algorithmus in LS-DYNA ist davon noch einmal verschieden, aber nicht genau dokumentiert. „Pinball"-Algorithmus hat also keine eindeutige Bedeutung, meint aber immer, dass eine Kugel um einen Punkt eine wesentliche Rolle spielt.

Anstelle einer Kugel ist auch ein Rechteck in 2d oder Quader in 3d, orientiert an dem globalen Koordinatensystem, für eine Vorauswahl geeignet (Abb. 11.6), weil auch hier die Nähe oder Ferne schnell festgestellt werden kann.

11.1.3 Topologie-Suche

Den Zusammenhang zwischen Knoten und Elementen und damit den Aufbau des Netzes bezeichnet man gerne als Topologie. Deren Benutzung kann die Kontaktsuche beschleunigen. Zu einem Master-Segment sind die Nachbarn, ist also die Oberflächen-Topologie bekannt. Wenn der Kontakt geschlossen ist und der Kontaktpunkt entlang der Oberfläche gleitet, muss er ein Nachbar-Segment berühren, wenn er eine Kante überschreitet. Das beschränkt die Kontaktsuche auf die Nachbarn. Dazu muss allerdings durch die Wahl der Lastinkremente sichergestellt werden, dass der Punkt in einem Schritt nicht über mehr als ein Segment gleitet. Wenn doch, ist der Punkt an kein Segment mehr gebunden und eine neue allgemeine Suche beginnt. Dies stände aber auch der Aufzeichnung des Reibweges entgegen.

Ein Problem kann entstehen, wenn eine als gemeinsam definierte Oberfläche eine topologische Lücke aufweist (Abb. 11.7).

Abb. 11.7 Problem bei der Topologie-Suche

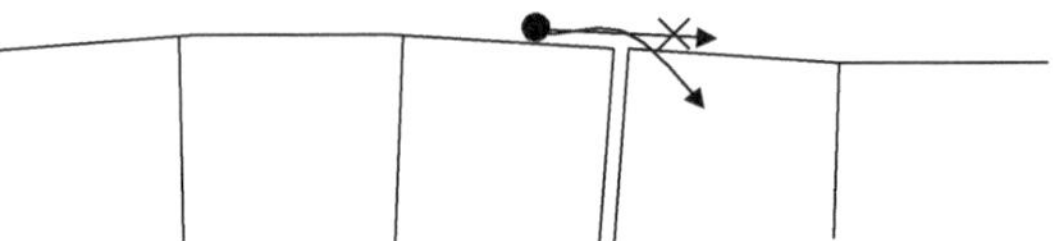

In einem Selbstkontakt („*single surface*") kann ein Knoten nicht in Kontakt mit den Segmenten sein, zu denen er gehört, auch wenn diese sowohl als Master als auch als Slave definiert sind. Auch hier hilft die Topologie, die Suche zu erleichtern.

11.2 Nahbereichs-Kontaktberechnungen

Wenn erst einmal potenzielle Kontaktpartner durch eine der obigen Ideen identifiziert worden sind, müssen folgende Fragen geklärt werden:

- Liegt ein Kontaktpunkt direkt, also orthogonal, über einem Master-Segment oder außerhalb, also nur in der Nähe?
- Wie groß ist der Abstand zwischen Kontaktpunkt und Master-Segment und liegt eine Eindringung oder ein Spalt vor?

Wie man aber sehen wird, sind beide Aufgaben oft gekoppelt.

Für die Beschreibung von Kontakt ist immer die aktuelle verformte Konfiguration maßgebend, deren Koordinaten sich aus Ausgangskoordinaten plus Verschiebungen ergeben:

$$\mathbf{x} = \mathbf{x}_0 + \mathbf{u} \tag{11.1}$$

Das gilt sowohl für die Funktion im Element als auch für die Knotenwerte.

11.2.1 Kontakt-Normale

Bei Kontakt spielt stets die Normale zur Oberfläche eine Rolle. Deren mathematische Beschreibung und ihr Einfluss sind im ebenen und räumlichen Falle nicht trivial.

Nachdem ein Kontaktfeststellungspunkt eine Oberfläche berührt hat, sind folgende Effekte möglich:

- Die Bewegung dieses Punktes senkrecht zur Oberfläche ($\mathbf{n}$-Richtung in Abb. 11.8) wird aufgehalten und eine entsprechende Kraft, die Kontaktkraft, wird bestimmt.
- Der Punkt kann auf der Oberfläche gleiten. Dies führt zu Reibkräften, solange Reibung definiert ist. Um Reibung auf einer Oberfläche im dreidimensionalen Raum zu beschreiben, sind zwei unabhängige, rechtwinklig zu einander stehende Richtungen nötig. Der aktuelle Gleitweg und die aktuelle Reibkraft werden in die beiden Richtungen zerlegt.

Da die Normalenrichtung von besonderer Bedeutung ist, wird sie im Detail betrachtet.

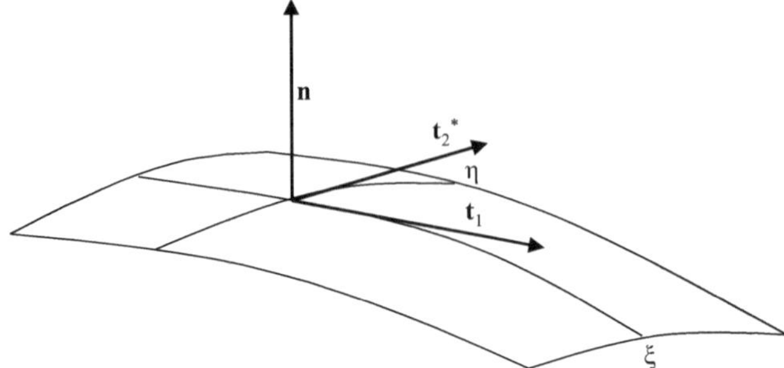

Abb. 11.8 Koordinaten auf einer Kontaktoberfläche (Target oder Master)

Bei einem geradlinigen Element im 2d-Falle oder bei einem 3-Knoten-Element im Raum gibt es nur eine Normalenrichtung je Segment, die im Falle des Dreiecks durch das Vektorprodukt zweier Kantenvektoren berechnet werden kann.

Im Falle von gekrümmten, 4-knotigen oder Elementen höherer Ansatzordnung, ergibt die isoparametrische Beschreibung der Oberfläche

$$
\begin{bmatrix} x(\xi,\eta) \\ y(\xi,\eta) \\ z(\xi,\eta) \end{bmatrix}^{\text{act}} = \begin{bmatrix} x(\xi,\eta) \\ y(\xi,\eta) \\ z(\xi,\eta) \end{bmatrix} + \begin{bmatrix} u(\xi,\eta) \\ v(\xi,\eta) \\ w(\xi,\eta) \end{bmatrix} = \begin{bmatrix} \mathbf{N}(\xi,\eta)\,(\hat{\mathbf{x}}_0 + \hat{\mathbf{u}}) \\ \mathbf{N}(\xi,\eta)\,(\hat{\mathbf{y}}_0 + \hat{\mathbf{v}}) \\ \mathbf{N}(\xi,\eta)\,(\hat{\mathbf{z}}_0 + \hat{\mathbf{w}}) \end{bmatrix}
$$
$$
= \begin{bmatrix} \mathbf{N}(\xi,\eta)\,\hat{\mathbf{x}} \\ \mathbf{N}(\xi,\eta)\,\hat{\mathbf{y}} \\ \mathbf{N}(\xi,\eta)\,\hat{\mathbf{z}} \end{bmatrix} \tag{11.2}
$$

durch Ableiten nach den Einheitskoordinaten die zwei unabhängigen Tangentenvektoren

$$
\mathbf{t}_1 = \begin{bmatrix} \dfrac{\partial x^{\text{act}}}{\partial \xi} \\[2mm] \dfrac{\partial y^{\text{act}}}{\partial \xi} \\[2mm] \dfrac{\partial z^{\text{act}}}{\partial \xi} \end{bmatrix} = \begin{bmatrix} \dfrac{\partial \mathbf{N}}{\partial \xi}\hat{\mathbf{x}} \\[2mm] \dfrac{\partial \mathbf{N}}{\partial \xi}\hat{\mathbf{y}} \\[2mm] \dfrac{\partial \mathbf{N}}{\partial \xi}\hat{\mathbf{z}} \end{bmatrix} \quad \text{und} \quad \mathbf{t}_2^* = \begin{bmatrix} \dfrac{\partial x^{\text{act}}}{\partial \eta} \\[2mm] \dfrac{\partial y^{\text{act}}}{\partial \eta} \\[2mm] \dfrac{\partial z^{\text{act}}}{\partial \eta} \end{bmatrix} \tag{11.3}
$$

Die Normale ist dann $\mathbf{n} = \mathbf{t}_1 \times \mathbf{t}_2^*$ und der zweite Tangentenvektor wird $\mathbf{t}_2 = \mathbf{n} \times \mathbf{t}_1$, sodass alle drei Vektoren eine cartesische Basis bilden. Grundsätzlich müssen die Basisvektoren auf die Länge 1 normiert werden. Siehe dazu aber auch die Beispiele in Abschn. 11.2.5.

Wenn gekrümmte Oberflächen mit Elementen mit geraden Kanten diskretisiert werden, ändert sich die Normalenrichtung an den Rändern plötzlich (Abb. 11.9), was zu Störungen des Gleichgewichts führt, wenn ein Kontaktpunkt von einem Segment zum nächsten gleitet. Dies gilt auch, wenn Elemente höherer Ansatzordnung verwandt werden, jedoch in geringerem Maße.

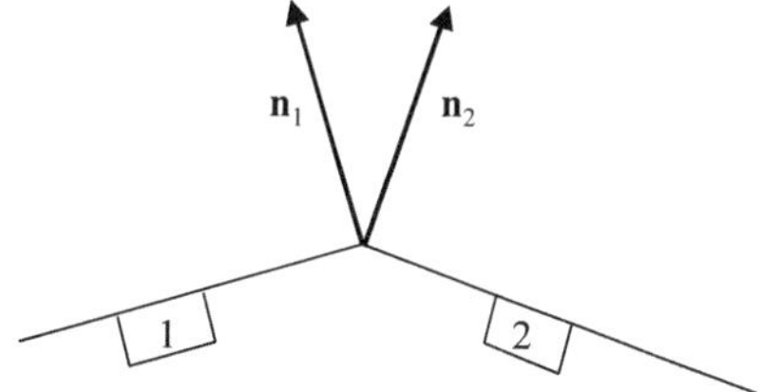

Abb. 11.9 Normalen in angrenzenden Segmenten

Dieses Problem kann vollständig vermieden werden, wenn eine C^1-stetige Beschreibung (Stetigkeit in der ersten Ableitung) verwandt wird (Abb. 11.10). Dazu kann ein kubischer Spline durch die aktuellen Knotenkoordinaten gelegt werden. C^1-stetige Ansatzfunktionen sind von Schalenelementen bekannt und weisen Abhängigkeiten von Drehfreiheitsgraden auf. Diese können durch die Rotation der anfänglichen Segmentnormale zur aktuellen, am gemeinsamen Knoten gemittelten, Normale $\hat{\mathbf{n}}_{\mathrm{av}}$ ersetzt werden, sodass die Methode auch anwendbar ist, wenn im Modell nur Verschiebungsfreiheitsgrade vorkommen.

Eine weitere Unzulänglichkeit, die durch eine C^1-stetige Beschreibung der Kontaktgeometrie gelöst werden kann, ergibt sich bei der Verwendung geradliniger Viereckelemente mit bilinearem Ansatz. Diese weisen stets, wenn sie nicht zufällig eben sind, eine negative Gauß'sche Krümmung auf, d. h. die Mittelpunkte der beiden Hauptkrümmungen liegen in entgegengesetzten Richtungen (Beispiel Hypar-Schale). Das gilt auch, wenn ein System mit positiver Krümmung, z. B. eine Kugel, oder etwa ein Zylinder mit solchen Elementen überzogen wird, insbesondere bei ungleichmäßiger Vernetzung.

Eine andere Methode, kontinuierliche Normalenrichtungen oder genauer kontinuierliche Kontaktkraftrichtungen zu erzeugen, ist, an den Knoten jeweils gemittelte Normalenrichtungen (Abb. 11.10) zu bestimmen und dann für einen beliebigen Punkt im Segment durch Interpolation gemäß den Ansatzfunktionen zu berechnen (Abb. 11.11):

$$\mathbf{n}\,(\xi, \eta) = \mathbf{N}\,(\xi, \eta)\,\hat{\mathbf{n}}_{\mathrm{av}} \tag{11.4}$$

Anstelle der Mittelung der Komponenten selbst kann es vorteilhaft sein, die Quadrate der Komponenten der Normalenvektoren zu mitteln: Haben die Vektoren vor der Mittelwert-

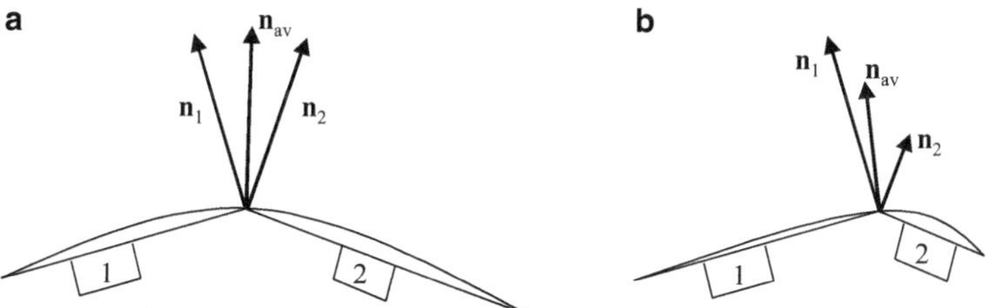

Abb. 11.10 C^1-stetige Oberfläche durch gemittelte Normalen **a** bei gleicher Länge, **b** bei Beibehaltung ungleicher Längen

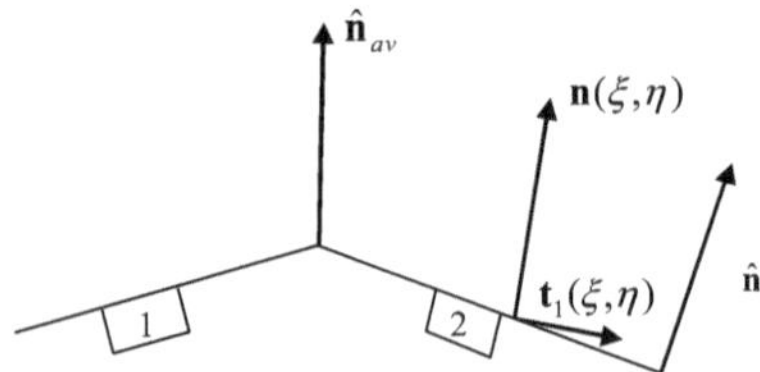

Abb. 11.11 Geglättete Normalen

bildung die gleiche Länge, so gilt das auch für $\mathbf{n}_{\mathrm{av}}$. Leicht auszuprobieren für $\mathbf{n}_1 = \{0; 1\}$ und $\mathbf{n}_2 = \{1; 0\}$: Mittelung der Komponenten führt auf $\mathbf{n}_{\mathrm{av}} = \{0{,}5; 0{,}5\}$, Mittelung der Quadrate wegen

$$n_{\mathrm{avx}} = \sqrt{\frac{1}{2}\,(0^2 + 1^2)} = \sqrt{0{,}5} \tag{11.5}$$

auf $\mathbf{n}_{\mathrm{av}} = \{0{,}707; 0{,}707\}$, was wieder die Länge 1 ergibt.

Werden die Tangenten über (11.3) bestimmt, so haben ihre Längen einen Bezug zur Elementgröße. Dies wirkt sich auch auf die gemittelte Normalenrichtung aus. Es ist dann nicht unbedingt erforderlich, vor der Mittelung auf eine gemeinsame Länge zu skalieren. Vielmehr entspricht $\mathbf{n}_{\mathrm{av}}$ aus den ungleich langen Vektoren eher der Normalen eines Splines durch die Eckknoten (Abb. 11.10b).

Die eigentlichen Kontaktkräfte sind in Richtung der Normalen orientiert, typischerweise in Richtung der Target- oder Master-Normalen. Es ist jedoch möglich, besonders in Zusammenhang mit Kontaktpunkten *innerhalb* der Segmente, eine Orientierung an der Slave-Fläche vorzunehmen, was vorteilhaft sein kann (s. Abschn. 11.2.3.1).

Wenn das Netz fein genug ist und die Kontaktfläche sich über genügend Elemente ausbreiten konnte, berühren nicht nur Punkte die Oberflächen, sondern die Slave-Segmente als Ganzes, sodass der Unterschied zwischen Master- und Slave-Normale verschwindet.

11.2.2 Pseudoelement-Algorithmus

Der Pseudoelement-Algorithmus wird hier für ein gekrümmtes Liniensegment in 2d dargestellt. An den Masterknoten werden die Normalen berechnet. Am Übergang zu den Nachbarn sind gemittelte Richtungen die geeignete Wahl. Dann werden weitere Punkte in einer festgelegten Entfernung entlang den Normalen und in Gegenrichtung erzeugt. Diese Punkte dienen als Knoten für die Kontaktzone, die wie ein Element behandelt wird, das Pseudo-Element (Abb. 11.12). Seine Ansatzfunktionen haben parallel zum Segment dessen Verlauf (z. B. quadratisch) mit der Einheitskoordinate ξ (und η im 3d-Fall) und linearen in Normalenrichtung mit der Einheitskoordinate ζ. Außerhalb des Pseudo-Elementes werden Punkte als „weit entfernt" betrachtet.

Sind erst die Einheitskoordinaten $\{\xi_{\mathrm{cp}}; \zeta_{\mathrm{cp}}\}$ eines Kontaktpunktes $\mathbf{x}^{\mathrm{cp}}$ bekannt, können sie folgendermaßen interpretiert werden:

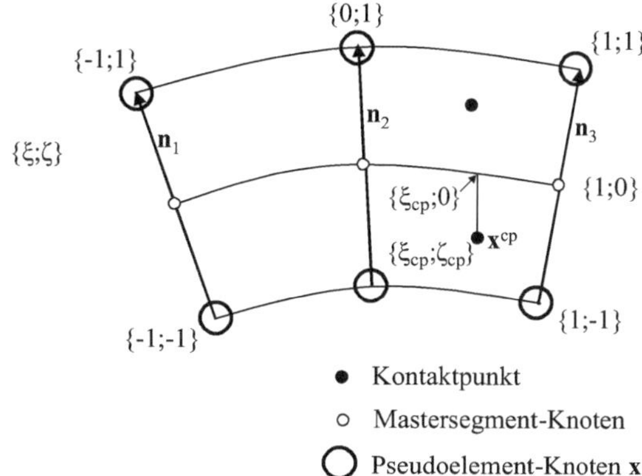

Abb. 11.12 Pseudo-Element für Nahbereichs-Kontaktberechnungen

- Wenn $-1 \leq \xi_{cp} \leq 1$, liegt der Kontaktpunkt senkrecht über oder unter dem Mastersegment, sonst außerhalb
- $\{\xi_{cp}; 0\}$ sind die Einheitskoordinaten des Berührpunktes
- Wenn ζ_{cp} positiv ist, liegt ein Abstand vor, bei negativem Wert eine Eindringung, die bestimmt werden kann als

$$g = \zeta_{cp} \| \mathbf{n}\left(\xi_{cp}\right) \| \tag{11.6}$$

Die Einheitskoordinaten können aus den Ansatzfunktionen und den aktuellen Knotenkoordinaten, der Summe aus Anfangskoordinaten und Verschiebungen, bestimmt werden:

$$x\left(\xi_{cp}, \zeta_{cp}\right) = \mathbf{N}\left(\xi_{cp}, \zeta_{cp}\right) \hat{\mathbf{x}}^{pe} \tag{11.7a}$$

$$y\left(\xi_{cp}, \zeta_{cp}\right) = \mathbf{N}\left(\xi_{cp}, \zeta_{cp}\right) \hat{\mathbf{y}}^{pe} \tag{11.7c}$$

Dies bildet ein System aus zwei nichtlinearen Gleichungen für die zwei Unbekannten ξ_{cp} und ζ_{cp}, die gleichzeitig erfüllt werden müssen.

In 3d gibt es eine weitere Variable, nämlich η_{cp}, und (11.7) muss um

$$z\left(\xi_{cp}, \eta_{cp}, \zeta_{cp}\right) = \mathbf{N}\left(\xi_{cp}, \eta_{cp}, \zeta_{cp}\right) \hat{\mathbf{z}}^{pe} \tag{11.7b}$$

erweitert werden.

11.2.3 Normalensuche

Die Entscheidung, ob ein Kontaktpunkt direkt über oder unter einem Mastersegment liegt oder nicht, kann getroffen werden, indem man das Lot vom potenziellen Kontaktpunkt auf die parametrisierte Oberfläche fällt. Wenn eine der Einheitskoordinaten ξ und η des Fußpunktes außerhalb des gegeben Bereiches, z. B. $[-1; 1]$, liegt, befindet sich der Kontaktpunkt außerhalb des Segmentes und kann daher nicht im Kontakt sein.

Ein beliebiger Punkt auf dem Mastersegment hat die aktuellen Koordinaten

$$\mathbf{x}^{\mathrm{ma}}\left(\xi, \eta\right) = \mathbf{N}\left(\xi, \eta\right) \hat{\mathbf{x}}^{\mathrm{ma}} \tag{11.8}$$

11.2.3.1 Slave-Seiten-orientierte Suche

Wenn die Slave-Seiten-Normale $\mathbf{n}^{\mathrm{sl}}$ der Bezug ist, hat ein Punkt in ihrer Richtung die Koordinaten

$$\mathbf{x}^{\mathrm{nor}} = \mathbf{x}^{\mathrm{sl}} + \zeta \mathbf{n}^{\mathrm{sl}} \tag{11.9}$$

Der Berührpunkt mit den entsprechenden Koordinaten

$$\mathbf{x}^{\mathrm{to}} = \mathbf{x}^{\mathrm{sl}} + \zeta_{\mathrm{to}} \mathbf{n}^{\mathrm{sl}} \tag{11.10}$$

(to wie *touching*) kann dann durch Erfüllen von

$$\mathbf{x}^{\mathrm{ma}} = \mathbf{x}^{\mathrm{to}} \quad \Longleftrightarrow \tag{11.11}$$

$$\mathbf{N}\left(\xi_{\mathrm{to}}, \eta_{\mathrm{to}}\right) \hat{\mathbf{x}}^{\mathrm{ma}} - \mathbf{x}^{\mathrm{sl}} - \zeta_{\mathrm{to}} \mathbf{n}^{\mathrm{sl}} = \mathbf{0} \tag{11.12}$$

gefunden werden. Dies sind drei Gleichungen, um die drei Einheitskoordinaten zu bestimmen.

Wenn ζ_{to} positiv ist, liegt eine Klaffung, bei einem negativen Wert eine Eindringung vor. Deren Betrag ist der Abstand zwischen $\mathbf{x}^{\mathrm{to}}$ and $\mathbf{x}^{\mathrm{sl}}$, also

$$g = \zeta_{\mathrm{to}} \|\mathbf{n}^{\mathrm{sl}}\| \tag{11.13}$$

Wenn das Mastersegment eine bilineare oder quadratische Form aufweist, werden die Gleichungen nichtlinear und die Lösungen sind nicht zwingend eindeutig. Ein Problem entsteht allerdings nur bei extrem gekrümmten Flächenstücken.

11.2.3.2 Master-Seiten-orientierte Normalensuche

Ist die Master-Normale die Suchrichtung, muss der Slave-Knoten auf ihr liegen. Ihr Fußpunkt ist allerdings noch zu bestimmen, sodass gilt:

$$\mathbf{x}^{\mathrm{ma}}\left(\xi_{\mathrm{to}}, \eta_{\mathrm{to}}\right) + \zeta \mathbf{n}^{\mathrm{ma}}\left(\xi_{\mathrm{to}}, \eta_{\mathrm{to}}\right) = \mathbf{x}^{\mathrm{sl}} \tag{11.14}$$

Die Normale wird mit den Überlegungen aus Abschn. 11.2.1 berechnet, sodass sich

$$\mathbf{N}^{\mathrm{ma}}\left(\xi_{\mathrm{to}}, \eta_{\mathrm{to}}\right) \hat{\mathbf{x}}^{\mathrm{ma}} + \zeta \left(\frac{\partial \mathbf{N}^{\mathrm{ma}}\left(\xi_{\mathrm{to}}, \eta_{\mathrm{to}}\right)}{\partial \xi} \hat{\mathbf{x}}^{\mathrm{ma}}\right) \times \left(\frac{\partial \mathbf{N}^{\mathrm{ma}}\left(\xi_{\mathrm{to}}, \eta_{\mathrm{to}}\right)}{\partial \eta} \hat{\mathbf{x}}^{\mathrm{ma}}\right) = \mathbf{x}^{\mathrm{sl}} \tag{11.15}$$

oder

$$\mathbf{N}^{\mathrm{ma}}\left(\xi_{\mathrm{to}}, \eta_{\mathrm{to}}\right) \hat{\mathbf{x}}^{\mathrm{ma}} + \zeta \mathbf{N}^{\mathrm{ma}}\left(\xi_{\mathrm{to}}, \eta_{\mathrm{to}}\right) \hat{\mathbf{n}}^{\mathrm{ma}}_{\mathrm{av}} = \mathbf{x}^{\mathrm{sl}} \tag{11.16}$$

ergibt, also ein nichtlineares Gleichungssystem mit den Unbekannten ξ_{to}, η_{to} und ζ.

11.2.3.3 Orthogonalitätsbedingung

Auch denkbar ist die Ausnutzung der Bedingung, dass der Abstandvektor zwischen Slave-Punkt und Berührpunkt auf der Masterfläche senkrecht zur Tangente stehen, mithin das Skalarprodukt null sein muss:

$$\left(\mathbf{x}^{\mathrm{sl}} - \mathbf{x}^{\mathrm{to}}\right)^{T} \mathbf{t} = 0 \tag{11.17}$$

Im Dreidimensionalen muss der Abstandsvektor senkrecht auf beiden Tangenten stehen, sodass insgesamt

$$\left(\mathbf{x}^{\mathrm{sl}} - \mathbf{N}^{\mathrm{ma}}\left(\xi_{\mathrm{to}}, \eta_{\mathrm{to}}\right) \hat{\mathbf{x}}^{\mathrm{ma}}\right)^{T} \left(\frac{\partial \mathbf{N}^{\mathrm{ma}}\left(\xi_{\mathrm{to}}, \eta_{\mathrm{to}}\right)}{\partial \xi} \hat{\mathbf{x}}^{\mathrm{ma}}\right) = 0 \quad \wedge$$

$$\left(\mathbf{x}^{\mathrm{sl}} - \mathbf{N}^{\mathrm{ma}}\left(\xi_{\mathrm{to}}, \eta_{\mathrm{to}}\right) \hat{\mathbf{x}}^{\mathrm{ma}}\right)^{T} \left(\frac{\partial \mathbf{N}^{\mathrm{ma}}\left(\xi_{\mathrm{to}}, \eta_{\mathrm{to}}\right)}{\partial \eta} \hat{\mathbf{x}}^{\mathrm{ma}}\right) = 0 \tag{11.18}$$

erfüllt werden muss, ein Gleichungssystem nur für ξ_{to} und η_{to}, d. h. es gibt eine Unbekannte weniger als die Anzahl der Dimensionen. Statt der direkten Bestimmung der Tangenten kann hier wie auch im vorigen Kapitel mit den an den Knoten gemittelten Tangenten und deren Interpolation mit dem Elementansatz gerechnet werden. Die Orthogonalitätsbedingung lautet dann:

$$\left(\mathbf{x}^{\mathrm{sl}} - \mathbf{N}^{\mathrm{ma}}\left(\xi_{\mathrm{to}}, \eta_{\mathrm{to}}\right) \hat{\mathbf{x}}^{\mathrm{ma}}\right)^{T} \left(\mathbf{N}^{\mathrm{ma}}\left(\xi_{\mathrm{to}}, \eta_{\mathrm{to}}\right) \hat{\mathbf{t}}_{1}^{\mathrm{ma}}\right) = 0 \quad \wedge$$

$$\left(\mathbf{x}^{\mathrm{sl}} - \mathbf{N}^{\mathrm{ma}}\left(\xi_{\mathrm{to}}, \eta_{\mathrm{to}}\right) \hat{\mathbf{x}}^{\mathrm{ma}}\right)^{T} \left(\mathbf{N}^{\mathrm{ma}}\left(\xi_{\mathrm{to}}, \eta_{\mathrm{to}}\right) \hat{\mathbf{t}}_{2}^{\mathrm{ma}}\right) = 0 \tag{11.19}$$

11.2.3.4 Master-Seiten-orientierte Abstandsbestimmung

Die Master-Normale $\mathbf{n}^{\mathrm{ma}}$ durch den Slave-Punkt ist auch dadurch gekennzeichnet, dass ihr Fußpunkt auf der Masterfläche den kürzesten Abstand zum potenziellen Kontaktpunkt besitzt:

$$\left\|\mathbf{N}\left(\xi_{\mathrm{to}}, \eta_{\mathrm{to}}\right) \hat{\mathbf{x}}^{\mathrm{ma}} - \mathbf{x}^{\mathrm{sl}}\right\| \to \mathrm{Min.}\ \left(\xi_{\mathrm{to}}, \eta_{\mathrm{to}}\right) \tag{11.20}$$

Die notwendigen Bedingungen lauten:

$$\frac{\partial}{\partial \xi_{\mathrm{to}}} \left\|\mathbf{N}\left(\xi_{\mathrm{to}}, \eta_{\mathrm{to}}\right) \hat{\mathbf{x}}^{\mathrm{ma}} - \mathbf{x}^{\mathrm{sl}}\right\| = 0 \quad \wedge \quad \frac{\partial}{\partial \eta_{\mathrm{to}}} \left\|\mathbf{N}\left(\xi_{\mathrm{to}}, \eta_{\mathrm{to}}\right) \hat{\mathbf{x}}^{\mathrm{ma}} - \mathbf{x}^{\mathrm{sl}}\right\| = 0 \tag{11.21}$$

Aus der ersten der obigen Bedingungen wird[1]

$$\frac{\partial}{\partial \xi_{\mathrm{to}}} \left\|\mathbf{N}\left(\xi_{\mathrm{to}}, \eta_{\mathrm{to}}\right) \hat{\mathbf{x}}^{\mathrm{ma}} - \mathbf{x}^{\mathrm{sl}}\right\| = \frac{\left(\mathbf{N}\left(\xi_{\mathrm{to}}, \eta_{\mathrm{to}}\right) \hat{\mathbf{x}}^{\mathrm{ma}} - \mathbf{x}^{\mathrm{sl}}\right)^{T}}{\left\|\mathbf{N}\left(\xi_{\mathrm{to}}, \eta_{\mathrm{to}}\right) \hat{\mathbf{x}}^{\mathrm{ma}} - \mathbf{x}^{\mathrm{sl}}\right\|} \left(\frac{\partial \mathbf{N}\left(\xi_{\mathrm{to}}, \eta_{\mathrm{to}}\right)}{\partial \xi_{\mathrm{to}}} \hat{\mathbf{x}}^{\mathrm{ma}}\right) \tag{11.22}$$

---

[1] Was ist die Ableitung einer Vektornorm nach dem darin befindlichen Vektor? Diese Frage soll am Beispiel des Vektors $\mathbf{x} = \{x; y\}$ und der Euklidischen Norm, der Vektorlänge

$$\|\mathbf{x}\| = \sqrt{(x^2 + y^2)}$$

beantwortet werden. Das Ergebnis gilt allgemein:

$$\frac{\partial \|\mathbf{x}\|}{\partial x} = \frac{\partial \sqrt{(x^2 + y^2)}}{\partial x} = \frac{2x}{\sqrt{(x^2 + y^2)}} = \frac{x}{\|\mathbf{x}\|}, \quad \frac{\partial \|\mathbf{x}\|}{\partial y} = \frac{y}{\|\mathbf{x}\|} \quad \Rightarrow \quad \frac{\partial \|\mathbf{x}\|}{\partial \mathbf{x}} = \frac{\mathbf{x}^{T}}{\|\mathbf{x}\|}.$$

Etwas einfacher ist es, statt des Abstandes dessen Quadrat zu minimieren, also

$$\left(\mathbf{N}\left(\xi_{\mathrm{to}}, \eta_{\mathrm{to}}\right) \hat{\mathbf{x}}^{\mathrm{ma}} - \mathbf{x}^{\mathrm{sl}}\right)^2 \rightarrow \text{Min.} \left(\xi_{\mathrm{to}}, \eta_{\mathrm{to}}\right) \tag{11.23}$$

Eine Ableitung ist dann

$$\frac{\partial}{\partial \xi_{\mathrm{to}}} \left(\mathbf{N}\left(\xi_{\mathrm{to}}, \eta_{\mathrm{to}}\right) \hat{\mathbf{x}}^{\mathrm{ma}} - \mathbf{x}^{\mathrm{sl}}\right)^2 = 2 \left(\mathbf{N}\left(\xi_{\mathrm{to}}, \eta_{\mathrm{to}}\right) \hat{\mathbf{x}}^{\mathrm{ma}} - \mathbf{x}^{\mathrm{sl}}\right)^T \left(\frac{\partial \mathbf{N}\left(\xi_{\mathrm{to}}, \eta_{\mathrm{to}}\right)}{\partial \xi_{\mathrm{to}}} \hat{\mathbf{x}}^{\mathrm{ma}}\right) \tag{11.24}$$

Man spart dabei die Bildung der Norm. In beiden Fällen sind die Unbekannten nur ξ_{to} und η_{to}.

So oder so sind das nichtlineare Gleichungen, um den Berührpunkt zu bestimmen. Auch hier kann bei extremen Krümmungen die Lösung nicht eindeutig sein. Der Betrag des Abstandes wäre nun bekannt, prinzipiell gemäß (11.20). Ob dies eine Klaffung oder eine Eindringung ist, hängt vom Vorzeichen der Projektion von $\mathbf{x}^{\mathrm{sl}} - \mathbf{x}^{\mathrm{to}}$ auf die Master-Normale im Berührpunkt ab. Deren Bestimmung ist in Abschn. 11.2.1 beschrieben, sodass man

$$g = \frac{\mathbf{t}_1 \times \mathbf{t}_2^*}{\|\mathbf{t}_1 \times \mathbf{t}_2^*\|} \cdot \left(\mathbf{x}^{\mathrm{sl}} - \mathbf{x}^{\mathrm{to}}\right) \tag{11.25}$$

erhält. Im Penalty-Verfahren kann die Normale einfacher bestimmt werden, nämlich als Abstand des Berührpunktes auf der Master-Fläche vom Slave-Punkt:

$$\mathbf{n} = \mathbf{x}^{\mathrm{to}}\left(\xi, \eta\right) - \mathbf{x}^{\mathrm{sl}} \tag{11.26}$$

weil der endgültige Abstandsvektor auf der Normale liegt bzw. diese darstellt. Der Betrag der Eindringung $-g$ ergibt sich dann als Länge dieser Normale. Der weitere Gebrauch von $\mathbf{n}$ ist, die Kontaktkraft F_{c} auf die Koordinatenrichtungen zu verteilen. Tritt im Penalty-Verfahren $g = 0$ auf, ist auch keine Kraft zu verteilen, während bei MPC- und Lagrange-Kontakt eine Kraft existiert, auch wenn $g = 0$ erzwungen wurde. Dann wird (11.25) benötigt.

11.2.4 Systemmatrizen

In Abschn. 9.4 wurde gezeigt, welchen Einfluss Kontakt auf die zu lösenden Gleichungssysteme hat. Dies galt aber nur für spezielle Fälle. Schon bei einer beliebigen Lage der Segmente im Raum sind Transformationen auf der Basis des in Abschn. 11.2.1 eingeführten Koordinatensystems durchzuführen.

Bei allen Berechnungen im Nahbereich ist zu beachten, dass alle Koordinaten die aktuellen sind, die sich aus Anfangskoordinaten plus Verschiebungen ergeben. Da sich die Systemmatrizen aus der Ableitung der Knotenkräfte nach den Verschiebungen ergeben, aber

$$\frac{\partial \mathbf{x}}{\partial \mathbf{u}} = \frac{\partial \left(\mathbf{x}_0 + \mathbf{u}\right)}{\partial \mathbf{u}} = \mathbf{I} \tag{11.27}$$

gilt, sind also alle Knotenkräfte nach den aktuellen Koordinaten abzuleiten. Zum Teil können die Kräfte aber erst berechnet werden, nachdem ein nichtlineares Gleichungssystem iterativ gelöst wurde, um die Kontaktgeometrie zu erfassen. Hier sind die Regeln über implizite Funktionen (Abschn. 1.5) anzuwenden.

Bei geometrischen Nichtlinearitäten schließlich ist zu prüfen, inwieweit die aufgeführten Formeln für große Drehungen Gültigkeit behalten. Im Wesentlichen ist das der Fall. Eine vollständig geometrisch lineare Kontaktberechnung würde auf festen Orientierungen auf der Basis der Anfangskoordinaten beruhen.

Eine Einbettung der Kontaktelemente in die Theorie der mitgehenden Formulierung (*co-rotational*) ist möglich.

Für große Dehnungen ist im Zusammenhang mit Integrationspunkt-Kontakt zu beachten, dass sich die Flächengrößen ändern, was bei der Integration der Spannungen durch die aktuelle Jacobi-Determinante zu berücksichtigen ist.

11.2.5 Numerisches Beispiel

Gegeben ist die Kontaktsituation aus Abb. 11.13, die mit den zuvor beschriebenen Algorithmen gelöst werden soll.

Dabei ist ein Knoten eines 2-Knoten-Stabelementes in eine fest liegende, starre, mit geraden Elementen diskretisierte Oberfläche mit dem Radius R eingedrungen. Der Knoten ist mit einer Kraft in x-Richtung der Größe

$$F_x = -100\,\text{N}$$

belastet.

Abb. 11.13 Kontaktsituation

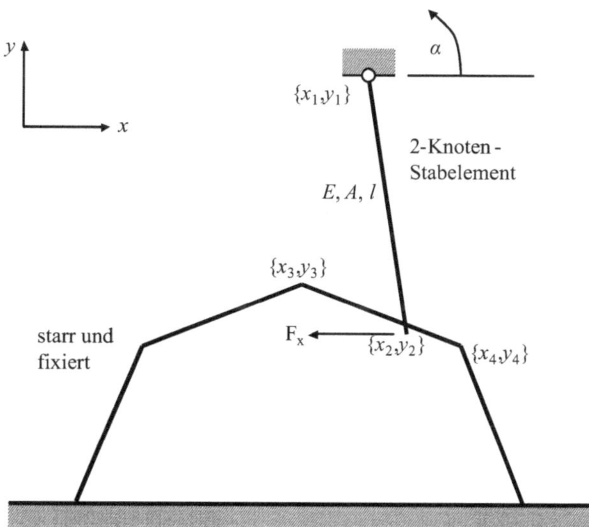

Die Knoten 3 und 4 haben die Koordinaten (in mm)

$$\{x_3, y_3\} = \{30, 30\}$$
$$\{x_4, y_4\} = \{51{,}21, 21{,}21\}$$

der festgehaltene Knoten des Stabes die Koordinaten

$$\{x_1, y_1\} = \{40, 50\}$$

der eindringende Knoten 2 die Ausgangskoordinaten

$$\{x_2, y_2\} = \{44, 25\}$$

An den Knoten werden die Normalen gemittelt und – zumindest für den Pseudo-Element-Algorithmus – auf die Länge 4 eingestellt:

$$\mathbf{n}_3 = \begin{bmatrix} 0 \\ 4 \end{bmatrix} \qquad \mathbf{n}_4 = \begin{bmatrix} 2\sqrt{2} \\ 2\sqrt{2} \end{bmatrix}$$

Der Stab hat die Steifigkeitsmatrix

$$\mathbf{K} = \frac{EA}{l} \begin{bmatrix} c^2 & cs & -c^2 & -cs \\ cs & s^2 & -cs & -s^2 \\ -c^2 & -cs & c^2 & cs \\ -cs & -s^2 & cs & s^2 \end{bmatrix}$$

Dabei bedeuten

$$c = \cos\alpha$$
$$s = \sin\alpha$$

Der Elastizitätsmodul beträgt $E = 10.000\,\text{N/mm}^2$
die Querschnittsfläche $\qquad A = 1\,\text{mm}^2$.

11.2.5.1   Pseudo-Element-Algorithmus

Die Knoten des Pseudo-Elementes haben die folgenden Koordinaten:

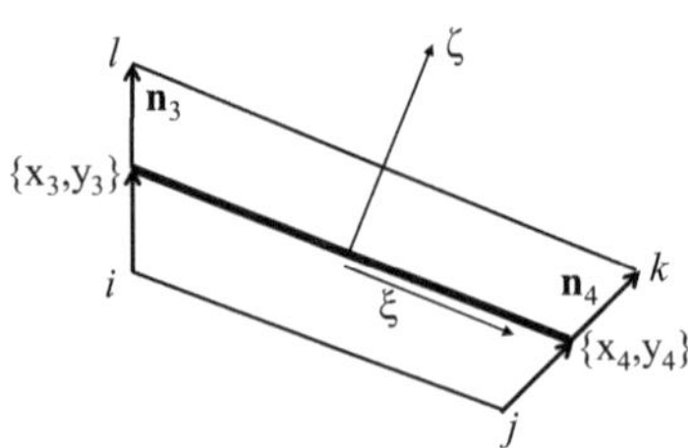

$$\mathbf{x}_i = \mathbf{x}_3 - \mathbf{n}_3 = \begin{bmatrix} 20 \\ 40 \end{bmatrix} - \begin{bmatrix} 0 \\ 4 \end{bmatrix} = \begin{bmatrix} 20 \\ 36 \end{bmatrix}$$

$$\mathbf{x}_j = \mathbf{x}_4 - \mathbf{n}_4 = \begin{bmatrix} 51{,}21 \\ 21{,}21 \end{bmatrix} - \begin{bmatrix} 2\sqrt{2} \\ 2\sqrt{2} \end{bmatrix} = \begin{bmatrix} 48{,}38 \\ 18{,}38 \end{bmatrix}$$

$$\mathbf{x}_j = \mathbf{x}_4 + \mathbf{n}_4 = \begin{bmatrix} 51{,}21 \\ 21{,}21 \end{bmatrix} + \begin{bmatrix} 2\sqrt{2} \\ 2\sqrt{2} \end{bmatrix} = \begin{bmatrix} 54{,}04 \\ 24{,}04 \end{bmatrix}$$

$$\mathbf{x}_l = \mathbf{x}_3 + \mathbf{n}_3 = \begin{bmatrix} 20 \\ 40 \end{bmatrix} + \begin{bmatrix} 0 \\ 4 \end{bmatrix} = \begin{bmatrix} 20 \\ 44 \end{bmatrix}$$

Damit errechnen sich die Koordinaten eines Punktes an einer beliebigen Stelle $\{\xi, \zeta\}$ als

$$x^{\mathrm{PE}} = \begin{bmatrix} \dfrac{1}{4}(1-\xi)(1-\zeta) & \dfrac{1}{4}(1+\xi)(1-\zeta) & \dfrac{1}{4}(1+\xi)(1+\zeta) & \dfrac{1}{4}(1-\xi)(1+\zeta) \end{bmatrix}$$

$$\begin{bmatrix} x_i \\ x_j \\ x_k \\ x_l \end{bmatrix}$$

y^{PE} entsprechend. Diese Koordinaten müssen nun denen des Slave-Knotens 2 entsprechen, sodass sich als Gleichungssystem ergibt:

$$\mathbf{F} = \begin{bmatrix} F_x \\ F_y \end{bmatrix} = \mathbf{x}^{\mathrm{PE}}(\xi, \zeta) - \mathbf{x}_2 = 0 \tag{11.28}$$

$$F_x = \frac{1}{4}\left[(1-\xi)(1-\zeta)\cdot 20 + (1+\xi)(1-\zeta)\cdot 48{,}38\right.$$
$$\left. + (1+\xi)(1+\zeta)\cdot 54{,}04 + (1-\xi)(1+\zeta)\cdot 20\right] - x_2$$

$$F_y = \frac{1}{4}\left[(1-\xi)(1-\zeta)\cdot 36 + (1+\xi)(1-\zeta)\cdot 18{,}38\right.$$
$$\left. + (1+\xi)(1+\zeta)\cdot 24{,}04 + (1-\xi)(1+\zeta)\cdot 44\right] - y_2$$

Das ist wegen der Terme $\xi\zeta$ kein lineares Gleichungssystem mehr und wird daher mit dem Newton-Verfahren gelöst. Die Ableitungen lauten:

$$\frac{\partial F_x}{\partial \xi} = \frac{1}{4}\left[-(1-\zeta)\cdot 20 + (1-\zeta)\cdot 48{,}38 + (1+\zeta)\cdot 54{,}04 - (1+\zeta)\cdot 20\right]$$

$$\frac{\partial F_x}{\partial \zeta} = \frac{1}{4}\left[-(1-\xi)\cdot 20 - (1+\xi)\cdot 48{,}38 + (1+\xi)\cdot 54{,}04 + (1-\xi)\cdot 20\right]$$

$$\frac{\partial F_y}{\partial \xi} = \frac{1}{4}\left[-(1-\zeta)\cdot 36 + (1-\zeta)\cdot 18{,}38 + (1+\zeta)\cdot 24{,}04 - (1+\zeta)\cdot 44\right]$$

$$\frac{\partial F_y}{\partial \zeta} = \frac{1}{4}\left[-(1-\xi)\cdot 36 - (1+\xi)\cdot 18{,}38 + (1+\xi)\cdot 24{,}04 + (1-\xi)\cdot 44\right]$$

Abb. 11.14 Normale im Pseudo-Element-Algorithmus

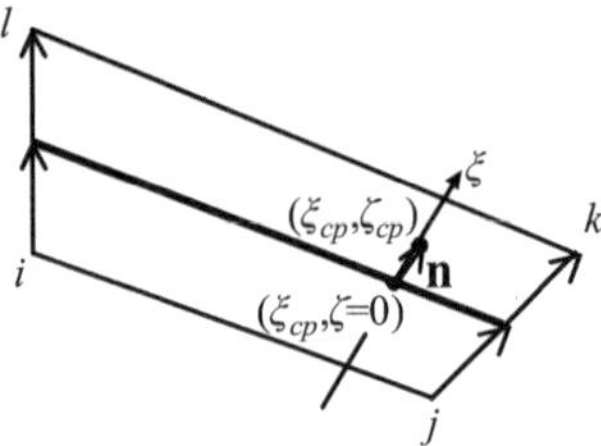

Man erhält das lineare Gleichungssystem

$$\begin{bmatrix} \dfrac{\partial F_x}{\partial \xi} & \dfrac{\partial F_x}{\partial \zeta} \\[2mm] \dfrac{\partial F_y}{\partial \xi} & \dfrac{\partial F_y}{\partial \zeta} \end{bmatrix} \begin{bmatrix} \Delta \xi \\[2mm] \Delta \zeta \end{bmatrix} = \begin{bmatrix} -F_x \\[2mm] -F_y \end{bmatrix} \tag{11.29}$$

Für die Startwerte $\xi = 0$ und $\zeta = 0$ ergibt sich in Zahlen:

$\Delta \xi$	$\Delta \zeta$	$-\mathbf{F}$
15,605	1,415	8,395
−9,395	3,415	−5,605

sodass man als erste Näherungslösung

$\Delta \xi = \xi_1$	0,54967335
$\Delta \zeta = \zeta_1$	−0,12908313

erhält. Die Newton-Iteration konvergiert gegen

$\xi_\infty = \xi_{cp}$	0,55556461
$\zeta_\infty = \zeta_{cp}$	−0,12474795

Aus $\zeta < 0$ folgt, dass eine Eindringung vorliegt, aus $-1 \leq \xi \leq 1$, dass der Berührpunkt innerhalb der Masterfläche liegt.

Die „Normalen"-Richtung $\mathbf{n}$, die hier von den gemittelten Knotennormalen abhängt, wird am besten als Ableitung der Koordinaten $\mathbf{x}^{PE}$ des Pseudo-Elementes nach der Einheitskoordinate ζ (Abb. 11.14) bestimmt:

$$n_x = \frac{\partial \mathbf{N}}{\partial \zeta} \hat{\mathbf{x}}^{PE} = \begin{bmatrix} -\dfrac{1}{4}(1-\xi) & -\dfrac{1}{4}(1+\xi) & \dfrac{1}{4}(1+\xi) & \dfrac{1}{4}(1-\xi) \end{bmatrix} \begin{bmatrix} x_i \\ x_j \\ x_k \\ x_l \end{bmatrix} \tag{11.30}$$

n_y entsprechend. In Zahlen, basierend auf der konvergierten Lösung ξ_∞:

$$\mathbf{n} = \begin{bmatrix} n_x \\ n_y \end{bmatrix} = \begin{bmatrix} 2{,}201 \\ 3{,}090 \end{bmatrix}$$

Im hier durchgeführten Penalty-Verfahren könnte auch der Abstand des Slave-Knotens 2 vom Fußpunkt auf der Master-Oberfläche

$$\mathbf{n} = \underbrace{\mathbf{x}^{\mathrm{PE}}\left(\xi_{\mathrm{cp}}, \zeta_{\mathrm{cp}}\right)}_{=\,\mathbf{x}_2} - \mathbf{x}^{\mathrm{PE}}\left(\xi_{\mathrm{cp}}, \zeta = 0\right)$$

und damit $-\mathbf{F}$ im konvergierten Zustand verwendet werden. Diese Definition könnte aber versagen, wenn ein Verfahren gewählt wird, bei dem die Kontaktbedingung exakt erfüllt wird (Lagrange, MPC); dann könnte im nächsten Iterationsschritt die Länge null werden. Die Länge der Normale ist hier

$$|\mathbf{n}| = \sqrt{n_x^2 + n_y^2} = 3{,}794$$

Die Klaffung g, Eindringung, wenn sie negativ ist, ergibt sich als

$$g = \zeta_{\mathrm{cp}}|\mathbf{n}| = -0{,}4733 \tag{11.31}$$

Die Kontaktkraft f_c kann nun als Produkt aus g und Kontaktnormalsteifigkeit k_n berechnet und dann mit dem Normaleneinheitsvektor auf die Koordinatenrichtungen verteilt werden:

$$\hat{\mathbf{n}} = \frac{\mathbf{n}}{|\mathbf{n}|} \quad \Rightarrow \quad \mathbf{f}_c = k_n g \hat{\mathbf{n}} = k_n \zeta_{\mathrm{cp}}|\mathbf{n}| \frac{\mathbf{n}}{|\mathbf{n}|} \tag{11.32}$$

$$\mathbf{f}_c = k_n \zeta_{\mathrm{cp}} \mathbf{n} \tag{11.33}$$

Die Länge von $\mathbf{n}$ hat sich herausgekürzt, sodass eine Normierung nicht erforderlich wurde. Um nun eine Gleichgewichtslage zu erzielen, müssen die inneren Kräfte (hier innere Stabkräfte und Kontaktkräfte) gleich den äußeren werden:

$$\mathbf{f}_{\mathrm{Stab}}^{\mathrm{int}} + \mathbf{f}_c = \begin{bmatrix} f_x^{\mathrm{ext}} \\ 0 \end{bmatrix} \quad \text{oder} \quad \mathbf{f}_{\mathrm{Stab}}^{\mathrm{int}} + \mathbf{f}_c - \begin{bmatrix} f_x^{\mathrm{ext}} \\ 0 \end{bmatrix} = \mathbf{0} \tag{11.34}$$

Die inneren Kräfte des Stabelementes ergeben sich aus der Multiplikation der nach Einbau der Festhaltungen reduzierten Steifigkeitsmatrix $\mathbf{K}_{\mathrm{red}}$ mit den Knotenverschiebungen zu

$$\mathbf{f}_{\mathrm{Stab}}^{\mathrm{int}} = \mathbf{K}_{\mathrm{red}}\mathbf{u}_2 = \frac{EA}{l}\begin{bmatrix} c^2 & cs \\ cs & s^2 \end{bmatrix}\begin{bmatrix} u_{x2} \\ u_{y2} \end{bmatrix} \tag{11.35}$$

Deren Ableitung nach den Knotenverschiebungen ist natürlich wieder $\mathbf{K}_{red}$. Weil die Kontaktkräfte durch die Normale bestimmt werden, die durch Iteration ermittelt wurden, ist deren Abhängigkeit von den Knotenverschiebungen nur implizit bekannt. Zur Lösung von (11.34) durch das Newton-Verfahren mit dem Gleichungssystem

$$\underbrace{\left(\mathbf{K}_{red} + \frac{\partial \mathbf{f}_c}{\partial \mathbf{u}_2}\right)}_{\mathbf{K}_T} \begin{bmatrix} \Delta u_{2x} \\ \Delta u_{2y} \end{bmatrix} = \begin{bmatrix} f_x^{ext} \\ 0 \end{bmatrix} - \mathbf{f}_{truss}^{int} - \mathbf{f}_c \qquad (11.36)$$

ist also die Ableitung einer impliziten Funktion erforderlich. Die Ableitung der Kontaktkräfte nach den unbekannten Verschiebungen $\mathbf{u}_2$ ist

$$\frac{\partial \mathbf{f}_c}{\partial \mathbf{u}_2} = k_n \frac{\partial \left(\zeta_{cp}\mathbf{n}\right)}{\partial \mathbf{u}_2} = k_n \frac{\partial \left(\zeta_{cp}\mathbf{n}\right)}{\partial \mathbf{x}_2} \frac{\partial \mathbf{x}_2}{\partial \mathbf{u}_2} \quad \text{mit} \quad \frac{\partial \mathbf{x}_2}{\partial \mathbf{u}_2} = \frac{\partial \left(\mathbf{x}_{20} + \mathbf{u}_2\right)}{\partial \mathbf{u}_2} = \mathbf{I} \qquad (11.37)$$

Anwendung der Produktregel und Berücksichtigung der Tatsache, dass der Normalenvektor $\mathbf{n}$ nur indirekt, nämlich über ξ, von den Koordinaten abhängt:

$$\frac{\partial \mathbf{f}_c}{\partial \mathbf{u}_2} = k_n \left(\mathbf{n} \frac{\partial \zeta_{cp}}{\partial \mathbf{x}_2} + \zeta_{cp} \frac{\partial \mathbf{n}}{\partial \mathbf{x}_2}\right) = k_n \left(\mathbf{n} \frac{\partial \zeta_{cp}}{\partial \mathbf{x}_2} + \zeta_{cp} \frac{\partial \mathbf{n}}{\partial \xi_{cp}} \frac{\partial \xi_{cp}}{\partial \mathbf{x}_2}\right) \qquad (11.38)$$

Die darin vorkommenden Ableitungen von ξ und ζ nach $\mathbf{x}_2 = \{x_2, y_2\}$ können aus dem totalen Differential der Funktion

$$\mathbf{F} = \begin{bmatrix} F_x \\ F_y \end{bmatrix} = \mathbf{x}^{PE}\left(\xi, \zeta\right) - \mathbf{x}_2 = 0 \qquad (11.28)$$

gewonnen werden:

$$\begin{aligned} dF_x &= \frac{\partial F_x}{\partial \xi} d\xi + \frac{\partial F_x}{\partial \zeta} d\zeta + \frac{\partial F_x}{\partial x_2} dx_2 + \frac{\partial F_x}{\partial y_2} dy_2 = 0 \\ dF_y &= \frac{\partial F_y}{\partial \xi} d\xi + \frac{\partial F_y}{\partial \zeta} d\zeta + \frac{\partial F_y}{\partial x_2} dx_2 + \frac{\partial F_y}{\partial y_2} dy_2 = 0 \end{aligned} \qquad (11.39)$$

In Matrizenschreibweise:

$$\begin{bmatrix} \dfrac{\partial F_x}{\partial \xi} & \dfrac{\partial F_x}{\partial \zeta} \\[2mm] \dfrac{\partial F_y}{\partial \xi} & \dfrac{\partial F_y}{\partial \zeta} \end{bmatrix} \begin{bmatrix} d\xi \\ d\zeta \end{bmatrix} = - \begin{bmatrix} \dfrac{\partial F_x}{\partial x_2} & \dfrac{\partial F_x}{\partial y_2} \\[2mm] \dfrac{\partial F_y}{\partial x_2} & \dfrac{\partial F_y}{\partial y_2} \end{bmatrix} \begin{bmatrix} dx_2 \\ dy_2 \end{bmatrix} \qquad (11.40)$$

Das ist ein lineares Gleichungssystem mit zwei rechten Seiten, wovon die erste mit dx_2, die zweite mit dy_2 multipliziert wird. Daher gibt es zwei Lösungen für $\{d\xi, d\zeta\}$, wovon

Tab. 11.1 Verlauf der globalen Iteration

Iteration	1	2	3
Δu_{2x}	0,23034295	0,09758798	−0,000266304
Δu_{2y}	0,40731841	−0,05810337	0,000158556
u_{2x}	0,23034295	0,32793093	0,327664625
u_{2y}	0,40731841	0,34921504	0,349373595

Tab. 11.2 Endergebnis im Pseudo-Element-Algorithmus

x_2	44,3276646	ξ	0,559098569	g_x	−0,00206854	f_{cx}	−81,702478
y_2	25,3493736	ζ	−0,000937636	g_y	−0,00289535	f_{cy}	−114,359511

die erste von dx_2, die zweite von dy_2 abhängt. Nach $\{d\xi, d\zeta\}$ auflösen und durch dx_2 bzw. dy_2 teilen ergibt:

$$\begin{bmatrix} \dfrac{d\xi}{dx_2} & \dfrac{d\xi}{dy_2} \\[2ex] \dfrac{d\zeta}{dx_2} & \dfrac{d\zeta}{dy_2} \end{bmatrix} = \begin{bmatrix} \dfrac{\partial F_x}{\partial \xi} & \dfrac{\partial F_x}{\partial \zeta} \\[2ex] \dfrac{\partial F_y}{\partial \xi} & \dfrac{\partial F_y}{\partial \zeta} \end{bmatrix}^{-1} \left(-\underbrace{\begin{bmatrix} \dfrac{\partial F_x}{\partial x_2} & \dfrac{\partial F_x}{\partial y_2} \\[2ex] \dfrac{\partial F_y}{\partial x_2} & \dfrac{\partial F_y}{\partial y_2} \end{bmatrix}}_{-\mathbf{I}} \right) = \begin{bmatrix} \dfrac{\partial F_x}{\partial \xi} & \dfrac{\partial F_x}{\partial \zeta} \\[2ex] \dfrac{\partial F_y}{\partial \xi} & \dfrac{\partial F_y}{\partial \zeta} \end{bmatrix}^{-1}$$

$$(11.41)$$

Die zu invertierende Matrix ist bereits aus (11.29) bekannt, jetzt gebildet für den konvergierten Zustand. Für die Ableitung von $\mathbf{n}$ nach ξ folgt noch aus (11.30):

$$\frac{\partial n_x}{\partial \xi} = \begin{bmatrix} \dfrac{1}{4} & -\dfrac{1}{4} & \dfrac{1}{4} & -\dfrac{1}{4} \end{bmatrix} \begin{bmatrix} x_i \\ x_j \\ x_k \\ x_l \end{bmatrix} = \frac{1}{4}\left(x_i - x_j + x_k - x_l\right)$$

für n_y entsprechend. Damit ist für (11.38) alles bekannt. Für die durch (11.36) bestimmte globale Iteration dienen die in der Aufgabenstellung gegebenen Werte x_2 und y_2 als Startwerte. Sie werden solange verändert, bis Gleichgewicht herrscht. In jedem globalen Iterationsschritt müssen ξ und ζ global ausiteriert werden. Damit konvergiert die globale Iteration, die die Verschiebungen bestimmt, wie in Tab. 11.1 dargestellt. Wendet man (1.45) auf $\Delta \mathbf{u}$ an, erkennt man quadratische Konvergenz, was für die Richtigkeit der Tangentenmatrix spricht.

Danach sind die Koordinaten des Knotens 2 im verformten Zustand, die Einheitskoordinaten dieses Punktes im Pseudo-Element, die Komponenten der Eindringung und der Kontaktkraft, wie Tab. 11.2 gegeben.

11.2.5.2 Master-Seiten-orientierte Normalensuche

Die Ansatzfunktionen für die Masteroberfläche sind im Bereich $-1 \leq \xi \leq 1$ als

$$\mathbf{N}^{\mathrm{ma}} = \left[\; \frac{1}{2}\,(1 - \xi) \quad \frac{1}{2}\,(1 + \xi) \; \right] \tag{11.42}$$

definiert. Damit werden nicht nur die Koordinaten, sondern wird auch der „Normalen"-Vektor $\mathbf{n}^{\mathrm{ma}}$ aus den an den Knoten gemittelten Normalen interpoliert, sodass sich für die Bedingung (11.14) zur Bestimmung der Einheitskoordinaten der Kontaktsituation

$$\mathbf{N}^{\mathrm{ma}}\,(\xi_{\mathrm{to}})\,\hat{\mathbf{x}}^{\mathrm{ma}} + \zeta \left(N_1^{\mathrm{ma}}\,(\xi_{\mathrm{to}})\,\mathbf{n}_3 + N_2^{\mathrm{ma}}\,(\xi_{\mathrm{to}})\,\mathbf{n}_4 \right) - \mathbf{x}_2 = \mathbf{0} \tag{11.43}$$

ergibt. Im Detail für die x-Richtung:

$$\frac{1}{2}\,(1 - \xi)\,x_3 + \frac{1}{2}\,(1 + \xi)\,x_4 + \zeta\frac{1}{2}\,(1 - \xi)\,n_{3x} + \zeta\frac{1}{2}\,(1 + \xi)\,n_{4x} - x_2 = 0 \tag{11.44}$$

umgeordnet nach Potenzen von ξ und ζ:

$$\frac{1}{2}\,(x_3 + x_4) - x_2 + \frac{1}{2}\xi\,(-x_3 + x_4) + \frac{1}{2}\zeta\,(n_{3x} + n_{4x}) + \frac{1}{2}\zeta\xi\,(-n_{3x} + n_{4x}) = 0 \tag{11.45}$$

Für y gilt Entsprechendes. In Zahlen für beide Richtungen:

$$\frac{1}{2}\,(20 + 51{,}21) - x_2 + \frac{1}{2}\xi\,(-20 + 51{,}21) + \frac{1}{2}\zeta\,(0 + 2{,}828) + \frac{1}{2}\zeta\xi\,(-0 + 2{,}828) = 0$$

$$\frac{1}{2}\,(40 + 21{,}21) - y_2 + \frac{1}{2}\xi\,(-40 + 21{,}21) + \frac{1}{2}\zeta\,(4 + 2{,}828) + \frac{1}{2}\zeta\xi\,(-4 + 2{,}828) = 0$$

Schließlich muss die Nullstelle der Funktionen

$$F_x = 35{,}605 - x_2 + 15{,}605\xi + 1{,}414\zeta + 1{,}414\zeta\xi = 0$$

$$F_y = 30{,}605 - y_2 - 9{,}395\xi + 3{,}414\zeta - 0{,}586\zeta\xi = 0$$

bestimmt werden. Dieses Gleichungssystem enthält den Term $\zeta\xi$ und wird daher iterativ mit den Newton-Verfahren gelöst:

$$\begin{bmatrix} \dfrac{\partial F_x}{\partial \xi} & \dfrac{\partial F_x}{\partial \zeta} \\[2mm] \dfrac{\partial F_y}{\partial \xi} & \dfrac{\partial F_y}{\partial \zeta} \end{bmatrix} = \begin{bmatrix} 15{,}605 + 1{,}414\zeta & 1{,}414 + 1{,}414\xi \\[1mm] -9{,}395 - 0{,}586\zeta & 3{,}414 - 0{,}586\xi \end{bmatrix} = \begin{bmatrix} -F_x \\[1mm] -F_y \end{bmatrix} \tag{11.46}$$

Die Lösung konvergiert, wie in Tab. 11.3 gezeigt. Quadratische Konvergenz kann beobachtet werden. Das Ergebnis ist nah an dem aus Abschn. 11.2.5.1.

Tab. 11.3 Lokale Iteration in der masterseitenorientierten Normalensuche

Iteration	1	2	3	4
$\Delta\xi$	0,54966947	0,00589472	$-2,11074\mathrm{E}{-}06$	$-2,707\mathrm{E}{-}13$
$\Delta\zeta$	$-0,12913161$	0,00431473	$-1,54499\mathrm{E}{-}06$	$-1,9819\mathrm{E}{-}13$
ξ	0,54966947	0,55556419	0,555562077	0,55556208
ζ	$-0,12913161$	$-0,12481688$	$-0,124818423$	$-0,12481842$

Wie in Abschn. 11.2.5.1 können die Kontaktkraftkomponenten in einem Penalty-Verfahren nach

$$\mathbf{f}_\mathrm{c} = k_\mathrm{n}\zeta_\mathrm{cp}\mathbf{n} \tag{11.33}$$

bestimmt werden. Dementsprechend bleibt auch deren Ableitung im Grundsatz gleich:

$$\frac{\partial \mathbf{f}_\mathrm{c}}{\partial \mathbf{u}_2} = k_\mathrm{n}\left(\mathbf{n}\frac{\partial \zeta_\mathrm{cp}}{\partial \mathbf{x}_2} + \zeta_\mathrm{cp}\frac{\partial \mathbf{n}}{\partial \xi_\mathrm{cp}}\frac{\partial \xi_\mathrm{cp}}{\partial \mathbf{x}_2}\right) \tag{11.47}$$

Die Ableitungen von ξ und ζ nach $\mathbf{x}_2$ erhält man wie in Abschn. 11.2.5.1 über die Ableitungen der impliziten Funktion, die durch $\mathbf{F} = \mathbf{0}$ gegeben ist:

$$\begin{bmatrix} \dfrac{d\xi}{dx_2} & \dfrac{d\xi}{dy_2} \\[2ex] \dfrac{d\zeta}{dx_2} & \dfrac{d\zeta}{dy_2} \end{bmatrix} = \begin{bmatrix} \dfrac{\partial F_x}{\partial \xi} & \dfrac{\partial F_x}{\partial \zeta} \\[2ex] \dfrac{\partial F_y}{\partial \xi} & \dfrac{\partial F_y}{\partial \zeta} \end{bmatrix}^{-1} \tag{11.48}$$

wobei die Terme bereits in (11.46) für die lokale Iteration gegeben sind. Aus

$$\mathbf{n}(\xi) = N_1^{\mathrm{ma}}(\xi)\,\mathbf{n}_3 + N_2^{\mathrm{ma}}(\xi)\,\mathbf{n}_4 = \frac{1}{2}(1-\xi)\,\mathbf{n}_3 + \frac{1}{2}(1-\xi)\,\mathbf{n}_4 \tag{11.49}$$

folgt

$$\frac{\partial \mathbf{n}}{\partial \xi} = -\frac{1}{2}\mathbf{n}_3 + \frac{1}{2}\mathbf{n}_4 \tag{11.50}$$

In Zahlen:

$$\frac{\partial n_x}{\partial \xi} = -\frac{1}{2}\cdot 0 + \frac{1}{2}\cdot 2{,}828 = 1{,}414$$

$$\frac{\partial n_y}{\partial \xi} = -\frac{1}{2}\cdot 4 + \frac{1}{2}\cdot 2{,}828 = -0{,}586$$

Nun kann wieder das Gleichungssystem

$$\underbrace{\left(\mathbf{K}_\mathrm{red} + \frac{\partial \mathbf{f}_\mathrm{c}}{\partial \mathbf{u}_2}\right)}_{\mathbf{K}_\mathrm{T}}\begin{bmatrix} \Delta u_{2x} \\ \Delta u_{2y} \end{bmatrix} = \begin{bmatrix} f_x^{\mathrm{ext}} \\ 0 \end{bmatrix} - \mathbf{f}_\mathrm{truss}^{\mathrm{int}} - \mathbf{f}_\mathrm{c} \tag{11.36}$$

Tab. 11.4 Globale Iteration in der masterseitenorientierten Normalensuche

Iteration	1	2	3	4
Δu_{x2}	0,23036403	0,09750057	−0,000265967	−1,97761E−09
Δu_{y2}	0,40730585	−0,05805132	0,000158355	1,17746E−09
u_{x2}	0,23036403	0,3278646	0,327598634	0,327598632
u_{y2}	0,40730585	0,34925453	0,349412885	0,349412886

Tab. 11.5 Endergebnisse in der masterseitenorientierten Normalensuche

x_2	44,3275986	ξ	0,559094335	g_x	−0,00206846	f_{cx}	−81,6994063
y_2	25,3494129	ζ	−0,000938266	g_y	−0,00289584	f_{cy}	−114,378708

für die globale Iteration von $\mathbf{u}_2$ aufgesetzt und gelöst werden. Tab. 11.4 zeigt die Entwicklung der Ergebnisse einschließlich der in $\Delta\mathbf{u}$ sichtbaren quadratischen Konvergenz, Tab. 11.5 die endgültigen Koordinaten des Slave-Knotens, der Einheitskoordinaten der Eindring-Situation sowie der Komponenten der Eindringung und der Kontaktkraft.

Die inneren Kräfte des Stabelementes resultieren nach (11.35) in

$$\mathbf{f}_{\text{Stab}}^{\text{int}} = \begin{bmatrix} -18.301 \\ 114.378 \end{bmatrix} \tag{11.51}$$

und stehen zusammen mit den Kontaktkräften im Gleichgewicht mit der äußeren Last.

11.2.5.3 Master-Seiten-orientierte Abstandsbestimmung

Nach (11.23) muss das Quadrat des Abstandes des Slave-Knotens zur Master-Oberfläche

$$\left(\underbrace{\mathbf{x}^{\text{sl}} - \mathbf{N}\left(\xi_{\text{to}}\right) \hat{\mathbf{x}}^{\text{ma}}}_{\Delta\mathbf{x}} \right)^2 \tag{11.52}$$

bezüglich ξ minimiert werden, um die Koordinate ξ_{to} des Fußpunktes zu bestimmen. Die notwendige Bedingung lautet nach (11.24):

$$\left(\mathbf{x}^{\text{sl}} - \mathbf{N}\left(\xi_{\text{to}}\right) \hat{\mathbf{x}}^{\text{ma}} \right)^T \left(-\frac{\partial \mathbf{N}\left(\xi_{\text{to}}\right)}{\partial \xi_{\text{to}}} \hat{\mathbf{x}}^{\text{ma}} \right) = 0 \tag{11.53}$$

Die Ableitung der Ansatzfunktionen $\mathbf{N}$ aus (11.42) ist

$$\frac{\partial \mathbf{N}^{\text{ma}}}{\partial \xi} = \begin{bmatrix} -\frac{1}{2} & \frac{1}{2} \end{bmatrix} \tag{11.54}$$

In diesem Beispiel lautet die notwendige Bedingung also:

$$\left(x_2 - \frac{1}{2}(1-\xi)\,x_3 - \frac{1}{2}(1+\xi)\,x_4 \right)\left(\frac{1}{2}x_3 - \frac{1}{2}x_4 \right)$$
$$+ \left(y_2 - \frac{1}{2}(1-\xi)\,y_3 - \frac{1}{2}(1+\xi)\,y_4 \right)\left(\frac{1}{2}y_3 - \frac{1}{2}y_4 \right) = 0 \tag{11.55}$$

ausmultipliziert, hier nur für die x-Richtung:

$$\frac{1}{2}x_2\,(x_3 - x_4) - \frac{1}{4}\,(1 - \xi)\,x_3\,(x_3 - x_4) - \frac{1}{4}\,(1 + \xi)\,x_4\,(x_3 - x_4) + \ldots = 0 \qquad (11.56)$$

$$\frac{1}{2}x_2\,(x_3 - x_4) - \frac{1}{4}\,(1 - \xi)\,\left(x_3^2 - x_3 x_4\right) - \frac{1}{4}\,(1 + \xi)\,\left(x_3 x_4 - x_4^2\right) + \ldots = 0 \qquad (11.57)$$

Nach Termen mit und ohne ξ umsortiert:

$$\frac{1}{2}x_2\,(x_3 - x_4) - \frac{1}{4}\,\left(x_3^2 - x_3 x_4 + x_3 x_4 - x_4^2\right) - \frac{1}{4}\xi\,\left(-x_3^2 + x_3 x_4 + x_3 x_4 - x_4^2\right) \qquad (11.58)$$
$$+ \ldots = 0$$

$$\frac{1}{2}x_2\,(x_3 - x_4) - \frac{1}{4}\,\left(x_3^2 - x_4^2\right) + \xi\frac{1}{4}\,(x_3 - x_4)^2 + \ldots = 0 \qquad (11.59)$$

Für x und y zusammen:

$$\frac{2}{4}x_2\,(x_3 - x_4) - \frac{1}{4}\,\left(x_3^2 - x_4^2\right) + \frac{2}{4}y_2\,(y_3 - y_4) - \frac{1}{4}\,\left(y_3^2 - y_4^2\right)$$
$$= -\xi\frac{1}{4}\,\left((x_3 - x_4)^2 + (y_3 + y_4)^2\right) \qquad (11.60)$$

und nach ξ aufgelöst:

$$\xi = \frac{2x_2\,(x_3 - x_4) - \left(x_3^2 - x_4^2\right) + 2y_2\,(y_3 - y_4) - \left(y_3^2 - y_4^2\right)}{-(x_3 - x_4)^2 - (y_3 - y_4)^2} \qquad (11.61)$$

In Zahlen:

$$\xi = \frac{2\cdot 44\,(20 - 51{,}21) - \left(20^2 - 51{,}21^2\right) + 2\cdot 25\,(40 - 21{,}21) - \left(40^2 - 21{,}21^2\right)}{-(20 - 51{,}21)^2 - (40 - 21{,}21)^2}$$
$$\xi_{\text{to}} = 0{,}5536$$

Daraus folgt, dass der Slave-Knoten senkrecht über oder unter der Masterfläche liegt, sodass der Abstandsvektor in (11.52) als

$$\Delta \mathbf{x} = \begin{bmatrix} \Delta x \\ \Delta y \end{bmatrix} = \begin{bmatrix} x_2 \\ y_2 \end{bmatrix} - N_1^{\mathrm{ma}}\,(\xi) \begin{bmatrix} x_3 \\ y_3 \end{bmatrix} - N_2^{\mathrm{ma}}\,(\xi) \begin{bmatrix} x_4 \\ y_4 \end{bmatrix} \qquad (11.62)$$

in Zahlen

$$\Delta \mathbf{x} = \begin{bmatrix} \Delta x \\ \Delta y \end{bmatrix} = \begin{bmatrix} 44 \\ 25 \end{bmatrix} - \frac{1}{2}\,(1 - 0{,}5536) \begin{bmatrix} 20 \\ 40 \end{bmatrix} - \frac{1}{2}\,(1 + 0{,}5536) \begin{bmatrix} 51{,}21 \\ 21{,}21 \end{bmatrix}$$
$$= \begin{bmatrix} -0{,}2434 \\ -0{,}4043 \end{bmatrix}$$

berechnet werden kann. Ob das ein Spalt oder eine Eindringung ist, hängt von der Projektion auf den nach außen gerichteten Normalenvektor der Masterfläche ab. Dieses Verfahren hat im Zweidimensionalen nur eine Unbekannte, die lokal bestimmt werden muss, allerdings kann nicht mit gemittelten Normalen gearbeitet werden, was in diesem Beispiel zusätzlich auf eine lineare Gleichung führt, aber allgemein beim Übergang über einen Knick nachteilig sein kann. Ebenso ist hier die Normale konstant. Damit auch das Vorgehen bei Elementen höherer Ordnung gezeigt werden kann, wird noch eine Abhängigkeit von ξ angenommen, außerdem zur Normalenbestimmung dem Verfahren für 3d gefolgt. Damit ist

$$\mathbf{n} = \mathbf{t}_1 \times \mathbf{t}_2^* \tag{11.63}$$

wobei $\mathbf{t}_1$ aus den Ableitungen der Koordinaten als Teil von (11.53) und einer Erweiterung um $t_{1z} = 0$ für die dritte Dimension besteht und der zweite Tangentenvektor in die Ebene hinein zeigt:

$$\mathbf{t}_2^* = \begin{bmatrix} 0 \\ 0 \\ -1 \end{bmatrix} \tag{11.64}$$

$$\mathbf{n} = \begin{bmatrix} t_{1x} \\ t_{1y} \\ 0 \end{bmatrix} \times \begin{bmatrix} 0 \\ 0 \\ -1 \end{bmatrix} = \begin{bmatrix} -t_{1y} \\ t_{1x} \\ 0 \end{bmatrix} = \begin{bmatrix} -\dfrac{\partial \mathbf{N}(\xi_{to})}{\partial \xi_{to}} \hat{\mathbf{y}}^{ma} \\ \dfrac{\partial \mathbf{N}(\xi_{to})}{\partial \xi_{to}} \hat{\mathbf{x}}^{ma} \\ 0 \end{bmatrix} \tag{11.65}$$

Der Spalt g ist die Projektion von $\Delta\mathbf{x}$ auf den Normaleneinheitsvektor:

$$g = \frac{\mathbf{n}^T}{|\mathbf{n}|} \Delta\mathbf{x} \tag{11.66}$$

Im Penalty-Verfahren wird diese Größe mit der Kontaktsteifigkeit k_n multipliziert und wieder durch den Normaleneinheitsvektor in die Koordinatenrichtungen verteilt:

$$\mathbf{f}_c = \frac{\mathbf{n}}{|\mathbf{n}|} k_n g = k_n \frac{\mathbf{n}}{|\mathbf{n}|} \frac{\mathbf{n}^T \Delta\mathbf{x}}{|\mathbf{n}|} = k_n \mathbf{n} \frac{\mathbf{n}^T \Delta\mathbf{x}}{|\mathbf{n}|^2} = k_n \mathbf{n} \frac{\mathbf{n}^T \Delta\mathbf{x}}{\mathbf{n}^T \mathbf{n}} \tag{11.67}$$

In diesem Beispiel ist die Normale

$$\begin{bmatrix} n_x \\ n_y \end{bmatrix} = \begin{bmatrix} \dfrac{1}{2}40 - \dfrac{1}{2}21{,}21 \\ -\dfrac{1}{2}20 + \dfrac{1}{2}51{,}21 \end{bmatrix} = \begin{bmatrix} 9{,}395 \\ 15{,}605 \end{bmatrix}$$

Tab. 11.6 Endergebnis in der Methode des kürzesten Abstands
(im Falle von Vektoren erste Zeile x-, zweite y-Komponente)

ξ	$\mathbf{u}_2$	$\mathbf{x}_2$	$\Delta\mathbf{x}$	g	$\mathbf{f}_{\text{Stab}}$	$\mathbf{f}_{\text{c}}$
0,55537	0,26969	44,269	−0,00200022	−0,003878	−20,996	−79,004
	0,38389	25,383	−0,00332235		131,224	−131,224

und damit konstant, weil die Masterfläche gerade ist. Die Ableitungen der Kontaktkräfte nach den Knotenverschiebungen, die für die globale Iteration gebraucht werden, sind

$$\frac{\partial \mathbf{f}_{\text{c}}}{\partial \mathbf{u}_2} = \mathbf{n}\frac{k_{\text{n}}}{\mathbf{n}^T\mathbf{n}}\mathbf{n}^T\frac{\partial \Delta\mathbf{x}}{\partial \mathbf{u}_2} = \frac{k_{\text{n}}}{\mathbf{n}^T\mathbf{n}}\mathbf{n}\mathbf{n}^T\frac{\partial \Delta\mathbf{x}}{\partial \mathbf{x}_2} = \frac{k_{\text{n}}}{\mathbf{n}^T\mathbf{n}}\begin{bmatrix} n_x \\ n_y \end{bmatrix}\begin{bmatrix} n_x & n_y \end{bmatrix}\begin{bmatrix} \dfrac{\partial \Delta x}{\partial x_2} & \dfrac{\partial \Delta x}{\partial y_2} \\ \dfrac{\partial \Delta y}{\partial x_2} & \dfrac{\partial \Delta x}{\partial y_2} \end{bmatrix} \tag{11.68}$$

Der Abstandsvektor lautet:

$$\Delta\mathbf{x} = \begin{bmatrix} \Delta x \\ \Delta y \end{bmatrix} = \begin{bmatrix} x_2 \\ y_2 \end{bmatrix} - N_1^{\text{ma}}(\xi)\begin{bmatrix} x_3 \\ y_3 \end{bmatrix} - N_2^{\text{ma}}(\xi)\begin{bmatrix} x_4 \\ y_4 \end{bmatrix} \tag{11.69}$$

Die totale Ableitung des Abstandsvektors $\Delta\mathbf{x}$ muss die Abhängigkeit von ξ gemäß (11.62) einbeziehen:

$$\begin{aligned} \frac{d\Delta\mathbf{x}}{d\mathbf{x}_2} &= \frac{\partial \Delta\mathbf{x}}{\partial \mathbf{x}_2} + \frac{\partial \Delta\mathbf{x}}{\partial \xi}\frac{\partial \xi}{\partial \mathbf{x}_2} \\ &= \begin{bmatrix} 1 & 0 \\ 0 & 1 \end{bmatrix} - \frac{\partial N_1^{\text{ma}}(\xi)}{\partial \xi}\begin{bmatrix} x_3 \\ y_3 \end{bmatrix}\begin{bmatrix} \dfrac{\partial \xi}{\partial x_2} & \dfrac{\partial \xi}{\partial y_2} \end{bmatrix} \\ &\quad - \frac{\partial N_2^{\text{ma}}(\xi)}{\partial \xi}\begin{bmatrix} x_4 \\ y_4 \end{bmatrix}\begin{bmatrix} \dfrac{\partial \xi}{\partial x_2} & \dfrac{\partial \xi}{\partial y_2} \end{bmatrix} \end{aligned} \tag{11.70}$$

Die Ableitungen von ξ können aus (11.61) erhalten werden:

$$\frac{\partial \xi}{\partial x_2} = \frac{2(x_3 - x_4)}{-(x_3 - x_4)^2 - (y_3 - y_4)^2}, \qquad \frac{\partial \xi}{\partial y_2} = \frac{2(y_3 - y_4)}{-(x_3 - x_4)^2 - (y_3 - y_4)^2} \tag{11.71}$$

Nun können die Ableitungen der Kontaktkräfte als Teil der Tangentenmatrix im Gleichungssystem (11.36) für das Newton-Verfahren berechnet werden. Wegen der Linearität wird Gleichgewicht nach einem Schritt mit den Ergebnissen aus Tab. 11.6 erreicht.

Anmerkung: Diese Vorgehensweise war in diesem Beispiel besonders einfach, weil der Normalenvektor **n** der Masterfläche konstant war. Für gekrümmte Flächen wird dieses Verfahren komplizierter. Außerdem können gemittelte Normalen nicht wie in den anderen Verfahren eingebracht werden. Das ginge aber, wenn anstelle des Abstandes gleich die Projektion des Abstandsvektors auf eine interpolierte Normale minimiert würde. Dann ist man sehr nah bei dem folgenden Verfahren.

11.2.5.4 Orthogonalitätsbedingung

Wie durch (11.17) ausgedrückt, muss der Abstandsvektor vom Fußpunkt auf der Masteroberfläche zum Slave-Punkt senkrecht zur Tangente stehen. Hier werden an den Knoten gemittelte *Tangenten*, die senkrecht zu den gemittelten Normalen stehen, verwendet:

$$\mathbf{t}_3 = \begin{bmatrix} 4 \\ 0 \end{bmatrix} \quad \mathbf{t}_4 = \begin{bmatrix} 2\sqrt{2} \\ -2\sqrt{2} \end{bmatrix}$$

Ihre Länge ist nicht wichtig, aber es könnte für die Interpolation wichtig sein, dass sie bei beiden gleich ist. Deshalb ist sie gleich der der bisherigen Knotennormalen gewählt. (11.17) wird mit der Interpolation durch die Ansatzfunktionen $\mathbf{N}^{ma}$ dann zu

$$F = \left(\underbrace{\mathbf{x}_2 \underbrace{-N_1(\xi)\,\mathbf{x}_3 - N_2(\xi)\,\mathbf{x}_4}_{-\mathbf{x}_{to}}}_{\Delta\mathbf{x}} \right)^T \left(\underbrace{N_1(\xi)\,\mathbf{t}_3 + N_2(\xi)\,\mathbf{t}_4}_{\mathbf{t}(\xi)} \right) = 0 \quad (11.72)$$

$$\begin{bmatrix} x_2 - \dfrac{1}{2}(1-\xi)x_3 - \dfrac{1}{2}(1+\xi)x_4 & y_2 - \dfrac{1}{2}(1-\xi)y_3 - \dfrac{1}{2}(1+\xi)y_4 \end{bmatrix}$$
$$\begin{bmatrix} \dfrac{1}{2}(1-\xi)\,t_{3x} + \dfrac{1}{2}(1+\xi)\,t_{4x} \\ \dfrac{1}{2}(1-\xi)\,t_{3y} + \dfrac{1}{2}(1+\xi)\,t_{4y} \end{bmatrix} = 0 \qquad (11.73)$$

Das führt auf eine gemischt-quadratische Gleichung für ξ. Wegen der Allgemeinheit wird sie mit einem Newton-Verfahren gelöst. Die Ableitung von F lautet:

$$\frac{dF}{d\xi} = \left(\frac{dN_1(\xi)}{d\xi}\mathbf{x}_3 - \frac{dN_2(\xi)}{d\xi}\mathbf{x}_4 \right)^T (N_1(\xi)\,\mathbf{t}_3 + N_2(\xi)\,\mathbf{t}_4)$$
$$+ (\mathbf{x}_2 - N_1(\xi)\,\mathbf{x}_3 - N_2(\xi)\,\mathbf{x}_4)^T \left(\frac{dN_1(\xi)}{d\xi}\mathbf{t}_3 + \frac{dN_2(\xi)}{d\xi}\mathbf{t}_4 \right) \qquad (11.74)$$

Tab. 11.7 Lokale Iteration für die Orthogonalitätsbedingung

Iteration	ξ	F	$dF/d\xi$
0	0	36,58898987	−63,556349
1	0,5756937	−1,37386169	−68,329240
2	0,5555872	−0,00167584	−68,162543
3	0,5555626	−2,5057E−09	−68,162340

$$\frac{dF}{d\xi} = \left[\ \frac{1}{2}x_3 - \frac{1}{2}x_4 \quad \frac{1}{2}y_3 - \frac{1}{2}y_4 \ \right] \left[\begin{array}{c} \frac{1}{2}(1-\xi)\,t_{3x} + \frac{1}{2}(1+\xi)\,t_{4x} \\[2mm] \frac{1}{2}(1-\xi)\,t_{3y} + \frac{1}{2}(1+\xi)\,t_{4y} \end{array} \right]$$

$$+ \left[\ x_2 - \frac{1}{2}(1-\xi)\,x_3 - \frac{1}{2}(1+\xi)\,x_4 \quad y_2 - \frac{1}{2}(1-\xi)\,y_3 - \frac{1}{2}(1+\xi)\,y_4 \ \right]$$

$$\left[\begin{array}{c} -\frac{1}{2}t_{3x} + \frac{1}{2}t_{4x} \\[2mm] -\frac{1}{2}t_{3y} + \frac{1}{2}t_{4y} \end{array} \right] \tag{11.75}$$

In Zahlen:

$$F = \left[\ 44 - \frac{1}{2}(1-\xi)\cdot 20 - \frac{1}{2}(1+\xi)\cdot 51{,}21 \right.$$

$$\left. 25 - \frac{1}{2}(1-\xi)\cdot 40 - \frac{1}{2}(1+\xi)\cdot 21{,}21 \ \right]$$

$$\cdot \left[\begin{array}{c} \frac{1}{2}(1-\xi)\cdot 4 + \frac{1}{2}(1+\xi)\cdot 2\sqrt{2} \\[2mm] \frac{1}{2}(1-\xi)\cdot 0 - \frac{1}{2}(1+\xi)\cdot 2\sqrt{2} \end{array} \right] = 0$$

$$\frac{dF}{d\xi} = \left[\ \frac{1}{2}\cdot 20 - \frac{1}{2}\cdot 51{,}21 \quad \frac{1}{2}\cdot 40 - \frac{1}{2}\cdot 21{,}21 \ \right] \left[\begin{array}{c} \frac{1}{2}(1-\xi)\cdot 4 + \frac{1}{2}(1+\xi)\cdot 2\sqrt{2} \\[2mm] \frac{1}{2}(1-\xi)\cdot 0 - \frac{1}{2}(1+\xi)\cdot 2\sqrt{2} \end{array} \right]$$

$$+ \left[\ 44 - \frac{1}{2}(1-\xi)\cdot 20 - \frac{1}{2}(1+\xi)\cdot 51{,}21 \right.$$

$$\left. 25 - \frac{1}{2}(1-\xi)\cdot 40 - \frac{1}{2}(1+\xi)\cdot 21{,}21 \ \right] \left[\begin{array}{c} -\frac{1}{2}\cdot 4 + \frac{1}{2}\cdot 2\sqrt{2} \\[2mm] -\frac{1}{2}\cdot 0 - \frac{1}{2}\cdot 2\sqrt{2} \end{array} \right]$$

Die Iteration wird in Tab. 11.7 gezeigt, wobei quadratische Konvergenz in F sichtbar wird. ξ liegt innerhalb der Grenzen für das Master-Segment, d. h. der Kontaktpunkt liegt senkrecht über oder unter dem Segment.

Die Tangente an dieser Position ist

$$\mathbf{t}(\xi) = \begin{bmatrix} t_x \\ t_y \end{bmatrix} = \begin{bmatrix} 3{,}088 \\ -2{,}200 \end{bmatrix}$$

der Abstandsvektor

$$\Delta \mathbf{x} = \mathbf{x}_2 - \mathbf{x}_{\text{to}} = \begin{bmatrix} -0{,}2746 \\ -0{,}3855 \end{bmatrix}$$

Den Normalenvektor erhält man als

$$\mathbf{n} = \begin{bmatrix} -t_y \\ t_x \end{bmatrix} \tag{11.76}$$

den Spalt als Projektion auf den Normaleneinheitsvektor:

$$g = \frac{\mathbf{n}^T}{|\mathbf{n}|} \Delta \mathbf{x} \tag{11.77}$$

Der absolute Wert ist gleich der Länge des Abstandsvektors, aber die Projektion ist nötig, um das Vorzeichen zu bestimmen, d. h. ob hier ein Spalt oder eine Eindringung vorliegt. Hier ergibt sich $g = -0{,}4733$, was Eindringung bedeutet.

Im Penalty-Verfahren wird der Kontaktkraftvektor aus der Multiplikation von g mit der Steifigkeit k_n und dem Normaleneinheitsvektor bestimmt:

$$\mathbf{f}_\text{c} = \frac{\mathbf{n}}{|\mathbf{n}|} k_\text{n} g = k_\text{n} \frac{\mathbf{n}}{|\mathbf{n}|} \frac{\mathbf{n}^T \Delta \mathbf{x}}{|\mathbf{n}|} = k_\text{n} \mathbf{n} \frac{\mathbf{n}^T \Delta \mathbf{x}}{|\mathbf{n}|^2} = k_\text{n} \mathbf{n} \frac{\mathbf{n}^T \Delta \mathbf{x}}{\mathbf{n}^T \mathbf{n}} \tag{11.78}$$

Für die totale Ableitung muss die direkte Abhängigkeit von $\mathbf{x}_2$ und die indirekte über ξ berücksichtigt werden:

$$\mathbf{f}_\text{c} = k_\text{n} \mathbf{n}(\xi(\mathbf{x}_2)) \frac{\mathbf{n}^T \Delta \mathbf{x}(\mathbf{x}_2, \xi(\mathbf{x}_2))}{\mathbf{n}^T \mathbf{n}} \tag{11.79}$$

$$\frac{d\mathbf{f}_\text{c}}{d\mathbf{x}_2} = k_\text{n} \frac{\partial \mathbf{n}}{\partial \mathbf{x}_2} \frac{\mathbf{n}^T \Delta \mathbf{x}}{\mathbf{n}^T \mathbf{n}} \tag{11.80}$$

$$+ k_\text{n} \mathbf{n} \frac{\left(\dfrac{\partial (\mathbf{n}^T \Delta \mathbf{x})}{\partial \mathbf{n}} \dfrac{\partial \mathbf{n}}{\partial \mathbf{x}_2} + \dfrac{\partial (\mathbf{n}^T \Delta \mathbf{x})}{\partial \Delta \mathbf{x}} \dfrac{\partial \Delta \mathbf{x}}{\partial \mathbf{x}_2} \right) (\mathbf{n}^T \mathbf{n}) - (\mathbf{n}^T \Delta \mathbf{x}) \dfrac{\partial (\mathbf{n}^T \mathbf{n})}{\partial \mathbf{n}} \dfrac{\partial \mathbf{n}}{\partial \mathbf{x}_2}}{(\mathbf{n}^T \mathbf{n})^2}$$

Hier ist überall nach der Kettenregel

$$\frac{\partial}{\partial \mathbf{x}_2} = \frac{\partial}{\partial \xi} \frac{\partial \xi}{\partial \mathbf{x}_2} \tag{11.81}$$

einzusetzen und wird damit $\partial \xi / \partial \mathbf{x}_2$ benötigt. Weil ξ die Lösung der impliziten Funktion F nach (11.72) ist, wird die fragliche Ableitung bestimmt aus

$$dF = \frac{\partial F}{\partial \xi} d\xi + \frac{\partial F}{\partial \mathbf{x}_2} d\mathbf{x}_2 = 0 \tag{11.82}$$

$$\frac{d\xi}{d\mathbf{x}_2} = -\left(\frac{\partial F}{\partial \xi}\right)^{-1} \frac{\partial F}{\partial \mathbf{x}_2} \tag{11.83}$$

$\partial F / \partial \xi$ kann (11.75) entnommen werden. Der zweite Term lautet (c_x, c_y kürzen alle Terme ab, die nicht direkt von $\mathbf{x}_2$ abhängen):

$$\frac{\partial F}{\partial \mathbf{x}_2} = \frac{\partial}{\partial \mathbf{x}_2} \left[\begin{array}{cc} x_2 + c_x & y_2 + c_y \end{array}\right] \left[\begin{array}{c} t_x \\ t_y \end{array}\right] (\xi) = \frac{\partial}{\partial \mathbf{x}_2} \left[\begin{array}{c} (x_2 + c_x)\, t_x + (y_2 + c_y)\, t_y \end{array}\right]$$

$$= \left[\begin{array}{cc} t_x & t_y \end{array}\right] = \mathbf{t}^T \tag{11.84}$$

Entsprechend:

$$\frac{\partial \left(\mathbf{n}^T \mathbf{n}\right)}{\partial \mathbf{n}} = 2\mathbf{n}^T, \quad \frac{\partial \left(\mathbf{n}^T \Delta \mathbf{x}\right)}{\partial \mathbf{n}} = \Delta \mathbf{x}^T \quad \text{und} \quad \frac{\partial \left(\mathbf{n}^T \Delta \mathbf{x}\right)}{\partial \Delta \mathbf{x}} = \mathbf{n}^T \tag{11.85}$$

Wegen (11.76) haben die Normale und die Tangente die gleiche Länge. Die Ableitung der Normale kann aus der der Tangente durch

$$\frac{\partial \mathbf{n}}{\partial \mathbf{x}_2} = \left[\begin{array}{c} -\dfrac{\partial t_y}{\partial \mathbf{x}_2} \\[2mm] \dfrac{\partial t_x}{\partial \mathbf{x}_2} \end{array}\right] \tag{11.86}$$

erhalten werden. Darin ist

$$\frac{\partial \mathbf{t}}{\partial \mathbf{x}_2} = \frac{\partial \mathbf{t}}{\partial \xi} \frac{\partial \xi}{\partial \mathbf{x}_2} = \left(\frac{N_1(\xi)}{\partial \xi} \mathbf{t}_3 + \frac{N_2(\xi)}{\partial \xi} \mathbf{t}_4\right) \frac{\partial \xi}{\partial \mathbf{x}_2} = \left(-\frac{1}{2}\mathbf{t}_3 + \frac{1}{2}\mathbf{t}_4\right) \frac{\partial \xi}{\partial \mathbf{x}_2} \tag{11.87}$$

$$\frac{d\Delta \mathbf{x}}{d\mathbf{x}_2} = \frac{\partial \Delta \mathbf{x}}{\partial \mathbf{x}_2} + \frac{\partial \Delta \mathbf{x}}{\partial \xi} \frac{\partial \xi}{\partial \mathbf{x}_2} = \mathbf{I} - \left(\frac{\partial N_1}{\partial \xi}\mathbf{x}_3 + \frac{\partial N_2}{\partial \xi}\mathbf{x}_4\right) \frac{\partial \xi}{\partial \mathbf{x}_2} = \mathbf{I} - \left(-\frac{1}{2}\mathbf{x}_3 + \frac{1}{2}\mathbf{x}_4\right) \frac{\partial \xi}{\partial \mathbf{x}_2} \tag{11.88}$$

Schließlich wird (11.85) in (11.80) eingesetzt:

$$\frac{d\mathbf{f}_c}{d\mathbf{x}_2} = k_n \frac{\partial \mathbf{n}}{\partial \mathbf{x}_2} \frac{\mathbf{n}^T \Delta \mathbf{x}}{\mathbf{n}^T \mathbf{n}} + k_n \frac{\mathbf{n}}{\mathbf{n}^T \mathbf{n}} \left[\Delta \mathbf{x}^T \frac{\partial \mathbf{n}}{\partial \mathbf{x}_2} + \mathbf{n}^T \frac{\partial \Delta \mathbf{x}}{\partial \mathbf{x}_2} - \frac{\mathbf{n}^T \Delta \mathbf{x}}{\mathbf{n}^T \mathbf{n}} 2\mathbf{n}^T \frac{\partial \mathbf{n}}{\partial \mathbf{x}_2}\right] \tag{11.89}$$

Tab. 11.8 Globale Iteration für die Orthogonalitätsbedingung

Iteration	1	2	3	4	5
Δu_{2x}	0,230359537	0,09751924	−0,00026604	−1,97847E−09	1,24232E−14
Δu_{2y}	0,407308531	−0,05806244	0,00015840	1,17796E−09	1,88222E−15
u_{2x}	0,230359537	0,32787877	0,32761273	0,327612733	
u_{2y}	0,407308531	0,34924609	0,34940449	0,349404491	

Tab. 11.9 Endergebnisse für die Orthogonalitätsbedingung

x_2	44,32761273	ξ	0,55909524	Δx	−0,002068481	f_{cx}	−81,700063
y_2	25,34940449	g	−0,00355864	Δy	−0,002895733	f_{cy}	−114,374607

Dieser Teil der Tangentenmatrix bekommt die folgende Struktur (s für einen skalaren Wert):

$$s\begin{bmatrix} & \\ & 2\times2 \end{bmatrix}s + s\begin{bmatrix} \\ 2\times1 \end{bmatrix}\underbrace{\left[\underbrace{s[\;\;1\times2\;]\begin{bmatrix} & \\ & 2\times2 \end{bmatrix}}_{[\;\;1\times2\;]} + s[\;\;1\times2\;]\begin{bmatrix} & \\ & 2\times2 \end{bmatrix} - s[\;\;1\times2\;]\begin{bmatrix} & \\ & 2\times2 \end{bmatrix}\right]}_{[\;\;1\times2\;]}$$

$$\begin{bmatrix} & \\ & 2\times2 \end{bmatrix}$$

Das Ergebnis ist eine 2×2-Matrix wie gewünscht. Nun kann wieder das Gleichungssystem (11.36) für die globale Iteration aufgebaut und gelöst werden. Der Verlauf mit quadratischer Konvergenz in Δu wird in Tab. 11.8 gezeigt, die Endergebnisse in Tab. 11.9.

Dieses Verfahren kommt in 2d auch mit einer Unbekannten in der lokalen Iteration aus, ermöglicht aber, eine an den Elementübergängen geglättete Ausrichtung der Oberfläche zu berücksichtigen.

11.3 Konkave Knicke und Ecken

Knicke in konkaven Master-Oberflächen führen dazu, dass bei Verwendung der richtigen Normalen hinter der Oberfläche Bereiche entstehen, die keinem Segment zugeordnet sind (Abb. 11.15), sodass es zu einem Kontaktdurchbruch käme.

- Der Pseudoelement-Algorithmus mit gemittelten Normalen beseitigt das Problem.
- Bei innenliegenden Kontaktfeststellungspunkten (Punkt zu Oberfläche) ist ein Problem unwahrscheinlich, weil jeder Knoten durch mehrere ihn umgebende Punkte gestützt wird (Abb. 11.16).
- Bei Orientierung an der Slave-Normalen hilft eine Mittelung nicht, weil diese ja nicht die Masterseite betrifft.

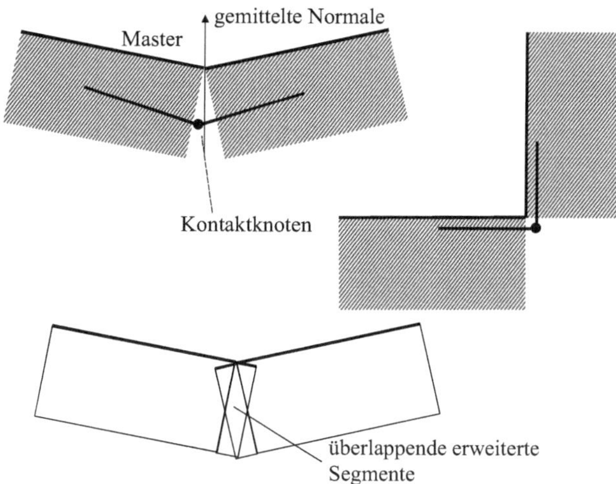

Abb. 11.15 Konkave Oberflächen im Knoten-zu-Oberfläche-Kontakt

- Bei der Suche nach dem kürzesten Abstand kann eine gemittelte Normale nicht in die Gleichungen (11.20ff.) eingeführt werden.
- Ähnlich wie bei der Slave-Normalen könnte aber die nach (11.4) interpolierte Master-Normale zu einer Bestimmung der Berührpunktkoordinaten herangezogen werden:

$$
\begin{aligned}
\mathbf{x}^{ma}\left(\xi_{to}, \eta_{to}, \zeta_{to}\right) &= \\
\mathbf{N}^{ma}\left(\xi_{to}, \eta_{to}\right) \hat{\mathbf{x}}^{ma} &= \mathbf{x}^{sl} - \zeta_{to}\mathbf{N}^{ma}\left(\xi_{to}, \eta_{to}\right) \hat{\mathbf{n}}_{av}
\end{aligned}
\tag{11.90}
$$

also

$$
\mathbf{N}^{ma}\left(\xi_{to}, \eta_{to}\right)\left(\hat{\mathbf{x}}^{ma} + \zeta_{to}\hat{\mathbf{n}}_{av}\right) = \mathbf{x}^{sl}
\tag{11.91}
$$

Eine gängige Methode ist die künstliche Erweiterung der Segmente, d. h. es werden geringfügig außerhalb der zugehörigen Intervallgrenzen liegende Einheitskoordinaten $\{\xi_{to}; \eta_{to}\}$ für den Berührpunkt zugelassen (Abb. 11.15). Dabei wird aber ein Kontaktpunkt zwei Segmenten zugeordnet, sodass auch zwei Kontaktkräfte berechnet werden. Bei

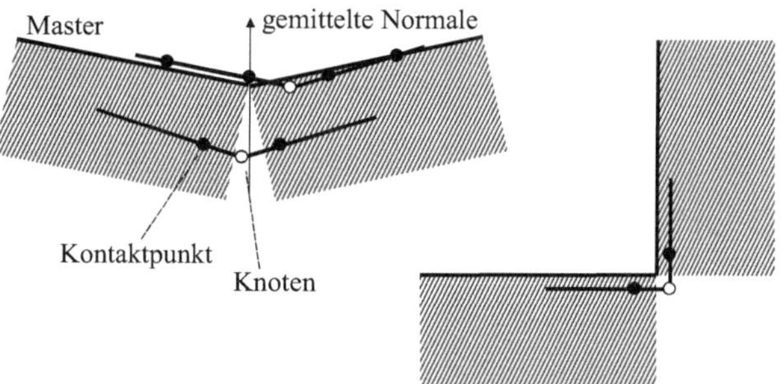

Abb. 11.16 Konkave Oberflächen im Punkt-zu-Oberfläche-Kontakt

90°-Ecken ist das genau richtig, bei eher flachen Knicken könnten sich nahezu doppelte Kräfte in einer Richtung und damit Störungen in den Kontaktspannungen ergeben. Bei Berücksichtigung der Topologie kann dies festgestellt werden, sodass nur eine gemittelte Kraft aufgebracht wird.

Literatur

1. Bathe, K.-J.: Finite-Elemente-Methoden. Springer, Berlin/Heidelberg (1982)

2. Belytschko, T., Liu, W.K., Moran, B.: Nonlinear Finite Elements for Continua and Structures. Wiley, Chichester (2000)

3. Chen, W.-F., Han, D.-J.: Plasticity for Structural Engineers. Ross, Ft. Lauderdale (2007)

4. Crisfield, M.A.: A Fast Incremental/Iterative Solution Procedure that Handles Snap-Through. Computers & Structures **13**, 55–62 (1981)

5. Falzon, B.G., Hitchings, D.: An Introduction to Modelling Buckling and Collapse. NAFEMS Ltd., Glasgow (2006)

6. Hackbusch, W.: Multi-Grid Methods and Applications. Springer, Berlin/Heidelberg (1985)

7. Hübel, H.: Vereinfachte Fließzonentheorie – Auf der Grundlage der Zarka-Methode. Springer Vieweg, Wiesbaden (2015)

8. Linde, P., Pleitner, J., Rust, W.: Virtual Testing of Aircraft Fuselage Stiffened Panels. In: Proceedings of ICAS 24th International Congress of the Aeronautical Sciences. (2004)

9. Linde, P., Rust, W., Schulz, A.: Influence of Modelling and Solution Methods on the Postbuckling Behaviour of Stiffened Aircraft Fuselage Panels. Composite Structures **73**, 229–236 (2006)

10. Link, M.: Finite Elemente in der Statik und Dynamik. B. G. Teubner Verlag, Wiesbaden (2002)

11. Luenberger, D.G.: Linear and Nonlinear Programming. Addison-Wesley, Reading, MA (1984)

12. Matthies, H., Strang, G.: The Solution of Nonlinear Finite Element Equations. Int. J. Num. Meth. Eng. **14**, 1613–1623 (1979)

13. Nasdala, L.: FEM-Formelsammlung Statik und Dynamik. Vieweg+Teubner/GWV-Fachverlage, Wiesbaden (2010)

14. Papadrakakis, M., Ghionis, P.: Conjugate Gradient Algorithms in Nonlinear Structural Analysis. Comp. Meth. Appl. Mech. Eng. **59**, 11–27 (1986)

15. Parisch, H.: Festkörper-Kontinuumsmechanik – von den Grundgleichungen zur Lösung mit Finiten Elementen. B. G. Teubner Verlag, Wiesbaden (2003)

16. Popp, A.: Mortar Methods for Computational Contact Mechanics and General Interface Problems. Technsche Universität München, München (2012). Dissertation

17. Riks, E.: An Incremental Approach of Newton's Method to the Problem of Elastic Stability. J. Appl. Mech. **39**, 1060–1066 (1972)

18. Rust, W., Linde, P.: Ultimate Load Analyses of Aircraft Fuselage Panels within the Virtual Test Rig. In: Proceedings of the 5th International Conference on the Computation of Shell and Spatial Structures. IASS/IACM, Salzburg (2005)

© Springer Fachmedien Wiesbaden 2016   337
W. Rust, *Nichtlineare Finite-Elemente-Berechnungen*, DOI 10.1007/978-3-658-13378-8

19. Rust, W., Groth, C., Müller, G.: Consideration of Material Behaviour in the Numerical Solution of Cyclic Thermal and Mechanical Loading using Kinematic Hardening. In: Proceedings of the 1994 ANSYS Conference, Pittsburgh. S. 10.41–10.53. SASI, Houston, PA (1994)

20. Rust, W., Kracht, M., Overberg, J.: Experiences with ANSYS in Ultimate-Load Analysis of Aircraft Fuselage Panels – and Enhancement Proposals. In: Proceedings of the 2006 International ANSYS Conference, Pittsburgh. ANSYS, Inc., Canonsbourgh, PA (2006)

21. Rust, W., Schweizerhof, K.: Finite Element Limit Load Analysis of Thin-Walled Structures by ANSYS (Implicit), LS_DYNA (Explicit) and in Combination. Thin-Walled Structures **41**, 227–244 (2003)

22. Rust, W.: Mehrgitterverfahren für FE-Formulierungen geometrisch nichtlinearer Scheiben- und Plattenprobleme mit Konvergenzbeschleunigungen. ZAMM **70**, T661–T664 (1990)

23. Rust, W.: Mehrgitterverfahren und Netzadaption für lineare und nichtlineare statische Finite-Elemente-Berechnungen von Flächentragwerken. Forschungs- u. Sem.berichte a. d. Bereich d. Mechanik d. Universität Hannover F91/2, Hannover (1991). Dissertation

24. Silber, G., Steinwender, F.: Bauteilberechnung und Optimierung mit der FEM – Materialtheorie, Anwendungen, Beispiele. B. G. Teubner Verlag, Wiesbaden (2005)

25. Stein, E., Rust, W., Ohnimus, S.: h- and d-Adaptive FE Methods for Two-Dimensional Structural Problems including Post-Buckling of Shells. Comp. Meth. Appl. Mech. Eng. **101**, 315–354 (1992)

26. Wagner, W., Wriggers, P.: A simple method for the calculation of post-critical branches. Engineering Computation **5**, 103–109 (1988)

27. Wagner, W.: Zur Behandlung von Stabilitätsproblemen der Elastostatik mit der Methode der Finiten Elemente. Forschungs- u. Sem.berichte a. d. Bereich d. Mechanik d. Universität Hannover F91/1, Hannover (1991). Habilitationsschrift

28. Wriggers, P.: Computational Contact Mechanics. Wiley, Chichester (2002)

29. Wriggers, P.: Nichtlineare Finite-Element-Methoden. Springer, Berlin (2001)

30. Zienkiewicz, O.C.: Methode der Finiten Elemente. Hanser, München (1984)

Sachverzeichnis